教育部高职高专规划教材

工业管道工程

于宗保 主编

化学工业出版社
教材出版中心
·北京·

图书在版编目（CIP）数据

工业管道工程/于宗保主编. —北京：化学工业出版社，2005.2（2025.7 重印）
教育部高职高专规划教材
ISBN 978-7-5025-5720-1

Ⅰ. 工… Ⅱ. 于… Ⅲ. 管道工程-高等学校：技术学院-教材 Ⅳ. TU81

中国版本图书馆 CIP 数据核字（2004）第 137189 号

责任编辑：高 钰　　　　文字编辑：宋 薇
责任校对：李 丽 于志岩　　　　装帧设计：潘 峰

出版发行：化学工业出版社（北京市东城区青年湖南街 13 号 邮政编码 100011）
印　　装：北京建宏印刷有限公司
787mm×1092mm 1/16 印张 20 字数 488 千字 2025 年 7 月北京第 1 版第 14 次印刷

购书咨询：010-64518888　　售后服务：010-64518899
网　　址：http://www.cip.com.cn
凡购买本书，如有缺损质量问题，本社销售中心负责调换。

定　　价：58.00 元

出版说明

高职高专教材建设工作是整个高职高专教学工作中的重要组成部分。改革开放以来，在各级教育行政部门、有关学校和出版社的共同努力下，各地先后出版了一些高职高专教育教材。但从整体上看，具有高职高专教育特色的教材极其匮乏，不少院校尚在借用本科或中专教材，教材建设落后于高职高专教育的发展需要。为此，1999年教育部组织制定了《高职高专教育专门课课程基本要求》（以下简称《基本要求》）和《高职高专教育专业人才培养目标及规格》（以下简称《培养规格》），通过推荐、招标及遴选，组织了一批学术水平高、教学经验丰富、实践能力强的教师，成立了“教育部高职高专规划教材”编写队伍，并在有关出版社的积极配合下，推出一批“教育部高职高专规划教材”。

“教育部高职高专规划教材”计划出版500种，用5年左右时间完成。这500种教材中，专门课（专业基础课、专业理论与专业能力课）教材将占很高的比例。专门课教材建设在很大程度上影响着高职高专教学质量。专门课教材是按照《培养规格》的要求，在对有关专业的人才培养模式和教学内容体系改革进行充分调查研究和论证的基础上，充分汲取高职、高专和成人高等学校在探索培养技术应用型专门人才方面取得的成功经验和教学成果编写而成的。这套教材充分体现了高等职业教育的应用特色和能力本位，调整了新世纪人才必须具备的文化基础和技术基础，突出了人才的创新素质和创新能力的培养。在有关课程开发委员会组织下，专门课教材建设得到了举办高职高专教育的广大院校的积极支持。我们计划先用2～3年的时间，在继承原有高职高专和成人高等学校教材建设成果的基础上，充分汲取近几年来各类学校在探索培养技术应用型专门人才方面取得的成功经验，解决新形势下高职高专教育教材的有无问题；然后再用2～3年的时间，在《新世纪高职高专教育人才培养模式和教学内容体系改革与建设项目计划》立项研究的基础上，通过研究、改革和建设，推出一大批教育部高职高专规划教材，从而形成优化配套的高职高专教育教材体系。

本套教材适用于各级各类举办高职高专教育的院校使用。希望各用书学校积极选用这批经过系统论证、严格审查、正式出版的规划教材，并组织本校教师以对事业的责任感对教材教学开展研究工作，不断推动规划教材建设工作的发展与提高。

教育部高等教育司

前　　言

管道是用来输送流体（介质）的一种设备。管道工程按其服务的对象不同，大体可分为两类，一类是在工业生产中输送介质的管道，称为工业管道；另一类是为改变人们的劳动、工作和生活环境及条件而输送介质的管道，主要指水暖管道，又称为卫生工程管道。本书主要介绍前者，即工业管道工程。

在石油、化工、轻工、食品、制药、冶金、电力等工业生产中，特别是在石油化工装置中，管道纵横交错，犹如人体中的血管，起着举足轻重的作用。如何使这些工业管道既能安全运行，又能满足生产工艺要求；低能耗、无污染地实现工艺生产过程是21世纪工业生产发展的主要目标。这就对工业生产系统的工艺管道设计、安装和检修提出新的更高要求，对从事管道工程专业人员提出了挑战。本书编写的指导思想及目的也在于此。

工业管道工程是一门涉及多学科综合性的技术。本书从工业管道常用材料、管道及组成件、阀门、管径的确定等基础知识入手，依次讲述管道布置图、热力管道、管道的预制加工、管架及防腐保温等专业知识，最后重点介绍工业管道的安装施工技术、方法、规定、原则和规范等专业知识。在作者总结二十余年本专业教学实践经验的基础上，参阅国内外有关书籍文献，消化吸收、去粗取精，本书中尽量采用最新标准和技术规范，从典型的工程实例出发，注重理论与实践相结合。考虑到我国援外工程和引进工程日益增多，本书编写了国际上常用的单管管段配管图、中英文对照的管道工程配管常用术语、配管工程常用英文缩写词；随着计算机技术在工艺管道设计安装中的应用，本书简介了配管设计CAD这一具有现代性和实用性的内容。

本书为高职高专工业设备安装技术、机械及安装检测技术、工业管道安装和过程装备与控制工程等专业的专业课教材，也可作为从事管道安装施工工程技术人员、中高级技术工人培训教材和参考书。

本书编写的人员及分工如下：第一章、第五章、第九章、附录由于宗保副教授编写；第二章、第七章由彭十一高级工程师编写；第三章由郑桂花高级工程师编写；第四章、第六章、第八章由孔令地讲师编写；第十章由尤峥副教授编写；第十一章由汪正俊副教授编写。全书由于宗保主编，孔令地副主编。

本书由上海欣鼎安装工程有限公司总经理张海舟高级工程师担任主审，编写及统稿中得到尤峥副教授和于长江硕士的大力协助。对此表示衷心感谢。

本书编写过程中，参阅了大量书籍、手册，也得到了参编院校的大力支持，在此谨向他们致以诚挚的谢意。由于编者水平所限，加之时间仓促，书中难免有不妥之处，诚望专家、同仁和广大读者批评指正。

编　者

2004年11月

目　　录

第一章　管道工程材料

工业管道材料总的可分为金属材料和非金属材料两大类，其中金属材料又可分为钢铁材料和非铁金属材料。

第一节　管道工程材料的性能

工业管道及其组成件所用的材料品种繁多。不少工业管道特别是石油化工装置中管道的操作条件多为高温高压状态，管内的介质也多为可燃、易爆介质，且有氢腐蚀和应力腐蚀等较为复杂的问题。因此，正确选择管道及其组成件的材料对安全运行是至关重要的。

在选择管道工程材料时，主要考虑材料的力学性能、物理性能、化学性能和加工工艺性能等。

一、力学性能

力学性能中主要包括强度指标、塑性指标和高温性能等。

(一) 强度指标

强度指标是衡量金属材料性能的主要指标之一，它包括以下内容。

1. 屈服极限（屈服点）

金属在拉伸试验中，在施加荷载的初期阶段为弹性变形，应变与应力成正比，服从虎克定律。荷载不再增加，而试样仍继续变形的现象，称为材料的屈服。材料开始发生屈服现象时的应力，即开始发生塑性变形的应力，称为屈服点或屈服极限，通常用符号 σ_s 表示。

2. 屈服强度

塑性良好、强度较低的金属材料，在拉伸试验中，有明显的屈服点。塑性较差的高强材料屈服点不明显。为了区分材料弹性变形阶段和塑性变形阶段的界限，取试样产生 0.2％的塑性变形所对应的应力为屈服极限。工程上常称为屈服强度，用符号 $\sigma_{0.2}$ 表示。

3. 抗拉强度

塑性良好的金属材料在拉伸试验中，当超过屈服极限后为塑性变形。随着荷载的增加，应力也增加，达到最大值以后，应力又下降而断裂。后期应力下降与拉伸试验中材料的断面收缩率有关。塑性较差的材料，在拉伸试验的塑性阶段，应力达到最大值后即断裂。断面收缩率小，无应力下降现象。材料在断裂前所能承受的最大应力值，即为材料的抗拉强度，通常用符号 σ_b 表示。

(二) 塑性指标

材料的塑性指标包括以下内容。

1. 延伸率

金属在拉伸试验中，试样在断裂时，产生塑性变形的百分比，即试样增加的长度与原有长度的比值称为延伸率。一般试样的原始长度为其直径的5～10倍，原始长度为5倍直径的试样，延伸率用符号δ_5表示；原始长度为10倍直径的试样，延利率用符号δ_{10}表示。

2. 断面收缩率

金属在拉伸试验中，试样在断裂处，断面积缩小值与原有断面面积的百分比称为断面收缩率，通常用符号ψ表示。

3. 冲击功（冲击韧性）

冲击功是对金属强度和塑性的综合反映，是反映材料的抗冲击能力。脆性材料的冲击功很低，不仅强度高而且韧性好的材料才能有较高的冲击功。它是衡量压力管道材料的重要指标。冲击功是通过冲击试验求得的。冲击试样的断面尺寸为10mm×10mm，用摆锤进行冲击，消耗在试样上的功为冲击功，单位为焦耳，通常用符号A_k表示。

4. 硬度

硬度是衡量金属材料对局部塑性变形的抵抗能力和耐磨性的指标，是材料弹性、强度和塑性的综合反映。根据试验方法的不同，分为布氏硬度（HB）、洛氏硬度（HRA、HRB、HRC）、维氏硬度（HV）和肖氏硬度（HS）等多种。根据经验，布氏硬度与抗拉强度有下列近似关系：对轧制、正火的低碳钢，$\sigma_b=0.36HB$；对轧制、正火的中碳钢和低合金钢，$\sigma_b=0.35HB$；对硬度为250～400HB、经热处理的合金钢，$\sigma_b=0.33HB$。

（三）高温性能

金属材料的高温性能包括在不同温度下的强度指标、蠕变极限和持久强度。在不同温度下的许应用力和强度指标，可参见有关手册。对蠕变极限和持久强度解释如下。

1. 蠕变极限

金属材料在较高温度下受到恒应力的作用，即使应力小于屈服极限，随着时间的延长而缓慢产生塑性变形的现象称为蠕变。蠕变极限是材料在高温下长期受载荷作用抵抗塑性变形能力的指标，是材料在规定温度下和规定的试验时间内使试样产生规定蠕变伸长量的应力值。压力容器、压力管道一般取在规定温度下100000h伸长1%时的应力作为许用应力，可用$\sigma_{t100000}$表示。

2. 持久强度

金属材料在较高温度下受到恒定应力的作用，在一定时间内断裂时的应力，称为材料的持久强度。压力容器、压力管道一般取在设计温度下，100000h断裂的平均应力除以安全系数1.5作为许用应力。

二、物理性能和化学性能

金属材料的物理性能主要有密度、线膨胀系数和热导率等。密度用以计算质量；线膨胀系数用以计算管道的膨胀量；热导率可计算传热。有关数据可查阅有关手册。

金属材料的化学性能主要包括抗氧化性能和耐腐蚀性能。在石油化工装置中，由于介质多种多样，在材料选择中应注意腐蚀问题。可能遇到的腐蚀问题有氢腐蚀、硫腐蚀、应力腐蚀、晶间腐蚀等。要求材料在工作介质中具有足够的耐腐蚀性。

三、加工工艺性能

金属材料的加工工艺性能包括铸造性能、锻造性能、切削加工性能、热冷加工性能、热处理性能和焊接性能等。对管道及其组成件而言，焊接性能很重要。焊接性能表现在两个方面，一是焊接接头产生缺陷的倾向，即出现各种裂纹的可能性。二是焊接接头在使用中的可靠性。确定焊接性能的方法是焊接工艺评定，即将被焊接的工件加工一定形状的焊口，按一定的工艺进行焊接，然后鉴定出现缺陷的倾向和程度，鉴定接头能否满足使用性能的要求。还可根据钢的碳当量对碳钢和低合金结构钢进行焊接性能的估计。

根据经验，碳当量小于0.4%时，淬硬的倾向不明显，焊接性能良好。碳当量为0.4%～0.6%时，淬硬倾向逐渐明显，焊接性能较差。奥氏体钢焊接性能良好。

管子有时需要采用热弯、冷弯或锻压成型等工艺制成管件，因此，工程上不但对管材的韧性、塑性有要求，而且对其锻造性能的要求也很高。优质钢管在出厂前要求进行冷弯、压扁和扩口等加工性能试验。

第二节　常用金属管材及选择

一、碳钢管材

1. 碳素钢管

碳素钢管的材料主要是低碳钢。制造中、低压管道的材料主要有普通碳素钢Q215、Q235、Q255和优质碳素钢08、10、15、20等牌号。

(1) 碳素钢管材的性能

① 碳素钢的腐蚀特性。碳素钢在大气中的腐蚀与大气的湿度、温度和成分有关。当大气中含有二氧化硫、二氧化碳、硫化氢、氨、氯等工业气体时，能加快大气对碳素钢的腐蚀。

碳素钢在水中的腐蚀与水的含氧量有关，腐蚀速度随水中含氧量的增加而加快。在海水中的腐蚀速度比在淡水中快。

碳素钢在硫酸中的腐蚀与硫酸的浓度有关。当硫酸浓度较小时，腐蚀速度随硫酸浓度的增加而加快。硫酸浓度在47%～50%时，腐蚀速度达到最大值。硫酸浓度继续增大时，铁发生钝化，腐蚀速度随硫酸浓度的增加而降低。当硫酸浓度在70%以上时，对碳素钢的腐蚀将很小。

碳素钢在硝酸中的腐蚀与硝酸的浓度和温度有关。常温下，硝酸浓度超过50%时，碳素钢发生钝化，腐蚀速度减慢。如硝酸浓度增加到90%，处于钝化状态的碳素钢腐蚀速度加快。温度升高时，碳素钢在硝酸中的钝化易被破坏，使腐蚀速度加快。

碳素钢在盐酸中的腐蚀速度随盐酸浓度的增加而加快，并且还与钢中的含碳量有关。

碳素钢在氢氟酸中的腐蚀与氢氟酸的浓度有关。当氢氟酸的浓度低于70%时，碳素钢的腐蚀速度很快。当氢氟酸的浓度高于75%时，碳素钢又是稳定的。

碳素钢在有机酸中的腐蚀速度随氧进入酸中和温度的升高而加快。对碳素钢腐蚀最强烈的是草酸、蚁酸、醋酸、柠檬酸和乳酸，但腐蚀作用比同等浓度的无机酸弱得多。

碳素钢在碱溶液中相对稳定。在热而浓的碱溶液中，受应力的碳素钢易遭受腐蚀破坏。在高温熔融碱中，碳素钢会发生强烈的腐蚀。

在盐类溶液中的腐蚀速度与溶液的含氧量、介质中的阳离子和阴离子及腐蚀产物的溶解度（能否在腐蚀表面形成致密的保护膜）有关。

碳素钢在无水的甲醇、乙醇、二氯乙烷、四氯化碳等有机溶剂中腐蚀不大。

② 碳素钢的应力腐蚀。应力腐蚀是金属在腐蚀性介质和固有应力共同作用下造成的腐蚀破坏。这种腐蚀破坏往往在较短的时间内突然发生，破坏后很难补焊。

在冷加工和焊接过程中，常常使金属产生很大的内应力。例如碳素钢在焊接过程中，焊缝上的熔池温度为3000～6000℃，而与它相近的热影响区以外的金属温度几乎与气温相等。熔池金属凝固时要产生收缩作用，但收缩又受到焊缝两侧冷金属的阻止，由此产生因熔池金属突然凝固所致的收缩应力。这种应力可达到相当大的程度，甚至超过材料的屈服极限，使板材或管子弯曲。

金属的应力腐蚀主要在受拉应力时产生，压应力情况下不会产生应力腐蚀破坏。

金属的应力腐蚀具有选择性，即一定的金属在一定的介质中才能产生应力腐蚀。能够引起低碳钢产生应力腐蚀的介质有氢氧化钠、硝酸钠、硝酸铵、硝酸钙、氯化铵、硫化氢（湿）、氢氰酸以及高温高浓度的碳酸钾溶液等。

为防止应力腐蚀的发生，在安装管道时，除正确选择材料外，应使结构具有最小的应力集中系数，使管道或设备与介质接触的部分具有最小的残余应力。还可以进行热处理，以消除金属的内应力。

(2) 碳素钢管道适宜输送的介质。碳素钢管材广泛用于石油、化工、机械、冶金、食品等各种工业中。

碳素钢管能承受较高的压力，能耐较高的温度，可用来输送蒸汽、压缩空气、惰性气体、煤气、天然气、氢气、氧气、乙炔、氨、液氨、水、油类等介质。

由于碳素钢具有一定的耐腐蚀性能，因此碳素钢管道可以用来输送常温下的碱溶液等腐蚀性介质（经热处理消除焊接应力后，碳素钢管道也可用来输送苛性碱）。经喷涂耐腐蚀涂料或有耐腐蚀材料衬里，如衬铅和衬橡胶等防腐处理后，碳素钢管道也可用来输送其他的腐蚀性介质。

2. 低合金钢管

采用低合金钢管一般采用珠光体耐热钢制造，其主要特点是高强耐热，并具有一定的耐腐蚀性。下面介绍几种常用的低合金钢材料。

(1) 16Mn（16 锰）。具有良好的力学性能和加工性能，使用温度为－40～475℃，焊接性能好，在常温下焊接时一般可不预热，焊后不需热处理，16Mn 钢的屈服强度比 20 号优质碳素钢高 30%左右，其耐腐蚀性也比 20 号钢高。它主要用于制造中、高压管道和容器。

(2) 12CrMo 和 15CrMo（12 铬钼和 15 铬钼）。具有足够的蠕变强度和抗氧化能力，因此，耐热性能好，并有一定的抗氢抗硫作用。12CrMo 钢使用温度为 350～450℃，15CrMo 钢使用温度为 350～560℃。它们的冷加工性能良好，可冷弯和热弯，但热弯后需经 850～900℃正火处理；焊接性能好，但焊前应预热，焊后需热处理；主要用于输送高温高压汽水介质和中温中压含氢介质（如半水煤气、氢氮合成气等）以及高温油品油气。

（3）12Cr1MoV（12 铬 1 钼钒）。由于含有钒提高了组织稳定性，耐热性能高于12CrMo和15CrMo，其使用温度为350～580℃，12Cr1MoV钢的加工性能和焊接性能与12CrMo相近，手工电焊采用E5515-B_2-V焊条时，焊前应预热到250～350℃，焊后进行730～760℃的回火处理。手工气焊采用H08CrMoV（焊08铬钼钒）焊丝，焊后进行1000℃正火及740～760℃回火处理。

（4）12Cr2MoWVB和12Cr3MoVSiTiB（12 铬 2 钼钨钒硼和 12 铬 3 钼钒硅钛硼）。12Cr2MoWVB的最高使用温度为620℃，手工电焊采用E5515-B_3-VWB焊条，焊前预热到250～300℃，焊后需经760～780℃回火处理，在石棉保温中缓冷。气焊采用08Cr2MoVNb焊丝，焊后进行1000℃±30℃正火加760～780℃回火处理。

12Cr3MoVSiTiB钢的最高使用温度为650℃，手工电焊采用新E6015、B3焊条，焊前预热到250～300℃，焊后经740～780℃正火加140～780℃回火处理。

12Cr2MoWVB和12Cr3MoVSiTiB钢，耐热性能较高，主要用于高参数的汽水介质管道和高压化肥管道。

（5）Cr2Mo和Cr5Mo（铬 2 钼和铬 5 钼）。在含硫氧化气氛中和对高温石油产品有很好的耐热性和耐腐蚀性。主要用于输送石油化学工业中的高温油品油气及氢氮腐蚀性介质。

Cr2Mo钢使用温度为400～600℃。手工电焊采用热407焊条，焊前预热到300℃左右，焊后经720～750℃回火处理。

Cr5Mo钢使用温度为400～650℃。手工电焊采用E50焊条，焊前预热到350～400℃，焊后进行740～760℃回火处理缓冷。手工气焊可采用HCr5Mo焊丝，焊后进行740～760℃回火处理。

12CrMo、15CrMo、12CrMoV、12Cr2MoWVB、12Cr3MoVSiTiB、Cr2Mo、Cr5Mo钢管在手工电焊时，如采用耐热钢焊条（如E5515-B_1、E5515-B_2），焊前需预热，焊后必须热处理。为了便于施工，也可采用奥氏体不锈钢焊条（E0-19-10-XX），此时，焊前可不预热，焊后不需做热处理，施工比较方便，但奥氏体不锈钢焊条价格高。

3. 不锈钢管

管道工程中常用的不锈耐酸钢管有以下几种。

（1）1Cr13（1 铬 13）。它属于半马氏体不锈钢，具有较高的韧性和冷变形性能，在700℃以下具有足够高的强度和热稳定性。在腐蚀性不太高的介质中，如盐水溶液、冷硝酸以及某些浓度不高的有机酸，温度不超过30℃的条件下有良好的耐腐蚀性。对淡水、海水、氨水溶液、蒸汽、湿空气和热的石油产品也有足够的耐蚀能力。可用于输送清洁度较高而又要求防止污染的介质和腐蚀性不高的有机酸、碱等。

这种钢焊接性能中等。手工电焊用钢焊钢条中的铬202或铬207，焊前需预热250～350℃，焊后经700～730℃回火处理。如采用奥氏体不锈钢焊条中的E0-19-10-XX，焊前可不预热，焊后在焊缝处需要加工时则应进行退火处理。

（2）1Cr18Ni9Ti（1 铬 18 镍 9 钛）。它是一种应用极广的奥氏体不锈耐酸耐热钢，简称18-8Ti钢。由于钢中含有钛，促使碳化物稳定（称为稳定化18-8钢），故具有较高的抗晶间腐蚀能力。在不同温度和浓度的各种腐蚀性介质中均有良好的耐腐蚀性。例如在常温下，它能抵抗浓度在95%以下的硝酸，80%～100%的硫酸、10%的铬酸、70%以下的氢氧化钠以及饱和的氢氧化钙、硫酸铵、硫酸钠、碳酸铵溶液等介质的腐蚀。由于18-8Ti不锈钢强度高、耐腐蚀性好、可焊性好，因而广泛用于硝酸、硝铵、合成氨、合成纤维、制碱、甲醇、医药、轻工等工业生产中，它是不锈耐酸钢中应用最广的一个钢号。

1Cr18Ni9Ti 钢使用温度为－196～700℃，最高不超过 800℃。焊接性能好，手工电焊采用 E0-19-10Nb-XX 焊条，焊后不经热处理，仍有良好的耐腐蚀性。与此钢性能相近的有 0Cr18Ni9Ti 和 0Cr18Ni10Ti 钢。

(3) Cr25Ti（铬 25 钛）。它属于铁素体耐酸耐热钢。对起氧化作用的酸类，特别是对一定浓度和温度的硝酸，具有良好的耐腐蚀性能。此外，也耐碱性溶液、无氯盐水、油脂、苯等介质的腐蚀。适用硝酸厂、硝铵厂、维尼纶厂以及腐蚀性不强而又要防污染的设备和管道，用以代替 1Cr18Ni9Ti 钢。主要用于薄壁常压高温设备和管道。

Cr25Ti 钢的韧性较差，不宜在 0.294MPa 以上的压力下使用。耐高温性能较好，可在 1000～1100℃以下使用，但不宜用于 0℃以下的低温，焊接性能良好，采用 E0-19-10Nb-XX 焊条，焊前可不预热，焊后不需热处理，且无晶间腐蚀倾向。与 Cr25Ti 钢性能相近的钢号有 0Cr17Ti 和 1Cr17Ti。

(4) 0Cr18Ni12Mo2Ti 和 0Cr18Ni13Mo2Ti（铬 18 镍 12 钼 2 钛和铬 18 镍 13 钼 2 钛）。简称 Mo2Ti，是用途较广的奥氏体耐酸钢。由于在钢中加入了 2%的钼，在硫酸、盐酸和某些有机酸中的耐腐蚀性大大提高。由于钢中含有钛，减少了碳与铬化合的机会，从而减少了钢的晶间腐蚀倾向。Mo2Ti 钢对浓度为 50%以下的硝酸、室温下浓度在 50%以下的硫酸，室温下浓度在 20%以下的盐酸、碱溶液、沸腾的磷酸，压力下的亚硫酸和二氧化硫等具有较高的耐腐蚀性。在合成尿素和维尼纶生产中，对熔融尿素和醋酸等强腐蚀性介质也具有较高的抗蚀能力。但不耐氢氟酸、氯、碘、溴等的腐蚀。因此，Mo2Ti 钢主要用于输送要求比 1Cr18Ni9Ti 更高的尿素、维尼纶、医药等工业生产中的强腐蚀性介质。

Mo2Ti 钢的使用温度为－196～700℃，力学性能良好，手工电焊时采用 E0-18-12M-2Nb-XX 焊条，焊后不需热处理。与 0Cr18Ni12Mo2Ti 和 0Cr18Ni13Mo2Ti 性能相近的钢号有 0-1Cr17Ni13Mo2Ti、0-1Cr17Ni13Mo3Ti。

(5) Cr17Mn13Mo2N（铬 17 锰 13 钼 2 氮）。不含镍的奥氏体、铁素体双相耐酸钢。在尿素和醋酸中具有良好的耐腐蚀性，可代替 Mo2Ti 钢用于尿素、维尼纶等工业中的强腐蚀性介质，以节约合金元素。Cr17Mn13Mo2N 钢焊接性能好，焊条采用奥 707，宜用直流正接短弧焊接。

二、铸铁管材

(1) 给水排水铸铁管。用灰口铸铁铸造而成。铸铁中含有耐腐蚀元素硅及微细的石墨，因而具有良好的耐腐蚀性。在内外壁涂有沥青层，可使铸铁管使用寿命比钢管长得多。缺点是性质较脆，不抗冲击。

给水铸铁管按工作压力分为低压管、普压管和高压管三种。低压铸铁管工作压力不大于 0.441MPa，普压铸铁管工作压力不大于 0.644MPa，高压铸铁管工作压力不大于 0.98MPa。一般用普压铸铁管较多。

排水铸铁管不能承受高压，仅用于无压流，主要作生活污水和雨水排放管用。

铸铁管按连接方法不同可分为承插式和法兰式两种。其中承插式最为常用，法兰式用来与带法兰的控制件（如阀门）相连接。铸铁管常用于埋入地下的给、排水管道、煤气管道等。铸铁管的规格有公称直径 *DN*75～1500，常用的为 1000mm 以下。管子长度一般为

3～6m。

(2) 高硅铸铁管。含碳 0.5%～1.2%，含硅 10%～17%的铁硅合金。当含硅量为 14.5%时，它具有很高的耐腐蚀性。因为管材表面与腐蚀性介质作用后，会生成坚固的氧化硅保护膜，以保护金属内部不受腐蚀。随含硅量的增加，耐腐蚀性能也增加。当含硅量大于 17%时，抗蚀能力增加极微，而机械强度却急剧下降。所以含硅量大于 18%的铁硅合金不能应用。

高硅铸铁根据加入的合金元素可分为普通高硅铸铁、稀土高硅铸铁、稀土中硅铸铁、硅铜铸铁、硅钼铜铸铁。

① 普通高硅铸铁（STSi-15）。性脆易裂、加工性能差、强度低，但它能抵抗各种浓度的硫酸、硝酸、醋酸、蚁酸和脂肪酸在常温下的腐蚀作用。对沸腾的浓盐酸、氢氟酸、氟化物和浓碱液却不能抵抗。

② 稀土高硅铸铁（SQTSi-15）。在普通高硅铸铁中加入稀土镁合金元素后，可以改善金属基体组织，使之石墨球化，提高强度、耐腐蚀性和铸造流动性，改善加工性能。稀土高硅球墨铸铁管的使用温度：在腐蚀性介质中一般低于 80℃，使用时不宜骤冷骤热；而在水蒸气中使用可耐 700℃高温。适用介质种类与普通高硅铸铁相似。

③ 稀土中硅耐酸铸铁。将高硅铸铁 STSi-15 中含硅量降到 10%～12%，可得稀土中硅铸铁，其硬度略有下降，但脆性及加工性能有所改善。它可用于下列介质中：温度 $T<50$℃、浓度 $C_P \leqslant 46\%$ 的硝酸；温度 $T<95$℃、浓度 $C_P=70\%\sim98\%$ 的硫酸；温度 $T=160\sim205$℃的苯磺酸与浓度 $C_P=92.5\%$ 硫酸；室温下，饱和氯化浓度 $C_P=60\%\sim70\%$ 的硫酸；温度 $T=90\sim100$℃的粗苯与浓度 $C_P=92.5\%$ 的硫酸。

④ 硅铜铸铁。在高硅铸铁中加入一定量铜，即得到硅铜铸铁。它的力学性能、加工性能和耐腐蚀性能均提高。它能抵抗硫酸及碱的腐蚀，但不耐硝酸的腐蚀。

⑤ 硅钼铜铸铁（抗氯硅铁）。在含硅量在 11%～12%的硅铁中加入铜、钼元素，即得硅钼铜铸铁，其硬度比普通高硅铸铁有一定的下降，但脆性略减，加工性能有所改善。

抗氯硅铁耐腐蚀性强，它可以抵抗任何浓度、任何温度（包括沸点温度）的盐酸的腐蚀。但抗氯硅铁中所含的钼价格甚贵，所以这种铸铁只能用于高硅铸铁或其他化学稳定性材料不符合时。

以上几种硅铁管在石油化工管道中，以普通高硅铸铁管和抗氯硅铁管应用较多。

(3) 高铬铸铁管。含铬量为 2.5%～3.6%，适用于输送强氧化性介质（如硝酸、浓硫酸、磷酸、大多数有机酸、硫酸-亚硝酸硫酸混合液、甲醛液、漂白粉和盐水等），特点是机械强度相当高，可以焊接。

三、非铁金属管材

非铁金属管即有色金属管材，工业管道中常用的有铝管、铜管和铅管等。

1. 铝及铝合金管

铝管材多用 L2（含铝 99.6%）、L3（含铝 99.5%）、L4、L5 牌号的工业纯铝制造，铝合金管是根据不同的需要多用 LF2、LF3、LF5、LF6、LF21、LY11 及 LY12 等牌号铝合金制造。铝及铝合金管的最高使用温度为 150℃，但用 LF3、LF5、LF11 牌号的防锈铝管最高使用温度为 66℃。铝及铝合金管输送介质的公称压力一般不超过 0.588MPa。铝及铝合金管的常用规格（外径）有：11mm、14mm、18mm、25mm、32mm、38mm、45mm、60mm、75mm、90mm、110mm、120mm。

铝及铝合金管的制品分拉制管与挤压管两种，薄壁管用冷拉或冷压法制成，供应长度为1～6m；厚壁管用挤压法制成，供应长度不小于300mm。

铝及铝合金管具有较高的耐腐蚀性，在化学工业中常用于输送脂肪酸、硫化氢和二氧化碳，还可以输送浓硝酸、醋酸、蚁酸、硫的化合物、硫化盐、尿素及磷酸等腐蚀性介质，不能用于盐酸、碱液，特别是含氯离子的化合物。

由于铝及铝合金管在低温环境中力学性能仍然良好，可用来输送冷冻食品，不易污染产品，所以在食品工业中得到广泛应用。

铝及铝合金管有良好的导热性，常用来制造换热设备。其反射辐射热性能好，可用来输送易挥发性介质。

2. 铜管

铜管分紫铜管、黄铜管。紫铜管和黄铜管按制造方法分为拉制管、轧制管、挤制管。一般中、低压管道采用拉制管。紫铜管的常用材料牌号为T2、T3、T4、TUP，其材料状态分软、硬两种。黄铜管常用材料牌号为H68、H62、HPb59-1，其材料状态有硬、半硬、软三种。紫铜管及黄铜管的供应长度为0.5～6m。

紫铜管和黄铜管大多数用于制造换热设备，用于深冷管路和石油化工管路，也常用于仪表测压管线和液压传动管线。

挤制铝青铜管用QAL10-3-1及QAL10-4-4牌号的青铜制成，用于机械和航空工业，制造耐磨、耐蚀和高强度的管件。锡青铜管是由OSn4-0.3等牌号锡青铜制成的，适用于制造压力表的弹簧管及耐磨管件。

3. 铅管

常用铅管分软铅管和硬铅管两种。软铅管用Pb2、Pb3、Ph4、Ph5、Pb6等牌号的纯铅制成。最常用牌号为Pb4。硬铅管由锑铅合金制成，目前生产牌号为PbSb5-12，最常用的牌号为PbSb4及PbSb6。

内径小于110mm的铅管，长度不小于2.5m；内径大于110mm的铅管，长度不小于1.5m。

内径小于55mm的铅管多制成盘管；内径大于60mm时才做直管。大直径铅管用铅板焊制而成。

铅管主要在石油化学工业中用来输送温度低于150℃、浓度为70%～80%的硫酸以及浓度为10%以下的盐酸等腐蚀介质。

铅管的强度和熔点较低，所以铅管的使用温度一般不能超过140℃。又因铅管的硬度较低，不耐磨，因此不宜输送有固体颗粒悬浮液的介质。铅有毒，故不能用于输送食品和生活饮用水。

第三节　非金属管材

1. 硬聚氯乙烯塑料管

硬聚氯乙烯塑料管是以合成树脂为主要成分的有机高分子材料。在适当的温度及压力下能塑造各种规格的管材。

性能：使用介质温度为－15～60℃，使用介质压力为0.2MPa。在上述温度和压力条件下，硬聚氯乙烯塑料管能耐各种浓度的盐酸、稀硫酸、SO_2气体、碱类和盐类，但不能抵抗强氧化剂如硝酸和发烟酸，更不能抵抗各种苯类的有机化合物。

在室温下能耐如下浓度的几种酸：30%～70%浓度硫酸、各种浓度的盐酸、85%浓度的磷酸、30%的氢氧化钠、10%～25%浓度的氢氧化铵、饱和的碳酸钠和氯化钠、30%～80%的醋酸、50%～80%氯乙酸、37%的甲醛。

2. ABS工程塑料管

性能：使用介质温度为－40～80℃，使用介质压力不大于1.0MPa。ABS管是由丙烯腈-丁二烯-苯乙烯三元共聚体经注射加工而成型的，用于稀盐酸、稀硫酸、稀硝酸和生活水管等。

3. 钢衬玻璃管

钢衬玻璃管就是把熔融状态的玻璃衬于产品的内表面，构成钢和玻璃的复合体，既保持玻璃优异的耐腐蚀性，又兼顾了钢材良好的耐热性。

玻璃钢有优良的理化性能，其化学稳定性高、内壁光滑洁净、流体阻力小、不易结垢、耐磨，比纯玻璃管道有更好的机械性能。在底釉的复合作用下，它的强度和材质成正比，为安全生产提供了保证。在生产过程中，充分发挥了玻璃耐磨抗腐蚀、防堵塞、隔离铁离子的作用，而且稳定了生产工艺，减少了检修周期。

钢衬玻璃所用的玻璃成分降低了钾、钠的含量，提高了硅、氧的含量，防腐性能强，除了氢氟酸和含氟物质及超过5%的浓碱外，几乎能耐所有的腐蚀介质，能耐一般无机酸、有机酸、弱碱液（$T\leqslant60$℃，$pH\leqslant12$）以及有机溶剂介质。在盐酸、硝酸等强腐蚀介质中，优于不锈钢。

4. 钢塑复合管

钢塑复合管的外管为钢材，内衬为塑料。因此，它既有钢材的机械性能，又有塑料的耐腐蚀性能，是输送腐蚀性流体的良好材料。

根据其内衬塑料的品种不同，可分为钢聚乙烯复合管、钢聚烯烃复合管、钢聚丙烯复合管等。

5. 耐酸橡胶管

耐酸橡胶管的使用温度一般为60℃以下，工作压力应小于0.6MPa。

耐酸橡胶管是由乙丙胶制成的，经过硫化后具有优良的耐腐蚀性能，对除强氧化剂（硝酸、浓硫酸、铬酸及氧化氢等）及某些溶剂（苯、二硫化碳等）以外的介质都有抗腐蚀作用。例如，能耐温度65℃以下、压力0.3MPa以下任意浓度的盐酸、乙酸、亚硫酸、乳酸、蚁酸、草酸、氢氧化钠、氢氧化钾、甲醇、硫酸氢钠、中性盐水溶液等的腐蚀。

耐酸橡胶管在温度38℃以下输送浓氢氟酸，在温度65℃以下，软胶管可输送浓度为50%的氢氟酸；在温度为55℃以下，软胶管可输送浓度为50%的丙醇；在温度50℃以下，软胶管可输送浓度为50%的氨水。

6. 耐酸陶瓷管

耐酸陶瓷管的使用温度为100℃以下，使用压力要求极低或不受压。

在100℃以下，耐酸陶瓷管可做酸性下水管，可以输送浓度为18%～20%的发烟硫酸；温度为30～70℃时可以输送任何浓度低于沸腾温度的硝酸；可以输送任何浓度，温度为

60～70℃的氢氧化钠；可以输送小于100%浓度沸腾的丙酮；可以输送任何浓度沸腾的苯、草酸；可以输送温度为20℃的碳酸钠；可以输送浓溶液、低于沸腾温度的氢氧化钾。

7. 不透性石墨管

不透性石墨是惟一的一种既耐腐蚀又有高的导热、导电性能的非金属材料。

不透性石墨常用于制造各种石油化工用换热设备、氯化氢合成炉、机泵和管子、管件等。

石墨材料可分为天然石墨和人造石墨。目前多以人造石墨为主。在制造石墨的过程中，由于高温焙烧而逸出挥发物以致形成很多微细的孔隙，所以必须用适当方法填充孔隙使之成为不透性石墨，才能制造设备、管子和管道组成件等。

不透性石墨管可分为压型不透性石墨管和浸渍类不透性石墨管。压型不透性石墨管以石墨粉为填充剂、合成树脂为胶黏剂，经混合后于高压下成型。一般适用于制造 $DN \leqslant 80$ 的管子，使用温度小于170℃、使用压力小于0.3MPa的液体和使用压力小于0.2MPa的气体。浸渍类不透性石墨管是用各种浸渍剂填充人造电极石墨的孔隙制成的。由于浸渍剂的不同所以可生产多种不同性能的不透性石墨管。常用的浸渍剂为酚醛树脂、约占95%，其余为聚四氟乙烯、呋喃树脂、二乙烯苯、水玻璃、环氧树脂、有机硅等。适用于制造 $DN \geqslant 100$ 的管子，使用温度小于170℃，使用压力小于0.25MPa的液体和使用压力不大于0.15MPa的气体。

思考题及习题

1. 工业管道和水暖管道选用材料有什么不同？
2. 什么是材料的蠕变极限？
3. 碳素钢管适宜输送的介质有哪些？
4. 低合金钢的主要特点是什么？
5. 18-8Ti型不锈钢有什么特点？
6. 高硅铸铁管的含硅量应控制在多少？为什么？
7. 有色金属管材有什么优缺点？
8. 非金属管材有什么优缺点？

第二章　管道及组成件

第一节　管道（路）的组成及分类

一、管路的组成

在工业生产中，管路就是由管子、管件、阀门、支吊架、仪表装置及其他附件构成的。管路通过和设备连接，构成一个密闭循环系统，达到输送各种流体介质（如气体、液体等）的目的。

(1) 管子。在管路的组成中，管子是管路的主体部分，其所用管材的种类很多，按制造材料可分为金属管和非金属管。

(2) 管件。管件是指在管路中具有下列作用的零件。

① 连接两根管子。

② 改变管路的方向。

③ 改变管路直径。

④ 由主干管路接出分支管路。

⑤ 封闭管路。

常用的管件有弯头、异径管、三通等。

(3) 阀门。阀门是指在管路中起调节和截断管路流量或其他介质参数，控制输送介质的运动，或用来自动地放入或放出介质的装置，其种类繁多，分类方法也不统一，是管道工程中不可缺少的管路附件。

(4) 管道支吊架。管道支吊架主要是用来支承和固定管道用的，根据应用材料可分为钢结构、钢筋混凝土结构和砖（木）结构等，其结构形式多样，一般要据管子的位置、管子数量多少、管径的大小以及轴向载荷情况来选择。

(5) 仪表装置。仪表装置是工业生产自动化的主要工具之一，它通过对温度、压力、流量、重量和成分等参数的测量和调节，来达到监视、控制或调节生产的目的。

(6) 其他管路附件。其他管路附件包括视镜、阻火器、过滤器、阀门伸长杆、漏斗、防空帽、防雨帽等，它们也是管路一个很重要的组成部分。

二、管道的分类

工业管道输送的介质种类繁多，输送介质的状态、性质、参数（压力、温度）等各有差异，为了便于设计，施工和运行管理，可按介质的性质和参数，把管道分为不同的种类，以便对不同类别的管道提出不同的要求。

1. 按介质压力分类及要求

工业管道输送的介质压力范围很大，可由接近绝对真空的负压到数百个甚至数千个大气压。例如，化工工业生产中，尿素生产用的负压为 0.08～0.097MPa，而合成氨生产用的正压达 32.65MPa，聚乙烯生产高达 153～255MPa。按照介质压力，工业管道分为如下几种。

（1）低压管道。公称压力不超过 1.6MPa。

（2）中压管道。公称压力为 2.5～6.4MPa。

（3）高压管道。公称压力为 10～100MPa。

（4）超高压管道。公称压力超过 100MPa。

管道在介质压力作用下，必须满足以下主要要求。

① 具有足够的机械强度。管道所用的管子、管件、管路附件，都必须在介质压力作用下安全可靠。特别是高压管道，不但介质压力高，而且还产生振动，所以高压管道还必须注意防振加固问题。

② 具有可靠的密封性。要保证管子与管路附件以及连接接头在介质压力作用下严密不漏，这就必须正确地选用连接方法和密封材料，并进行合理地施工安装。

2. 按介质温度分类及要求

工业管道所输送的介质温度差异很大，除输送常温介质外，还输送低温介质和高温介质。例如，深冷装置介质温度达到－192℃，而石油裂解达到 800℃左右。特别值得注意的是，管道是在介质温度和压力长期共同作用下工作的。按照介质温度工业管道分为如下几类。

（1）常温管道。常温一般是指 20℃，但常温管道的划分是以铸铁制件的耐温界限为基准的。当工作温度为－40～120℃时，铸铁的机械强度与常温时的强度相近。通常所说的常温管道是指工作温度为－40～120℃的铸铁管道。对其他材质的材料另当别论。

（2）低温管道。工作温度在－40℃以下。

（3）中温管道。工作温度为 121～450℃。其上限是按优质碳素钢的最高使用温度确定的。

（4）高温管道。工作温度超过 450℃。

管道在介质温度作用下，应满足以下主要要求。

① 管材耐热的稳定性。管材在介质温度的作用下必须稳定可靠。对于同时承受介质温度和压力作用的管道，必须从耐热性能和机械强度两个方面满足工作条件的要求。

金属管材在高温作用下，机械强度下降，产生蠕变、松弛和高温氧化等现象；并引起金属内部组织的变化，进而引起金属性能的变化。因此，输送高温介质的管材应采用耐热性能好的合金钢或不锈耐酸钢。

金属管材在低温作用下将产生冷脆性，强度降低。因此，输送低温介质的管道应采用耐低温的钢材或有色金属。

② 管道热应变的补偿。管道在介质温度及外界温度变化作用下，将产生热变形，并使管子承受热应力的作用。所以，输送热介质的管道，应设有补偿器，以便吸收管子的热变形，减少管道热应力。

③ 管道的绝热（保温和保冷）。管子在介质温度作用下，管壁内、外产生温度差，将使介质通过管壁散热（或吸热），并使管壁产生温差应力。介质温度越高，管壁内外温差越大，

介质散热（或吸热）越强，管子所承受的温差应力也越大。为了减少管壁的热交换和温差应力，输送冷介质和热介质的管道，在一般情况下，管外应设绝热层。

3. 按介质性质分类及要求

工业管道的选材、设计和施工的技术要求，主要取决于介质的参数（压力、温度）和性质。按照介质的性质，工业管道可分为如下几类。

（1）汽水介质管道。汽水介质是指过热水蒸气、饱和水蒸气和冷热水。这类管道在工业与民用建筑中最为普遍。汽水介质属于不可燃的惰性介质，对管材没有特殊要求，主要应根据工作压力和温度进行选材，保证管道具有足够的机械强度和耐热的稳定性。同时应注意管路的热补偿、绝热保温和蒸汽凝结水的排除与回收。

对于其他惰性气体、不可燃的液体及其蒸气，如压缩空气、氮气、碱液、冷却剂等，对管道本身的要求可与汽水介质归于同一类。

（2）腐蚀性介质管道。在工业管道所送的介质中，有许多腐蚀性介质。如硫酸、硝酸、盐酸、磷酸、苛性碱、氯化物、硫化物等。管道在腐蚀性介质作用下，管壁受介质腐蚀而减薄，受到破坏。因此，输送腐蚀性介质的管道，所用管材必须具有耐腐蚀的化学稳定性。

在工程上常以介质每年对材料的腐蚀深度来标志介质对材料的腐蚀程度，称为腐蚀速度，单位用（mm/年）表示。腐蚀速度越高则材料的耐蚀性越差。按照介质对材料的腐蚀速度不同，将介质分为如下三类。

① 低（弱）腐蚀性介质。其对材料的腐蚀速度不超过0.1mm/年。

② 中腐蚀性介质。其对材料的腐蚀速度为（0.1～1）mm/年。

③ 高（强）腐蚀性介质。其对材料的腐蚀速度超过1mm/年。

这里要特别注意的是，同一介质对不同材料的腐蚀速度是不同的。某一介质的腐蚀类别究竟属于低、中、高哪一种，要由输送该介质的管道来决定。例如，浓度为30%的硝酸，对碳素钢的腐蚀速度超过125mm/年，为高腐蚀性介质；而同样的硝酸对铬镍不锈钢的腐蚀速度仅为0.007mm/年，为低腐蚀性介质。

另外，在习惯上，一般泛称低、中、高腐蚀介质时，是以介质对碳素钢的腐蚀程度为基准的。凡是用碳素钢管能耐腐蚀的介质均称为低腐蚀性介质。在一般情况下，冷、热水，蒸汽，空气，煤气，氧气，乙炔，碱液，常温油品，制冷剂，惰性气体等属于低腐蚀性介质。

（3）化学危险品介质管道。在工业管道所输送的介质中，有许多化学危险品。例如毒性介质（氯、氰化钾、氨、沥青、煤焦油等）、可燃与易燃易爆介质（油品油气、水煤气、氢气、乙炔、烯、丙烯、甲醇、乙醇等），以及窒息性、刺激性、腐蚀性、易挥发性介质等。这些介质能发生燃烧、爆炸、腐蚀灼伤、致命等事故。因此，输送这类介质的管道，除必须保证足够机械强度外，还应满足以下要求。

① 密封性好。对危险介质，工业中多采用无缝管材，防止泄漏。

② 安全性高。管路系统应设置防止意外事故发生的安全装置，如安全阀、水封、爆破膜、阻火器、静电接地装置等。

③ 放空与排泄快。在停工或发生事故时，能迅速地将介质排放到专门设备或大气中。

（4）易凝固易沉淀介质管道。工业生产中，有一些介质在用管道输送过程中，由于介质向外散热，温度降低，介质黏度增加，以致产生凝固和结晶沉淀现象。例如重油、沥青在输送过程中产生凝固现象；苯、尿素溶液在输送过程中易析出结晶沉淀物。由于介质的凝固和沉淀，介质流动受到阻碍，因此，输送这类介质的管道，应采取以下的特殊措施。

① 管道的伴热与保温。在输送易凝固易沉淀介质时，必须保证管内介质温度不低于凝固或结晶沉淀温度，这就要求减少管道向外散热。为此，常采取管外保温和另外加装伴热管的办法，来保持介质温度。

② 管道的吹洗。输送易凝固易沉淀介质的管道，除考虑伴热和保温外，还应采取蒸汽吹洗的办法，进行管道的吹洗。

(5) 粉粒介质管道。在工业管道所输送的介质中，有一些固体物料，其绝大多数是粉粒介质。这种介质是在悬浮状态下输送的。它有两个主要特点：一是在输送过程中容易沉降而阻碍流动，二是对管壁产生撞击引起磨损。为此，对管道提出以下要求。

① 选用合适的输送速度，使介质既不沉降，又减少磨损。

② 在管道的受阻部件和转弯处，应做成便于介质流动的形状，并适当加厚管壁或衬耐磨材料。

第二节　管道及组成件的标准化

在管道工程中，要使用大量的管材和各式各样的管路附件。管道及其附件的标准化就是制定出这些产品的类型、规格和质量的统一技术标准，统一产品的设计、制造和供应工作，以便于生产和使用。我国的技术标准分为国家标准、专业标准、地方标准和企业标准。这里，专业标准、地方标准和企业标准都应服从国家标准。每种技术标准都应用标准代号来表示。技术标准代号由标准类别代号、标准顺序号和颁发年号组成。例如《工业金属管道设计规范》技术标准代号为GB 50316—2000。管道工程中常用的技术标准代号见下表。

序号	技术标准名称	标准代号
1	国家标准	GB
2	冶金工业部标准	YB
3	机械工业部(机械委)标准	JB
4	化学工业部标准	HG
5	化学工业部基建总局标准	HSB 化基标
6	石油工业部标准	SYB
7	原国家建委标准	GJB
8	国家建材总局标准	JC

目前，管道及管路附件基本上都已实现了标准化，其目的是为了使管道和管路附件具有互换性、能大批量生产，降低成本。在这些技术标准中，公称直径标准和公称压力标准是两个最基本的标准。

一、公称直径

所谓公称直径（或公称通径）就是指各种管子与管件能互相连接在一起的标准直径，用符号 DN 表示，后面的数字为公称直径，单位为mm。对于阀门和铸铁管来说，其内径一般与公称直径相等。对于钢管来说，其实际内径和外径与公称直径大都不相等，但其内径均接近公称直径，如公称直径 $DN=100$mm 的普通水、煤气管，外径 $D_o=114$mm、内径为 $D_i=100$mm，但大多数制品的公称直径既不等于内径，也不等于外径，而是一种名义直径。对于采用英制管螺纹连接的管子，其公称直径也习惯上采用英寸（in）为单位。1mm＝0.0394in，1in＝25.4mm，据上述关系就可以进行任何英寸与毫米之间的单位换算。

二、公称压力

在管道内流动的介质，都具有一定的压力和温度。用不同材料组成的管道所能承受的压力，受介质工作温度的影响。随着温度的升高，材料强度要降低。同一种材料在不同的温度下，具有不同的耐压强度，所以，必须以某一温度下材料所允许承受的压力作为耐压强度的标准，这个温度称为基准温度。材料在基准温度下的耐压强度称为公称压力，用符号 PN 表示，单位为 MPa。如公称压力为 2.5MPa 可记为 PN2.5。

管子与管路附件在出厂前，必须进行压力试验，以检查其强度与密封性是否符合要求。对制品进行强度试验的压力，称为试验压力，用 p_S 表示。一般试验压力为工作压力的 1.25～1.5 倍，公称压力越大，倍值越小。制品的密封性试验常以公称压力进行。

现行管子与管路附件的公称压力和试验压力标准见表 2-1。表 2-1 中，公称压力为 0.25MPa、0.6MPa、1.0MPa、4.0MPa、6.4MPa、10MPa、16MPa、20MPa、32MPa 的是管道工程中常用的，而表中的试验压力是指工厂制造产品于出厂前进行强度试验的压力，并不是管路的试验压力，管路系统的试验压力应按国家有关施工验收规范要求选用。

表 2-1　管子与管路附件的公称压力和试验压力

公称压力 PN/MPa	试验压力 p_S/MPa	公称压力 PN/MPa	试验压力 p_S/MPa	公称压力 PN/MPa	试验压力 p_S/MPa
0.05	—	6.4	9.5	49	68.6
0.1	0.2	(8)	(1.2)	64	89.6
0.25	0.4	10	15	80	110
0.4	6	(13)	(19.5)	100	130
0.6	0.9	16	24	125	160
1	1.5	20	30	200	250
1.6	2.4	25	37.5	250	312.5
2.5	3.7	32	48		
4	6	40	60		

三、公称压力、工作温度和工作压力的关系

材料的公称压力是指在基准温度下的耐压强度。但在大多数情况下，材料并非在基准温度下工作，随着工作温度的变化，材料的耐压强度也变化。所以，隶属于某一公称压力值的材料，究竟允许承受多大的工作压力，要由介质的工作温度来决定。这就需要知道材料在不同的工作温度下公称压力和工作压力的关系。因此，必须通过强度计算，找出材料的耐压强度与温度之间的变化规律。在工程上，通常是按照材料的最高耐温界限把工作温度分成几个等级，并计算出每个工作温度等级下材料的允许工作压力相当于公称压力的百分数。例如，用优质碳素钢制造的产品，工作温度可分为 11 个等级，在每一工作温度等级下，用公称压力百分数表示的最大工作压力见表 2-2。

表 2-2　优质碳素钢制品公称压力与工作压力的关系

温度等级	温度范围	最大工作压力	温度等级	温度范围	最大工作压力
1	0～200℃	1*PN*	7	351～375℃	0.67*PN*
2	201～250℃	0.92*PN*	8	376～400℃	0.64*PN*
3	251～275℃	0.86*PN*	9	401～425℃	0.55*PN*
4	276～300℃	0.81*PN*	10	426～435℃	0.50*PN*
5	301～325℃	0.75*PN*	11	436～450℃	0.45*PN*
6	326～350℃	0.71*PN*			

用其他材料制造的产品，同样也可以分成几个不同的工作温度等级，并计算出在每一工作温度等级下所允许承受的最大压力。这样，我们可以制订出各种材料的公称压力、工作温度和最大工作压力之间的换算关系，编制成便于应用的表格，以便按照材料的公称压力和介质的工作温度来确定所允许承受的最大工作压力；或者按照介质的工作压力和工作温度，来确定材料的公称压力，并用这个公称压力来选择管路附件。表 2-3～表 2-5，分别列出了钢材、铸铁材料、铜材料的公称压力、工作温度和最大工作压力的关系。这些表格称为材料的"温压表"，在选择管路附件时要经常使用。

表 2-3　碳素钢及合金制件的公称压力和最大工作压力

材　　料	介质工作温度/℃								
A3、A3F	至 200	250	300	350	—	—	—	—	—
10、20、25、35、20g、ZG25	至 200	250	300	350	400	425	450	—	—
16Mn、ZG20Mn	至 200	300	350	400	415	425	440	—	—
15MnV	至 250	300	375	410	430	450	—	—	—
12～15MnMoV、16Mo	至 250	350	425	460	480	500	520	—	—
12CrMo、15CrMo	至 250	350	425	460	480	500	520	530	535
Cr5Mo	至 250	350	425	475	490	505	525	540	545
12CrMoV、12MoVWBSiRe	至 250	350	425	475	510	530	550	570	580
12Cr2MoWVB	至 250	350	425	475	520	560	580	595	600
1Cr18Ni9Ti、Cr18Ni12Mo2Ti	至 250	350	425	475	525	560	600	620	630
0Cr13、1Cr13、2Cr13	至 250	300	375	—	—	—	—	—	—
公称压力 *PN*/MPa	最大工作压力/MPa								
0.1	0.1	0.09	0.08	0.07	0.06	0.06	0.05	0.04	—
0.25	0.25	0.23	0.20	0.18	0.16	0.14	0.11	0.09	0.08
0.6	0.6	0.55	0.50	0.44	0.38	0.35	0.27	0.21	0.19
1.0	1.0	0.92	0.82	0.73	0.64	0.58	0.45	0.35	0.31
1.6	1.6	1.5	1.30	1.2	1.0	0.9	0.70	0.59	0.49
2.5	2.5	2.3	2.0	1.8	1.6	1.4	1.1	0.88	0.78
4.0	4.0	3.7	3.3	2.9	2.8	2.3	1.8	1.37	1.27
6.4	6.4	5.9	5.2	4.7	4.1	3.7	2.9	2.25	1.96
10.0	10.0	9.2	8.2	7.3	6.4	5.8	4.5	3.53	3.14
16.0	16.0	14.7	13.1	11.7	10.2	9.3	7.2	5.59	4.99
20.0	20.0	18.4	16.4	14.6	12.8	11.6	9.0	7.06	6.27
25.0	25.0	23.0	20.5	18.2	16.0	14.5	11.2	8.82	7.84
32.0	32.0	29.4	26.2	23.4	20.5	18.5	14.4	11.27	9.99

表 2-4　铸铁制件的公称压力和最大工作压力

材料名称	介质工作温度/℃					
灰铸铁及可锻铸铁	≤120	200	250	300		
耐酸硅铸铁球墨铸	≤120					
铁	≤120	200	250	300	350	375
公称压力 *PN*/MPa	最大工作压力/MPa					
0.1	0.098	0.098	0.098	0.098	0.0784	0.686
0.25	0.245	0.245	0.196	0.196	0.1862	0.1568
0.6	0.588	0.539	0.49	0.49	0.441	0.4716
1.0	0.98	0.882	0.784	0.784	0.735	0.686
1.6	1.568	1.45	1.372	1.274	1.176	0.98
2.5	2.45	2.254	2.058	1.96	1.764	1.568
4.0	3.92	3.528	3.332	3.136	3.136	2.744

注：灰铸铁制件一般不用于 *PN*2.5、*PN*4.0，但灰铸铁截止阀可用于 *PN*2.5。

表 2-5　铜制件的公称压力与最大工作压力

公称压力 *PN*/MPa	介质工作温度/℃			
	≤120	160	200	250
	最大工作压力/MPa			
0.1	0.098	0.098	0.098	0.686
0.25	0.245	0.215	0.196	0.1666
0.6	0.588	0.539	0.49	0.392
1.0	0.98	0.882	0.784	0.686
1.6	1.568	1.372	1.274	1.078
2.5	2.45	2.156	1.96	1.666
4.0	3.92	3.52	3.136	0.646
8.4	6.272～24.5			

由于工作压力是指在给定温度下的操作压力。所以，有时在工作压力的符号 *P* 下加注缩小 10 倍后的工作温度。例如，在 550℃下的工作压力为 11MPa 时，可记做 $P_{55}11$。

例 1　已知管内水蒸气的工作压力为 2.45MPa、工作温度为 224℃，如在管路上安装一个灰铸铁阀门，试问应选用多大公称压力的阀门?

解　由表 2-4 可以看出，工作温度为 224℃。接近灰铸铁制品的工件温度 250℃，找到最大工作压力 3.332MPa，接近于本例工作压力 2.45MPa，而介质温度 250℃、工作压力 3.332MPa 的公称压力是 4.0MPa，因此，应选用 *PN*4 的灰铸铁阀门。

例 2　有一对 *PN*2.5，材料为 2.5 号碳素钢的法兰，该法兰可否安装在介质温度为 450℃、工作压力为 1.274MPa 的管道上?

解　由表 2-5 可以看出，*PN*2.5 的 25 号碳素钢材质法兰在介质工作温度为 450℃时，其最大允许工作压力为 1.078MPa。而本例题工作压力为 1.274MPa，因此，这一对法兰不能安装在此管道上。

第三节　管道的连接

管道连接是根据设计图纸和有关规范的要求，将管道与管道或管道与管件、阀门等连接起来，使之形成一个严密的系统，以满足使用要求。

管道连接的方法很多，常用的有螺纹连接、焊接连接、法兰连接、承插连接、胀管连接等多种方法。在管道的安装和检修施工中，可根据管子的材质、壁厚、管径、设计与工艺要求以及现场的具体条件等不同情况，选用各种不同的连接方法。

一、螺纹连接

螺纹连接也称为丝扣连接，适用于水、煤气输送钢管的连接以及带螺纹的阀件和设备的连接。常用于公称直径在100mm以下，工作压力在1MPa以内，介质温度不超过100℃的给水及热水管道。也可用于公称直径不超过50mm，工作压力不超过0.2MPa的饱和蒸汽管道。

常用的管螺纹连接方法有以下三种。

1. 长丝连接

长丝连接是管道常用的活动连接方式之一。它是由一根一端为普通螺纹（短丝），另一端为长丝（长丝根部无锥度）的短管和一个锁紧螺母（根母）组成。长丝连接成本低，简便易行，也较美观，缺点是根母处填料容易渗漏。图2-1所示为一长丝连接的例子，在实际应用中还需加一个内壁为通丝的管子箍，图2-1中是一个散热器进、出口处的长丝连接。

2. 短丝连接

短丝连接是管子的外螺纹与管件或阀件的内螺纹之间进行固定性连接的操作方式，要想拆开，必须从头拆起。

3. 活接头连接

活接头是由公口、母口和套母三个部分组成，如图2-2所示。

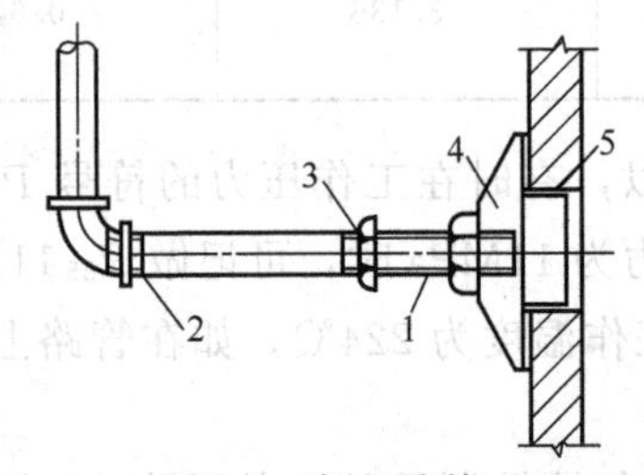

图2-1 长丝连接

1—长丝；2—普通螺纹丝扣；3—锁紧螺母；4—散热器补心；5—散热器

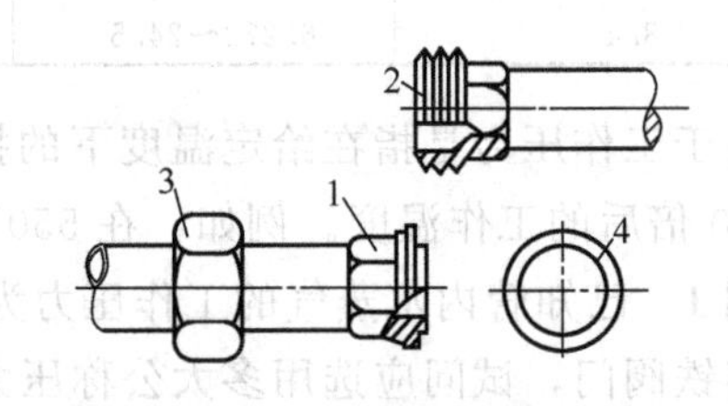

图2-2 活接头连接

1—公口；2—母口；3—套母；4—垫圈

公口的一端带插嘴，与母口的承嘴相配；另一端有内丝，与管子外丝呈短丝连接。套母的外表面呈六方形，内孔有内丝，内丝与母口上的外丝连接。连接时公口上加垫圈。套母要加在公口一端，并使套母内丝对着母口。套母在锁紧前，必须使公口和母口对好找正，接触平面平行，否则容易渗漏。活接头连接有方向性，应注意使水流方向从活接头公口到母口的方向。活接头连接拆卸比较方便，松开套母，两段管子便可拆卸下来，所以是一种比较理想的、可拆卸的活动连接。

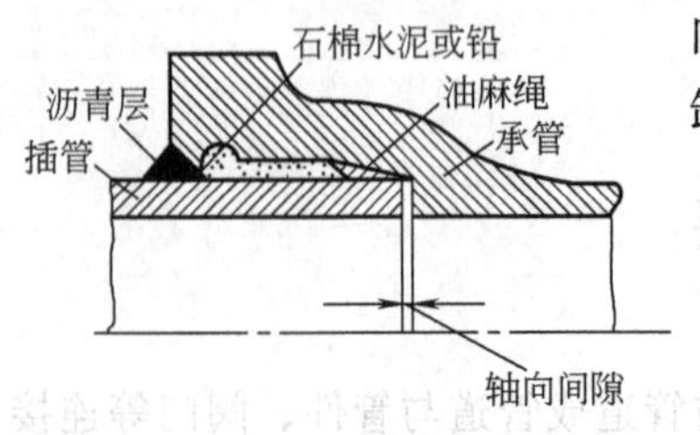

图2-3 承插连接

二、承插连接

承插连接适用于铸铁管，陶瓷管、水泥制品管、玻璃管和塑料管等，其连接方式如图2-3所示。

承插连接的插管和承管接口连接端面处应留一轴向间隙，以补偿管道的热伸长，间隙的大小与管材和管径有关，承接口环形间隙宽度应保持均匀，其上、下、左、右偏差不能超过2mm，在环形空间内充填密封填料，这种承插连接难于拆卸，不便修理，虽然连接不甚可靠，但两连接管有小的弯曲时，仍可维持不漏，所以承插连接只能用于压力较低的场合。

根据承插连接口处密封填料不同，承插口有油麻石棉水泥密封接口，胶圈水泥砂浆密封接口，油麻青铅密封接口，自应力水泥砂浆密封接口以及氯化钙石膏水泥密封接口等。对于铸铁管多用油麻石棉水泥密封接口，先填一定深度的油麻绳，然后填一定深度的石棉水泥，在重要场合有时灌铅，在接口外面，浇涂一层沥青做防腐层。油麻在承接口内的作用是当管内充水，油麻浸水后纤维膨胀，孔隙变小，可防止压力水的渗透。石棉水泥的作用是抵抗水压，防止油麻被挤出，可加强接口的抗弯、抗振强度。这种接口形式成本较低，承受压力较高，但劳动强度大，麻丝易于腐烂而影响水质。

三、法兰连接

法兰连接就是把固定在两个管口上的一对法兰，中间放入垫片，然后用螺栓拧紧使其接合起来的一种连接方法。其优点是密封性能及结合强度都较理想，安装及拆卸方便，所以在各种压力和温度条件下的管道都能适用。法兰连接除用于检修时需要拆卸的地方外，还用于连接带法兰的阀门、仪表和设备。如果采用过多的法兰连接，将会增加泄漏的可能性和降低管道的弹性。

法兰连接的一般规定如下。

管道安装时，应对法兰密封面及密封垫片进行外观检查，不得有影响密封性能的缺陷存在，如不得有砂眼、裂纹、斑点、毛刺等能降低法兰强度和连接可靠性的缺陷。当管子和法兰焊接时，要求法兰端面和管子中心线垂直，其偏差度可用角尺和钢直尺来检查，公称直径小于或等于300mm的管子偏差度为1mm；公称直径大于300mm时偏差度为2mm。管子插入法兰内距密封面应留出一定距离，一般应为法兰厚度的一半，最多不应超过法兰厚度的2/3，这样便于内口焊接。由于平焊法兰承受了机械应力和热应力，在断裂时是整副法兰突然断裂，因此平焊法兰的内外两面都必须与管子焊接。法兰连接应保持同轴线，其螺栓孔中心偏差一般不超过孔径的5%，并保证螺栓能自由穿入。

法兰垫片应符合标准，不允许使用斜垫片或双层垫片。采用软垫片时，周边应整齐，垫片尺寸应与法兰密封面相符，当大口径的垫片需要拼接时应采用斜口搭接或迷宫形式，不得平口对接。必要时可根据需要在垫片上涂石墨粉、二硫化钼油脂，石墨机油等涂剂。

拧紧法兰螺栓应使用合适的扳手，分2～3次进行，不得一次拧紧。拧紧螺栓的次序应按图2-4所示的次序对称、均匀地进行，松紧要适当，大口径法兰最好是两个人在对称的位置同时拧紧。

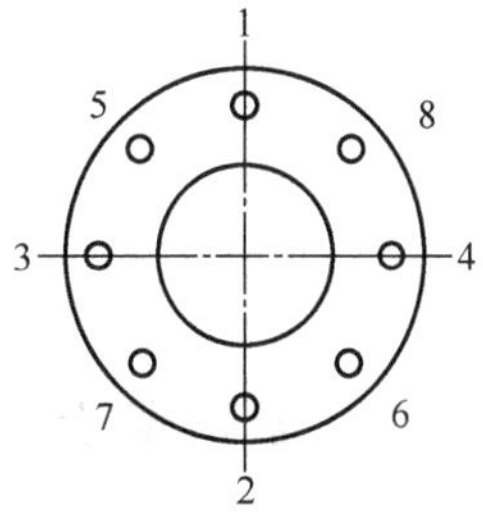

图2-4　拧紧法兰螺栓的次序

连接法兰的螺栓，端部伸出螺母的外露长度不得大于2倍螺距。法兰连接应使用同一规格螺栓，全部螺母应位于法兰的同侧。连接阀件的螺栓、螺母一般应放在阀件一侧。螺母紧固后，应与法兰紧贴，不得有楔缝，需加垫圈时，每个螺栓不应超过一个。对于露天装置的法兰，介质温度高于100℃或低于0℃，或有大气腐蚀，或有腐蚀介质，其螺栓、螺母应涂以二硫化钼油脂、石墨机油或石墨粉。

法兰接头的螺栓拧紧后，两个法兰密封面应互相平行，其偏差不大于法兰外径的1.5/1000，且不大于2mm。不得用强紧螺栓的方法消除歪斜。

法兰不得埋入地下，埋地管道或不通行地沟内管道的法兰接头应设置检查井。法兰也不能装在楼板、墙壁或套管内。为了便于装拆，法兰与支架边缘或建筑物的距离一般不应小于200mm。

四、焊接连接

焊接连接是管道工程中应用最广泛的连接方法。焊接连接的主要优点是：接口牢固耐久，不易渗漏，接头强度和严密性高；不需要接头配件，管材利用率高，成本低；使用维护方便，适用面广。缺点是：其接口是不可拆卸的固定接口。

管子焊接连接时的一般规定如下。

管子对口前，应将焊接端的坡口面及内外管壁15～20mm范围内的铁锈、泥土、油脂等脏物清除干净，不圆的管口应进行整圆或修整。管子对口时应检查平直度，在距接口中心200mm处测量，允许偏差为1mm/m，但全长允许偏差最大不超过10mm。

对口间隙应符合要求。除设计规定的冷拉焊口外，对口时不得用强力对正，以免引起附加应力。连接两闭合管段的对接焊口，如间隙过大，不允许用加热管子的方法来缩小间隙，也不允许用加偏垫或多层垫等方法来消除接口端面的空隙、偏差、错口或不同心等缺陷。

由于电焊焊缝的强度比气焊焊缝强度高，并且比气焊经济，因此应优先采用电焊焊接。只有公称直径小于50mm、壁厚小于3.5mm的管子才用气焊焊接。但有时因条件限制，不能采用电焊施焊的地方，可以用气焊焊接公称直径大于50mm的管子。

管子焊接时应垫牢，不得搬动，不得将管子悬空或处于外力作用下施焊。焊接过程中管内不得有穿堂风，凡是可以转动的管子都应采用转动的焊接，应尽量减少固定焊口，以减少仰焊，这样可以提高焊接速度和保证焊接质量。多层焊缝的焊接起点和终点应互相错开。焊缝焊接完毕应自然缓慢冷却，不得用水骤冷。

如管道试压时焊缝有渗漏，应放掉管内介质，在无压力的情况下进行补焊。

管道弯头的弯曲部分不允许有对接焊缝，焊缝与弯曲起点的距离不得小于管子外径，并不得小于100mm（冲压弯头除外）。对接焊缝之间的距离不得小于管子外径，且不得小于200mm。

两钢板卷管对接时，钢板卷管上的纵向焊缝应错开1/4～1/2圆周，并不得小于100mm。卷管的纵向焊缝应置于易检修的位置，且不宜在底部。

管道上的焊缝不准位于支架上或吊架环内，焊缝离支（吊）架净距不得小于500mm，也不得紧贴墙壁和楼板。需热处理的焊缝距支（吊）架不得小于焊缝宽度的5倍，且不小于100mm。

第四节　管道组成件

一、常用管件

管件是指管路连接部分的成型零件，如三通、弯头、管接头、异径管和管接头等。常用的管件可分为钢管件、铸铁管件和非金属管件。

（一）钢管件

钢管件可用优质碳素钢或不锈耐酸钢经特制模具压制成型，或用可锻铸铁或软钢铸造成型。

1. 弯头

压制弯头有 45°、90°和 180°三种，其中常用的 90°弯头如图 2-5 所示。

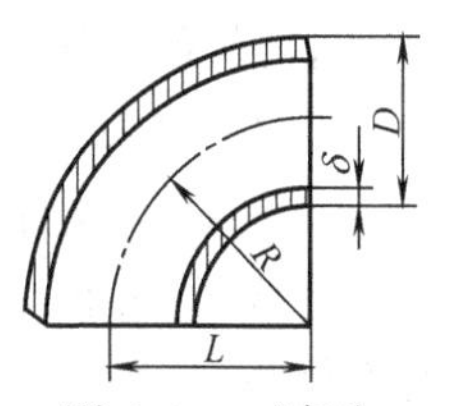

图 2-5　90°弯头

2. 异径管

压制异径管有同心和偏心两种，如图 2-6 所示。

3. 可锻铸铁（钢）管件

可锻铸铁制成的管件种类很多，其外形特点是带有厚边，而碳素钢制成的则不带厚边；可锻铸铁制品均为螺纹连接，而碳素钢制品大多为焊接连接；可锻铸铁制品承压在 1.0MPa 之内，而碳素钢制品承压可大于 1.0MPa。可锻铸铁制品有镀锌的和不镀锌的两种。常用可锻铸铁（钢管）管件种类如图 2-7 所示。

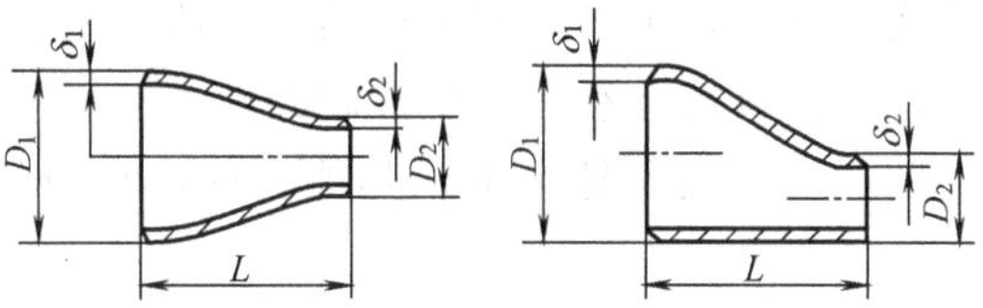

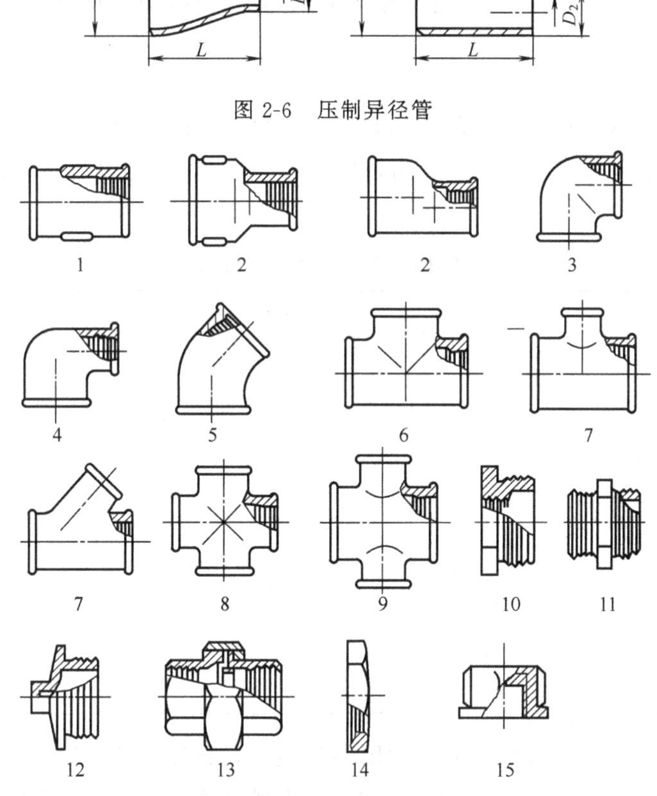

图 2-6　压制异径管

图 2-7　常用可锻铸铁（钢）管件种类

1—管接头；2—异径管接头；3—弯头；4—异径弯头；5—45°弯头；
6—三通；7—异径三通；8—四通；9—异径四通；
10—内外螺母；11—六角内接头；12—外方堵头；
13—活接头；14—锁紧螺母；15—管帽头

① 管接头，又称管箍或外接头，常用于直线连接两根直径相同的管子。

② 异径管接头，又称大小头、异径管箍，有同心和偏心两种。同心的用于直线连接两根直径不同的管子；偏心的用来连接同一管底标高的两根不同直径的管子。

③ 弯头，又称90°弯头，用来连接两根同径管子或管件，同时，使管道改变90°方向。

④ 异径弯头，又称异径90°弯头，既能使管道作90°的转向，又能改变管道直径。

⑤ 45°弯头，又称135°弯头，用来连接两根同径管子或管件，可使管道改变45°方向。

⑥ 三通，又称丁字弯，用于管道分支，三个方向管子直径相同。

⑦ 异径三通，有异径直三通和异径斜三通，在管道分支变径时使用，直通管径大，分支管径小。

⑧ 四通，又称十字接头，管道呈十字形分支，四个方向管子直径均相同。

⑨ 异径四通，管道呈十字形分支，管子直径有两种，其中相对的两管直径相同。

⑩ 内外螺母，又称为补心，用于管子由小变大或由大变小的连接处。

⑪ 六角内接头，又称之为内接头或外丝，当安装距离很短时，用来连接直径相同的内螺纹管件或阀件。

⑫ 外方堵头，又称丝堵、管堵，用于堵塞配件的端头或堵塞管道的预留口。

⑬ 活接头，又称由任，装在直管上经常需要拆卸的地方。

⑭ 锁紧螺母，又称报母，用于锁紧外接头或其他管件，常与长丝、管箍配套使用，可代替活接头。

⑮ 管帽头，又称管子盖，用于封闭管道的末端。

管件常用规格以其所连接管道的公称直径来标注。管道公称直径的种类较多，又有同径和异径之分，所以管件种类也就更多。常用的 $DN100$ 以内的螺纹连接管件，各种规格的组合见表2-6。

表2-6 管道配件规格排列

DN/mm	$D\times d$/mm							
15	—	—	—	—	—	—	—	—
20	20×15	—	—	—	—	—	—	—
25	25×15	25×20	—	—	—	—	—	—
32	32×15	32×20	32×25	—	—	—	—	—
40	40×15	40×20	40×25	40×32	—	—	—	—
50	50×15	50×20	50×25	50×32	50×40	—	—	—
65	65×15	65×20	65×25	65×32	65×40	65×50	—	—
80	80×15	80×20	80×25	80×32	80×40	80×50	80×65	—
100	100×15	100×20	100×25	100×32	100×40	100×50	100×65	100×80

管件规格表示方法：一般同径的管件用 DN 表示，异径的管件用 $D\times d$ 表示，D 为大口直径，d 为小口直径。一般生产厂家生产的管件规格为 $DN20\sim DN100$，也有厂家生产 $DN125$ 和 $DN150$ 的管件。

无论是三通或四通，只有两种通径，而且直通方向是相同的。但在工程实际中，有时需要在一处连接三种或四种不同的管径，这就只有通过添补心、大小头、外丝等方式来加以解决。

（二）非金属管件

非金属管件主要为塑料管件等，硬聚氯乙烯塑料管管件近年来发展很快，有了一些新产品。常见的硬聚氯乙烯管件有三通、四通、弯头、伸缩节、检查口以及带螺纹的法兰等。连接方式有螺纹的和承插的，承插的又分粘接和焊接两种形式，一般规格为 $DN25 \sim DN100$。

（三）铸铁管管件

铸铁管管件已经标准化了。按材质分为普通铸铁管件和高硅铁管件；按用途分为给水铸铁管件和排水铸铁管件。

1. 给水铸铁管管件

给水铸铁管管件有弯管、丁字管、十字管、异径管、套管、短管及各种形式管件等。连接形式有承插式、法兰式。这些管件一般做成承插、双承、多承、单盘、双盘、多盘等形式，如图 2-8 所示。

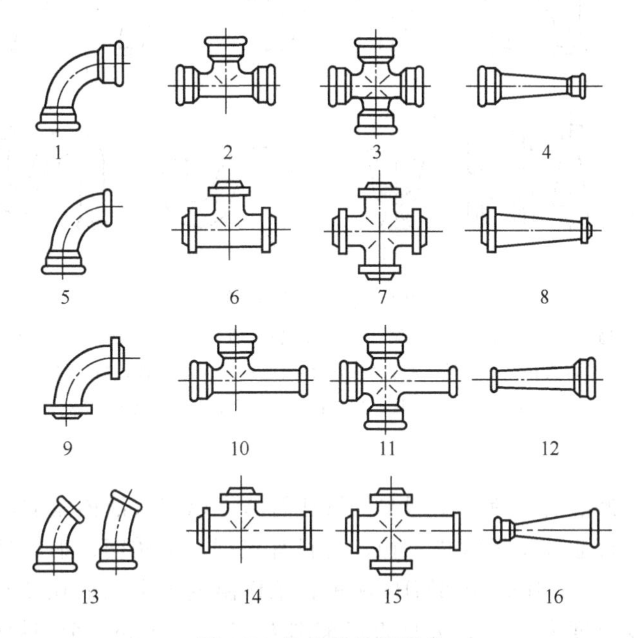

图 2-8　给水铸铁管管件

1—90°双承弯管；2—三承丁字管；3—四承十字管；4—双承渐缩管；5—90°承插弯管；6—三盘丁字管；7—四盘十字管；8—双盘渐缩管；9—90°双盘弯管；10—双承丁字管；11—三承十字管；12—承插渐缩管；13—45°、22.5°承插弯管；14—双盘丁字管；15—三盘十字管；16—承插渐缩管

2. 排水铸铁管管件

排水铸铁管管件用于无压力自流管道，连接形式均采用承插式。管件种类较多，常用的有丁字管、十字管、扫除口、弯管、异径管、弯曲形污水管、管箍、地漏、存水弯等，常用规格为 $DN50 \sim DN200$。其外形如图 2-9 所示。

二、常用管路附件

管路附件包括视镜、阻火器、阀门伸长杆、漏斗、防空帽、防雨帽等。

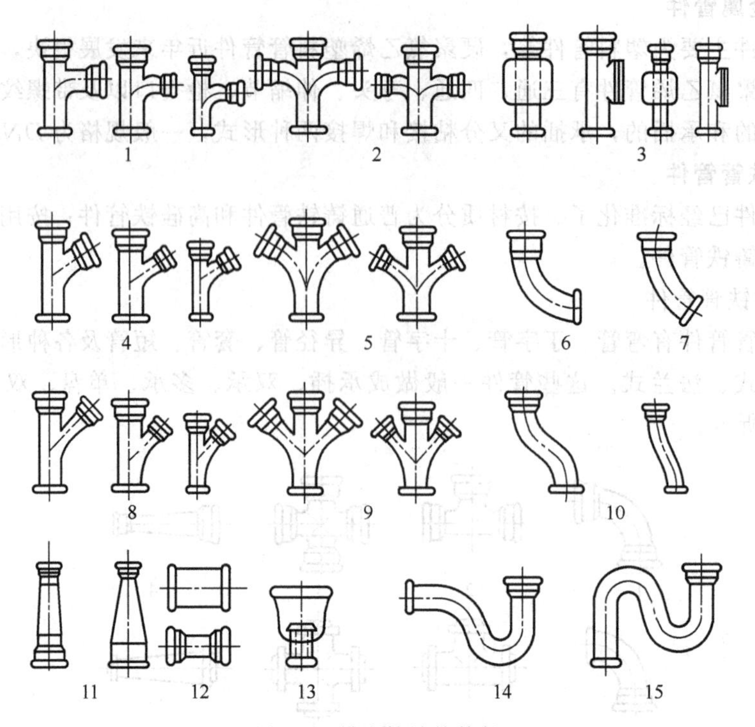

图 2-9　排水铸铁管管件

1—直三通；2—直四通；3—扫除口；4—60°斜三通；5—60°斜四通；6—90°弯头；
7—45°弯头；8—45°斜三通；9—45°斜四通；10—乙字管；11—异径管；
12—管箍；13—地漏；14—P形存水弯；15—S形存水弯

1. 视镜

多用于排液或受槽前的回流、冷却水等液体管路上以观察液体流动情况，有直通玻璃板式、三通玻璃板式、直通玻璃板管式三种。材料有碳钢、不锈钢、铝、衬铅、衬胶塑料等多种。公称压力范围有 0.25MPa、0.6MPa 两种；工作温度为金属的在 200℃以下，塑料的在 80℃以下，允许急变温度为 80℃；公称直径范围为 15～150mm，个别规格到 200mm。钢制视镜如图 2-10 所示。

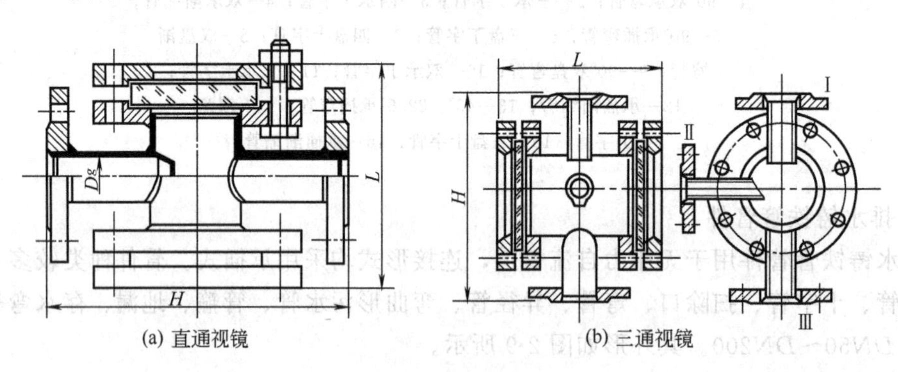

图 2-10　钢制视镜

2. 阻火器

阻火器是一种防止火焰蔓延的安全装置。通常安装在易燃易爆气体管路上，有砾石阻火器、金属丝阻火器和波形散热阻火器三种，公称压力有常压 0.066MPa、0.2MPa、0.25MPa 和 1MPa 数种，材料有碳钢、不锈钢、灰铸钢、铸铝等，公称直径为 15～150mm，阻火器如安装在垂直的排气管上，要很好固定，并安装在便于检查的地方。碳素钢壳体镀锌铁丝网阻火器如图 2-11，钢制砾石阻火器如图 2-12 所示。

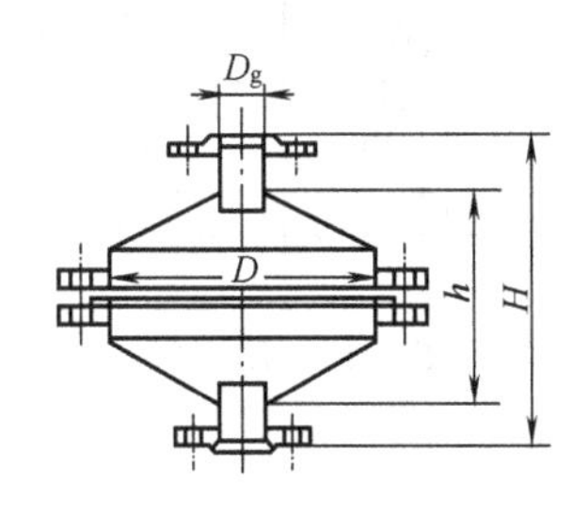

图 2-11　碳素钢壳体镀锌铁丝网阻火器

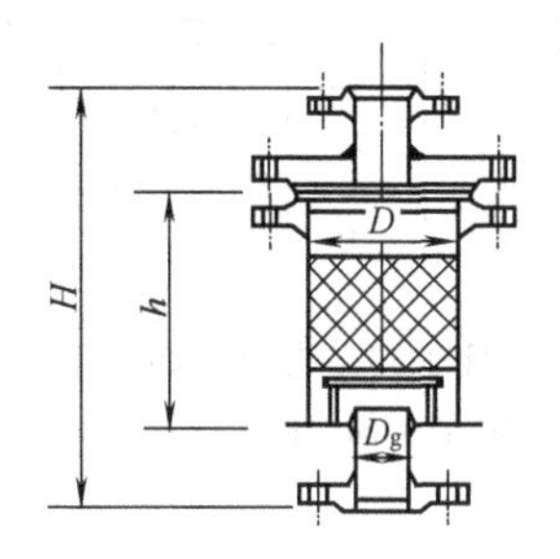

图 2-12　钢制砾石阻火器

3. 过滤器

管道过滤器多用于水泵、仪表（如流量计）、疏水阀、减压阀前的液体管路上，要求安装在便于清理的地方，以 Y 型过滤器、锥形过滤器、直角式过滤器、高压管道过滤器等为例。公称压力分 1.6MPa、2.5MPa、4MPa、22MPa、32MPa 等级别。材料有碳钢、不锈钢、锰钒钢、铸钢、可锻铸铁等，公称直径范围为 15～400mm。工作温度在－40～350℃之间。管螺纹连接 Y 型过滤器如图 2-13 所示。

4. 漏斗

多用于排液系统。漏斗前后的管子，安装时最好使中线错开一些，便于排水，以接管公称直径范围为 15～800mm，均为焊接而成。B 型漏斗如图 2-14 所示，C 型漏斗如图 2-15 所示。

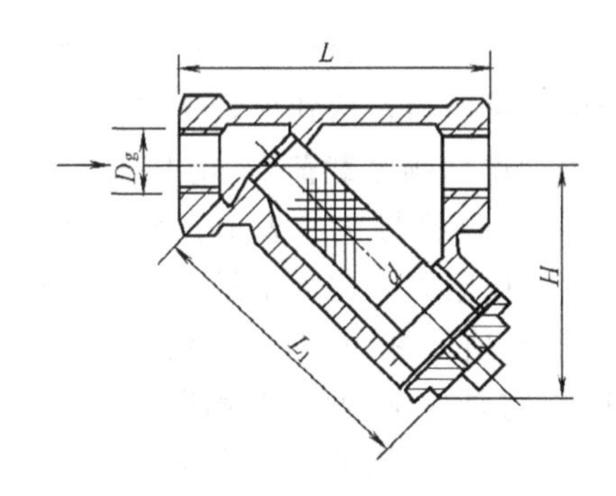

图 2-13　管螺纹连接 Y 型过滤器

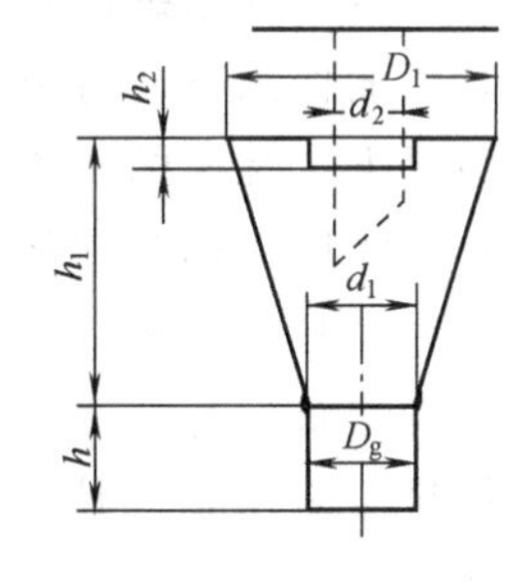

图 2-14　B 型漏斗

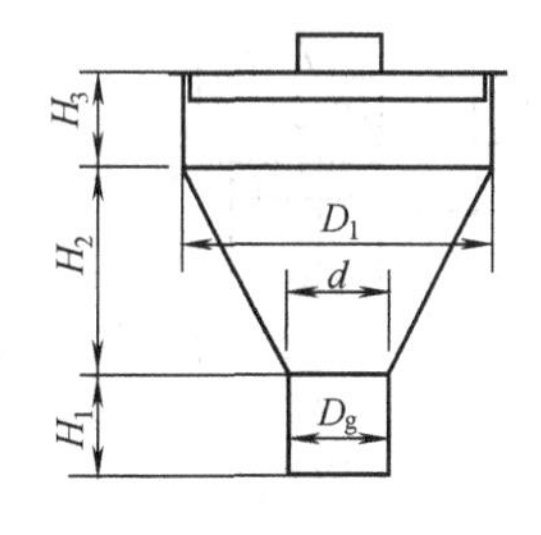

图 2-15　C 型漏斗

5. 阀门伸长杆

用于隔楼板、隔墙操作的阀门、有支撑管和无支撑管的两种形式。伸长杆与原阀杆的连接形式。闸阀一般为圆形带键槽，截止阀一般为四方锥体连接。阀径范围为 25～40mm，如图 2-16 所示。

6. 防空帽和防雨帽

规格有公称直径 50～300mm 的系列。对于保温管的防雨帽，应注意该保温层的厚度。以便于核对土建留孔的大小是否合适。防空帽如图 2-17 所示。

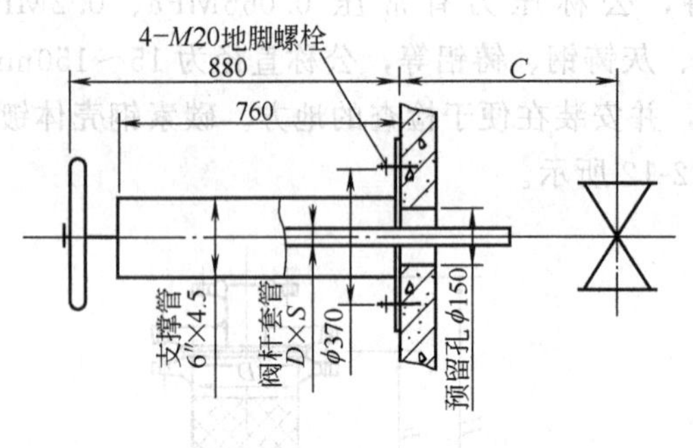

图 2-16　支撑管阀门伸长杆

带支撑管的阀门伸长杆（用于穿楼板面）

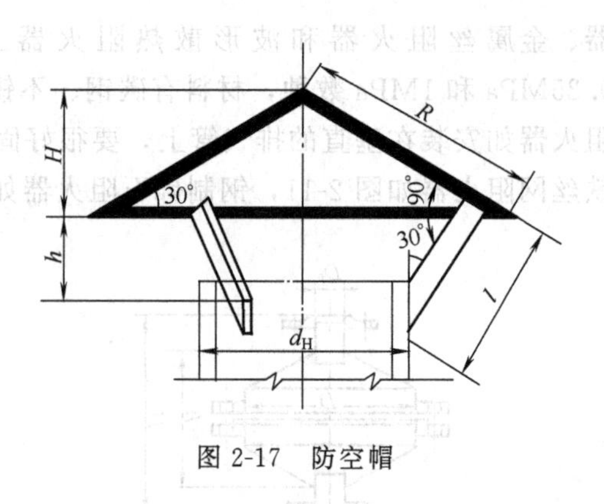

图 2-17　防空帽

第五节　法兰及法兰盖

法兰又称凸缘，是固定在设备或管子一端上的带螺栓孔的圆盘，俗称法兰盘，其作用是通过两法兰之间的螺栓连接及两互相配合面的垫片密封，保持设备或管道系统之间连接又不发生泄漏。

一、法兰的受力分析

法兰所必须具备的强度和密封性，主要取决于法兰的受力状态。图 2-18 所示为法兰受力分析。

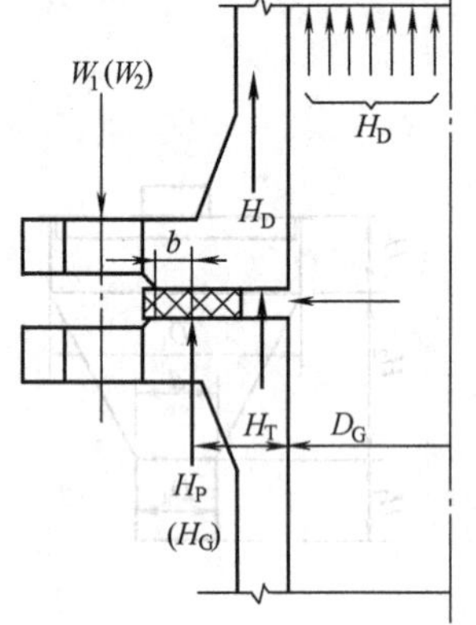

图 2-18　法兰受力分析

1. 法兰预紧状态下的螺栓预紧载荷

法兰在拧紧螺栓后通入介质前称为预紧状态，法兰在螺栓预紧力的作用下，对垫片产生预紧压力，达到预紧密封。在预紧情况下，螺栓的预紧力称为“螺栓预紧载荷”，用W_2表示；垫片上的压力称为“垫片载荷”，用符号H_G表示。欲达到预紧密封，必须对垫片施加足够的压紧力。这个压紧力（即垫片载荷）与垫片有效密封面积的比值，称为“垫片密封比压”，用符号y表示，单位为MPa。它是保证预紧密封所必须施加在垫片单位面积上的最小压紧力，其数值可由实验求得。垫片的密封比压与压力无关，只和垫片的材料和形状有关。如厚度为3mm的橡胶石棉板垫片，密封比压$y=11$MPa；软钢制的金属平垫片$y=126$MPa。垫片的密封比压越大，密封性越高。

法兰在预紧密封时，螺栓预紧载荷W_2等于垫片上的压紧力，即垫片载荷H_G，可用下式计算。

$$W_2=H_G=F_b y=\pi b D_G y$$

$$F_b=\pi b D_G$$

式中　F_b——垫片有效密封面积，m^2；

如图 2-18 所示的法兰垫片，有效密封面积在数值上采用垫片有效压紧面积的一半；

b——垫片有效密封宽度，m；

D_G——垫片载荷作用点处的直径，m。

由上式可以看出，当垫片密封比压力为定值时（即垫片材料和形状一定），欲减少螺栓载荷，必须减少垫片的有效密封面积。而在同样的螺栓载荷作用下，垫片有效密封面积越小，垫片密封比压就越大，接口的密封性也就越高。因此，工业管道上的法兰多采用窄垫片，而很少采用宽垫片，但垫片压紧力不能大到使垫片完全产生塑性变形而失去弹性，如垫片失去回弹能力，则在管道通入介质后，由于内压升高必然导致法兰接口泄漏。

2. 法兰在操作状态下的垫片压紧载荷

当管内通入介质后，法兰承受着内压力和介质温度的作用，称为法兰的操作状态。在内压作用下，法兰上又产生方向与螺栓拉紧力相反的轴向力，称它为"内压载荷"。内压载荷分为两部分，一是作用在管子内径端面上的内压载荷，用 H_D 表示，此力的作用点可认为位于法兰颈部（圆盘与管子的接合部位）厚度的中心；二是作用在垫片载荷作用线以内法兰端面上的内压载荷，用符合 H_T 表示，总内压载荷为 $H=H_D+H_T$。在内压载荷作用下，法兰两个接触面有分开的趋势，使垫片上的压紧力减少，将产生一个微小的分离量，如果此时垫片具有回弹能力，还可保证接口的密封性。当垫片上的压紧力减少到保持接口密封不漏的最小值时，称为"最小残余压紧力"，也称操作情况下的垫片载荷，用符号 H_P 表示。垫片压紧载荷与作用在垫片有效压紧面上的内压总力的比值称为垫片系数，用符号 m 表示。它是由实验求得一个无因次量，对同一形状同一材料的垫片，其数值是一个常数，如厚度为 1.5mm 的橡胶石棉板垫片 $m=2.75$，软钢制的金属平垫片 $m=5.5$。

当垫片材料及形状选定后，操作状态下的垫片压紧载荷 H_P 可按下式计算。

$$H_P=F_P P_m=\pi(2b)D_G P_m$$

式中　P_m——管内介质工作压力，MPa；

F_P——垫片有效压紧面积，m^2。

法兰接口，其垫片有效压紧面积等于有效密封面积的两倍，即 $F_b=\pi(2b)D_G$。

由上式可以看出，垫片的有效压紧面积越小，所需的垫片压紧载荷就越小。因此，为了减少操作情况下的垫片载荷，法兰接口以采用窄垫片为好。

法兰在操作状态下的螺栓载荷为 W_1，应等于总内压载荷 H 和垫片压紧载荷 H_P 之和

$$W_1=H+H_P=(H_D+H_T)+H_P$$

3. 法兰必须具备的螺栓载荷

为了保证法兰密封性所必需的螺栓载荷，应采用预紧状态下的螺栓预紧载荷 W_2 和操作状态下的螺栓载荷 W_1 二者中的较大值。

法兰在操作状态下，由于内压的作用，不仅产生能使法兰分开的轴向力，而且还对垫片产生侧向推力。这个侧向推力对垫片产生两方面的影响，一是对渗透性材料垫片（如橡胶石棉板），介质压力越高，沿垫片内部毛细管的渗透量越大，因此高压介质不宜选用渗透性材料做垫片；二是使垫片有被吹走的趋势。因此，法兰密封面对垫片的表面约束越好，接口的密封性就越高。法兰对垫片的约束力，除了取决于螺栓载荷以外，还取决于法兰密封面的形式，如平面式密封面对垫片的约束就低于凹槽式密封面。由于介质压力、温度和渗透力不

同，对垫片约束的要求就不同，因而应采用不同形式的密封面。

综上所述，法兰接口的密封性，主要取决于法兰螺栓载荷、垫片的性能和法兰密封面的形式。螺栓载荷越大，垫片的密封比压和垫片系数及其弹性越大，法兰密封面形式对垫片的约束力越大，接口的密封性就越高。

二、法兰密封面的形式

常用的法兰密封面形式有以下几种。

1. 光滑式密封面

这种密封面简称光滑面，如图 2-19（a）所示，其密封面是平的，所以又称平面式密封面，其中无凸台的光滑式密封面，适用于公称压力 $PN \leqslant 0.1\mathrm{MPa}$ 的法兰上，需配用宽垫片；有凸台的光滑式密封面，其宽度比无凸台密封面小，在同样的螺栓拉紧力下，其密封性比无凸台密封面高，当 $PN \leqslant 2.5\mathrm{MPa}$ 时，配用软窄垫片，采用软窄垫片的光滑式密封面，一般在其接合面上加工出密纹水线（深度为 0.4mm 间距为 0.8mm 的同心圆或螺旋线）或沟槽（深度 1～1.5mm，2～4 圈）。当拧紧螺栓后，垫片受压变形被挤入水线或沟槽内，使垫片受到约束而不移动，可保证接口的密封性。

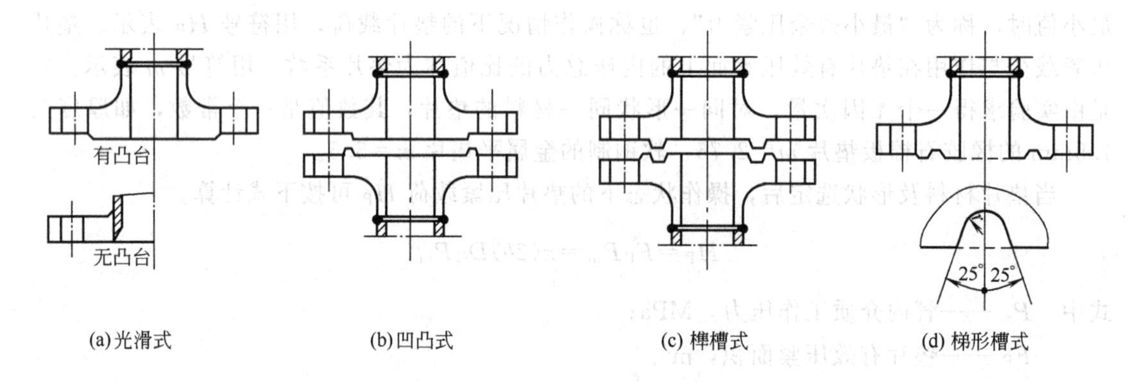

图 2-19　常用的法兰密封面形式

2. 凹凸式密封面

凹凸式密封面简称凹凸面，如图 2-19（b）所示，其密封面在一个法兰内侧是凸起的称为凸面，在另一个法兰上是凹入的称为凹面。在凹面中放入垫片，将凸面压入凹面，形成密封接口。凹凸式密封面的特点是，将垫片限制在凹面内使其不能移动；其接合面的宽度小于光滑式密封面，因而所需要的螺栓拉紧力较小，可用于较高压力下；同样的螺栓拉紧力下，其密封性比光滑式高。这种密封面可用于 $PN \leqslant 6.4\mathrm{MPa}$ 的易燃、易爆、有毒以及渗透能力较高的介质和 $PN \leqslant 4 \sim 20\mathrm{MPa}$ 的汽水介质管道法兰上。

3. 榫槽式密封面

这种密封面简称榫槽面，如图 2-19（c）所示，在一个法兰的接合面上具有凸棱（称为榫面），另一个法兰上有凹槽（称为槽面），垫片放入凹槽内，被榫面压住，既不能移动又不会被挤入管内，同时减少了介质对垫片的浸蚀。这种密封面的宽度比凹凸式还窄，在同样的螺栓拉紧力作用下，其密封性比凹凸式高。因此，在易燃易爆和有毒性以及其他贵重介质都可采用。但由于检修时垫片不易取出，加工也较复杂，故在一般场合不推荐使用，只有在严格场合下如剧毒物质（氰化钠、氢氰酸等）管路的法兰上采用。

4. 梯形槽式密封面

这种密封面简称梯形槽面，如图 2-19（d）所示。在两个法兰接合面上都加工有梯形凹槽，槽内放入椭圆形或八角形金属垫片，螺栓拧紧后具有很高的密封性。但其加工制造复杂，故在一般场合下不推荐使用。主要用于高温高压油品管道的法兰上。

5. 锥形密封面这种密封面又称透镜式密封面，是在两个法兰面上都加工有锥形面，将锥形金属（透镜式）垫片放入，并将其限制在锥形面中。这种密封面形式的法兰用于高压高温，有腐蚀性的介质管道或设备上。

三、钢管法兰的种类

钢制管道上的法兰分为以下几种。

（一）整体法兰

这种法兰与设备、阀件和管路附件铸成一体。它的类型和适用条件与焊接法兰中的对焊法兰相同。

（二）螺纹法兰

这种法兰是采用螺纹连接装合于管端上，分为低压螺纹法兰和高压螺纹法兰。低压螺纹法兰又分为铸铁制法兰（俗称生铁法兰盘）和铸钢制法兰（俗称熟铁法兰盘），适用于水煤气输送钢管上，其密封面为光滑式。

（三）焊接法兰

焊接法兰在管道上的应用最为普遍。分为平焊法兰（见图 2-20）和对焊法兰（见图 2-19）。

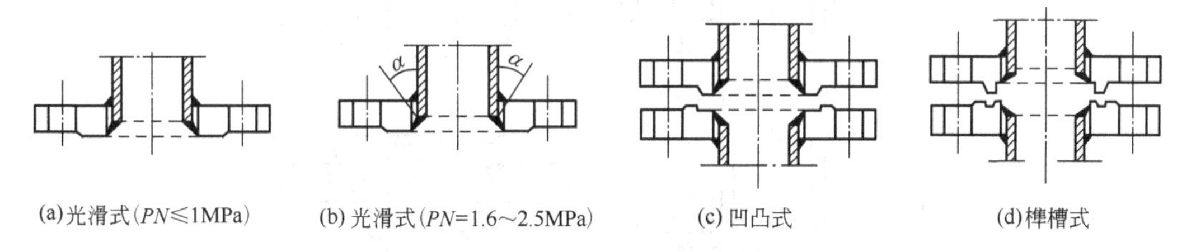

(a)光滑式($PN \leqslant 1$MPa)　(b)光滑式($PN=1.6\sim2.5$MPa)　(c)凹凸式　(d)榫槽式

图 2-20　平焊法兰

1. 平焊法兰

平焊法兰又称搭焊法兰，可用钢板割制或型材锻制。其优点是制造简单，成本低。但与对焊法兰比较，焊接工作量大，焊条消耗多，经不起高温、高压、反复弯曲和温度波动的作用，只适应于公称压力不超过 2.5MPa、工作温度不超过 300℃的管道上。当公称压力不超过 1MPa 时，法兰与管子的焊缝形式如图 2-20（a）所示；当公称压力为 1.6～2.5MPa 时，焊缝形式如图 2-20（b）所示。由于在管道工程中，公称压力不超过 2.5MPa 的管道最多，所以平焊法兰的用量最大。

平焊法兰的密封面可以制成光滑式、凹凸式和榫槽式三种。其中以光滑式平焊法兰的应用最为普遍，其规格按公称压力为 0.1MPa、0.25MPa、0.6MPa、1MPa、1.6MPa、2.5MPa 六个等级系列，其中公称压力为 0.1～0.25MPa 的法兰主要适用于压力很低的介质管路上。

2. 对焊法兰

对焊法兰与平焊法兰的区别是：法兰本体带一段短管，法兰与管子的接合实质上是短管与管子的对口焊接，故称对焊法兰。这种法兰的圆盘与管子接合处，加工出加强的锥形高颈，所以又叫做高颈法兰。其结构合理，强度与刚度较大，经得起高温高压及反复弯曲和温度波动的作用，密封可靠。一般用于公称压力 $PN \geqslant 4$MPa 或温度大于 300℃ 的管道上。对于易燃易爆有毒介质，即使压力不高有时也采用对焊法兰。

对焊法兰与平焊法兰比较，虽然增加了锥形高颈，但如果计入平焊法兰管子连接的焊缝及和对焊法兰高度相应的一段管子的质量，则对焊法兰的质量并不比平焊法兰大多少。而且焊接工作量小，焊条消耗少，如果扩大使用范围，在专业化生产的条件下，经济上也是合理的。

目前，对焊法兰通常采用锻造法制作。一般安装工地大多采用现成产品。对焊法兰可制成光滑式、凹凸式、榫槽式、梯形槽式等几种密封面。其中以光滑式和凹凸式对焊法兰应用最为普遍。

（四）松套法兰

松套法兰是活动法兰。分为平焊钢环松套，如图 2-21（a）所示；翻边松套，如图 2-21（b）所示；对焊松套，如图 2-21（c）所示三种。由图可见，这种法兰接口，就是利用翻边、钢环等把法兰套在管端上，因此法兰可以在管端上活动，故称松套法兰。而钢环或翻边就是连接处的密封面，法兰的作用是把它们压紧。由此可见，这种法兰被钢环或翻边挡住，不与介质接触，当用于输送腐蚀性介质的不锈钢管道上时，法兰免受介质腐蚀，故可采用碳素钢，从而节约了不锈钢，降低了接头成本。有时由于安装条件的限制，不易对正螺丝孔时，也可采用松套法兰。

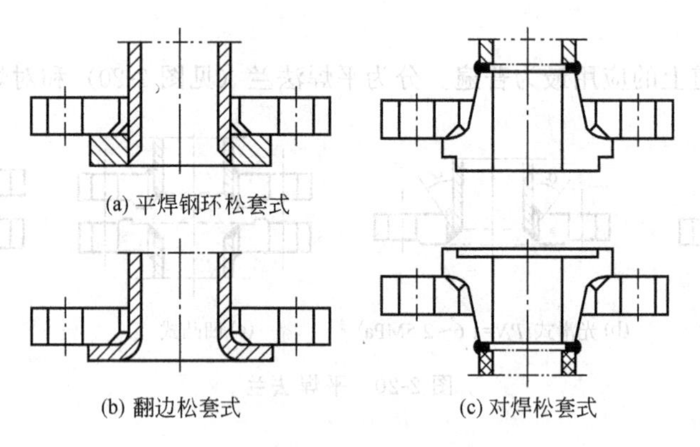

图 2-21　松套法兰

管口翻边松套法兰，由于翻边表面不易进行机械加工，故其密封性不高，只适用于公称压力不超过 0.6MPa 的管道上，而且主要是用在有色金属管上。当用在钢管上时，不宜用在公称直径小于 65mm 的管道上，因管径过小，翻边时管口易破裂。

平焊钢环松套法兰的密封面，可制成光滑式或榫槽式。其规格按公称压力等级分为 0.25MPa、0.6MPa、1MPa、1.6MPa 和 2.5MPa 五个等级系列。对焊松套法兰的密封面，一般制成凹凸式，公称压力等级分为 4MPa、6.4MPa、10MPa 三级。

四、法兰盖

用于管道上的法兰盖，主要作用是封闭管路、便于维修。

常用在管道上的法兰盖有光滑面法兰盖（见图 2-22）和凹凸面法兰盖（见图 2-23）两种，根据操作温度和公称压力的高低来选择法兰盖。

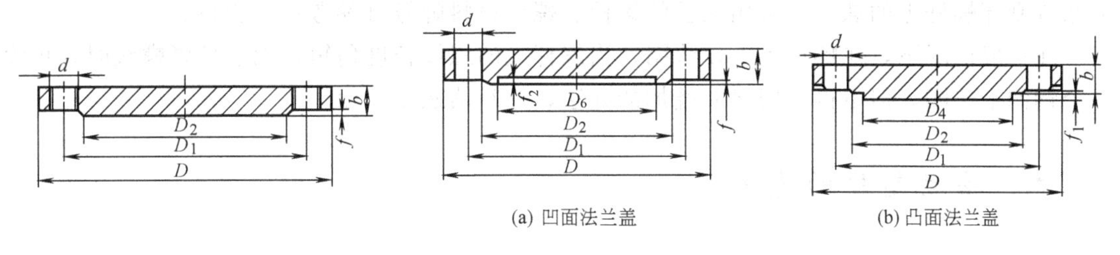

图 2-22　光滑面法兰盖

图 2-23　凹凸面法兰盖

第六节　法兰紧固件及垫片的选用

一、法兰紧固件的选用

法兰紧固件是指连接法兰的螺栓、螺母和垫圈。

螺栓按其外形分为单面螺栓和双面螺栓。单面螺栓只在螺杆的一端加工螺纹，而另一端是连在螺杆本体上的螺丝头，法兰用单面螺栓通常采用六角形螺丝头，简称六角螺栓，双面螺栓的两端都加工螺纹，外形呈柱形，所以又称为双面螺柱。单面螺栓当拉紧力较大时，容易在螺杆和螺丝头连接处断裂，故不能用于中、高压法兰上。双面螺栓不仅可以用于中、高压法兰，而且便于从双面拧紧。

法兰螺栓所用的螺母，一般也采用六角形的，分为 A 型和 B 型两种。A 型螺母与被连接件接触的表面是平的，只在另一面的六角上倒圆；B 型螺母的两面均倒圆。因此，螺母与被连接件的接触面积，A 型较大，B 型较小。

螺栓按制造方法分为粗螺栓、半精制螺栓和精螺栓。粗制螺栓除了螺纹部分外，其余部分的外表面不进行精加工，是毛坯的外形，比较粗糙，多用普遍碳素钢制造，其所能承受的接紧力不高。半精制和精制螺栓要进行加工，有的还要进行热处理，多用优质碳素钢或合金结构制造，故其接紧力大，耐温性能高。

在选择法兰连接用的螺栓时，应确定所用螺栓的类型、尺寸、数目和材料牌号等。

法兰所用螺栓的类型和材质，主要取决于法兰的公称压力和工作温度。当公称压力不大于 2.5MPa、工作温度不大于 350℃时，可选用半精制六角螺栓和 A 型半精制六角螺母。但公称压力不大于 0.6MPa 时，也可选用粗制螺栓和螺母。当公称压力为 4～20MPa、或工作温度大于 350℃时，应选用精制“等长双面螺栓”（两端螺纹长度相等）和 A 型精制六角螺母。

对公称压力为 16～32MPa 的管道，如采用高压螺纹法兰连接，则应按《PN16、32MPa 管件和紧固件》技术标准中的有关规定来选择法兰螺纹与螺母，法兰螺栓的数目和尺寸，主要取决于法兰直径和公称压力，可按相应的法兰技术标准选用。螺栓数目通常为 4 的倍数，以便用十字法拧紧。螺栓的尺寸规格以“螺栓直径×螺栓长度”表示。在选择螺杆长度时，应在法兰拉紧后，使螺杆突出螺母外部尺寸5mm左右，但不应少于两个螺丝扣。

在选择螺栓和外部螺母材料牌号时，应注意螺母材料的硬度，不要高于螺栓的硬度，避免螺母刮坏螺杆上的螺纹。常用法兰的螺栓、螺母材料牌号可参考相关资料。

在一般情况下，在螺母下不设垫圈，当螺杆上的螺纹长度稍短，无法拧紧螺纹时，可设一个钢制平垫圈，但不得采用垫圈叠加的办法，来补偿螺纹长度。

二、法兰垫片的选用

常用的法兰垫片主要有以下几种。

1. 工业用橡胶板

橡胶板具有较高的弹性，所以密封性能较好。工业橡胶板按其性能分为普通橡胶板、耐酸碱橡胶板和耐油橡胶板。在管道工程上常用含胶量为30%左右的普通橡胶板和耐酸碱橡胶板做法兰垫片。这类橡胶板，属于中等硬度，既具有一定的弹性，又具有一定的强度，适用于温度不超过60℃、公称压力≤1MPa的水、酸、碱及真空管路的法兰上。其中的普通橡胶板，应用较为普遍。工业橡胶板的规格以板厚表示。法兰垫片的常用厚度为2～4mm。

2. 衬垫石棉板

衬垫石棉板是以石棉纤维和黏结材料混合制成的板状材料，用做连接件上的垫片。其特点是耐高温耐燃烧。常用厚度为1～6mm。由于其容易破碎，而使石棉落入管中，而且不耐高压，所以在工业管道上用量不大。主要用于常压高温气体（例如热烟气）管路的法兰上。有时在常压高温气体管道法兰上，也采用石棉绳做垫料。

3. 橡胶石棉板

橡胶石棉是用橡胶、石棉及填料经过压缩制成的板状衬垫材料。是管道工程中用量最大的垫片之一，广泛应用于热水、蒸汽、煤气、液化气、油品油气、氨、氢、盐水以及酸、碱等介质管路上。橡胶石棉板分为普通橡胶石棉板和耐油橡胶石棉板。普通橡胶石棉板按其性能又分为低压橡胶石棉板、中压橡胶石棉板和高压橡胶石棉板，法兰垫片主要采用中压橡胶石棉板，因高压橡胶板价格较高故不常用。

法兰用橡胶石棉板垫片的厚度，视管径而定。当管子公称直径不大于80mm时，垫片厚度为1.5mm；管子公称直径为100～350mm时，垫片厚度2mm；管子公称直径不小于400mm时，垫片厚度为3mm。

4. 金属石棉缠绕式垫片

金属石棉缠绕式垫片是用钢带和石棉带分层缠绕制成的，如图2-24所示。

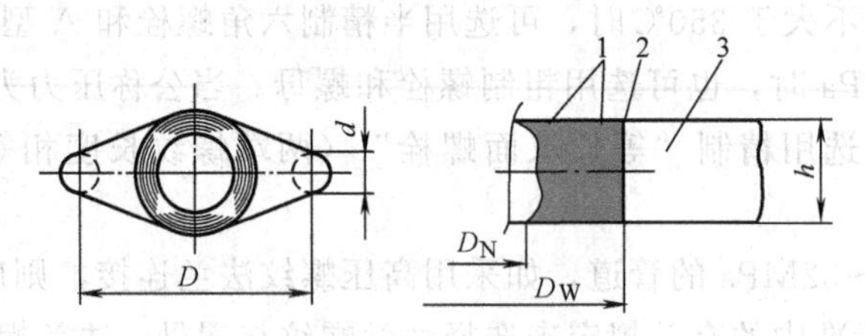

图2-24 金属石棉缠绕式垫片

1—石棉带；2—钢带；3—定位环

这种垫片用金属把石棉包住，使石棉屑不能落入管中，又可采用不同材质的金属板，提高垫片的耐腐蚀性。它具有多道密封作用，弹性较好，可制造较大直径而无横向接缝。可用于公称压力为1.6～4MPa的各种法兰上，如用于温度、压力有较大波动处更为合适。

缠绕式垫片适用于光滑面和凹凸面法兰上。当用于光滑面法兰时，带有定位环，如图2-24所示。法兰螺栓从定位环的孔中穿过，将垫片定位。当用于凹凸面法兰时，无定位环。

在工业管道的法兰上，有时也采用一种用镀锡钢板（马口铁）把石棉板全部包住的"波形金属包石棉垫片"。适用于公称压力为1.6～4MPa、温度不超过450℃的法兰上。

5. 金属垫片

由于非金属垫片在高压下即失去弹性，所以不能用于高压介质。在一般情况下，当公称压力不小于6.4MPa时就应采用金属垫片。

常用的金属垫片有齿形、椭圆形和八角形垫片。

金属齿形垫片（见图2-25）是用钢材加工成的多齿形法兰垫片。每个齿都有密封作用，因此它是一种多道密封垫片，故密封性能好。适用于公称压力不小于6.4MPa的凹凸面法兰，也可用于光滑面法兰。

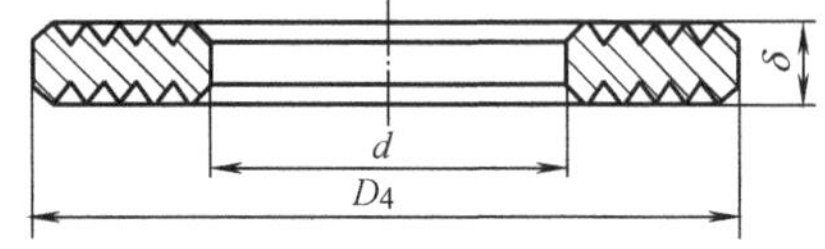

图2-25　金属齿形垫片

金属椭圆形和八角形垫片，因其与法兰密封面的接触面积小，故在较小的螺栓预紧力下，能获得较高的密封性。适用于公称压力不小于6.4MPa的梯形槽式法兰。

金属垫片的材质原则上应和管材一致。

除了上述的金属垫片以外，在高压高温管道法兰上还常用一种透镜式垫片。

思考题及习题

1. 管路由哪几部分组成？
2. 管道在介质压力作用下，必须满足哪些要求？
3. 管道在介质温度作用下，应满足哪些要求？
4. 按照介质性质，工业管道可分为哪几种类型？
5. 技术标准代号由哪几部分组成？
6. 什么是公称直径？其表示方法是什么？
7. 什么是公称压力？其表示方法是什么？
8. 什么是试验压力、工作压力？其表示方法是什么？
9. 现有一对公称压力为1.6MPa，用20号碳素钢制的法兰，试问该法兰能否安装在介质温度为150℃，工作压力为1.3MPa的管道上？
10. 管道连接有哪几种方法？
11. 螺纹连接有哪几种形式？简述螺纹连接的使用范围？
12. 法兰连接的一般规定是什么？
13. 拧紧法兰螺栓的方法是什么？
14. 管道焊接连接时，对管子的对口有哪些要求？
15. 承插连接适用于哪些场合？其施工程序怎样？
16. 什么是管件？它在管路中有什么作用？常用的管件有哪些？
17. 常用管路附件包括哪些？

18. 法兰接口的密封性，主要取决于哪些因素？
19. 法兰接口为什么要采用窄垫片？
20. 法兰密封面的形式主要有哪些？
21. 钢管法兰的种类有哪些？
22. 法兰紧固件包括哪些？
23. 常用的法兰垫片有哪些？

第三章　阀门及其安装

阀门是指用来控制管内介质流动，具有可动机构的机械产品。它是用来对管内介质流量、流速、压力、方向、温度等参数实现控制的重要元件。本章主要介绍工业管道中常用阀门的种类、构造、工作原理、性能、型号及安装技术要求。

第一节　阀门的分类

阀门的种类繁多，应用范围很广。阀门种类可按介质分为水、蒸汽、空气阀等；按材质分为铸铁阀、铸钢阀、锻钢阀、非金属阀等，按连接方式分为内螺纹阀、法兰阀等，按用途分为化工、石油、电站阀等，按工作温度分为低温阀、高温阀等。目前工业上主要按下列几种方式分类。

1. 按压力分类

① 低压阀　$PN \leqslant 1.6$MPa。

② 中压阀　1.6MPa$<PN<$10MPa。

③ 高压阀　10MPa$\leqslant PN \leqslant$100MPa。

④ 超高压阀　$PN>$100MPa。

2. 按驱动方式分类

① 手动阀　靠人力操纵手轮、手柄或链轮等驱动的阀门，如闸阀、截止阀等。

② 动力驱动阀　利用各种动力源进行驱动的阀门，如电动阀、气动阀等。

③ 自动阀　利用介质的能量和阀门本身结构而动作的阀门，如止回阀、安全阀等。

3. 按结构和作用分类

① 切断阀　包括旋塞阀、闸阀、截止阀、隔膜阀、球阀、衬里阀，用于开启或关闭管路。

② 节流阀　用于调节管道内介质的流量。

③ 止回阀　用于自动防止管道内介质倒流。

④ 安全阀　用于锅炉、容器及管道上，当介质压力超过规定数值时，能自动排放过剩介质压力，保证生产运行安全。

⑤ 减压阀　用于降低管道及设备内的介质压力。

⑥ 疏水阀　用于蒸汽管道上自动排除冷凝水。

下面按结构和驱动方式综合分为两类，即他动阀门和自动阀门，分别介绍其结构、工作原理及应用。

第二节　常用的他动阀门

一、闸阀

闸阀也称闸板阀，它的阀体内有一平板与介质流动方向垂直，平板升起时，阀开启，介质通过，平板落下时阀即关闭，介质被切断。

闸阀的闸板按结构特征分为平行闸板和楔式闸板。平行闸板两密封面相互平行，它又可分为平行单闸板和平行双闸板，单闸板在受热后易卡在阀座上。目前主要生产的是明杆平行式双闸板闸阀，如图 3-1 所示。平行闸板闸阀结构简单，但密封性差，适用于压力不超过 1MPa，温度不超过 200℃的介质。

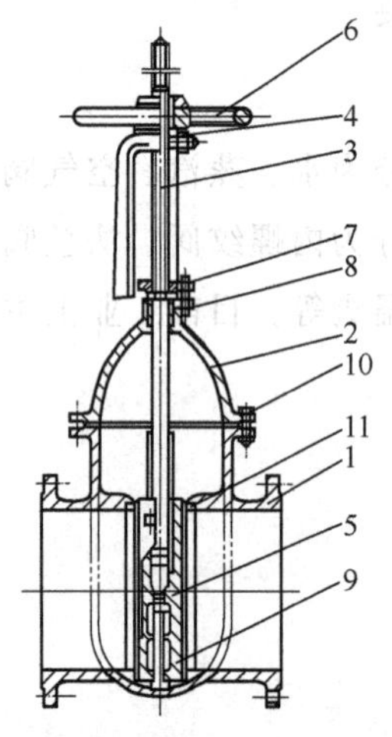

图 3-1　明杆平行式双闸板闸阀

1—阀体；2—阀盖；3—阀杆；4—阀杆螺母；5—闸板；6—手轮；7—填料压盖；8—填料；9—顶楔；10—垫片；11—密封圈

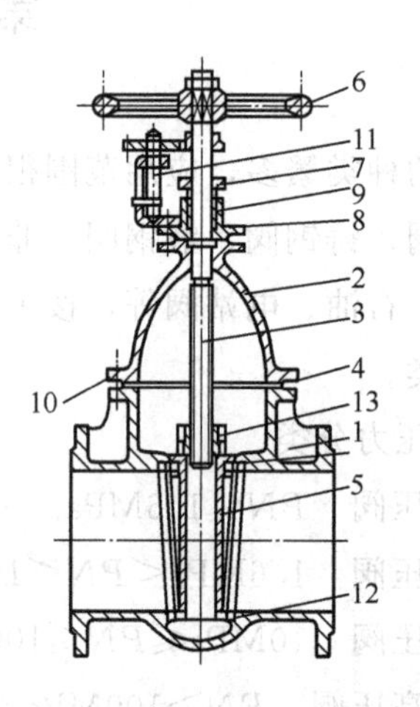

图 3-2　暗杆楔形单闸板闸阀

1—阀体；2—阀盖；3—阀杆；4—阀杆螺母；5—闸板；6—手轮；7—压盖；8—填料；9—填料箱；10—垫片；11—指示器；12，13—密封圈

楔式闸板密封面是倾斜的并形成一个交角，介质湿度越高，所取角度越大。楔式闸板分单闸板、双闸板和弹性闸板三种，图 3-2 所示为暗杆楔形单闸板闸阀。单闸板比其他楔形闸板结构简单，能靠阀杆压力强制密封。但当介质温度变化时会引起局部压力增大，造成擦伤，但结构零件多，应用较少。弹性闸板不仅适用于输水管道，也适用于蒸气及输油管道。楔式单闸板和双闸板适用于常温和中温介质，弹性闸板适用于各种温度和压力的介质。

闸阀按阀杆的结构形式不同又可分为明杆式和暗杆式。图 3-1 所示为明杆式，图 3-2 所示为暗杆式。明杆式能从阀杆的外伸长度判断阀门的开启程度，阀杆不与介质接触，适用于腐蚀介质及室内管道。暗杆式适用于非腐蚀性介质及安装位置受限制的地方，它的开启程度通过指示器来判断。

闸阀密封性好，流体阻力小，操作方便，开启缓慢，无水锤现象，在管道工程中主要用来切断介质的流通，也可用来调节流量，在管道工程中被广泛使用，尤其在水管道上大量采用，故闸阀又有水门之称。

二、截止阀

截止阀是利用装在阀杆下面的阀盘来控制启闭的阀门，在管道中主要用做切断阀，也可用来调节流量。

截止阀结构复杂，流体阻力较大，主要用于水、汽、气等水暖和工业管道工程中，适用于低压、中压、高压管道，不适用于带颗粒、黏度较大的液体管路中，截止阀只允许介质单向流动，即安装时让介质低进高出。

截止阀按结构形式分有直通式、直流式和角式三种，如图 3-3 所示。

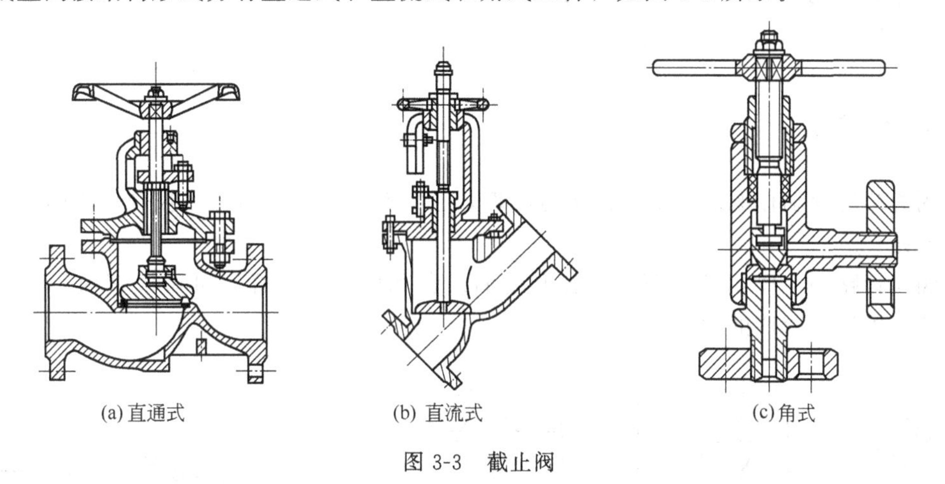

(a) 直通式　(b) 直流式　(c) 角式

图 3-3　截止阀

三、节流阀

节流阀的结构与截止阀十分相似，只是启闭件（阀芯）的形状不同。截止阀的启闭件为盘状，节流阀的启闭件为锥状或抛物线状。所以节流阀能较好的调节流量或进行节流，调节压力。

节流阀的外形尺寸小巧，质量轻。有直通式和直角式。该阀主要用于仪表调节流量用，但不适用于黏度较大的和含有固体颗粒的介质，也可做取样阀。注意装节流阀时要注意方向，不可装反。角式节流阀如图 3-4 所示。

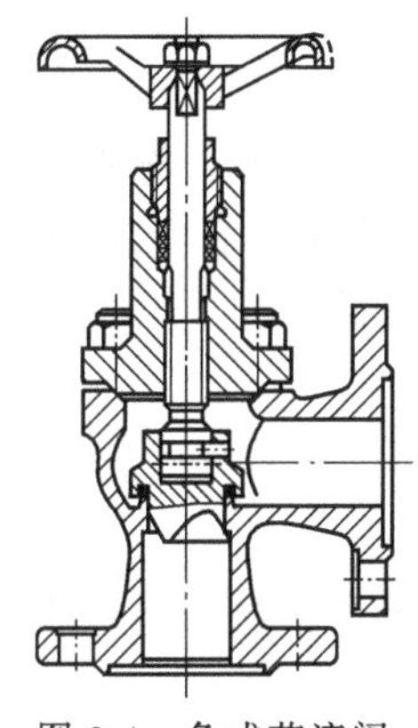

图 3-4　角式节流阀

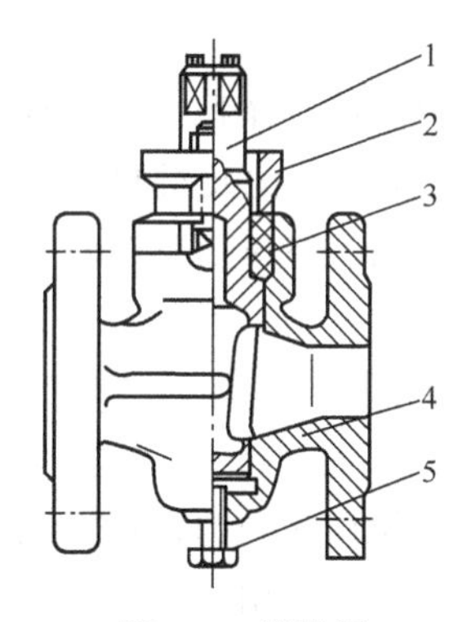

图 3-5　旋塞阀

1—旋塞；2—压盖；3—填料；4—阀体；5—退塞螺栓

四、旋塞阀

旋塞阀又称考克，也称转心门，它是利用带孔的锥形栓塞来控制启闭的，它在管路上做启闭、分配和改变介质流动方向用，其构造如图 3-5 所示。它具有结构简单，启闭迅速，操作方便，流体阻力小，可输送含颗粒及杂质介质等优点。缺点是密封面易磨损，在输送高温高压介质时开关力大。只适应于低温、低压、小直径管路，做开闭用，不宜做调节流量用，不得用于蒸汽或急启、急闭有水锤的液体管路中。

根据介质的流动方向不同，旋塞阀可分为直通式、三通式和四通式。三通和四通式旋塞阀如图 3-6 所示。

五、球阀

球阀的结构及动作原理与旋塞阀十分相似，它是利用带孔的球体来控制启闭的，其结构如图 3-7 所示。

该阀在管路中主要用于切断、分配和变向。它和旋塞阀一样，可做成直通、三通或四通，是近几年发展较快的阀之一。

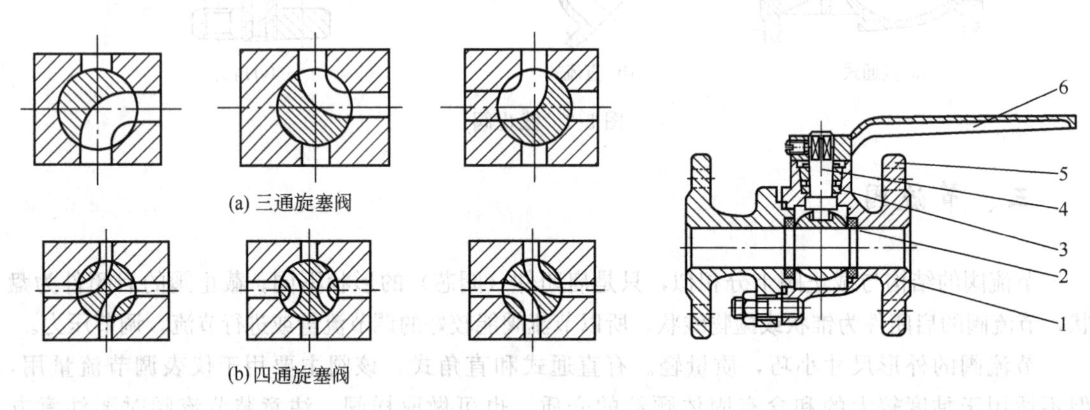

图 3-6　三通式和四通式旋塞阀

图 3-7　浮动式球阀
1—阀体；2—球体；3—填料；4—阀杆；5—阀盖；6—手柄

球阀结构简单，体积小，零件少，质量轻，开关迅速，操作方便，流体阻力小，制作精度高，但由于密封结构及材料的限制，目前生产的球阀不宜用在高温介质中，不能做节流用，适用于低温、高压及黏度较大的介质和要求开关迅速的管路中。

六、蝶阀

蝶阀的启闭件为一圆盘，绕阀体内一固定轴旋转，转角的大小就是阀门的开度，供管道或设备上全开、全闭用。

蝶阀的结构简单、轻巧、开关迅速，但密封性差，适合制造较大管径的阀门，该阀只适用于低压管路，用于输送水、空气煤气等介质。图 3-8 所示为蝶阀。

七、隔膜阀

隔膜阀的启闭件是一块橡胶隔膜，它由阀杆带动沿阀杆轴线做升降运动，并将动作机构与介质隔离。

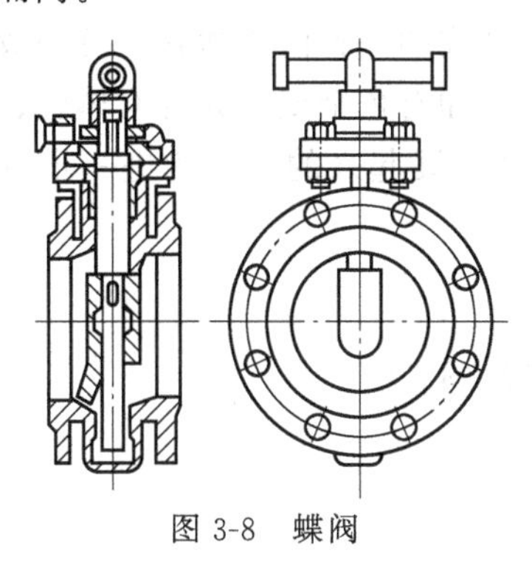

图 3-8 蝶阀

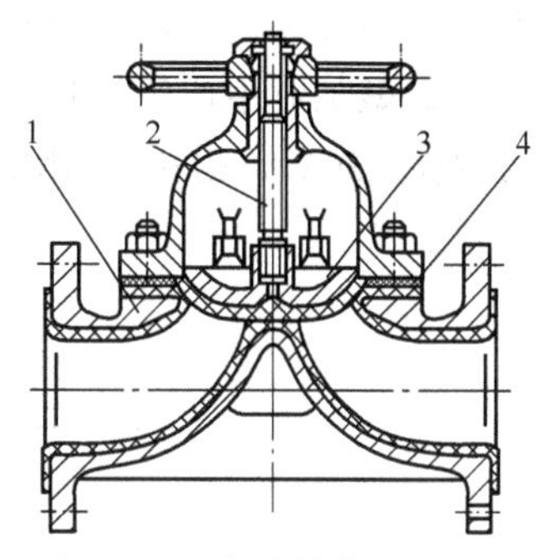

图 3-9 屋脊式衬橡胶隔膜阀

1—阀体；2—阀杆；3—隔膜；4—衬里

隔膜阀的结构如图 3-9 所示，由于启闭件等被隔膜与介质隔开，因此不受介质腐蚀，同时隔膜还阻止了阀门输送介质的泄漏现象。

该阀结构简单，便于检修，流体阻力小，适用于输送酸性介质和带悬浮物的介质，并被广泛应用于有腐蚀介质流通和不允许有外漏的场合。由于材质有橡胶隔膜，此阀不适于温度高于 60℃及有机溶剂的强氧化性的介质。

八、衬里阀

为了防止介质对阀体的腐蚀，在阀体内衬有各类耐腐蚀材料（如铅，橡胶，搪瓷），阀瓣也用耐腐蚀材料制成或包上各种耐腐蚀材料，此阀广泛用于化工生产中，衬里阀要根据输送介质的性质选取合适的衬里材料。该阀既能耐腐蚀又能承受一定的压力，衬里阀一般制成直通式或隔膜式，因此流体阻力小，衬里阀一般不适用高温介质。

九、非金属阀门

1. 硬聚氯乙烯阀

硬聚氯乙烯阀近年来在化工生产中应用越来越多，尤其在氯碱生产中用来代替各种合金钢阀，可制成旋塞阀、球阀、截止阀等结构形式，用于除强氧化性酸（如浓硝酸，发烟硝酸）和有机溶剂以外的一般碱性介质，使用温度一般可在－10～＋60℃之间。使用压力为 0.2～0.3MPa，该阀最好不安装在室外，防止夏季太阳直射，也要防止冬季的严寒使之脆裂，该阀具有质轻、耐蚀、制作简单、加工方便等优点。

2. 陶瓷阀

陶瓷阀是一种用于腐蚀性介质的阀，可代替不锈钢，尤其在氯气、液氯、盐酸等介质的输送中应用较广，该阀密封性能较差，不能用于较高压力，由于此阀较重，受冲击易破裂，因此安装使用检修时要特别注意。

3. 环氧玻璃钢阀

此阀是用环氧玻璃钢制成的阀门，具有良好的化学稳定性，特别对盐酸、磷酸、液氯等腐蚀性介质都很稳定，并能承受一定的压力，体轻，耐温可在130℃以下，加工方便，可以代替不锈钢，是今后很有发展前途的一种非金属阀。

4. 耐酸塑料阀

耐酸酚树脂为胶黏剂以耐酸石棉和耐温石棉为填料制成的一种耐酸塑料，可制成各种管件和阀门，在氯碱工业中广泛应用，代替了大量的不锈钢和有色金属，并且有体轻、强度好等特点，可耐温130℃，耐压0.5MPa。该产品是近年来发展起来的，有待进一步改进其结构和提高产量。

第三节　常用的自动阀门

一、止回阀

止回阀又称逆止阀或单向阀，其结构如图3-10所示。

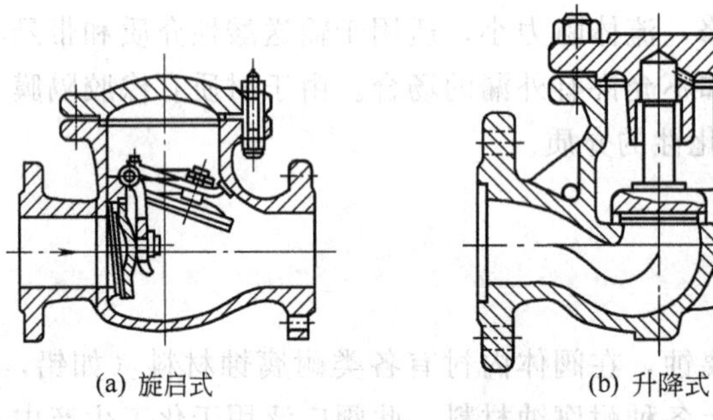

(a) 旋启式　　(b) 升降式

图3-10　止回阀

止回阀是利用本身结构和阀前阀后介质的压力差来自动启闭的阀门，它的作用是使介质只作一个定方向的流动，而阻止其逆向流动。根据止回阀的结构不同，可分为升降式（跳心式）和旋启式（摇板式）两种。

升降式止回阀的结构如图3-10（b）所示。它的阀体与截止阀相同，但阀盘上有导杆，可以在阀盖的导向套筒内自由升降。当介质自左向右流动时，能推开阀盘而流过；反之，则阀盘下降，截断通路，阻止逆流。

旋启式止回阀的结构如图3-10（a）所示。它是利用摇板来启闭的，摇板上的密封环可以用橡胶或黄铜制造。

止回阀一般用于清洁介质，对有固体颗粒和黏度较大的介质不适用，可用于泵和压缩机的出口管路上，疏水阀的排水管路上以及其他不允许介质倒流的管路上。

二、减压阀

减压阀的作用是降低设备和管道内的介质压力，使之成为生产所需要的压力，并能依靠介质本身的能量，使出口压力自动保持稳定。

减压阀的种类很多，常用的有活塞式、薄膜式和波纹管式。

1. 活塞式减压阀

活塞式减压阀是借助活塞来平衡压力的，如图3-11 所示。

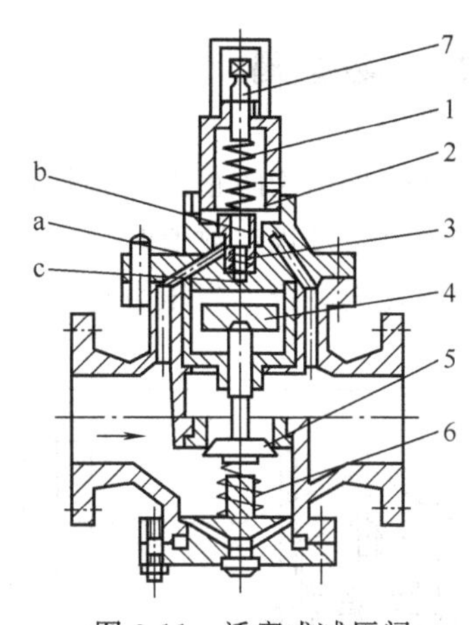

图 3-11　活塞式减压阀

1—调节弹簧；2—金属薄膜；3—辅阀；4—活塞；5—主阀；6—主阀弹簧；7—调整螺栓

当调节弹簧处于自由状态时，由于阀前压力作用和下侧主阀弹簧的阻挡作用，使主阀瓣和辅阀瓣处于关闭状态。当阀门工作时，旋转调节螺栓顶开辅阀瓣，介质由进口通道 a 经辅阀通道 c 进入活塞上方，由于活塞的面积比主阀瓣大，在受力后向下移动，使主阀瓣开启，介质流向出口；同时介质经过通道 b 进入薄膜的下部，逐渐使压力与调节弹簧的力平衡，使阀后压力保持在一定范围内。阀后压力过高，膜片下压力大于弹簧压力，膜片就向上移动，辅阀关小使流入活塞上方介质减少，致使活塞及主阀上移，从而减少主阀瓣的开启程度，出口压力随之下降，达到新的平衡。目前活塞式减压阀应用最为广泛，适用于温度、压力较高的蒸汽和空气等介质的管路。

2. 薄膜式减压阀

薄膜式减压阀有薄膜式和弹簧薄膜式两种，弹簧薄膜式使用较多，其结构如图 3-12 所示。它靠薄膜和弹簧来平衡压力。弹簧薄膜式减压阀灵敏度较高，虽然能适用较高的压力，但因为阀内膜片耐温性差，故只能在常温下使用，可用于水、空气的减压。

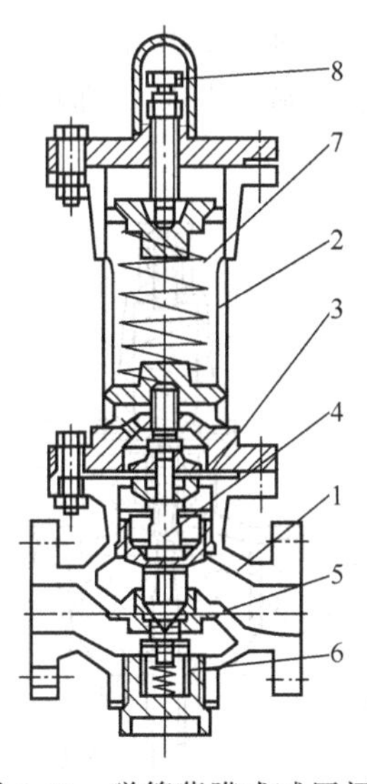

图 3-12　弹簧薄膜式减压阀

1—阀体；2—阀盖；3—薄膜；4—阀杆；5—阀瓣；6—主阀弹簧；7—调节弹簧；8—调整螺栓

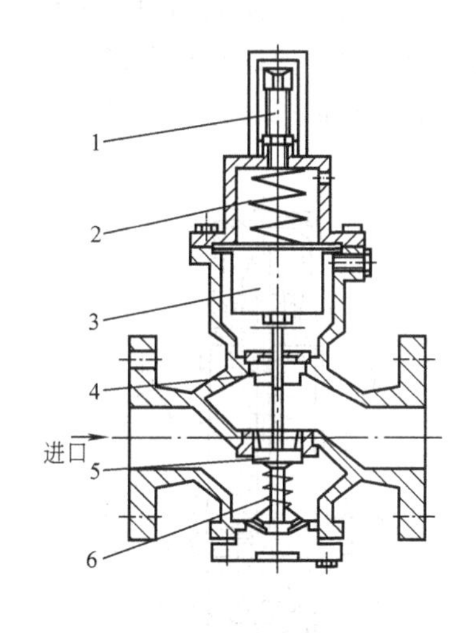

图 3-13　波纹管式减压阀

1—调整螺栓；2—调节弹簧；3—波纹管；4—平衡盘；5—阀瓣；6—顶压弹簧

3. 波纹管式减压阀

波纹管式减压阀主要通过波纹管来平衡压力，如图 3-13 所示。波纹管式减压阀适用于介质压力和温度不高、小口径的蒸汽和空气管道上。

三、安全阀

安全阀是用于防止因介质超过规定压力而引起设备和管路破坏的阀门，当设备或管路中的工作压力超过规定数值时，安全阀便自动打开，自动排除超过的压力，防止事故的发生，保证生产安全进行，当压力复原后又自动关闭。

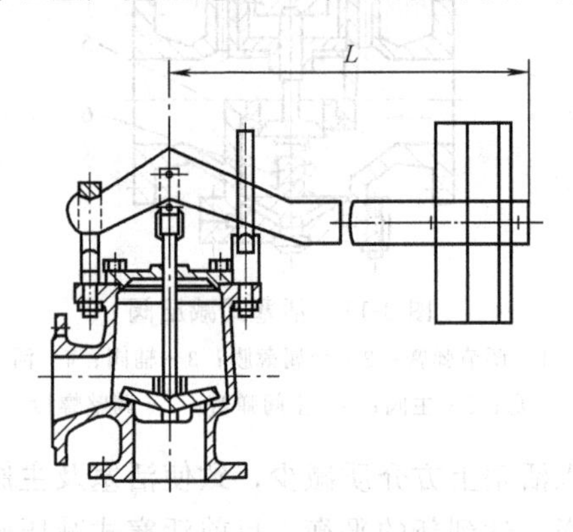

图 3-14　杠杆式安全阀

L—杠杆的臂长

安全阀按其结构形式可分为杠杆式、弹簧式和脉冲式三类。

1. 杠杆式安全阀

杠杆式安全阀的结构如图 3-14 所示。它是利用重锤的重量通过杠杆的放大作用所产生的压力来平衡内压的，杠杆式安全阀可在高温下工作。但由于结构庞大，往往限制了其应用范围，目前已很少使用。

2. 弹簧式安全阀

按开启高度的不同，弹簧式安全阀可分为微启式和全启式两种。微启式主要用于液体介质的场合，全启式主要用于气体或蒸汽介质的场合。目前广泛使用的是弹簧式安全阀。

弹簧微启式安全阀的结构如图 3-15 所示，它是利用弹簧的压力来平衡内压的，根据工作压力的大小来调节弹簧的压力。其调节方法如下：先拆下安全罩，拧松锁紧螺母，即可旋转调节用的套筒螺母使上部的弹簧作上下移动，因此，改变了弹簧的压缩程度，即改变了弹簧对阀盘的压力，使该阀盘在指定的工作压力下能自动开启。调节好后，即可用锁紧螺母固定，再套上安全护罩，并加以铅封，以防止乱动。

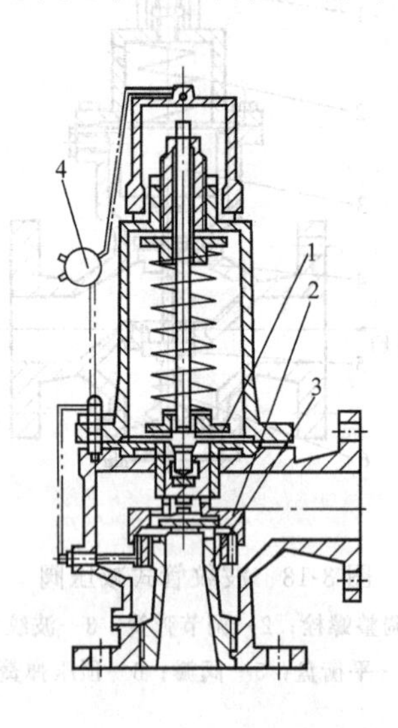

图 3-15　弹簧微启式安全阀

1—反冲盘；2—阀瓣式阀盘；3—阀座；4—铅封

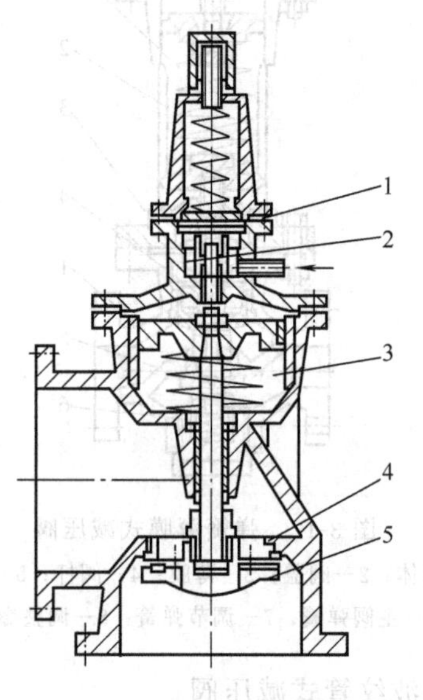

图 3-16　脉冲式安全阀

1—隔膜；2—副阀瓣；3—活塞缸；4—主阀座；5—主阀瓣

另外，弹簧式安全阀中又有封闭和不封闭两种，一般易燃易爆或有毒介质应选用封闭式，对蒸汽空气或惰性气体等可选用不封闭式，在弹簧式安全阀中还有带扳手和不带扳手的两种，扳手的作用主要是检查阀盘的灵活程度，有时也可以做手动紧急泄压用。

3. 脉冲式安全阀

脉冲式安全阀如图 3-16 所示，它主要由主阀和辅阀组成。当压力超过允许值时，辅阀首先起作用，然后促使其主阀动作。脉冲式安全阀主要用于高压和大口径的场合。

四、疏水阀

疏水阀的功用是能自动地、间歇地排除蒸汽管道、加热器、散热器等设备系统中的冷凝水，而又能防止蒸汽泄出，并能防止管道中水锤现象发生，故又称阻汽排水器或回水盒。根据疏水阀的动作原理，疏水阀主要有热力型、热膨胀型（恒温型）和机械型三种。机械型疏水阀主要有浮桶式、钟形浮子式（即倒吊桶式）疏水阀。由于浮桶式疏水阀体积大，结构复杂，体积笨重，钟形浮子式疏水阀容易漏气，工作压力不高，凝水流动间断等问题，目前虽然仍有使用，但生产已经很少，逐渐趋于淘汰。

1. 热力型疏水阀

热力型疏水阀是利用蒸汽和冷凝水的热力性质不同，使阀片开启或关闭，以达到排水阻汽的目的。这种类型的疏水阀有热动力式和脉冲式两种。

热动力式疏水阀的结构如图 3-17 所示，它的主要动作元件是金属阀片。当压力差有变化时不需要调整，并能防止介质逆流。此阀结构简单、体积小，适用工作压力范围大，价格低廉，是目前应用最广泛的疏水阀，但工作时噪声较大 。

脉冲式疏水阀的结构如图 3-18 所示，它的主要动作元件是倒锥形缸内的阀瓣，阀瓣的顶端带有控制盘（起活塞作用），当压力差有变化时，可用螺母调整控制盘和锥形缸的间隙。此阀体积小、质量轻、排量大、便于检修，是一种较新型的疏水阀，适用于较高压力的蒸汽系统。

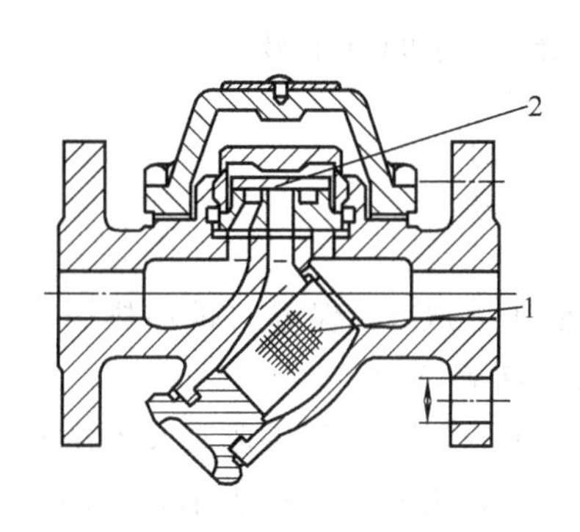

图 3-17　热动力式疏水阀

1—过滤器；2—阀片

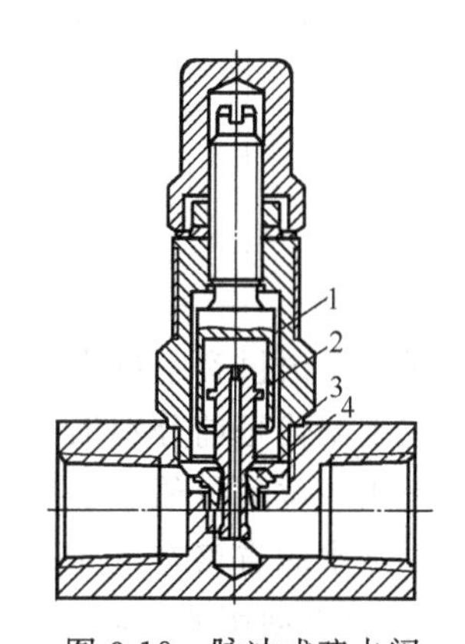

图 3-18　脉冲式疏水阀

1—倒锥形缸；2—控制盘；3—阀瓣；4—阀座

2. 热膨胀型疏水阀

热膨胀型疏水阀是利用冷凝水与蒸汽的温度差，使膨胀元件动作，以带动阀瓣开启或关闭。达到排水阻汽的目的。属于热膨胀形疏水阀的有双金属片式、波纹管式疏水阀。

双金属片式疏水阀的结构如图 3-19 所示，它的热膨胀元件是双金属片。

波纹管式疏水阀的结构如图 3-20 所示，它的热膨胀元件是封闭的铜制波纹管，内装容易膨胀的液体（如酒精、氯乙烷）。当阀体内积冷凝水时，由于温度较低，使波纹管内的压力减小，于是波纹管收缩，带动阀瓣上升而离开阀座，使冷凝水排出。待冷凝水排净而蒸汽泄漏时，由于蒸汽的温度较高，使波纹管内的液体蒸发膨胀，内压力增加，于是带动阀芯下降，将通路关闭。波纹管式疏水阀常用于低压蒸汽采暖系统。

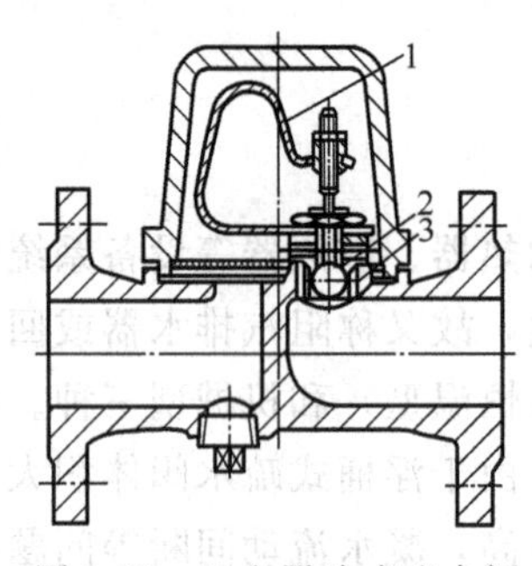

图 3-19　双金属片式疏水阀

1—双金属片；2—阀瓣；3—冷凝水出口

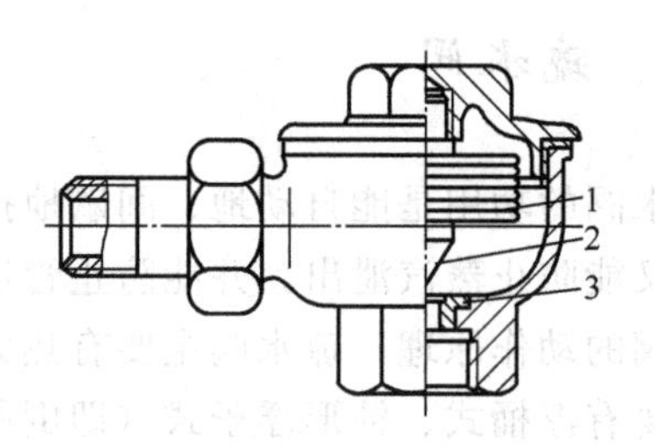

图 3-20　波纹管式疏水阀

1—波纹管；2—阀瓣；3—阀座

第四节　阀门型号

每种阀门都有一个特定的型号，根据阀门的类别、驱动方式、连接形式、结构形式、密封面或衬里材料、公称压力及阀体材料的不同，用特定的代号表示，代号自左向右共有 7 个单元，各单元表示的意义如下。

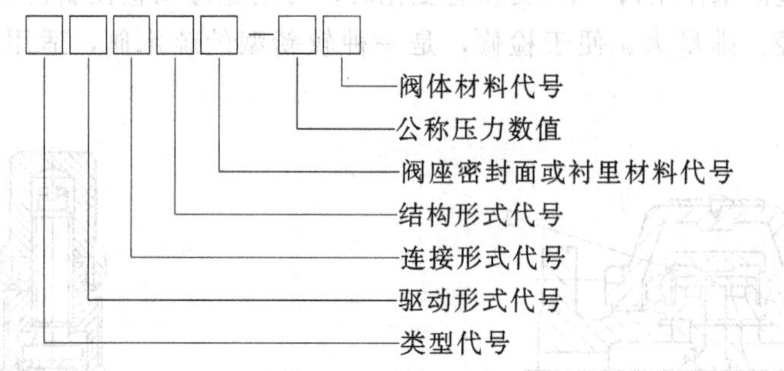

第一单元用汉语拼音字母表示阀门类别。低温（低于 40℃）、保温（带加热套）和带波纹管的阀门在类型代号前分别加“D”、“B”、“W”汉语拼音字母。

第二单元用一位阿拉伯数字表示阀门的驱动方式。手轮、手柄扳手驱动及安全阀、减压阀、止回阀、疏水阀省略本单元；对于气动或液动，常开式用 6K、7K 表示，常闭式用 6B、7B 表示，气动带手动用 6S 表示，防爆电动用 9B 表示。

第三单元用一位阿拉伯数字表示阀门的连接形式。法兰连接代号 3 仅用于双弹簧安全阀；法兰连接代号 5 仅用于杠杆重锤式安全阀；单弹簧安全阀及其他类别阀门系法兰连接时，采用代号 4。焊接包括对焊和承插焊。

第四电单元用一位阿拉伯数字表示阀门的结构形式。杠杆式安全阀在类型代号前加“G”汉语拼音字母。

第五单元用汉语拼音字母表示密封面或衬里材料。由阀体直接加工的阀座密封面材料代号用“W”表示；当阀座和阀瓣密封面材料不同时，用低硬度材料代号表示（隔膜阀除外）。

第六单元用一横线“—”与第五单元隔开用数字表示阀门的公称压力（阀门的公称压力值，应根据数值、公称压力等级、阀门的形状认定，其单位为 MPa）。

第七单元用汉语拼音字母表示阀体的材料。对 $PN \leqslant 1.6$MPa 的灰口铸铁阀门，$PN \geqslant 2.5$MPa 碳钢阀门，可省略本单元。

以上第一单元至第四单元代号的含义见表 3-1，第五单元和第七单元代号的含义见表3-2 和表 3-3。

表 3-1　阀门类别、驱动方式、连接形式、结构形式代号

代号		0	1	2	3	4	5	6	7	8	9
驱动方式		电磁动	电磁-液动	电-液动	蜗轮	正齿轮	圆锥齿轮	气动	液动	气-液动	电动
连接形式			内螺纹	外螺纹	法兰	法兰	法兰	焊接	对夹	卡箍	卡套
类型	代号	结构形式									
闸阀	Z	明杆					暗杆楔式				
		楔式			平行式						
		弹性闸板	刚性								
			单闸板	双闸板	单闸板	双闸板	单闸板	双闸板			
截止阀	J		直通式			直角式	直流式	平衡			
								直通式	直角式		
球阀	Q	浮动球									
			直通式			L 形三通式	T 形三通式		固定球直通式		
蝶阀	D	杠杆式	垂直板式		斜板式						
隔膜阀	G		屋脊式		截止式				闸板式		
旋塞阀	X				填料式				油封式		
					直通式	T 形三通式	四通式		直通式	T 形三通式	
	H		升降式			旋启式					
			直通式	立式		单瓣	多瓣	多瓣			碟形
安全阀	A	弹簧									
		封闭			不封闭	封闭	不封闭				
		热能热片全启式	微启式	全启式	带扳手			带控制机构	带扳手		
					双弹簧微启式	全启式	微启式	全启式	微启式	全启式	
减压阀	Y		薄膜式	弹簧薄膜式	活塞式	波纹管式	杠杆式				
疏水阀	S		浮球式				钟形浮子式		双金属片式	脉冲式	热动力式

表 3-2　密封面或衬里材料代号

密封面或衬里材料	代号	密封面或衬里材料	代号	密封面或衬里材料	代号
铜合金	T	硬橡胶	J	石墨石棉	S
不锈钢	H	渗硼钢	P	衬胶	CJ
渗氮钢	D	无密封圈	W	衬铅	CQ
巴氏合金	B	聚四氟乙烯	SA	衬塑料	CS
硬质合金钢	Y	聚三氟乙烯	SB	搪瓷	TC
蒙乃尔合金钢	M	聚氯乙烯	SC	尼龙塑料	SN
橡胶	X	酚醛塑料	SD		

表 3-3　阀体材料代号

阀体材料	铸铁	可锻铸铁	球墨铸铁	铸铜	碳钢	中铬钼合金钢 CrMo	铬镍钛(铌)耐酸钢	铬镍钛(铌)耐酸钢	铬钼钒合金钢
代号	Z	K	Q	T	C	I	P	R	V

产品型号编制举例如下。

① Z944T-1 型表示电动机驱动、法兰连接的明杆平行式双闸阀，其密封圈材质系铜，公称压力为 1MPa，阀体材料为铸铁（铸铁阀门 $PN\leqslant1.6$MPa 时，不注阀体材料代号）。

② J21Y-16P 型表示手动、外螺纹连接、直通式截止阀，密封材料为硬质合金，公称压力为 16MPa，阀体材料为铬镍钛耐酸钢。

第五节　阀门的安装

一、阀门安装的一般规定

① 阀门的种类、型号、规格较多，使用哪种阀门，应根据用途、介质的特性、最大工作压力、介质最高温度以及介质的流量来选择。安装前应仔细核对型号与规格是否符合设计要求。

② 安装前应检查阀杆、阀盘是否灵活，有无卡住和歪斜现象。阀盘必须关闭严密，一般在安装前应做强度试验和严密性实验，检查填料是否完好，压盖螺栓是否有足够的调节余量。不合格的阀门不能进行安装。

③ 当阀门与管道以法兰或螺纹方式连接时，阀门应处于关闭状态，与管道以焊接方式连接时，阀门不得关闭，焊缝底层宜采用氩弧焊。

④ 阀门的安装不应妨碍设备、管道及本身的拆装、检修和操作，埋地敷设的管道，阀门处应设井室，阀门安装高度一般以离操作面 1.2m 为宜，操作较多且必须安装在距地面 1.8m 以上时，应设置永久性的操作台，或将阀杆水平配带有传动链条的手轮。当必须安装在操作面以上或以外的位置，应设阀门伸长杆。高于地面 4m 以上的塔区管道上的阀门，应设置在塔平台附近以便操作。

⑤ 水平管路上的阀门阀杆最好垂直向上或倾斜一定的角度，不宜向下。垂直管路上的阀门必须顺着操作巡回线方向安装，有条件时，阀门尽可能集中。

⑥ 阀门应存放在室内仓库，搬运时不允许随手抛掷，吊装时绳索应拴在阀体与阀盖的法兰连接处，切勿拴在手轮或阀杆上。

⑦ 并排水平管道上的阀门，为了缩小管道间距，应将手轮错开布置，并排垂直管道上的阀门中心线标高最好一致，而且应保证手轮之间的净距不小于100mm。

⑧ 以下情况安装的阀门应考虑设置阀门支架：重量大、强度低的阀门，管道上安装的高压阀门，设备接口处的阀门，公称直径大于80mm的阀门。

⑨ 阀门大部分系铸铁件，强度低，与管道连接时一定注意操作方法，安装法兰式阀门时，应保证管端的法兰与阀门法兰密封面平行且同心，拧螺栓时应对称十字交叉均匀进行，切勿强力反紧，安装丝扣阀门时，应保持螺纹完整无损，当因管螺纹加工偏斜而使管中心线出现偏斜时，严禁在阀门处冷加工调直，以免损坏阀体，拧紧时，最好用扳手卡住阀门一端的六角体，以防阀体的变形或损坏。

⑩ 封闭管道上安装丝扣连接的阀门时，在阀门附近一定要加装活接头，以便拆卸阀门。

⑪ 靠电力驱动的阀门，其电源应安全可靠，所有自动控制，报警系统的阀门应在安装好，运行调试后方可投入使用。

二、阀门的安装

（一）截止阀、节流阀、止回阀的安装

截止阀、节流阀、止回阀的安装时，应注意流体流动方向，切勿反接。对于截止阀应按介质“低进高出”的方向安装，即先看清阀两端阀孔的高低，使进入管接低阀孔一侧，出口管接阀孔高的一侧；对于止回阀，应按阀体标志的流动方向安装，为保证止回阀阀盘的启闭灵活，工作可靠，对直通升降式止回阀应安装在水平方向的管道上，对旋启式止回阀，可安装在水平或介质由下向上流动的垂直管道上。

（二）闸阀、旋塞阀、球阀、隔膜阀的安装

安装闸阀、旋塞阀、球阀、隔膜阀时，因为阀体内腔两侧对称，允许介质从一端流入或流出，安装时没有方向性。

（三）减压阀组的安装

1. 减压阀组的组成及组装形式

减压阀组由减压阀、前后控制阀、压力表、安全阀、冲洗管及冲洗阀、旁通管、旁通阀等组成。组装形式有平装和立装两种形式，如图3-21所示，波纹管式减压阀的平装可采用图3-22所示的形式。图中A、B、C、D、E、F、G为安装尺寸，可查阅有关标准。

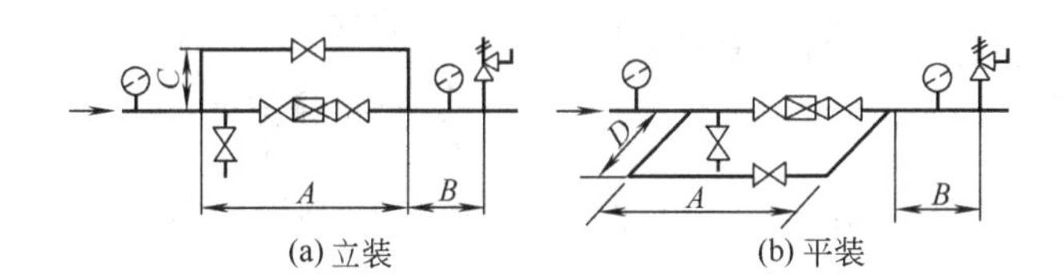

图3-21　减压阀的组成形式

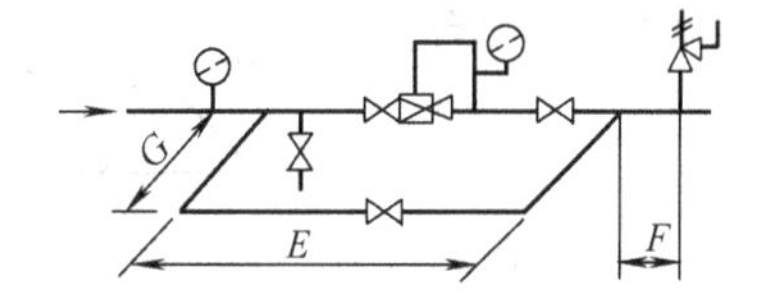

图3-22　波纹管式减压阀的平装形式

2. 减压阀组的安装

① 减压阀有方向性，安装时不得装反，应垂直安装在水平管道上。

② 旁通管的管径一般比减压阀公称直径小 1～2 号。当减压阀需要检修时，即可通过旁通阀工作。

③ 当设计未明确规定时，减压阀的出口管径建议比管径大 2～3 号。

④ 减压阀的两侧应分别安装高低压力表，阀组后面应安装安全阀。

⑤ 减压阀的安装高度为：沿墙敷设时，离地面 1.2m 左右；设置在离地面 3m 高左右时，应设永久性操作平台且减压阀距台平面 1.2m 左右。

⑥ 减压阀组应设在振动小，有足够空间及检修方便处。

⑦ 蒸汽系统减压阀组前应设置疏水阀，系统中介质带渣物时，还应在减压阀组前设置过滤器。

⑧ 波纹管式减压阀用于蒸汽时，波纹管应向下安装。

⑨ 在用汽量较小的小型采暖系统中，也可以采用两个截止阀组成的减压装置，如图 3-23所示，这种装置中的两个截止阀，第一个微开起减压作用，第二个可全开或半开起关闭作用。

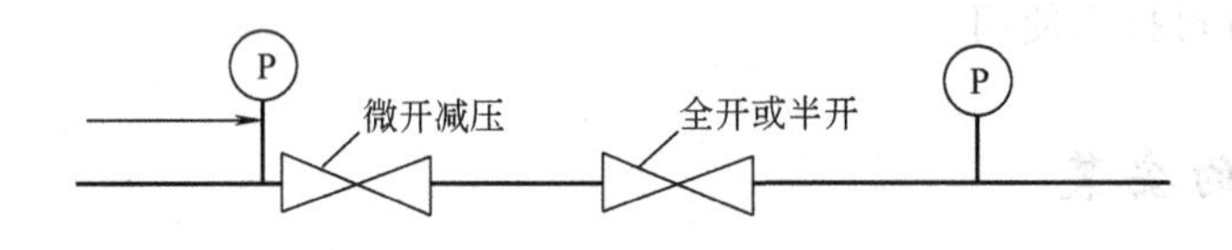

图 3-23　两个截止阀减压示意图

(四) 疏水阀组的安装

1. 疏水阀组的组成

疏水阀是以阀组的形式安装在管路中，由疏水阀、前后截断阀、冲洗管、冲洗阀、检查管、控制阀、旁通管及旁通阀组成。疏水阀组有带旁通管和不带旁通管两种形式，后者应用于热动力式疏水阀，其安装形式如图 3-24 所示。

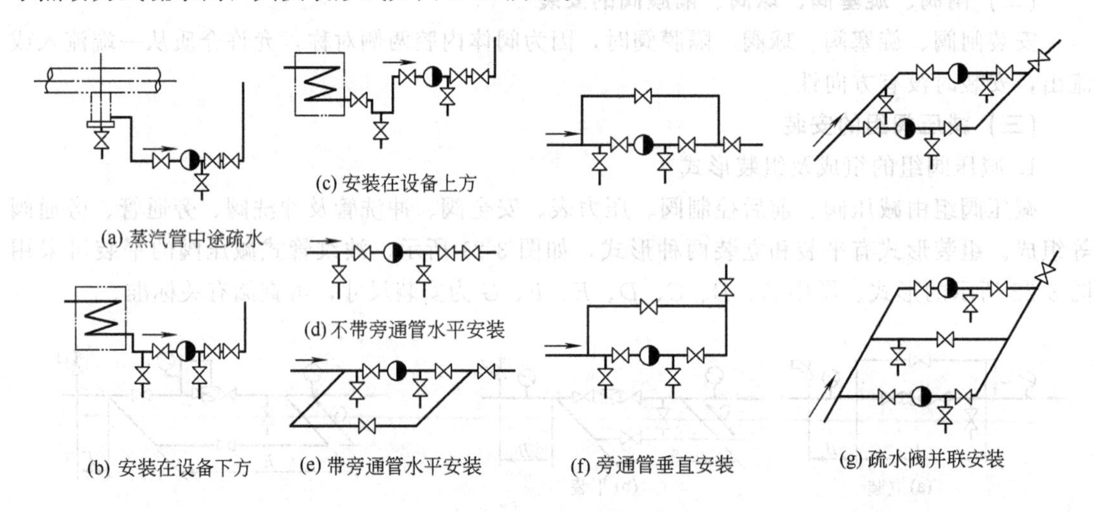

图 3-24　疏水阀的安装形式

2. 疏水阀组的安装

① 在螺纹连接的管道系统中，组装的疏水阀两端应装有活接头。

② 疏水阀组的进口端应装有过滤器，以便定期清除积存的污物，保证疏水阀孔不被堵塞。热动力式疏水阀本身带有过滤器的不必加装。

③ 疏水阀前后设有截断阀，当凝结水不需回收而直接排放时，疏水阀后可不设截断阀。

④ 在通常情况下，疏水阀不设旁通管。因为蒸汽可能由旁通管窜入回水管，影响其他设备和管网回水压力的平衡。

⑤ 疏水阀组前应设放空管，排放空气和不凝性气体，以防气堵。

⑥ 疏水阀组应装在设备下面，以防设备积水；当疏水阀背压升高，为防止凝结水倒流，应设置止回阀。热动力式疏水阀本身能起止逆作用，不需要再加止回阀。

⑦ 疏水阀管道水平敷设时，管道应坡向疏水阀，以防水锤现象。

⑧ 疏水阀组的安装位置应尽量靠近排水点，若距离太远时，疏水阀组前的细长管会滞留空气或蒸汽，使疏水阀处于关闭状态，而且阻碍凝结水不能到达疏水点。

（五）安全阀的安装

① 设备容器的安全阀应装在设备容器的开口上；或尽可能装设在接近设备容器的出口管路上，管路的公称直径应不小于安全阀进口的公称直径。

② 单独排向大气的安全阀，应在它的入口装设一个保持经常开启的截断阀，并采用铅封。对于排入密封系统的安全阀，则应在它的入口和出口处各装一个经常保持开启的截断阀，并应铅封。

③ 排入大气的气体安全阀放空管，出口应高出操作面 2.5m 以上，并引出室外；排入大气的可燃气体和有毒气体，安全阀放空管出口应高出周围最高建筑物或设备 2m。水平距离 15m 以内有明火设备时，可燃气体不得排入大气。

④ 安全阀应垂直安装，以保证安全阀动作灵敏。

⑤ 安全阀排放管的直径应等于或大于安全阀排出口直径，且不得随意缩小。排放管应引向室外并用弯管使管口朝向安全地带。排放管应牢固固定，以防振动。

⑥ 对蒸发量大于 0.5t/h 的锅炉，至少装两个安全阀，一个为控制安全阀，另一个为工作安全阀，前者开启的压力略低于后者。

思考题及习题

1. 阀门是如何分类的？

2. 闸阀有哪几种结构形式？其中明杆式闸阀和暗杆式闸阀有什么区别？

3. 截止阀与节流阀在结构、应用、安装上有什么区别？

4. 疏水阀有哪几种类型？试述双金属片式疏水阀的工作原理？

5. 说明下列阀门型号表示的含义？

① J41H-1.6

② Z445T-1

③ H41Y-4I

④ X43W-0.6T

6. 阀门安装有哪些规定？

7. 画出减压阀组组装示意图，并说出减压阀安装的注意事项？

8. 疏水阀阀组由哪些零件组成，画出其组装示意图，并说明疏水阀组安装注意事项？

第四章　管径和管道压力降

在工业生产中，当输送流体的能力一定时，管径的大小直接影响经济效果。管径小，介质流速大，管道压力降大，从而增加了流体输送设备（压缩机或泵）的动力操作费用。反之，增大管径，虽动力费用减小，但管道建造费用却增高。因此，为求得其矛盾的统一，设计上必须合理地选择管径。

管径和管道压力降计算也称管道水力计算，其主要任务是：按已知流量和允许压力降或允许流速来选择管径；按已知流量和管径，计算管道压力降及管道中各点的压力值；按确定的管径及允许的压力降，计算和校核管道的输送能力；根据管道的水力计算结果，确定管道系统选用动力设备的规格型号。

本章仅简介管径的确定和管道压力降的计算方法。

第一节　管径的确定

确定管径的主要方法有两种：公式法和查图（表）法。即根据流体的性质，综合权衡建设投资和操作费用，按照工艺过程的要求，可从表 4-1 或实际经验数据选定流速或允许压力降值，同时估计管道的长度（包括管件的当量长度），再按公式计算法或查图（表）法初选管径。

流体（介质）在管内流动较为复杂，多数为单相流体，也有多相流体。流体相数不同，管径和压力降计算方法不同。本节仅介绍单相流体管径确定方法。

一、公式计算法

（1）当选定流速时，可由式（4-1）计算管径

$$d=18.8\sqrt{\frac{q_v}{u}}=\sqrt{\frac{q_m}{u\rho}} \tag{4-1}$$

式中　d ——管道内径，mm；

q_v ——操作条件下流体的体积流量，m^3/h；

q_m ——操作条件下流体的质量流量，kg/h；

u ——流体的流速，m/s；

ρ ——流体的密度，kg/m^3。

（2）当选定每 100m 管长的压力降时，可由式（4-2）求得管径

$$d=11.4\rho^{0.207}\mu^{0.033}q_v^{0.38}\Delta p_{100}^{-0.207} \tag{4-2}$$

式中　μ——流体运动黏度，mm^2/s［与厘沲（cSt）同值］；

Δp_{100}——每 100m 管长允许压力降，kPa。

二、查图（表）法

根据流量和流速，可从图 4-1 和表 4-1 中查出管径；也可根据允许压力降和流量，从有关手册中选定管径。

当管道走向、长度、阀门和管件的设置情况确定后，应计算管道的阻力，以此来确定最终管径。

表 4-1　流体的流速和压力降推荐值

应用类型	流速 /m·s^{-1}	最大压力降 /kPa·100m^{-1}
一、液体(碳钢管)		
一般推荐	1.5～4.0	60
层流	1.2～1.5	
湍流：液体密度，kg/m^3		
1600	1.5～2.4	
800	1.8～3.0	
320	2.5～4.0	
泵进口：饱和液体	0.5～1.5	10
不饱和液体	1.0～2.0	20
负压下	0.3～0.7	5
泵出口：流量～$50m^3/h$	1.5～2.0	80
51～160	2.4～3.0	60
>160	3.0～4.0	45
自流管道	0.7～1.5	6
冷冻剂管道	0.6～1.2	6
设备底部出口	1.0～1.5	10
塔进料	1.0～1.5	15
二、水(碳钢管)		
一般推荐	0.6～4.0	45
水管公称直径 DN25	0.6～0.9	
50	0.9～1.4	
100	1.5～2.0	
150	2.0～2.7	
200	2.4～3.0	
250	3.0～3.5	
300	3.0～4.0	
400	3.0～4.0	
≥500	3.0～4.0	
泵进口	1.2～2.0	
泵出口	1.5～3.0	
锅炉进水	2.0～3.5	
工艺用水	0.6～1.5	45
冷却水	1.5～3.0	30
冷凝器出口	0.9～1.5	
三、特殊液体(碳钢)		
酚水溶液	0.9(最大)	
浓硫酸	1.2(最大)	
碱液	1.2(最大)	
盐水和弱碱	1.8(最大)	
液氨	1.5(最大)	
液氯	1.5(最大)	
富 CO_2 胺液(不锈钢)	3.0(最大)	
一般液体(塑料管或橡胶衬里管)	3.0(最大)	
含悬浮固体	0.9(最低) 2.5(最大)	
氯化氢液(衬橡胶管)	1.8	
四、气体(钢)		
一般推荐压力等级，MPa		
$p>3.5$		45
$1.4<p\leqslant3.5$		35
$1.0<p\leqslant1.4$		15
$0.35<p\leqslant1.0$		7
$0<p\leqslant0.35$		3.5
负压下：		
$p<49kPa$		1.1
$100kPa\geqslant p>49kPa$		2.0
装置界区内气体管道		12
压缩机吸入管道：从气柜		2
从 100kPa 压力下吸入		4.5
从压力下吸入		10
压缩机出口管道		20
冷冻剂进口	5～10	
冷冻剂出口	10～18	
塔顶 $p>0.35MPa$	12～15	4～10
常压	18～30	4～10
负压 $p<0.07$	38～60	1～2
蒸气(汽)		
一般推荐　饱和	60(最大)	
过热	75(最大)	
$p\leqslant0.3MPa$		10
$p=0.3～1.0$		15
$p=1.0～2.0$		20
$p>2.0$		30
短引出管		50
泵驱动机进口	4～10	
工艺蒸气($p\geqslant3MPa$)	20～40	
锅炉和汽轮机管道		
$p>1.4MPa$	35～90	60
低于大气压蒸汽		
$50kPa<p<100kPa$	40	
$20<p<50$	60	
$5<p<20$	75	

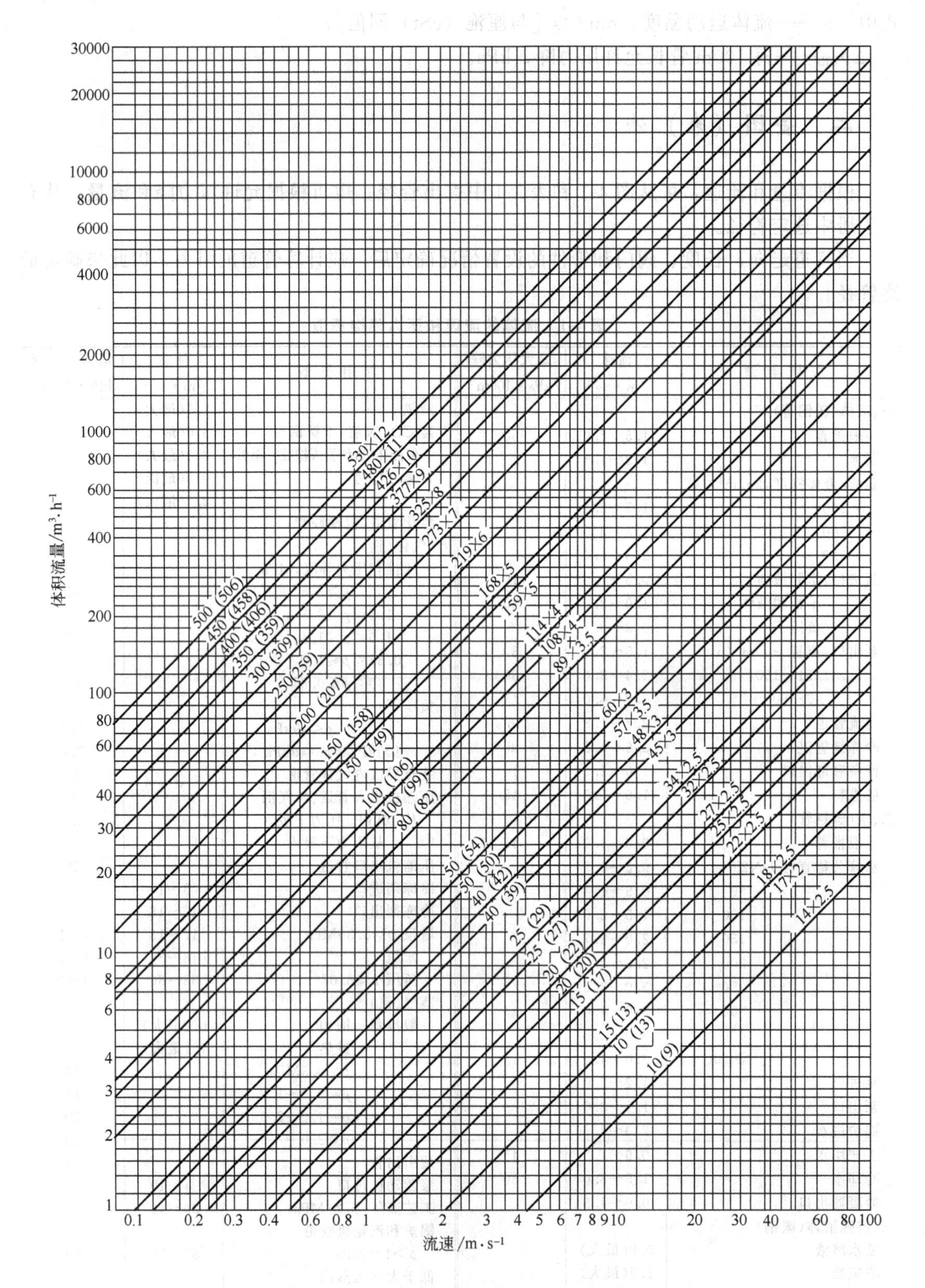

图 4-1　体积流量、流速与管径关系图

注：图中数字前者为公称直径，括号内为内径；后者为外径×厚度，单位均为 mm

第二节　管道压力降计算

在一般压力下，压力对液体密度的影响很小，即使在高达35MPa的压力下，密度的减少值仍然很小。因此，液体可视为不可压缩流体。气体密度随压力的变化而变化，属于可压缩流体范畴。但当气体管道进出口端的压差小于进口端压力的20%时，仍可近似地按不可压缩流体计算管径，其误差在工程允许范围之内，此时，气体密度可按以下不同情况取值：当管道进出口端的压差小于进口压力10%时，可取进口或出口端的密度；当管道进出口端的压差为10%～20%时，应取进出口平均压力下的密度。

当气体管道进出口端的压差大于进口端压力的20%时，应按可压缩流体计算。本节仅讨论单相不可压缩流体管道的压力降计算。

1. 确定流体的流动状态

（1）流动状态可用流体的雷诺数 Re 表示，雷诺数可用式（4-3）计算。

$$Re=\frac{du\rho}{\mu_a} \tag{4-3}$$

式中　Re——雷诺数；

d——管道内径，mm；

ρ——流体密度，kg/m^3；

μ_a——流体动力黏度，mPa·s [与厘泊（cP）同值]；

u——流体的流速，m/s。

（2）当雷诺数 $Re \leqslant 2000$ 时，流体的流动处在滞流状态，管道的阻力只与雷诺数有关。这是因为管壁上凹凸不平的地方都被平稳滑动着的流体层所掩盖，流体在此层上流过如同在光滑管上流过一样。

（3）当雷诺数为2000～4000时，流体的流动处在临界区，或是滞流或是湍流，管道的阻力还不能做出准确计算。

（4）当雷诺数符合式（4-4）判断式时

$$4000 \leqslant Re < 396\frac{d}{\varepsilon}\lg\left(3.7\frac{d}{\varepsilon}\right) \tag{4-4}$$

式中　ε——管壁的绝对粗糙度，mm，其值见表4-2；

$\frac{\varepsilon}{d}$——管壁的相对粗糙度。

表4-2　管壁的绝对粗糙度 ε 值

管壁情况	ε/mm	管壁情况	ε/mm
金属管		非金属材料	
新的操作中无腐蚀的无缝钢管	0.06～0.1	干净的玻璃管	0.0015～0.1
无缝黄铜、铜及铅管	0.005～0.01	橡皮软管	0.01～0.03
正常条件下工作的无缝钢管	0.2	很好拉紧的内涂橡胶的帆布管	0.02～0.05
正常条件下工作的焊接钢管及较少腐蚀的无缝钢管	0.2～0.3	陶瓷排水管	0.45～6.0
钢板卷管	0.33	陶瓷排水管	0.25～6.0
铸铁管	0.5～0.85		
腐蚀较重或污染较重的无缝钢管	0.5～0.6		
腐蚀严重的钢管	1～3		

此时，流动状态虽为湍流（过渡区），但管道的阻力是雷诺数和相对粗糙度的函数。

（5）当雷诺数符合式（4-5）判断式时

$$Re \geqslant 396 \frac{d}{\varepsilon} \lg\left(3.7 \frac{d}{\varepsilon}\right) \tag{4-5}$$

此时，流动状态处于粗糙管湍流区（完全湍流区），管道的阻力仅是管壁的相对粗糙度的函数，这是因为在该区，粗糙管壁的凸出部分伸到湍流主体中，加剧了质点的碰撞，致使流体中的黏性力不起作用。因此，包括 μ 的雷诺数不再影响 λ 的大小。绝对粗糙度为0.2mm 的钢管，流体开始进入粗糙管湍流区时的雷诺数见有关手册。

2. 管道压力降

流体在管道中流动时的压力降可分为直管摩擦压力降、局部障碍压力降、上升管静压压力降、加速度压力降。式（4-6）为管道各压力降之和。

$$\Delta p_t = 1.15(\Delta p_f + \Delta p_k + \Delta p_h + \Delta p_u)\ (\text{kPa}) \tag{4-6}$$

式中 Δp_t ——管道总压力降，kPa；

Δp_f ——直管摩擦压力降，kPa；

Δp_k ——局部障碍压力降，kPa；

Δp_h ——上升管静压压力降，kPa；

Δp_u ——加速度压力降，kPa；

1.15 ——富裕量。

（1）直管摩擦压力降

$$\Delta p_f = \lambda \frac{L}{d} \times \frac{\rho u^2}{2}\ (\text{kPa}) \tag{4-7}$$

式中 L ——直管长度，m；

d ——直管内径，mm；

λ ——摩擦因数。

其中摩擦因数 λ 应根据流动状态按下列公式之一计算。在手算时，可从图 4-2 查得，比用公式计算方便，且其查得的 λ 值与计算值相近。

当流体处在滞流状态时：

$$\lambda = 64 Re^{-1} \tag{4-8}$$

当流体处在过渡区时：

$$\frac{1}{\sqrt{\lambda}} = -2\lg\left(\frac{\varepsilon}{3.7d} + \frac{2.51}{Re\sqrt{\lambda}}\right) \tag{4-9}$$

此式需用试差法求得 λ 值。

当流体处在粗糙管的湍流区时：

$$\frac{1}{\sqrt{\lambda}} = -2\lg\left(\frac{\varepsilon}{3.7d}\right) \tag{4-10}$$

当流体处在临界区时：

$$\lambda = \frac{0.3164}{Re^{0.25}} \tag{4-11}$$

不能从图 4-2 上确切查得 λ 值，可用式（4-11）算得近似值。

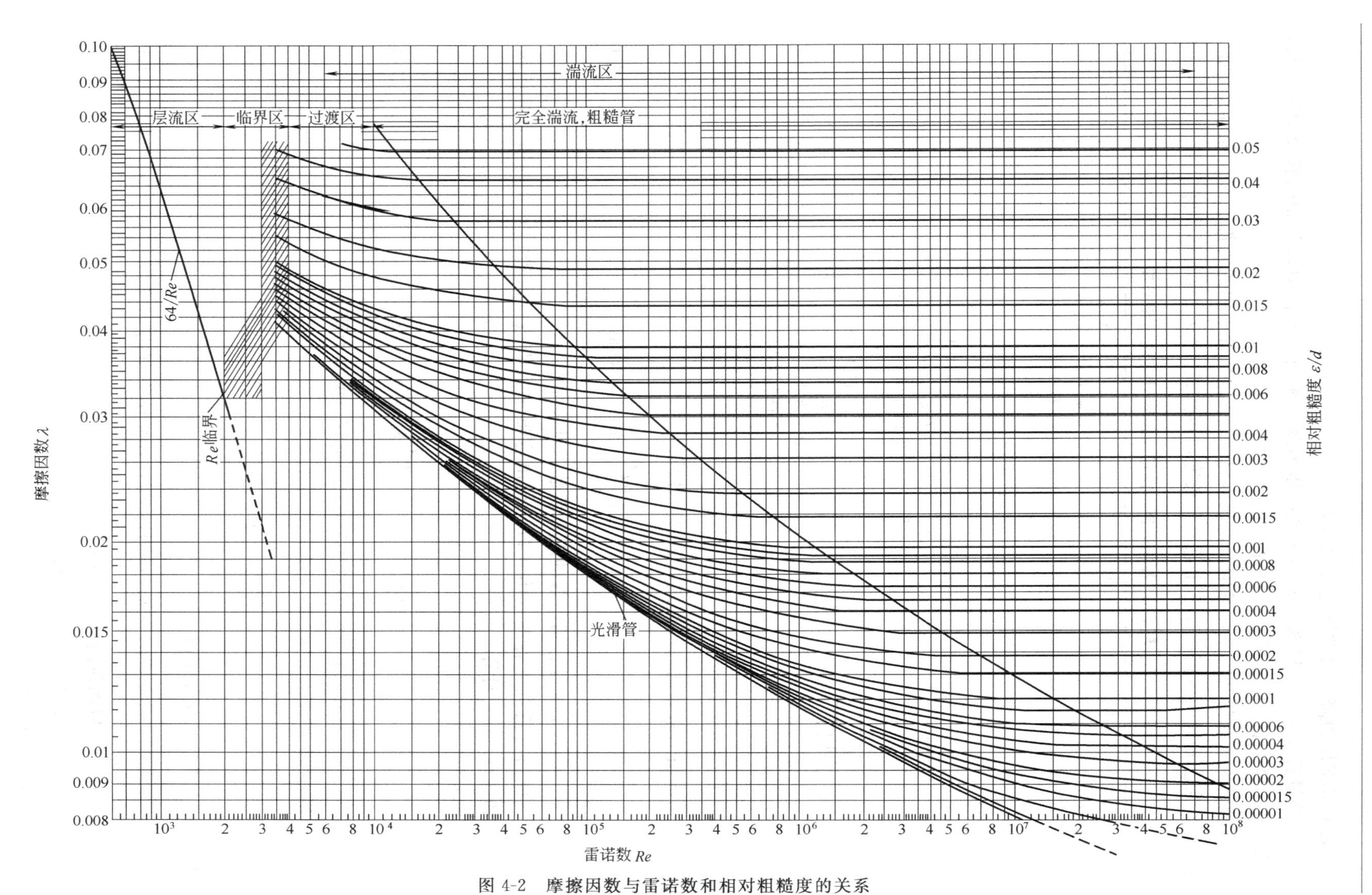

图 4-2 摩擦因数与雷诺数和相对粗糙度的关系

（2）局部压力降　可按下述方法计算。

① 当量长度法　因局部阻力而导致的压力降，相当于流体通过其相同管径的某一长度的直管压力降，此直管长度称为当量长度。

各种管件、阀门和流量计等的当量长度见表4-3。当管道中的管件、阀门和流量计的数量、型号为已知时，可据此计算出总当量长度，再按式（4-7）求得压力降。

表4-3　各种管件、阀门及流量计等的当量长度

名　称	L_e/d	名　称	L_e/d
45°标准弯头	15	截止阀(标准式)(全开)	300
90°标准弯头	30～40	角阀(标准式)(全开)	145
90°方形弯头	60	闸阀(全开)	7
180°弯头	50～75	3/4开	40
三通管(标准)		1/2开	200
流向		1/4开	800
		带有滤水器的底阀(全开)	420
	40	止回阀(旋启式)(全开)	135
		蝶阀(6″以上)(全开)	20
	60	盘式流量计(水表)	400
		文式流量计	12
		转子流量计	200～300
	90	由容器入管口	20

注：表中 L_e，d 单位为m。

② 局部阻力系数法。可按式（4-12）计算。

$$\Delta p_k=\sum k\frac{\rho u^2}{2}\times 10^{-3}\ (\text{kPa}) \tag{4-12}$$

式中　k——每一个管件、阀门等的阻力系数，见表4-4。

③ 流体由管道进入容器（出管口）或由容器进入管道（入管口）处的压力降可按式（4-13）和式（4-14）计算。

出管口：

$$\Delta p_{k1}=(k-1)\frac{\rho u^2}{2}\times 10^{-3}\ (\text{kPa}) \tag{4-13}$$

由于 $k=1$，故式（4-13）中右项为0，即出管口的压力降为0。

入管口：

$$\Delta p_{k2}=(k+1)\frac{\rho u^2}{2}\times 10^{-3}\ (\text{kPa}) \tag{4-14}$$

（3）上升管静压压力降

$$\Delta p_h=(H_2-H_1)\rho\times 10^{-3}\ (\text{kPa}) \tag{4-15}$$

式中　H_1——管段始端的标高，m；

H_2——管段末端的标高，m。

（4）加速度压力降

$$\Delta p_{\mathrm{u}}=\frac{\rho u^2}{2}\times 10^{-3}\ (\mathrm{kPa}) \tag{4-16}$$

表 4-4　管件和阀门的局部阻力系数 k 值

管件和阀件名称	k 值										
标准弯头	45°,k=0.35					90°,k=0.75					
90°方形弯头	1.3										
180°回弯头	1.5										
活管接	0.04										
突然增大	A_1/A_2	0	0.1	0.2	0.3	0.4	0.5	0.6	0.7	0.8	0.9	1
	k	1	0.81	0.64	0.49	0.36	0.25	0.16	0.09	0.04	0.01	0
突然缩小	A_1/A_2	0	0.1	0.2	0.3	0.4	0.5	0.6	0.7	0.8	0.9	1
	k	0.5	0.47	0.45	0.38	0.34	0.30	0.25	0.20	0.15	0.09	0
出管口（管→容器）	k=1										
入管口（管器→管）	k=0.5	k=0.25	k=0.04	k=0.56	k=3～1.3	k=0.5+0.5cosθ+0.2cosθ					
标准三通管	k=0.4	k=1.5当弯头用	k=1.3当弯头用	k=1							
闸阀	全开	3/4 开	1/2 开	1/4 开							
	0.17	0.9	4.5	24							
标准截止阀（球心阀）	全开 k=6.4	1/2 开 k=9.5									
蝶阀	α	5°	10°	20°	30°	40°	45°	50°	60°	70°	
	k	0.24	0.52	1.54	3.91	10.8	18.7	30.6	118	751	
旋塞阀	θ	5°	10°	20°	40°	60°					
	k	0.05	0.29	1.56	17.3	206					
角阀（90°）	5										
止回阀	旋启式 k=2	球形式 k=70									
底阀	1.5										
滤水器（或滤水网）	2										
水表（盘形）	7										

注：1. 管件、阀门的规格结构形式很多，加工精度不一，因此上表中 k 值变化范围也很大，但可供计算用。

2. A 为管道截面积，α 或 θ 为蝶阀或旋塞阀的开启角度，全开时为 0，全关时为 90°。

例 4-1　已知某液体管道的材质为 20 号无缝钢管，管道的内径 d 为 150mm，体积流率为 $130\mathrm{m^3/h}$，液体在操作条件下的动力黏度为 4mPa·S，密度为 $800\mathrm{kg/m^3}$。直管段长度为

200m，管道上有3个闸阀（全开），10个90°弯头，一个流量计（盘式），流体从塔底抽出至另一塔。求该管道的压力降（不计上升管静压压力降和加速度压力降）。

解 （1）确定流动状态

$$液体流速\ u=\frac{130}{3600\times0.785\times0.150^2}=2.04(\mathrm{m/s})$$

$$雷诺数\ Re=\frac{150\times2.04\times800}{4}=61200$$

从表4-2中查得 $\varepsilon=0.2\mathrm{mm}$，判断式（4-4）右侧值为

$$396\times\frac{150}{0.2}\lg\left(3.7\times\frac{150}{0.2}\right)=1022649$$

$$4000<Re<1022649$$

流动状态属于过渡区。

（2）计算管道压力降

① 管子的相对粗糙度 $\varepsilon/d=0.2/150=0.00133$，求摩擦因数 λ。

由于流体处在过渡区，要采用式（4-9）用试差法计算。

先假设 $\lambda=0.024$。

$$\frac{1}{\sqrt{\lambda}}=-2\lg\left(\frac{0.2}{3.7\times150}+\frac{2.51}{61200\times\sqrt{0.024}}\right)=6.41$$

因而
$$\lambda=\left(\frac{1}{6.41}\right)^2=0.0243$$

与假设值相近，故即采用 $\lambda=0.024$。

根据 $Re=61200$ 和相对粗糙度0.00133，也可从图4-2查出，流动状态处于过渡区，$\lambda=0.024$，与计算值相同。

② 求直管段压力降 Δp_f，可按式（4-7）计算

$$\Delta p_f=0.024\times\frac{200}{150}\times\frac{800\times2.04^2}{2}=53.27\ (\mathrm{kPa})$$

③ 求局部阻力（包括进出塔）

a. 当量长度法。管道管件等的当量长度（查表4-3）为

$$L_e=(3\times7+10\times40+1\times400+20+0)\times0.15\approx126\ (\mathrm{m})$$

局部阻力可用式（4-7）计算

$$\Delta p_k=\frac{126}{150}\times0.024\times\frac{800\times2.04^2}{2}=33.6\ (\mathrm{kPa})$$

手算宜采用此法，比较简易，且误差不大。

b. 局部阻力系数法（见表4-4）为

$$\Delta p_k=(3\times0.17+10\times0.75+7)\times\frac{800\times2.04^2}{2}\times10^{-3}=25\ (\mathrm{kPa})$$

c. 液体从塔进入管道阻力 Δp_{k2} 可用式（4-14）计算

$$\Delta p_{k2}=(1+0.5)\times\frac{800\times2.04^2}{2}\times10^{-3}\approx2.5\ (\mathrm{kPa})$$

液体从管道进入塔内其阻力 $\Delta p_{k1}=0$

④ 管道总压力降 Δp_t 可用式（4-6）计算

$$\Delta p_t=1.15\times(53.27+25+2.5+0)=93\ (\mathrm{kPa})$$

思考题及习题

1. 当流量一定时，所选管径偏大或偏小各有何利弊？

2. 管径和管道压力降计算的主要任务是什么？

3. 确定管径的方法有哪几种？

4. 管道压力降包括哪几部分？为减小压力降，配管时应注意什么？

5. 某液体从地面贮槽送至高位槽，管道内径 0.05m，流速 1.42m/s，钢管粗糙度 $\varepsilon=0.000045$m，管总长 30m，液体上升高度 16m，管道中装有 2 个闸阀和 4 个 90°弯头，求管道总压力降。

第五章　管道布置图

表达工业生产过程与联系的图样一般包括工艺流程图，设备布置图和管道布置图。本章仅介绍管道布置图。

在工业生产过程中，各种流体物料的输送都是在管道中进行的，表达厂房内外设备（或机器）间管道走向和管道组成件等安装位置的图样称为管道布置图，又称配管图。配管图是管道工程安装施工的重要技术文件和依据。

管道布置图通常包括管道平面图、立面图、剖面（视）图、局部图和管段图等。

第一节　管道布置图绘制的内容及表示方法

管道布置图的内容及表示方法，也就是管道布置图需要画什么及如何画的问题。由于对图使用的要求不同，其表达的重点、深度、广度、内容详略等也各有不同。图纸是供施工和生产用的，是给别人看的，不应由于不适当的简化或画错给施工和生产造成困难，至于表示方法，主要是“技巧”问题，熟练的设计者通过简洁的图形，适量的标注及文字说明即可准确表达设计的意图；表达能力差者则相反，画了许多图形再加上大量的标注和文字说明，最终仍不能准确表达设计意图。

一、绘制管道布置图的一般要求

1. 按比例

管道图原则上均应按比例绘制。按比例的主要目的和好处在于正确表达管道及组件所占据的空间，避免碰撞及影响施工和操作。下列两类要求按比例或大致按比例绘制。

① 构筑物、建筑物的断面形状和尺寸，墙的厚度，门、窗、梯子的位置等。

② 管道配件的形状和尺寸。如管子横断面的直径、对焊弯头的半径、法兰的外径、阀门的长度和高度，保温管道的外径等。

管道布置图的常用比例为 1∶20、1∶25、1∶33、1∶40 和 1∶50 等。

2. 分层

管道布置图经常具有多个标高层次，因此常常按不同的标高平切分层绘图以避免平面图上图形和线条重叠过多造成表示不清。塔及立式容器上的管道通常按平台标高分层，如为联合平台且标高错落不齐时，以主要平台分层。管廊以不同层的管排分层。

分层绘的配管图，管道应严格按所划分的分层标高范围绘制在所属的平面图内，如图 5-1（b）所示。

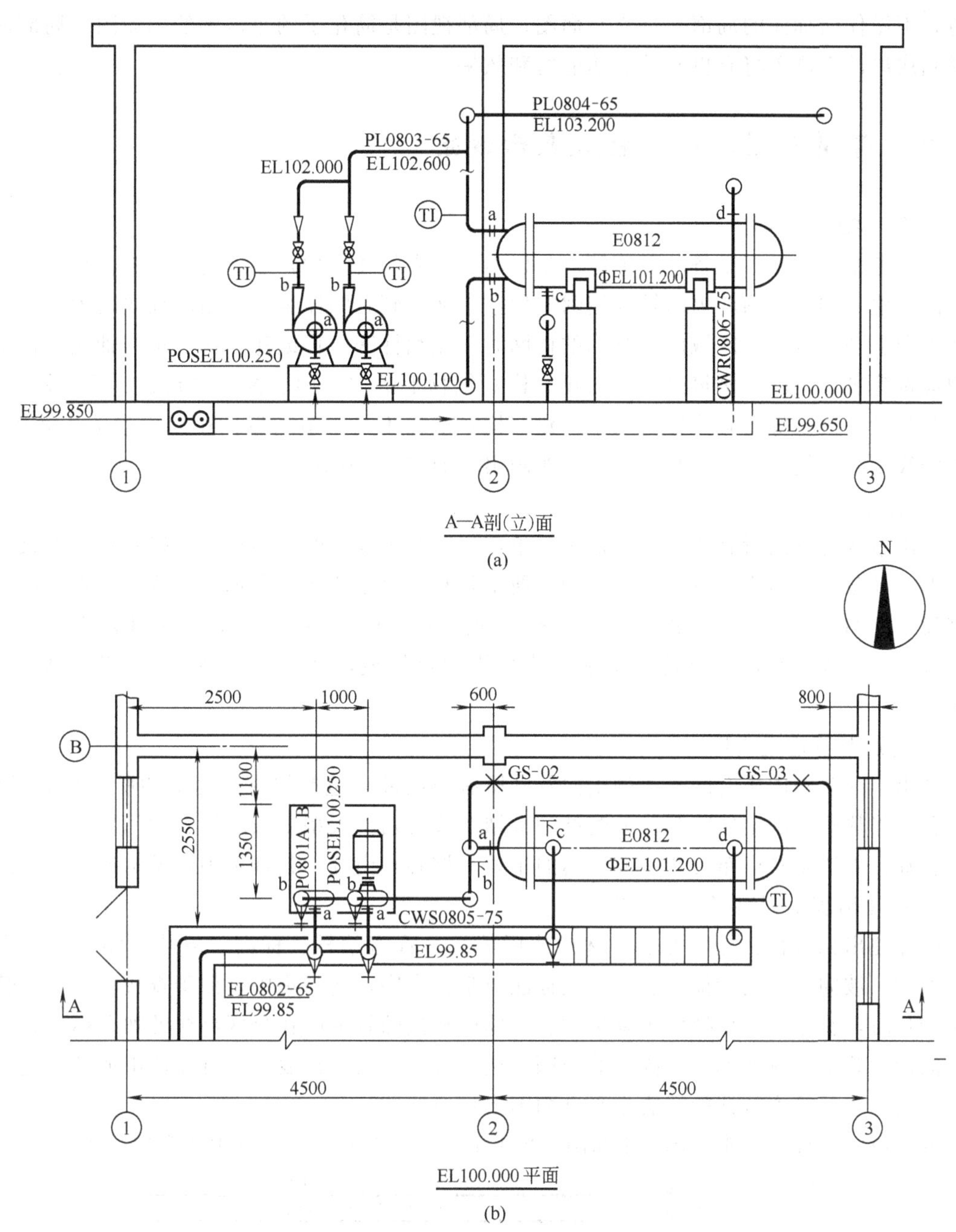

图 5-1 管道布置图

3. 剖（立）面图及其层次

日前，配管图都不绘制大剖面图，多为局部剖（立）面图，用局部剖（立）面图来补充平面图难于表达的管道立面布置情况，可繁可简，繁时可以在所要绘制的剖面范围内按投影关系绘出全部设备、建筑物和管道的全部内容，如图 5-1（a）所示。这同样有个层次（景深）问题。一般，剖视的层次不宜过深，投影关系在同一剖面上也可“视而不见”的舍去，但应注意不应因这种简化而造成误解或错误。

4. 局部详图和局部视图

在平（剖）面图中，局部详图是在详图范围内，只需放大绘制比例，表达示意清楚主要管道，不做任何标注的局部平（立）面图；局部视图是简化了的小范围的剖面图。局部视图如果画成局部立体图将有更好的表达能力和效果。

二、管道布置图的内容及表示方法

1. 建筑物、构筑物

在管道布置图中，设备、管道等均是以本区域内的建（构）筑物的纵、横轴线为基准来定位的。建（构）筑物的纵向轴线用阿拉伯数字从左到右顺序编号；横向轴线用大写英文字母从下向上顺序编列。区域内有管廊的柱网时，先编柱网，再编建（构）筑物轴线。在布置图中应按建筑规定的图例符号，画出建（构）筑物上的墙、门、窗、平台、梯子、柱、梁、管道孔和设备机泵等基础位置与大小。建（构）筑物不是管道布置图中要表达的主要内容。因此轴线用细点划线画出，其余用细实线画出，如图 5-1 所示。

2. 设备、机泵

画出本区范围内所有的设备、机泵并予定位。对于复杂的大型机泵最好画出其大致的轮廓外形。设备的管嘴应以双线表示。为了便于判断管道布置和平台梯子的位置是否合理，最好将设备上的仪表管嘴、塔顶吊柱、设备上的附属装置（如搅拌装置、加料装置、卸料装置、减速装置等）画出。设备机泵中心线采用细点划线，其余采用细实线画出，如图 5-1 所示。

3. 管道及管道组成件

画出本区范围内所有的管道的走向及其所有组成件（包括焊在管道上的所有仪表元件）的位置。伴热管只画出伴热蒸汽分配站和凝结水收集站。大型复杂的特殊阀门宜画出其大致外形轮廓。管道是管道布置图中要表达的主要（核心）内容，其规定画法见本章第二节。

4. 标注出表示管道特征的标志

应标注出如管径、介质类别、材料选用等级、管道编号、标高、隔热、伴热、介质流向、坡度、坡向等管道特征标志。这些标注应整齐有序，适当集中，便于查找。同一根管道距离较长时，在适当距离处应重复标注。与邻区相接的管道应在分区界线处加以标注。某些有方向性的管道组成件如止回阀、截止阀、调节阀、孔板、油表等，宜在该组成件附近标注介质流向。表示管道特征的标志在平立面图上均应标注。

管道特征的标注通常如图 5-1 和图 5-2 所示。图 5-2 中 4 根管道用数字编号为 1、2、3、

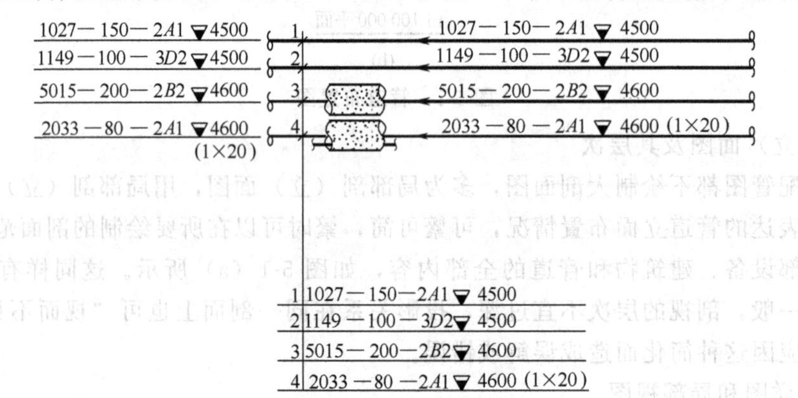

图 5-2 管道特征的标注

4，尽可能不采用拉出引线编顺序号的注法。如果采用这种注法，范围不宜太广，涉及的管道不宜太多，引线不宜过长或分支过多，管道上的顺序号和标注上的顺序号方向应一致。也有的管道图上标注管道顺序号在数字前加 L，如 L_1，L_2，L_3，…，L_n 等。

5. 标注出表示某些管道组成件的技术规格数据

如短半径弯头、异径管件和异径法兰的公称直径、阀门的型号、过滤器的型号、仪表管嘴的规格、仪表的编号等。阀门和过滤器的型号在平剖面图上仅需标注一次。

6. 注出管道的定位尺寸、标高和某些管道组成件的定位尺寸和标高

管道组成部分包括如阀门、孔板、仪表管嘴等。标注尺寸和标高应达到使管道定位并且不需经过太复杂的运算即能确定组成该管道每一管段的安装长度及管道组成件的位置。

(1) 管道拐弯时，尺寸界线应定在管道轴线的交点上，如图 5-3 所示。

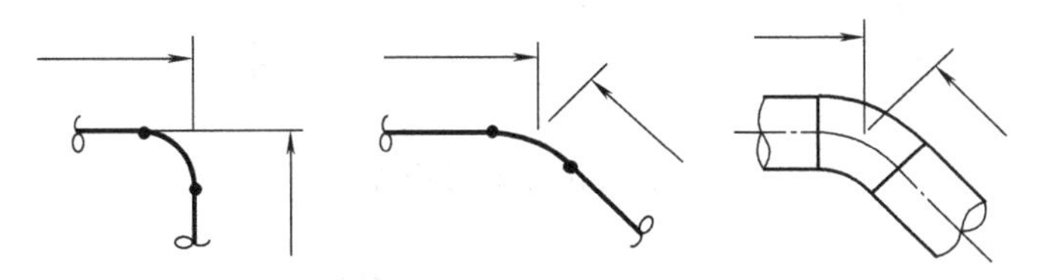

图 5-3　弯管的尺寸标注

(2) 在设备嘴子处应注出垫片的厚度。在法兰阀、孔板、盲板、小型设备（如小过滤器、阻火器）等装有垫片的地方则不需注出，这些管道组件的中心作为尺寸的定位点，如图 5-4 所示。

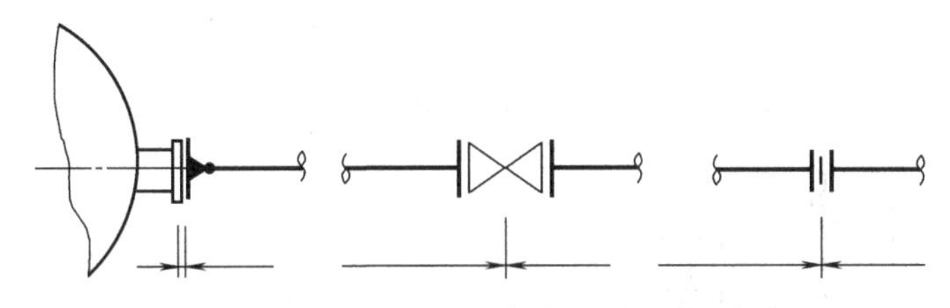

图 5-4　设备嘴子、法兰、阀门及孔（盲）板标注

(3) 管外壁取齐管道尺寸的标注如图 5-5 所示。

(4) 为使管道定位，定位尺寸应与建筑物、构筑物的轴线，设备机泵的中心线，装置边界线或分区界线关联。建筑物、构筑物的轴线，设备机泵的中心线应单独标注，如图 5-6 所示。

图 5-5　管外壁取齐管道的尺寸标注

(5) 立式圆筒形设备周围的管道尺寸标注如图 5-7 所示。

(6) 配管尺寸完全相同的多组管道（如加热炉火嘴，多台同型号的压缩机等)，可以选择其中的一组标注其尺寸，其他几组可适当省略，但应在图纸中说明。对称布置的管道不可省略。

(7) 与邻区续接的管道，标注尺寸时宜与邻区某一坐标（如中心线、轴线等）关联，以便核对。与邻区续接的管道标注如图 5-8 所示。

(8) 任意角度弯管应标注其弯曲半径并画出直线与弧线的切点，管段尺寸则标注至直管轴线的交点，如图 5-9 所示。

(9) 管道预拉伸的标注如图 5-10 所示。

(10) 管道剖（立）面图上表示管道及其组成件安装高度时通常只注相对标高，必要时

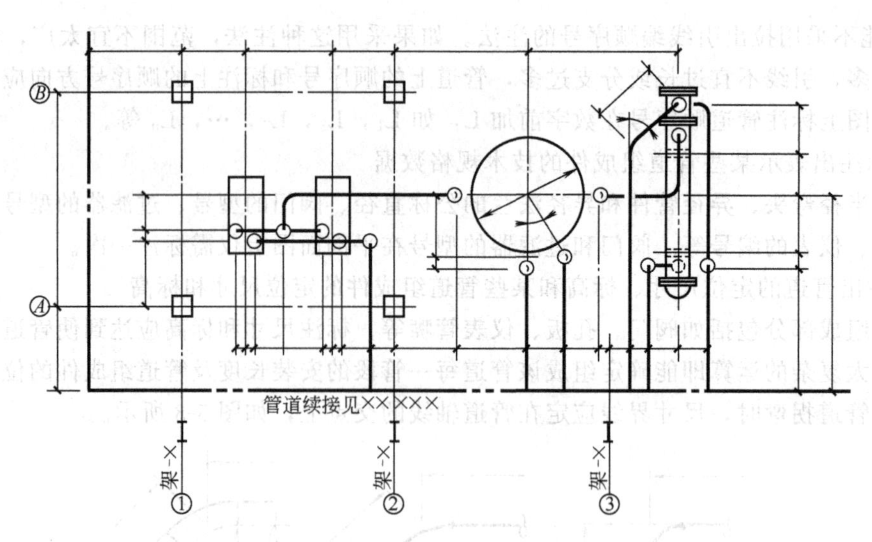

图 5-6　建筑物轴线、设备中心线尺寸标注

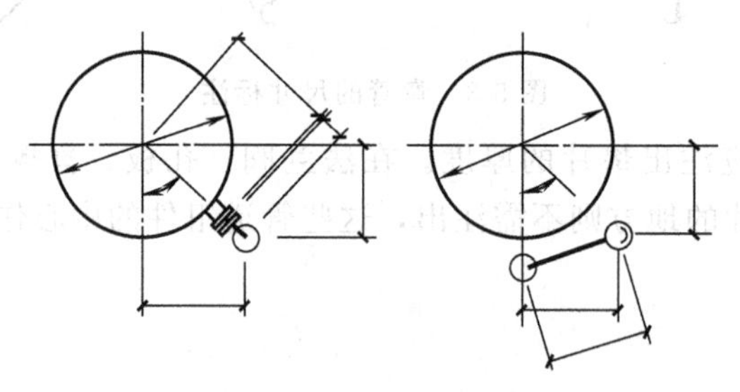

图 5-7　立式圆筒形设备周围的管道尺寸标注

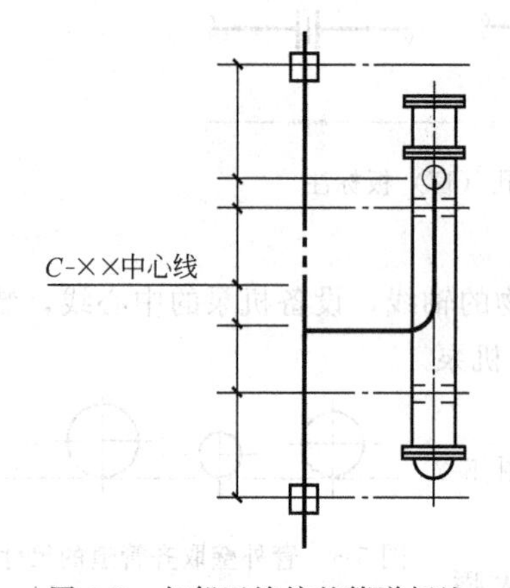

图 5-8　与邻区续接的管道标注

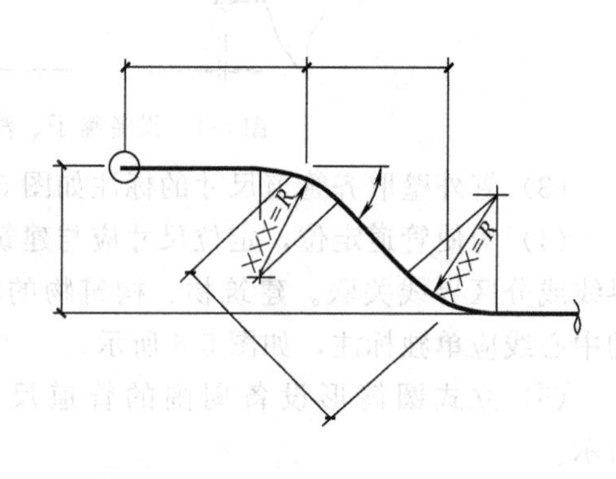

图 5-9　任意角度弯管的尺寸标注

也可注尺寸（例如平面图上重叠太多，线条繁杂，标注困难或在立面图上标注更清晰）。阀门应标注中心标高，如图 5-11 所示。

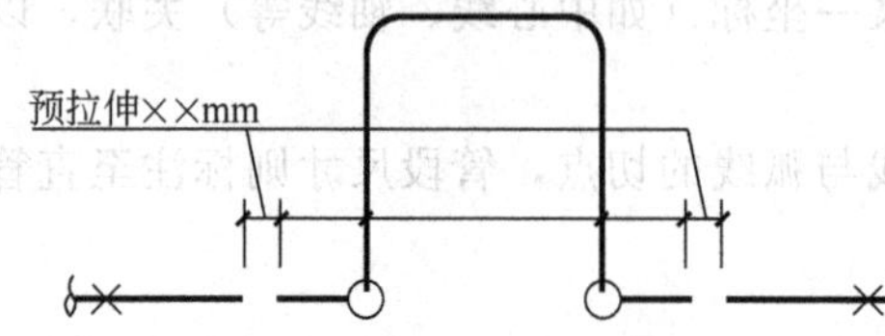

图 5-10　管道预拉伸的尺寸标注

（11）剖面图上应标注设备、机泵管嘴的中心标高（水平管嘴）或法兰面标高（垂直管嘴）。倾斜管嘴标注尺寸和标高的基准点是法兰面与管嘴中心线的交点，如图 5-11 所示。

（12）不论是平面图还是剖面图，均应标注平台面标高。

7. 平剖面图上均应绘出设备的保温

管道除水平管应表示保温符号外，立管也应绘出保温符号，如图 5-12 所示。

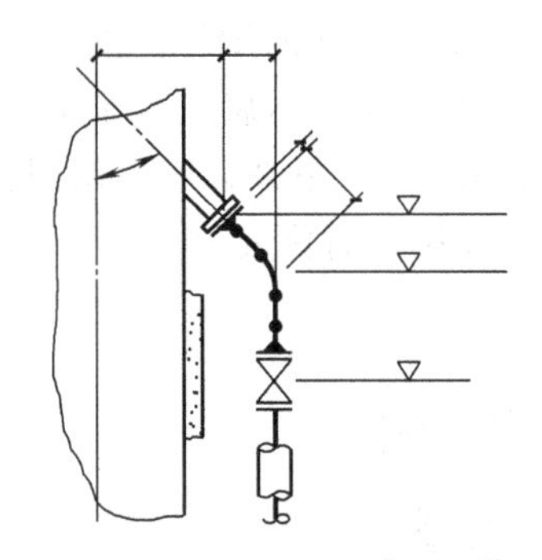

图 5-11　管道、阀门在立面图上标高的标注

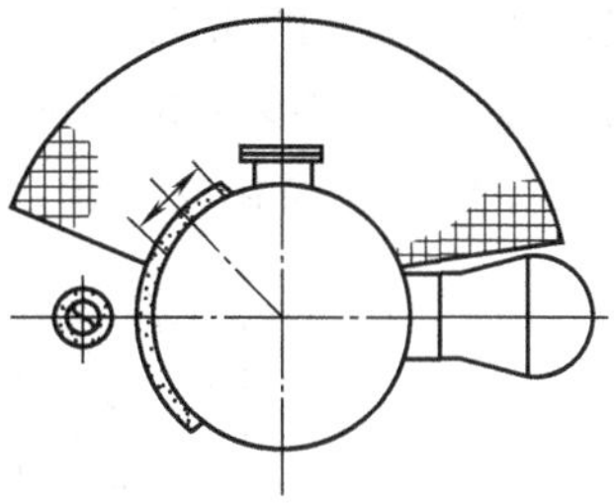

图 5-12　管道、设备保温及平台的表示

8. 平台的影线宜画在平台边线的转折处

这样平台的边界将更清晰，如图 5-12 所示。

9. 可能时，剖面图、视图、详图应和主平面图绘制在同一张图纸上

10. 在管道支承点处画出支吊架并编号

除有特别要求外，在管道布置图上通常不标注支吊架的定位尺寸和标高。形式和功能不同的管托、管卡、吊卡（如滑动、导向、止推、锚固、弹簧）应用不同的图例表示。

11. 剖视图的剖切面，必要时可以转折（见图 5-13）。

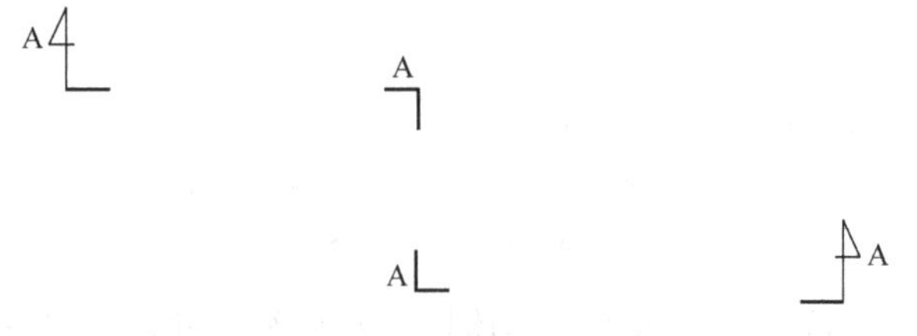

图 5-13　剖切图的表示

12. 剖视、视图和详图上支吊架的编号

通常从图纸的左上角开始向下向右顺序连续编号。同一根管道有多个支吊架且其型号相同者，可以按管道顺序连续编号，但限在同一平面层次内。

13. 标注字体应正写

各种标注如设备编号、建筑物、构筑物轴线编号、管道组成件型号规格、支吊架编号、剖视图和详图的编号及其他说明性文字均应正写或尽可能正写。

14. 在平面图上应有方向标，其位置通常在右上角

常见的方向标符号和风向玫瑰图参见有关资料。管段图的方向标如图 5-36 所示。

15. 在平（立）面图上应有必要的附注

附注的内容通常包括：相对标高与绝对标高的关系；特殊的图例符号；特殊的施工要求；遗留待定的问题；有关图纸档案号。

16. 对于分区绘制管道布置图的装置，管道平面图上应有分区索引图

在索引图上应将本区所在位置用醒目的方法如加影线、涂色、加粗本区边界线等加以表示。分区绘制的管道平面图应画出本区四周的边界线。

17. 管架图和管件图

管架图及管件图属工程图的详图范畴，这类图样与一般机械图样相近。有关部（委）对各种类型的管道支架和管件图做了规定。因此，多数支架有标准图可直接查到。

(1) 管架图　管架图是表达管架的具体结构、制造及安装尺寸的图样。图 5-14 是一种固定在混凝土柱头上的管架图。从图中可知，管道、保温材料和不属管架制作范围的建(构)筑物一般用细实线或双点划线表示，而支架本身则用较粗线条来显示。用圆钢弯制的 U 形管卡在图样中常简化成单线，螺栓孔及螺母等则以交叉粗线简化表示。

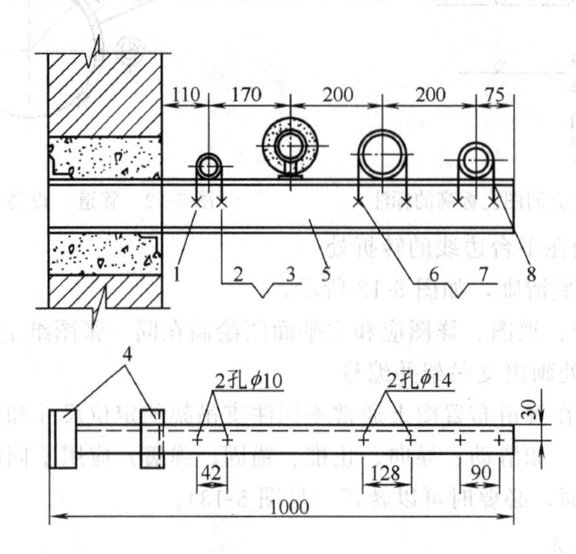

图 5-14　悬臂管架图

1—U 形螺栓 ϕ8；2—斜垫圈 ϕ8；3—螺母 M8；4—角钢∠40×40×4.5，l=120；5—槽钢 120×53×5.5，l=1000；6—螺母 M12；7—斜垫圈 ϕ12；8—U 形螺栓 ϕ12

(2) 管件图　管件图是完整表达管件具体构造及详细尺寸，以供预制加工和安装之用的图样。图 5-15 所示为一个衬胶钢三通的管件图。其内容与画法和一般机械零部件图相同。图样除了按正投影原理绘制并标清有关尺寸外，有的图纸中还写出明细表、标题栏等。

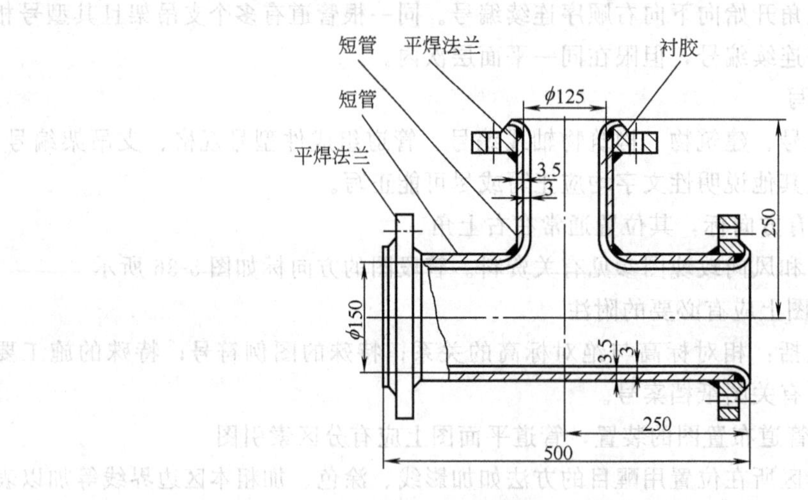

图 5-15　衬胶钢三通的管件图

三、管道、设备图线符号及图例

1. 常用图线及其应用范围

在管道图中，各种线型的含义和作用是不同的，各部（委）、行业对管道线型的规定也有所不同，在石油化工行业工艺管道图中的图线及其应用范围见表 5-1。

表 5-1 石油化工行业工艺管道图中的图线及其应用范围

图线形式	应用范围
b=0.9mm	可见工艺物料管道及图表边框线
b	不可见或埋地工艺物料管道
$\left(\frac{1}{2}\sim\frac{1}{3}\right)b$	可见辅助物料管道
$\left(\frac{1}{2}\sim\frac{1}{3}\right)b$	不可见或埋地辅助物料管道
$\frac{1}{3}b$或更细	尺寸线、引出线、分界线、剖面线、仪表管道、设备、构筑物
$\frac{1}{3}b$或更细	仪表管道，不可见轮廓线，过渡线
$\frac{1}{3}b$或更细	保温管道
$\frac{1}{3}b$或更细	蒸汽伴热管道
$\frac{1}{3}b$或更细	电伴热管道
$\frac{1}{3}b$或更细	套管管道
$\frac{1}{3}b$或更细	设备、管道中心线，厂房建筑轴线
$\frac{1}{3}b$或更细	假想投影轮廓线、中断线等
$\frac{1}{3}b$或更细	假想的机件、设备、管道、建筑物断裂处的边界线
$\frac{1}{3}b$或更细	保冷管道

2. 设备代号与图例

石化设备在工艺管道图上一般按比例用细线画出能够反映设备形状特征的主要轮廓；有时也画出具有工艺特征的内件示意结构，设备代号与图例见表 5-2。

表 5-2　石化工艺图中的设备代号与图例

序号	设备类别	代号	图　例
1	泵	B	(电动)离心泵　(汽轮机)离心泵　往复泵
2	反应器和转化器	F	固定床反应器　管式反应器　聚合釜
3	换热器	H	列管式换热器　带蒸发空间换热器　预热器(加热器)　热水器(热交换器)　套管式换热器　喷淋式冷却器
4	压缩机 鼓风机 驱动机	J	离心式鼓风机　罗茨鼓风机　轴流式通风机　多级往复式压缩机　汽轮机传动离心式压缩机
5	工业炉	L	箱式炉　圆筒炉

续表

序号	设备类别	代号	图例
6	贮槽和分离器	R	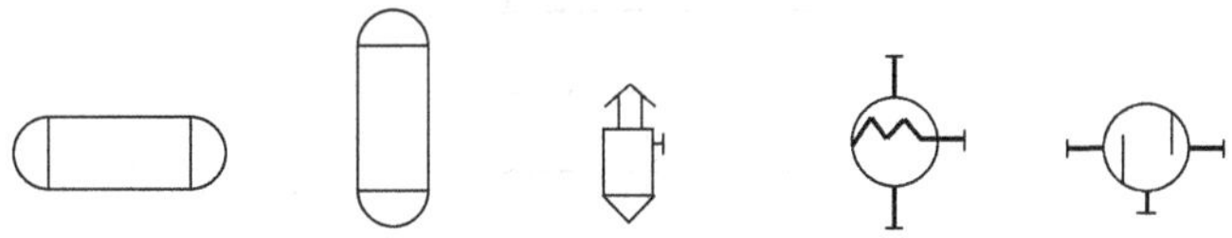 卧式槽 立式槽 除尘器 油分离器 滤尘器  锥顶罐 浮顶罐 湿式气柜 球罐
7	起重和运输设备	Q	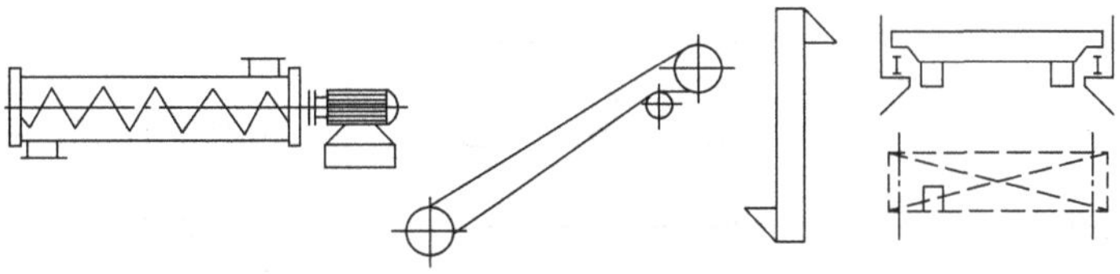 螺旋输送机 皮带输送机 斗式提升机 桥式吊车
8	塔	T	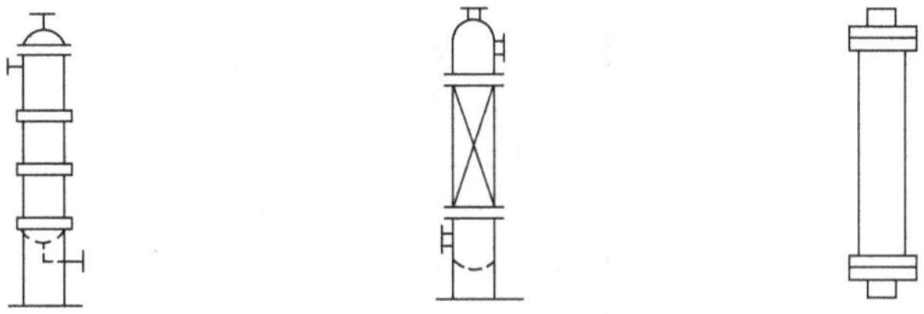 精馏塔 填料吸收塔 合成塔

3. 管子、管件、阀门及其常用图例符号

图例是一种用示意性的简单图形表示具体的管道和管道附件等象形符号，石化工艺管道图中常用的图例符号见表5-3。

表5-3 石化工艺管道图中常用的图例符号

名称	图例符号	备注
裸管	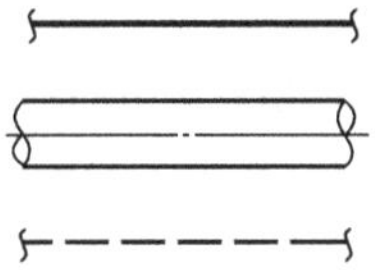	单线表示小直径管，双线表示大直径管，虚线表示暗管或埋地管
绝热管	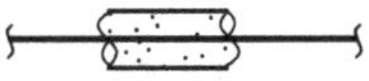	例如保温管、保冷管
蒸汽伴热管道		
电伴热管道		
夹套管道		
软管翅管	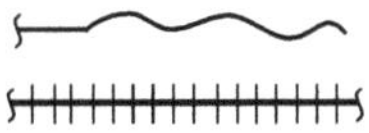	例如橡胶管，例如翅型加热管

续表

名　称	图例符号	备　注
管道连接		干焊法兰连接，对焊(高颈)法兰连接，活套法兰连接，承插连接，螺纹连接，焊接连接
法兰盖(盲板)	$i=0.003$	i 表示坡度，箭头表示坡向
椭圆型封头(管帽)		
平板封头		
8 字形盲板		注明操作开或操作关
同心大小头		又称同心异径管
偏心大小头		又称偏心异径管
防空管、防雨帽、火炬		
孔板		锐孔板或限流锐孔板
分析取样接口		
计器管嘴		注明：温 3/8″压 1/2″
漏斗、视镜、转子流量计		注明型号或图号
临时过滤器		注明图纸档案号
玻璃管液面计、玻璃板液面计、高压液面计		注明型号或图号
地漏		注明型号或图号
取样阀实验室用龙头底阀		注明型号
丝堵		
活接头		

续表

名 称	图 例 符 号	备 注
挠性接头		
波形补偿器		注明型号或图号
方形补偿器		注明型号或图号
填料式补偿器		注明型号或图号
Y形过滤器		注明型号
锥型过滤器		注明型号
消音器阻火器爆破膜		注明型号或图号
喷射器		注明型号或图号
疏水器		注明型号
液动阀或气动阀		注明型号
电动阀		注明型号
球阀		注明型号
蝶阀		注明型号
角阀		注明型号
90°弯管(向上弯)		俯视图中竖管断口画成圆,圆心画点,横管画至圆周;左视图中横管画成圆,竖管画至圆心
90°弯管(向下弯)		俯视图中,竖管画成圆,横管画至圆心;左视图中横管画成圆,竖管画至圆心
管路投影相交		其画法可把下面被遮盖部分的投影断开或画成虚线,也可将上面可见管道的投影断裂表示

续表

名称	图例符号	备注
管路投影重合		画法是将上面管道断裂表示
隔膜阀减压阀		注明型号
止回阀		注明型号
平台面符号		
安全阀		弹簧式与重锤式注明型号
来回弯(45°)		俯视图中两次45°拐弯画成半圆表示
三通		俯视图:竖管断口画成圆,圆心画成点;横管画至圆周。左视图:横管断口画成圆,圆心画点;竖管画至圆周。右视图:横管画成圆,竖管通过圆心
管段编号、规格的标注和介质流向箭头	$L_5\ \phi89\times4$ 2.900 $L_{11}\phi76\times4$ $L_{11\text{-}2}$ $L_{11\text{-}1}$	L_5 为管路编号;$\phi89\times4$ 为管材规格;箭头表示介质流向;2.900为管路标高。L_{11} 为总管编号;$L_{11\text{-}1}$、$L_{11\text{-}2}$ 为支管编号
地面符号		
截止阀(螺纹连接)		注明型号
截止阀(法兰连接)		注明型号
旋塞(法兰连接)		注明型号

续表

名　称	图例符号	备　注
闸阀(螺纹连接)		注明型号
闸阀(法兰连接)		注明型号
管架		固定管架、架空管架、管墩

第二节　管道及管道组成件的绘制

管道图从图形上可分成单线图和双线图。因为在实际施工中，要安装的管道往往很长而且很多，把这些管道画在图纸上时，线条往往纵横交错密集繁多，不易分清；同时，为了在图纸上能完整显示这些代表管子和管件的线条，势必要把每根管子和管件都画得很小、很细才行。在这样的情况下，管子和管件的壁厚就很难再用虚线和实线表示清楚，所以在图形中仅用两根线条表示管子和管道组成件形状。这种不再用虚线条表示管子壁厚的方法叫做双线表示法，由它画成的图样称为双线图。双线图用中粗实线，管道中心线用细点划线画出。

另外，由于管子的截面尺寸比管子的长度尺寸要小得多，所以在小比例尺的施工图中，往往把管子的壁厚和空心的管腔全部看成是一条线的投影。这种在图形中用单根粗实线来表示管子和管件的方法叫做单线表示法，由它画成的图样称为单线图。这章我们将着重学习管道的单线图和双线图的绘制方法。

在采用 1∶50 的管道布置图上，通常 $DN\leqslant350$ 的管道采用单线图例表示；$DN\geqslant400$ 者采用双线图例表示。在 1∶33.3 的图上，$DN\leqslant300$ 的采用单线图例表示；$DN\geqslant350$ 者用双线图例表示。

一、管子的单、双线图

在图 5-16 中我们可以看到：在短管主视图里虚线表示管子的内壁；在短管俯视图里的

两个同心圆，一个小的圆表示管子的内壁，这是三面视图中常用的表示方法。在图 5-17（a）中，管子的长短和管径与图 5-16 所示管子相同，但是用于表示管子壁厚的虚线和实线已省去不画了。这种仅用双线表示管子形状的图样，就是管子的双线图。对于初学者来说，切勿把空心圆管的双线图同实心圆柱体的三视图混淆。图 5-17（b）所示为管子单线图的三种画法，根据投影原理，它的平面投影应积聚成一个小圆点，但为了便于识别，在小圆点外面加画了一个小圆；然而在有些施工图中，仅画成一个小圆，小圆的圆心并不加点；从国外引进的施工图中，则表示积聚的小圆被十字线一分为四，在其中两个对角处，打上细斜线阴影，这三种单线图画法虽然在图形表示上有所不同，但所表达的意义完全相同。

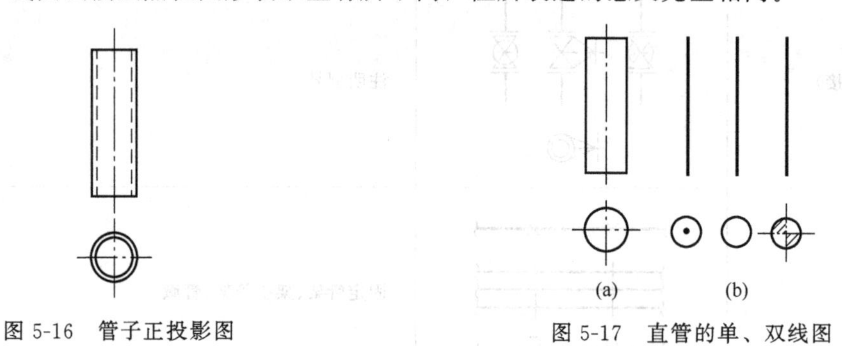

图 5-16　管子正投影图　　图 5-17　直管的单、双线图

二、弯头的单、双线图

1. 90°弯头

图 5-18（a）所示为一弯头双线表示的三视图。在双线图里，管子壁厚的虚线可以不画。图 5-18（b）所示为弯头单线表示的三视图。在平面图上先看到立管的断口，后看到横管。画图时，同管子的单线图表示方法相同，对于立管断口的投影不画成一个小圆点，而画成一个有圆心点的小圆，横管画到小圆边上。在侧面图（左视图）上，先看到立管，横管的断口在背面看不到；这时横管应画成小圆，立管画到小圆的圆心。在单线图里，立管与小圆的结合处，也可以把小圆稍微断开来画。

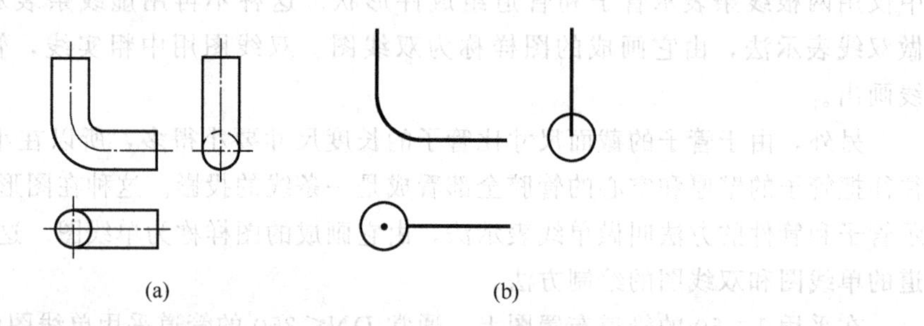

图 5-18　90°弯头的单、双线图

2. 45°弯头

图 5-19 所示为 45°弯头的单、双线图。45°弯头的画法同 90°弯头的画法很相似，但在画小圆时，90°弯头应画成整只小圆，而 45°弯头只需画成半只小圆。

3. 任意角度弯管

任意角度的弯管单、双线图，如图 5-20 所示。

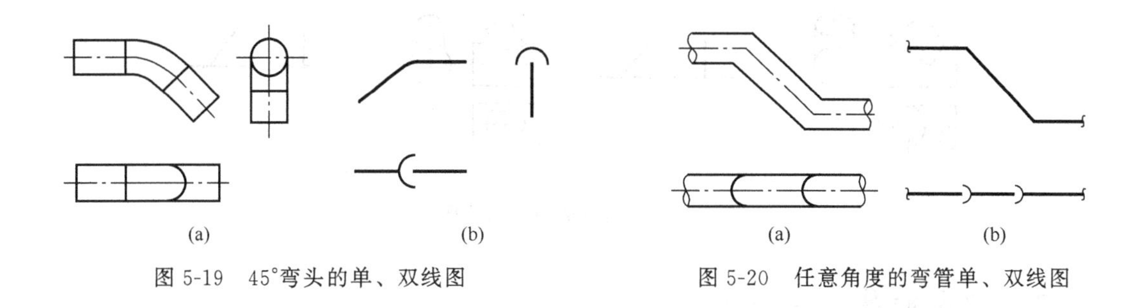

图 5-19　45°弯头的单、双线图　　　　图 5-20　任意角度的弯管单、双线图

三、三通的单、双线图

图 5-21（a）所示为等径正三通的三视图的双线图，两管的交接线呈 V 字形直线，双线图仅画外形图样即可。

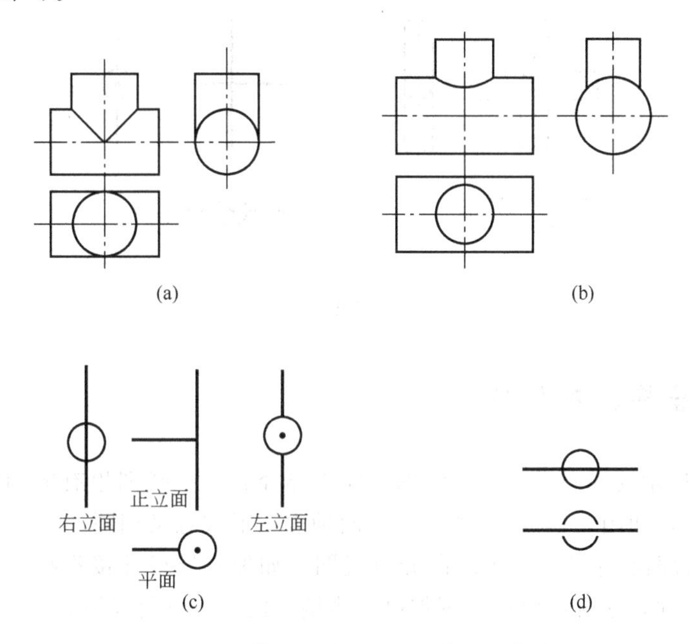

图 5-21　等径、异径三通的单、双线图

图 5-21（b）所示为异径正三通的三视图的双线图，两管的交接线为弧线。双线图仅画外形图样即可。

图 5-21（c）所示为三通的单线图，在平面图上先看到立管的断口，所以把立管画成一个圆心带点的小圆，横管画到小圆边上；在左立面图（左视图）上先看到横管的断口，所以把横管画成一个圆心带点的小圆，立管画在小圆两边；在右立面图（右视图）上，先看到立管，横管的断口在背面看不到，这时横管画成小圆，立管通过圆心。图 5-21（d）所示为三通的另一种表示形式，这两种画法意义相同。

图 5-22（a）所示为等径斜三通的单、双线图。图 5-22（b）所示为异径斜三通的单、双线图。

在单线图里，不论是同径正三通还是异径正三通，其立面图图样的表示形式相同，等径斜三通或异径斜三通在单线图里其立面图的表示形式也相同。

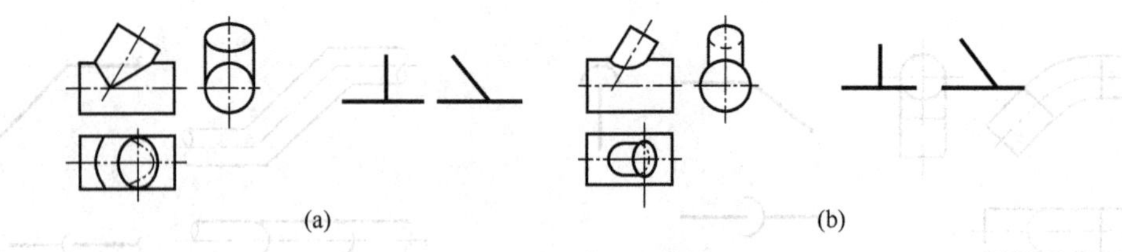

图 5-22 斜三通单、双线图

四、四通的单、双线图

图 5-23 所示为等径四通的单、双线图。在等径四通的双线图中，其交接线呈 X 形直线，等径四通和异径四通的单线图在图样的表示形式上相同。在施工图中，是用标注管子口径的方法来区别四通的等径与异径的。

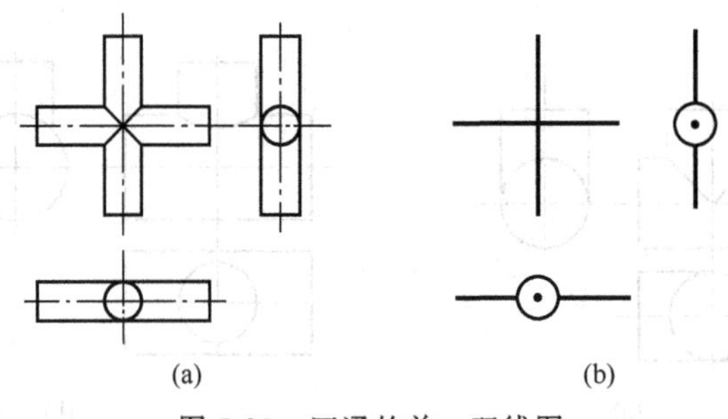

图 5-23 四通的单、双线图

五、异径管单、双线图

图 5-24（a）所示为同心异径管双线图，同心异径管在单线图里有的画成等腰梯形，有的画成等腰三角形，如图 5-24（b）所示，这两种表示形式意义相同。

图 5-25 所示为偏心异径管的单线图和双线图。如偏心异径外接头在平面图上的图样与同心异径外接头相同，这就需要用文字加以注明偏心两字，以免混淆。

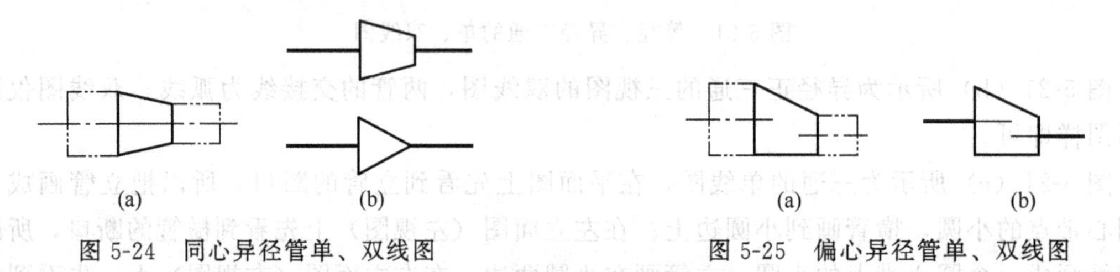

图 5-24 同心异径管单、双线图　　图 5-25 偏心异径管单、双线图

六、阀门的画法

在管道工程中，阀门的种类很多，用来表示阀门的特定图例符号的部颁标准或行业标准也很多。目前国内还没有这方面统一的国家标准。阀门在管道中的安装方位图例见表 5-4。

表 5-4　阀门在管道中的安装方位图例

名称	主　视　图	俯　视　图	左　视　图	轴　测　图
闸阀				
截止阀				
节流阀				
止回阀				
球阀				

七、管子的积聚

1. 直管的积聚

根据上述的直管的单、双线图可知，一根直管积聚后的投影用双线图形式表示就是一个小圆，用单线图形式表示则为一个小点（为了便于识别，我们规定把它画成一个圆心带点的小圆），如图 5-17 所示。

2. 弯管的积聚

直管弯曲后就成了弯管，通过对弯管的分析可知弯管是由直管和弯头两部分组成。直管积聚后的投影是个小圆与直管相连接的弯头，在拐弯前的投影也积聚成小圆，并且同直管积聚成小圆的投影重合，如图 5-26（a）所示。

如果先看到横管弯头的背部，那么在平面图上显示的仅仅是弯头背部的投影，与它相连接的直管部分虽积聚成小圆，但被弯头的投影所遮盖，故呈虚线，如图 5-26（b）所示。

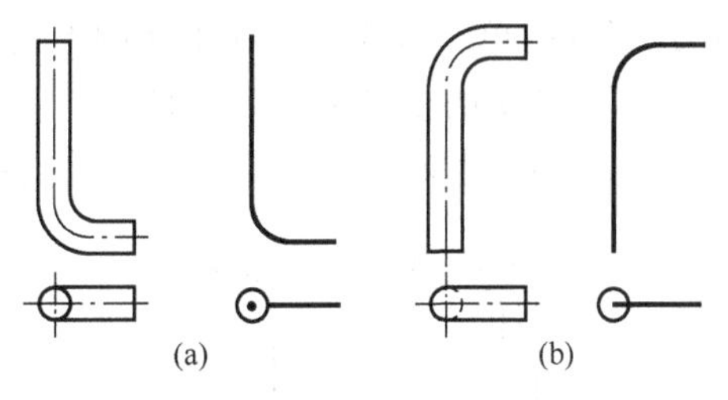

图 5-26　弯管的积聚

在用单线图表示时，前者，先看到立管断口，后看到横管的弯头，一定要把立管画成一个圆心带点的小圆，代表横管的直线画到小圆边，如图 5-26（a）所示。后者，则要把立管画成小圆，代表横管的直线则画抵圆心，如图 5-26（b）所示。

3. 直管与阀门连接的积聚

图 5-27（a）所示为螺纹连接的阀门和直管连接。

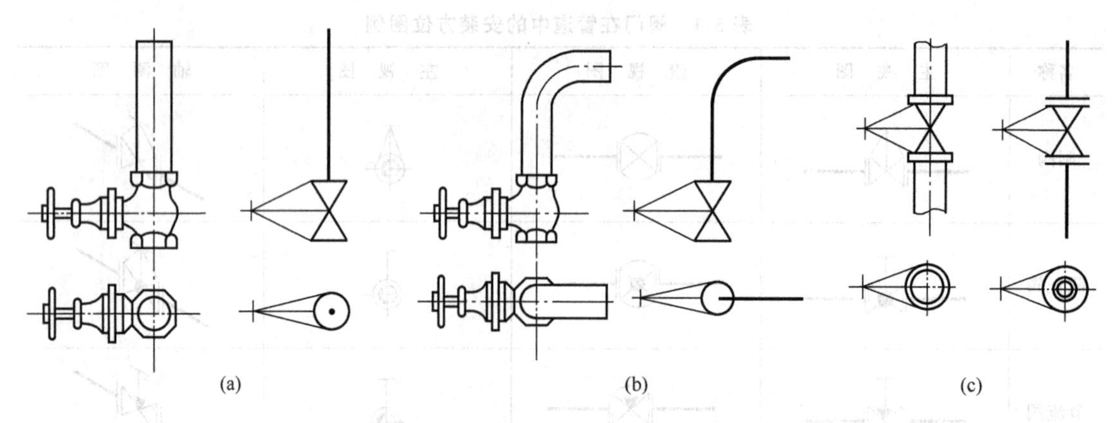

图 5-27 阀门和直管连接的积聚

从平面图上看，好像仅仅是个阀门并没有管子，其实直管积聚成的小圆同阀门内径的投影重合，在单线图里如果仅仅是一只阀门的平面图，小圆圆心处应该没有圆点。如果表示阀门的小圆当中有一点，即表示阀门同直管相连接，而且直管在阀门之上先看到。如果直管在阀门的下面，那么在平面图上将只看到阀门的投影，直管的投影积聚后，完全同阀门的内径的投影重合。

4. 弯管与阀门相连的积聚

如图 5-27（b）所示，先看到弯头背部，再看到阀门，立管部分在平面图上反映不出，它所积聚成的小圆，被弯头的投影所遮盖，由于先看到弯头背部，再看到阀门，所以在单线图上应画出单线弯头，再画出阀门手柄。如果弯管在阀门的下面，则立面图中，不论阀门和弯管都显示完整无缺，而平面图上，由于积聚的原因，将只能看到横管的一部分，横管的另一部分被阀门所遮盖。

如果是法兰连接的阀门与直管连接，有的标准规定要画出法兰外径的投影，在单、双线图中的表达如图 5-27（c）所示。

八、管子的重叠

1. 管子的重叠形式

长短相等、直径相同（或接近）的两根管子，如果叠合在一起，它们的投影就完全重合，反映在投影面上好像是一根管子的投影，这种现象称为管子的重叠。图 5-28 所示为一组 Ⅱ 形管的单、双线图，在平面图上由于两根横管重叠，看上去好像是一根弯管的投影。

多根管子的投影重合后也是如此。图 5-29 所示为一路由四根成排支管组成的单、双线图，在平面图上看到的却是一根弯管的投影。

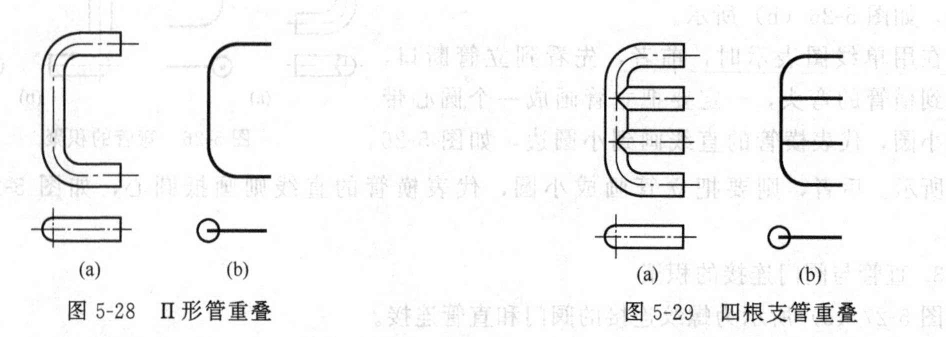

图 5-28 Ⅱ形管重叠　　图 5-29 四根支管重叠

管子重叠（交叉）的表示方法有折断显露法、遮挡法和标注法三种。几种方法可单独或同时使用。

2. 两路管子的重叠表示方法

为了识读方便对重叠管子的表示方法做了规定，当投影中出现两路管子重叠时，假想前（上）面一路管子已经截去一段（用折断符号表示），这样便显露出后（下）面一根管子，用这样的方法就能把两路或多路重叠管子显示清楚。工程图中，这种表示管子的方法，称为折断显露法。通常在折断处画一 S 形曲线。

图 5-30 所示为两根重叠管子的平面图，表示断开的管子高于中间显露的管子；如果此图是立面图，那么断开的管子表示在前，中间显露的管子表示在后。

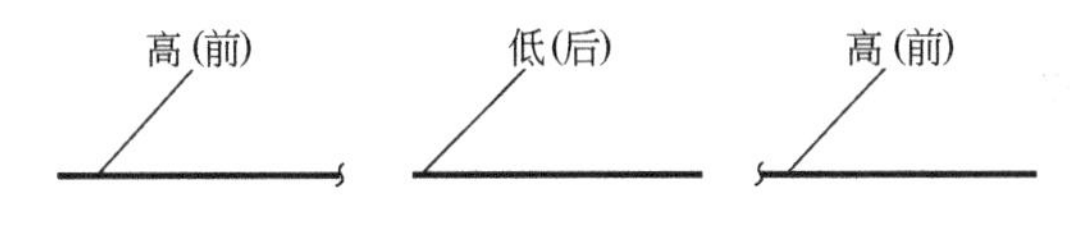

图 5-30　两根管子重叠

图 5-31 所示为弯管和直管重叠的平面图，当弯管高于直管时，它的平面图如图 5-31（a）所示，画起来一般是让弯管和直管稍微断开 3～4mm，以示区别弯管和直管不在同一个标高上，这种表示方法称为遮挡法。如果是立面图，则弯头在前面，直管在后面。当直管高于弯管时，一般是用折断法将直管折断，并显露出弯管，它的平面图如图 5-31（b）所示。如果此图是立面图，那么表示直管在前面，弯管在后面。

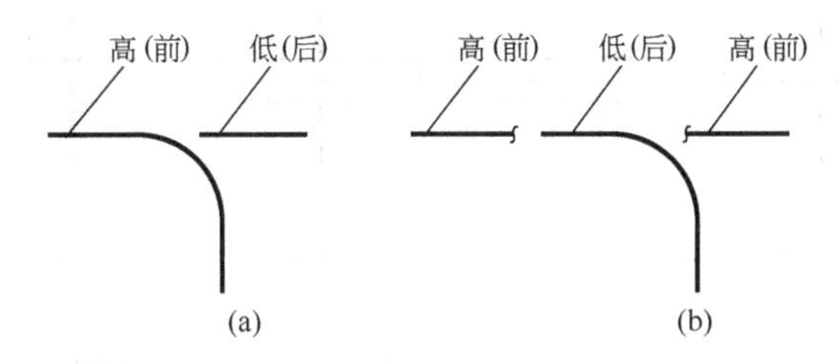

图 5-31　弯管和直管重叠

3. 多根管子重叠的表示方法

通过对图 5-32（a）中平面图、立面图的分析可知，这是四路管径相同、长短相等、由

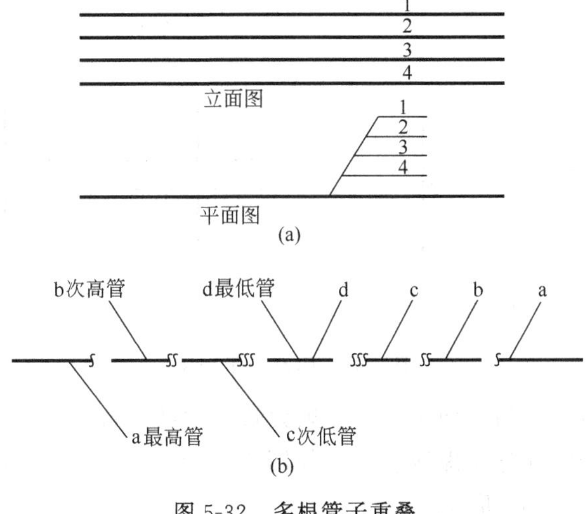

图 5-32　多根管子重叠

高向低、平行排列的管子。如果仅看平面图，不看管道编号的标注，很容易误认为是一路管子，但对照立面图就能知道是四路管子，这种用编号表示多根管子重叠的方法称为标注法（也有采用英文字母来表示管子编号的，如 a、b、c、d 等）。编号自上而下分别为 1、2、3、4。如果平面图用折断显露法来表示四路重叠管道，就可以清楚地看到，a 管为最高管，d 管为最低管，b 管为次高管，c 管为次低管，如图 5-32（b）所示。

运用折断显露法画管子时，折断符号的画法也有明确的规定，只有折断符号为对应表示时，才能理解为原来的管子是相连通的。例如一般折断符号如用呈 S 形状的一曲表示，那么管子的另一端相对应的也必定是一曲，如用两曲表示时，相对应的也是两曲，依此类推，不能混淆，如图 5-32（b）所示。

九、管子的交叉

1. 两路管子的交叉

在图纸中经常出现管子交叉，这是管子投影相交所致。如果两路管子投影交叉，高的（或前面的）管子不论是用双线，还是用单线表示，它都显示完整；低的（或后面的）管子在单线图中却要断开表示，如图 5-33（a）所示，在双线图中则应用虚线表示清楚，如图 5-33（b）所示。

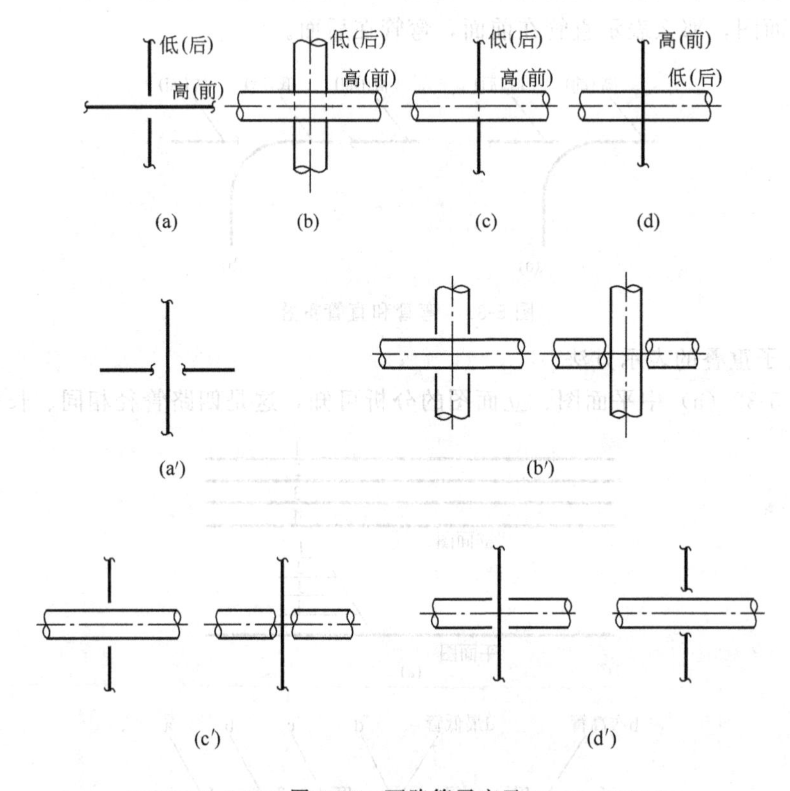

图 5-33　两路管子交叉

在单、双线图同时存在的平面图中，如果大管（双线）高于小管（单线），那么小管的投影在与大管投影相交的部分用虚线表示，如图 5-33（c）所示；如果小管高于大管时，则不存在虚线，如图 5-33（d）所示。

为了避免管子在视图上的线条交叉过多，使表达更清晰、明朗，单、双线图可分别或同时采用折断显露法和遮挡法表示，如图 5-33 中的（a）、（b）、（c）、（d）可分别用（a′）、（b′）、（c′）、（d′）图表达，意义完全相同。

2. 多路管子的交叉

图 5-34（a）所示为由 a、b、c、d 四路管子投影相交所组成的平面图。当图中小口径管子（单线表示）与大口径管子（双线表示）的投影相交时，如果小口径管子高于大口径管子，则小口径管子显示完整并画成粗实线，可见 a 管高于 d 管；如果大口径管子高于小口径管子，那么，小口径管子被大口径管子遮挡的部分应用虚线表示，也就是 d 管高于 b 管和 c 管，根据这个道理可知，c 管既低于 a 管，又低于 d 管，但高于 b 管；也就是说，a 管为最高管，d 管为次高管，c 管为次低管，b 管为最低管。

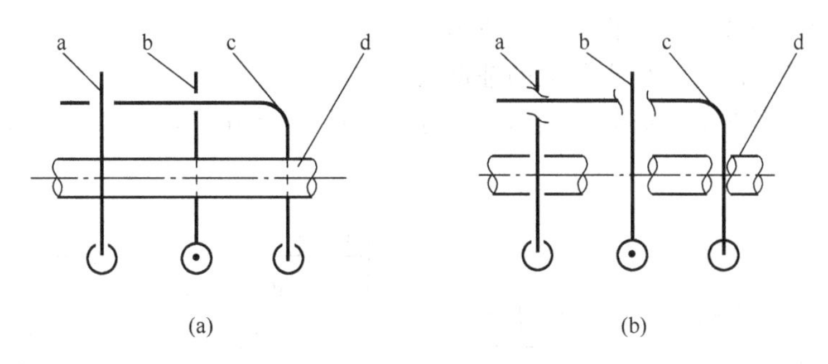

图 5-34　多路管子交叉

同样，图 5-34（b）所示只是表示方法不同，意义与图 5-34（a）完全相同。如果图 5-34是立面图，那么 a 管是最前面的管子，d 管为次前管，c 管为次后管，b 管为最后面的管子。

第三节　管道三视图的识读

一、识读的步骤和方法

1. 看视图，想形状

拿到一张管道图后，先要弄清它是用那几个视图来表示这些管道形状和走向的，再看平面图与立面图、立面图与侧面图、侧面图与平面图这几个视图之间的关系又是怎样的，然后想像出这些管道的大概形状轮廓。

2. 对线条，找关系

管道的大概轮廓想像出后，各个视图之间的相互关系可利用对线条（即对投影关系）的方法，找出视图之间对应的投影关系，尤其是积聚、重叠、交叉管道之间的投影关系。

3. 合起来，想整体

看懂了诸视图的各部分形状后，再根据它们相应的投影关系综合起来想像，对各路管道形成一个完整的认识。这样，就可以在脑子里把整个管道的立体形状、空间走向、完整地勾画出来了。

二、补管道第三视图

图 5-35（a）、（b）均为已知两视图、补第三视图。

补第三视图是提高看图能力的一种重要方法。根据已经给出的两个视图，补出新的第三视图时，必须将两个视图看懂，即搞懂弄通视图上管道的组成和走向，才能正确地补出第三视图来。

补第三视图必须按照三面投影图的位置关系和投影规律来补，画出新补图的尺寸与给出视图的尺寸必须相符合。补第三视图的方法和步骤如下。

① 看懂给出的两个视图。

② 在给出的两个视图上，将管道对应编号。

③ 用“对线条”的方法作出相应的辅助线。

④ 根据三面投影图的投影规律（即“三等”关系），利用“对线条”的方法，补画出第三视图。

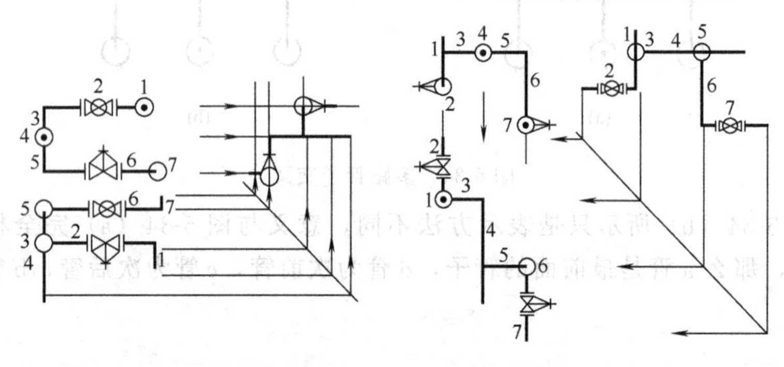

(a) 利用平面图和正立面图补左立面图　　(b) 利用立面图和左立面图补平面图

图 5-35　补管道第三视图

第四节　单管管段图的绘制

在管道安装施工中通常有两种图样，一种是根据正投影原理绘制的平面图、立面图和剖视图等；另一种是根据轴测投影原理绘制的管道立体图，又称轴测图。轴测图又可分为系统轴测图和单管管段轴测图。目前，国内外在管道工程设计已全面推广模型设计，采用计算机绘制以单线形式表示的单管管段轴测图，用以取代管道布置图，以加快设计速度，提高设计质量，并为管道工程的工厂化预制加工提供了有利条件。当前单管管段轴测图在管道安装施工中已较广泛采用。下面就来介绍单管管段轴测图的绘制方法。

一、单管管段图绘制的一般要求

单管管段图是供施工单位下料预制并在现场装配的图纸。它的空间位置由管道平立面图确定。为了便于表达，单管管段图可以不按比例绘制，采用正等轴测图，即 120°坐标。

1. 幅面

常用 A3 幅面，采用印有 120°正等轴坐标的专用图纸。

2. 图例符号

基本与管道平立面图的图例符号相同，但按 120°坐标呈倾斜形状。单管管段图全部采用单线绘制。线条的粗细及其使用范围与管道布置图相同。

3. 需绘制单管管段图的管道

目前国内外各设计单位不尽相同，有的不论管径大小所有管道全部绘制，有的规定 $DN \geq 50$ 者绘制，小管为现场配管。为提高安装施工质量和效率，施工单位可自行绘制单管管段图。

4. 按管号绘图

按照管道一览表上的管道编号，每一个管号一张图。如果较为复杂，也可以一个管号两张或多张图，此时管段的分界点应选在管道的自然连接点上，如法兰（孔板法兰除外）、管件焊接点，支管焊接点等。管段图可以不分区绘制或分区绘制，但以不分区绘制为好，分区绘制时图中应画出分区界线。

二、单管管段图的内容及表示方法

单管管段图主要包括三部分内容：图形、工程数据和材料单。图形表明所预制管段由哪些组件组成以及它们在三维空间的位置；工程数据包括各种尺寸标高和管道标志、组件规格、编号、制作检验要求等标注说明；材料单开列组成该管段所有组件的型号、规格和数量。本节着重介绍单管管段图的画法和位置尺寸标注。

1. 方向标

管段图上的建北（CN）或 0°方向通常指向右上方（也可指向左上方）。同一装置管段图的方向标取向应相同。管道实际走向应与方向标方向一致。图 5-36 所示为管段图方向标的两种形式。

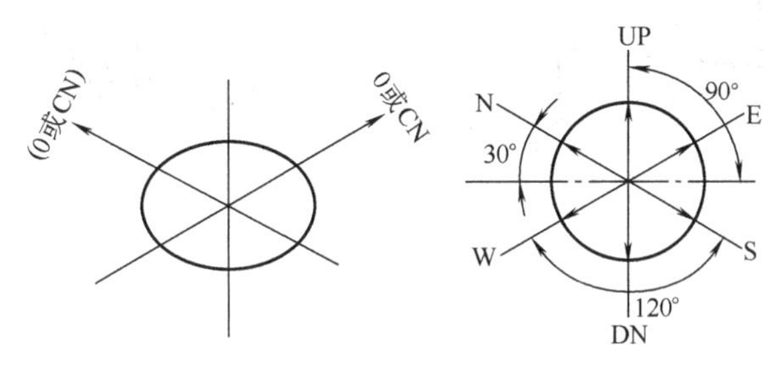

图 5-36　管段图方向标

2. 管段的起止点

当管段的起止点为设备机泵的管嘴时，应用细实线画出管嘴，注出设备机泵的编号和设备管嘴的编号。管段图的起止点为另一根（另一管号）管道或同一根（同一管号）管道的续接管段时，应用虚线画出一小段该管段，并注出该管道的管号、管径、等级号及该管道管段图的图号。管段图如图 5-37 所示。

3. 支管

与某管段相接的支管，如果是画在另一张管段图上，也应用虚线画出一小段并注出其管号、管径、等级号及其图号，标注出管号及等级号的分界点，如图 5-37 所示。

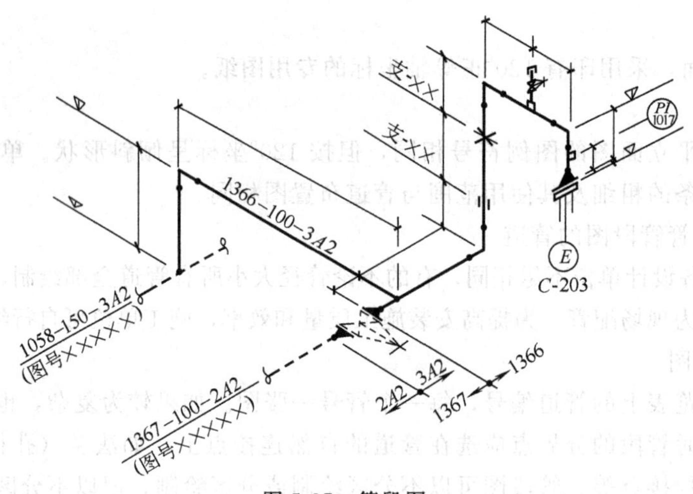

图 5-37　管段图

4. 管段的图形绘制

依据管道平剖面图的走向，画出管段从起点至终点所有的管道组成件，表示出焊缝位置。有安装方位要求的组成件如阀门、偏心大小头、仪表管嘴、孔板、法兰、取压管等，应画出其安装方位。绘制管段图形时，原点可以选在管段任何一个拐弯处管道轴线的交点，也可以选在管道的起止点。复杂的图形应仔细安排图面，不但要画下全部管段的图形，还要有足够的图面供各种标注之用。

管道经常在水平面或立面上出现倾斜走向，掌握这些倾斜管道在管段图中的表示方法是绘制管段图的基本要求。下面介绍各种倾斜管的画法。假设顺时针方向从 0°（或 CN）～90°为第一象限，90°～180°为第二象限，180°～270°为第三象限，270°～0°为第四象限。

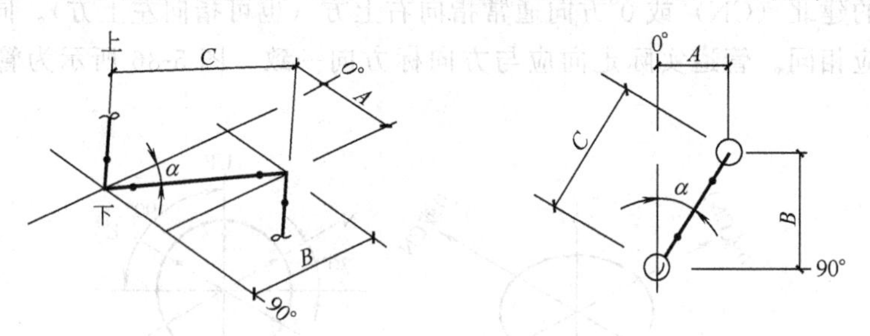

图 5-38　水平倾斜管

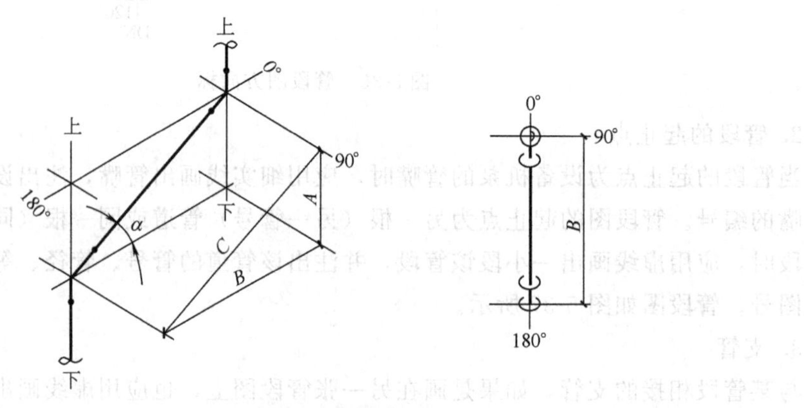

图 5-39　垂直倾斜管

（1）管道在第一象限内与平面坐标轴有夹角（即水平倾斜），如图 5-38 所示。

（2）管道在 0°～180°立面上与坐标轴有夹角（倾角），如图 5-39 所示。

（3）管道与平面坐标轴及立面坐标轴均有夹角（第一象限），如图 5-40 所示。

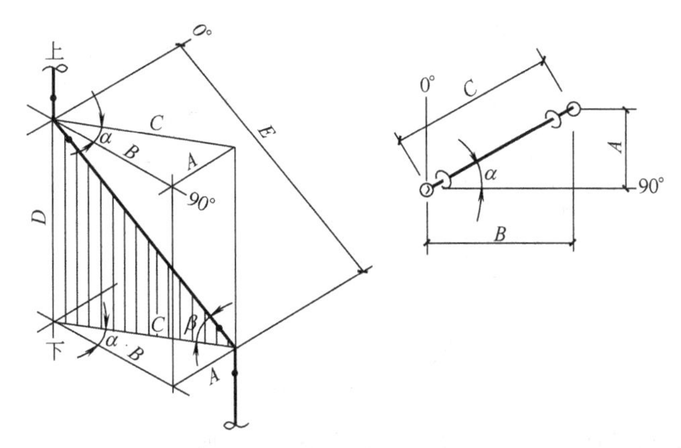

图 5-40 水平、垂直倾斜管

（4）管道与平面坐标轴及立面坐标轴均有夹角（第二象限），如图 5-41 所示。

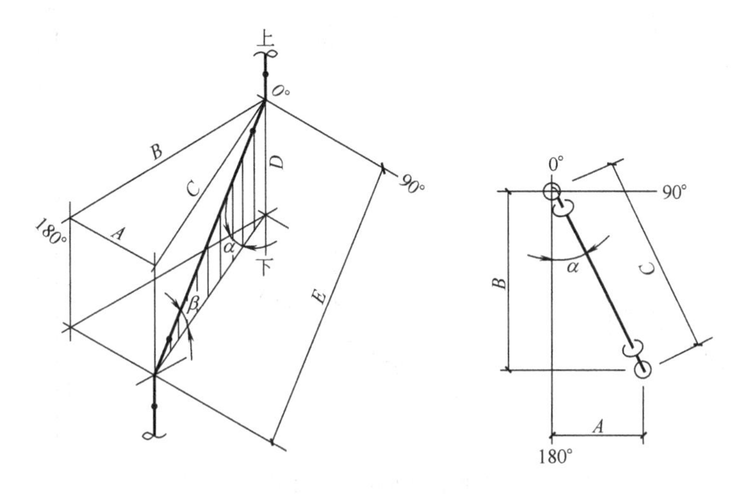

图 5-41 水平、垂直倾斜管

（5）管道与平面坐标轴及立面坐标轴均有夹角（第三象限），如图 5-42 所示。

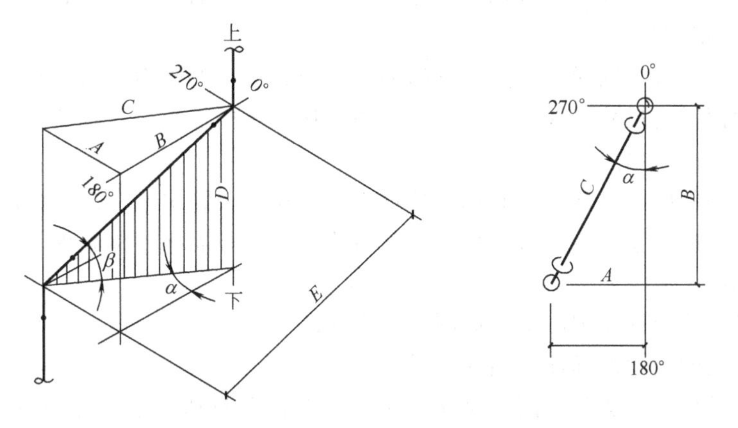

图 5-42 水平、垂直倾斜管

（6）管道与平面坐标轴及立面坐标轴均有夹角（第四象限），如图 5-43 所示。

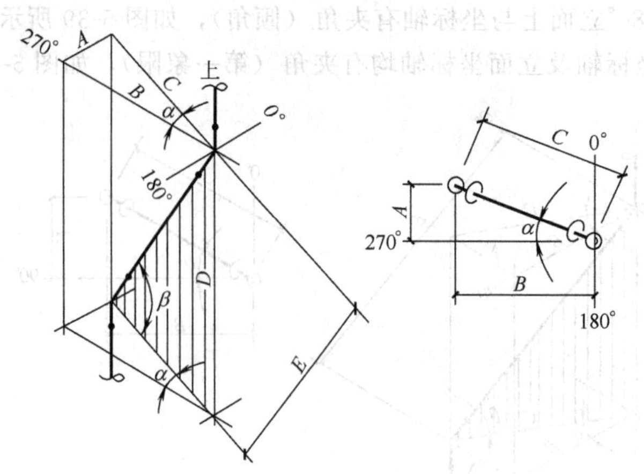

图 5-43　水平、垂直倾斜管

（7）各种不同方位管嘴的表示方法示例，如图 5-44 所示。

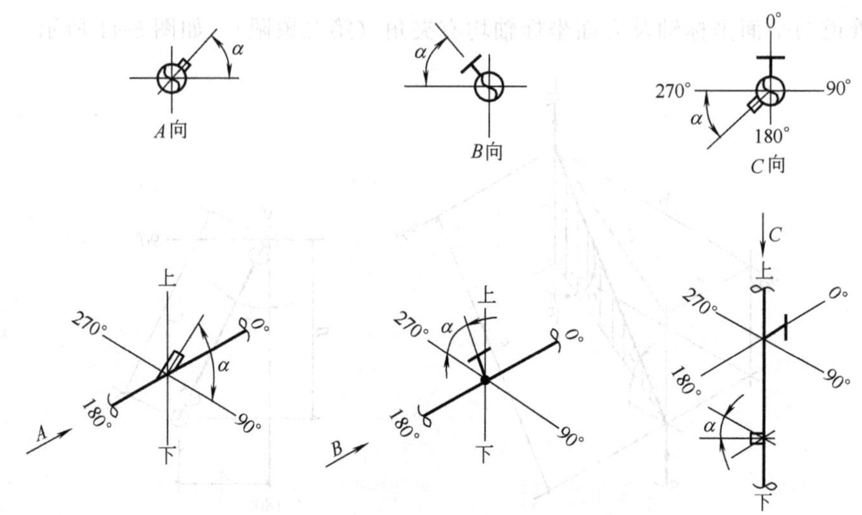

图 5-44　各种不同方位管嘴表示方法示例

5. 标注尺寸和标高

（1）尺寸界线、尺寸线应与被标注尺寸的管道在同一平面上。图 5-45（a）为错误标注，图 5-45（b）为正确标注。

（2）以管中心、管道轴线的交点、管嘴的中心线、法兰的端面、活接头的中点、法兰阀和法兰组件的端面作为尺寸界线的引出点；对焊焊接、承插焊焊接、螺纹连接的阀门以阀门中心作为尺寸界线的引出点。

所有在管道平剖面图中标注管底标高的地方均应换算成管中心标高再标注尺寸。

（3）除了管段的起止点、支管连接点和管道改变标高处需标注标高外，在管段图的其他地方不需标注标高。

（4）偏心异径管应标注偏心值，如图 5-46 所示。

（5）法兰连接的阀门的标注如图 5-47 所示。

（6）孔板法兰标注两法兰面间的尺寸，该尺寸包括孔板和两个垫片的厚度。限流孔板、盲板、8 字盲板尺寸的标注方法与孔板法兰标注相同。

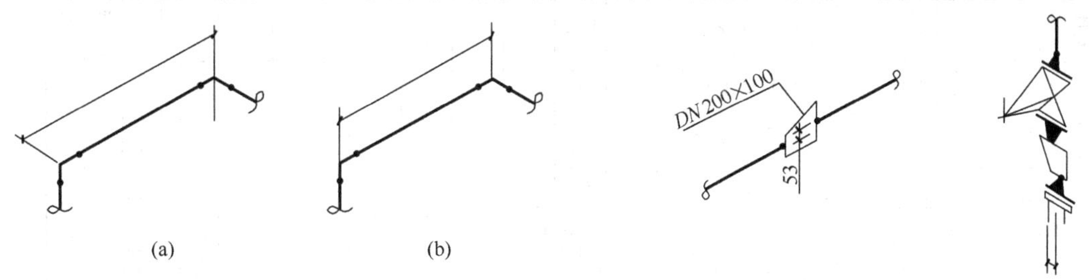

图 5-45　尺寸界线、尺寸线标注

图 5-46　偏心异径管标注

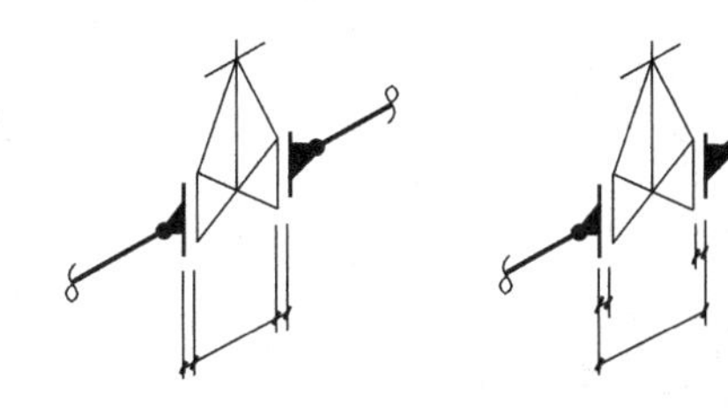

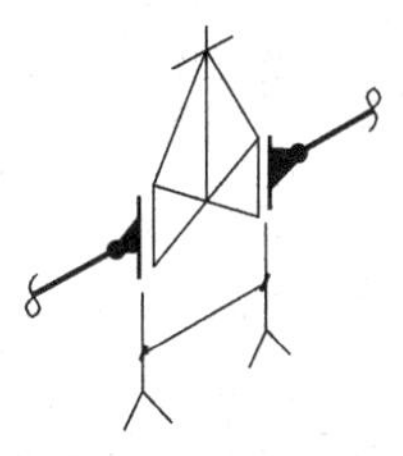

图 5-47　法兰连接的阀门的标注

（7）法兰、弯头、异径管、三通、封头等管道组件不注结构长度尺寸。要求指定异径管和封头的位置时，以异径管任意一对焊端和封头的对焊端标注尺寸，如图 5-48 所示。

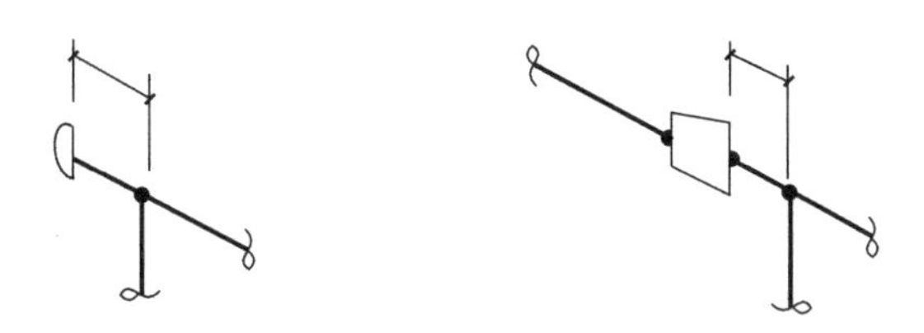

图 5-48　封头和异径管标注

（8）管段穿过平台、楼板、墙洞时，在管段图中应予表示并标注尺寸。目的是预制时避免将焊缝布置在穿洞处，以及考虑长管段现场分段组装焊缝的合适位置。管段穿过分区界线时应标注分区界线位置尺寸以方便管段图的校核，如图 5-49 所示。

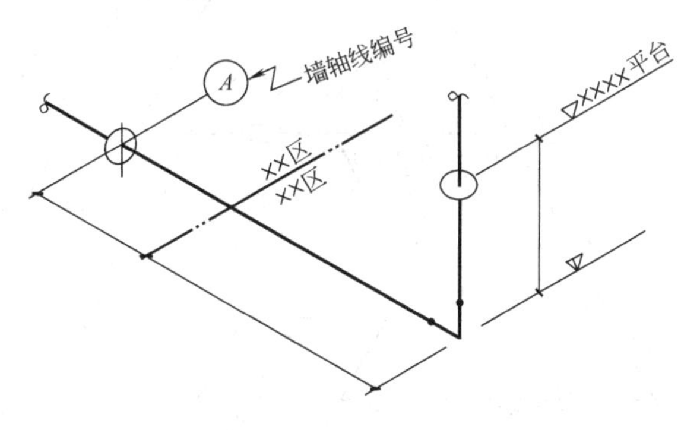

图 5-49　管段穿平台和分区界的标注

如果管段图不仅供预制用，还作为安装用图纸（例如管道平面图加管段图，不绘制管道剖面图时），则管段图也应表示出支吊架的位置，如图 5-37 所示。

（9）阀杆与三维坐标轴有倾斜夹角的阀门应标注夹角值，以便预制时布置法兰螺栓孔跨中轴线方位。在管段图标注角度有困难时，可画局部视图以平剖面的方式表示。

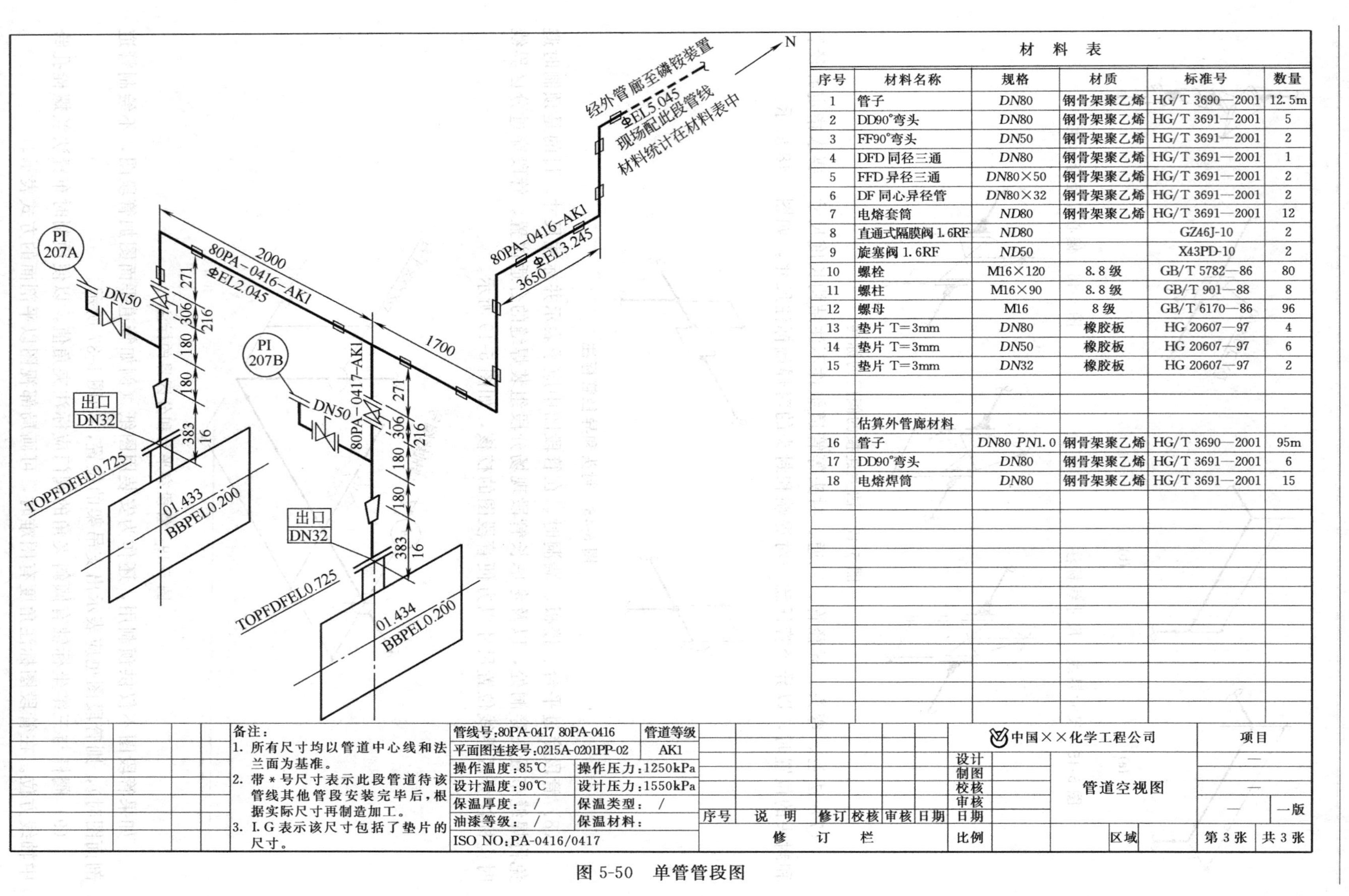

材料表

序号	材料名称	规格	材质	标准号	数量
1	管子	DN80	钢骨架聚乙烯	HG/T 3690—2001	12.5m
2	DD90°弯头	DN80	钢骨架聚乙烯	HG/T 3691—2001	5
3	FF90°弯头	DN50	钢骨架聚乙烯	HG/T 3691—2001	2
4	DFD 同径三通	DN80	钢骨架聚乙烯	HG/T 3691—2001	1
5	FFD 异径三通	DN80×50	钢骨架聚乙烯	HG/T 3691—2001	2
6	DF 同心异径管	DN80×32	钢骨架聚乙烯	HG/T 3691—2001	2
7	电熔套筒	ND80	钢骨架聚乙烯	HG/T 3691—2001	12
8	直通式隔膜阀 1.6RF	ND80		GZ46J-10	2
9	旋塞阀 1.6RF	ND50		X43PD-10	2
10	螺栓	M16×120	8.8 级	GB/T 5782—86	80
11	螺柱	M16×90	8.8 级	GB/T 901—88	8
12	螺母	M16	8 级	GB/T 6170—86	96
13	垫片 T=3mm	DN80	橡胶板	HG 20607—97	4
14	垫片 T=3mm	DN50	橡胶板	HG 20607—97	6
15	垫片 T=3mm	DN32	橡胶板	HG 20607—97	2
	估算外管廊材料				
16	管子	DN80 PN1.0	钢骨架聚乙烯	HG/T 3690—2001	95m
17	DD90°弯头	DN80	钢骨架聚乙烯	HG/T 3691—2001	6
18	电熔焊筒	DN80	钢骨架聚乙烯	HG/T 3691—2001	15

图 5-50 单管管段图

6. 管道识别标志、组件规格等的标注

单管管段图的标注如图 5-50 所示。

（1）管道的识别标志（管号、管径、介质、材料选用等级、保温、伴热等）可直接标注在管段上，同时应填写在角图章内。

（2）标注介质流向、坡度、坡向。

（3）标注与管段连接的设备机泵的编号和管嘴编号。

（4）标注续接管段的管道识别标志及其图号，标注管道材料等级分界点。标注本管段图所属的平面图图号。

7. 填写附表

管段图中常附有简单的表格，栏目通常有管道的设计温度、设计压力、水压试验压力、焊缝热处理要求、无损检验要求、硬度测试要求等，制图者视需要加以填写。如果有其他特别要求也可以在适当地方注明，如管道的化学清洗要求等，如图 5-50 所示。

8. 填写材料表

管段图上通常附有材料表。栏目有组件名称、型号或规格、材料、公称直径、数量等。填写组件名称时应按下列分类顺序：管子、管件、阀门、法兰、垫片、螺柱、螺母等，如图 5-50 所示。

填写材料表时应包括该管段所有组成件，但安全阀、调节阀、孔板和孔板法兰、流量计和其自带过滤器以及编入设备规格表内的小型设备如过滤器、阻火器、混合器等除外。与这些不列入材料表的组成件相配合的法兰、垫片、螺柱、螺母除确实自带者外，仍应列出。

第五节　管道施工图的识读

管道施工图即管道布置图，识读管道施工图与识读管道三视图有相似之处，但也有其特点。

一、管道施工图的特点

管道施工图属于建筑图和化工图的范畴，它的显著特点是示意性和附属性。管道作为建筑物或化工设备的一部分，在图纸上是示意性画出来的，图纸中以不同的图线来表示不同介质或不同材质的管道，图样上管件、附件、器具设备等都用图例符号表示，这些图线和图例只能表示管线及其附件等安装位置，而不能反映安装的具体尺寸和要求，因此在学习看图之前，必须初步具备管道安装的专业工艺知识，了解管道安装操作的基本方法及各种管路的特点与安装要求，熟悉各类管道施工规范和质量标准，只有这样才算具备了看图的基础。

属于建筑范畴的管道，如给水排水管道、采暖与制冷管道、动力站管道等，大多数都布置在建筑物上。管道对建筑物的依附性很强，看这类管道施工图，必须对建筑物的构造及建筑施工图的表示方法有所了解，才能看懂图纸，搞清管道与建筑物之间的关系。化工管路是化工设备的一部分，它将各个化工设备连接起来，形成了化工装置，化工管路既有独立性的一面，又有与化工设备相关的一面，看懂这类施工图，必须对化工生产工艺流程和化工设备的构造、作用以及在图样上的表示方法有所了解。

二、看图方法

各种管道施工图的看图方法，一般应遵循从整体到局部，从大到小，从粗到细的原则，同时要将图样与文字对照看，各种图样对照看，以便逐步深入和逐步细化。看图过程是一个从平面到空间的过程，必须利用投影还原的方法，再现图纸上各种线条、符号所代表的管路、附件、器具、设备的空间位置及管路的走向。

看图顺序是首先看图纸目录，了解建设工程性质、设计单位、管道种类，搞清楚这套图纸一共有多少张，有哪几类图纸以及图纸编号；其次是看施工说明书、材料表、设备表等一系列文字说明，然后按照工艺流程图（原理图）、管道平面图、管道立（剖）面图、管段图的顺序，逐一详细阅读。由于图纸的复杂性和表示方法的不同，各种图纸之间应该相互补充，相互说明，所以看图过程不能死板的一张一张地看，而应该将内容相同的图样对照起来看。

对于每一张图纸，看图时首先看标题栏，了解图纸名称、比例、图号、图别以及设计人员，其次看图纸上所画的图样、文字说明和各种数据，弄清管线编号、管路走向、介质流向、坡度坡向、管径大小、连接方法、尺寸标高、施工要求；对于管路中的管子、管件、附件、支架、器具（设备）等应弄清楚材质、名称、种类、规格、型号、数量、参数等；同时还要弄清楚管路与建筑物、设备之间的相互依存关系和定位尺寸。

三、看图的顺序及内容

1. 工艺流程图

① 掌握设备的种类、名称、位号（编号）、型号。

② 了解物料介质的流向以及由原料转变为半成品或成品的来龙去脉，也就是工艺流程的全过程。

③ 掌握管子、管件、阀门的规格、型号及编号。

④ 对于配有自动控制仪表装置的管路系统还要掌握控制点的分布状况。

2. 管路平面图

管路平面图是管道安装施工图中应用最多、最关键的一种图样，通过对管路平面图的识读，可以了解和掌握如下内容。

① 整个厂房各层楼面或平台的平面布置及定位尺寸。

② 整个厂房或装置的机器设备的平面布置、定位尺寸及设备的编号和名称。

③ 管线的平面布置、定位尺寸、编号、规格和介质流向箭头以及每根管子的坡度和坡向，有时还注出横管的标高等具体数据。

④ 管配件、阀件及仪表控制点等的平面位置及定位尺寸。

⑤ 管架或管墩的平面布置及定位尺寸。

3. 管路立面图

管路布置在平面图上不能清楚明了表达的部位，可采用剖（立）面图来补充表示。大多针对需要表达的部位，采用剖切的形式，力求表达得既简单又清楚，故从某种意义上来说管道图中的立面图和剖面图概念上是很接近的。通过对管路立面图的识读，可以了解和掌握如下内容。

① 整个厂房各层楼面或平台的垂直剖面及标高尺寸。

② 整个厂房或装置的机器设备的立面布置、标高尺寸及设备的编号和名称。

③ 管线的立面布置、标高尺寸以及编号、规格、介质流向。

④ 管件、阀件以及仪表控制点的立面布置和标高尺寸。

4. 管段图

管段图是表达一个设备至另一个设备（或另一管段）间的一段管线及其所附管件、阀件、仪表控制点等具体配置情况的立体图样。图面上往往只画整个管线系统中的一路管线上的某一段，并用轴测图的形式来表示，使施工人员在密集的管线中能清晰完整地看到每一路管线的具体走向和安装尺寸。这样便于材料分析和制作安装施工。

工艺管道的管段图大多采用正等轴测投影的方法来画，图样中的管件、阀件等大致按比例来画，而管子长度则不一定按比例画出，可根据其具体情况而定。因此，识读管段图时，一般不能用比例尺来计算管线的实际长度。

近年来我国从国外引进的大型化工、冶金装置中，管道施工图都配有管段图。用管段图配合模型设计或者配合管道布置平面图和立面图作为设备、管道布置设计中的重要方式，这将是今后发展的必然趋势。

四、识读方法和举例

识读管路布置图，一般以平面图为主，同时再把立面图或剖面图对照起来识读。由于管路布置图是根据工艺流程图、设备图和设备布置图画出来的，因此，在识读管路布置图之前，应从有关带控制点的工艺流程图中，初步了解生产工艺过程以及流程中的设备、管道和控制点的配置情况。

识读某化工厂乙醛装置中《油泵管路系统配管图》的实例如下。

1. 流程图的识读

通过图 5-51 可以看到，油泵管路系统的工艺设备共有 5 台：静止设备有两台，分别为油过滤器 301 和油冷却器 302；传动设备有曲轴箱 304 和两台油泵 303_{-1}、303_{-2}。

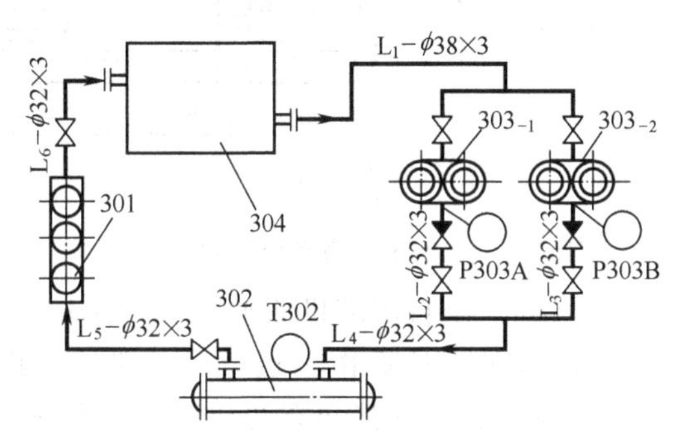

图 5-51　某油泵管路流程图

这是一组由油泵、冷却器、过滤器和压缩机曲轴箱通过管路的连接而组成的油冷却循环系统。润滑曲轴的油从曲轴箱 304 沿管线 $L_1-\phi38\times3$ 进入油泵 303_{-1} 或 303_{-2}，油经泵加压后打出沿管线 $L_2-\phi32\times3$ 和 $L_4-\phi32\times3$ 流向冷却器 302 冷却，再沿管线 $L_5-\phi32\times3$ 流向过滤器 301 进行过滤，最后油沿管线 $L_6-\phi32\times3$ 重新回到压缩机曲轴箱中。

通过流程图还可知道油泵 303_{-1} 及 303_{-2} 的出口管上各有一只压力表 P303A 和 P303B，在冷却器 302 的油管出口上有一只温度计 T302。

图 5-51 中有两台油泵，一台是常用油泵，另一台是备用油泵。如果运转的油泵需要维修或发生故障时，备用油泵就顶替工作。方法是先关闭故障油泵的进出口阀门，再开启备用油泵的进出口阀门并进行启动。

由于这组油泵的管路比较简单，设备的分布情况在管路平面图中显示得比较清楚，因此，设计人员一般就不另作设备布置图，而仅以管路布置图代替。

2. 平面图和立面图的识读

图 5-52 所示为图 5-51 所示油泵管路系统的平面图和立面图，为了便于识读我们把每路管道用管段图的形式来加以分析。

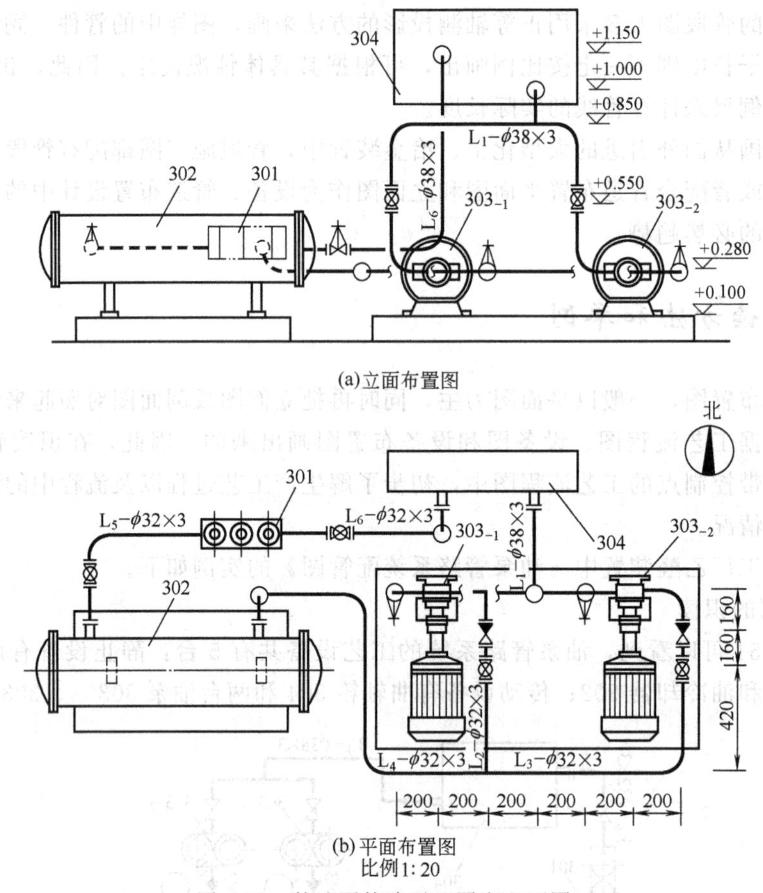

图 5-52　某油泵管路平面图和立面图

（1）参照管段图 5-53（a）可知，来自压缩机曲轴箱的油管 L_1－ϕ38×3 由北向南从标高 1.000m 处拐弯朝下至标高 0.850m 处，然后由三通分成两路，一路向西 600mm 一路向东 200mm，分别拐弯朝下至标高 0.280m 处（其间有两根立管的截止阀，标高均为 0.550m)，然后又都由西向东 200mm 分别进入油泵 303_{-1} 和 303_{-2} 的进口处。

（2）同样参照管段图 5-53（b）可知，L_2－ϕ32×3 是油泵 303_{-1}，的出口管，标高为 0.280m，它先向东 200mm，然后转弯向南 740mm 与管线 L_3－ϕ32×3、L_4－ϕ32×3 由三通接通，其中，止回阀中心离泵出口管中心为 160mm，截止阀中心又距止回阀中心为 160mm，此处的三通是三路管线的分界线。

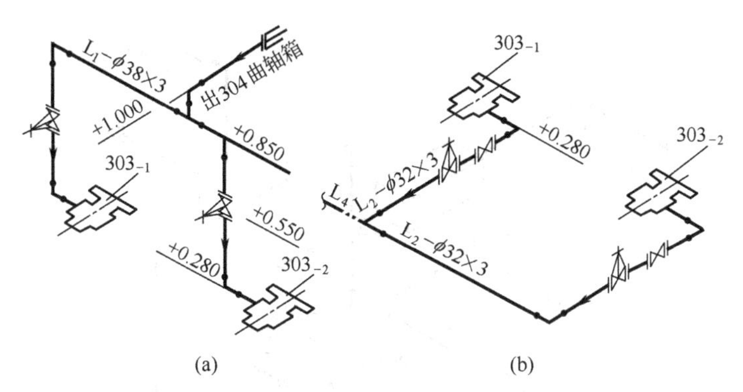

图 5-53　油泵管路管段图

(3) $L_3-\phi32\times3$ 是油泵 303_{-2}：的出口管，标高为 0.280m，它向东 200mm，然后转弯向南 740mm，再朝西 800mm 通过三通同 $L_2-\phi32\times3$ 汇合于 $L_4-\phi32\times3$。

(4) $L_4-\phi32\times3$ 是管线 L_2 和 L_3 的汇合管，标高为 0.280m，从汇合三通处向西，然后转弯向北，此段管线的走向呈摇头弯形式，$L_4-\phi32\times3$，进入油冷却器 302，标高为 0.380m，如图 5-54 (a) 所示。

(5) $L_5-\phi32\times3$ 是从油冷却器 302 至过滤器 301 的管线，在冷却器出口接管处，先朝北再朝东进入过滤器 301，此路管线呈直角形，标高为 0.380m，如图 5-54 (b) 所示。

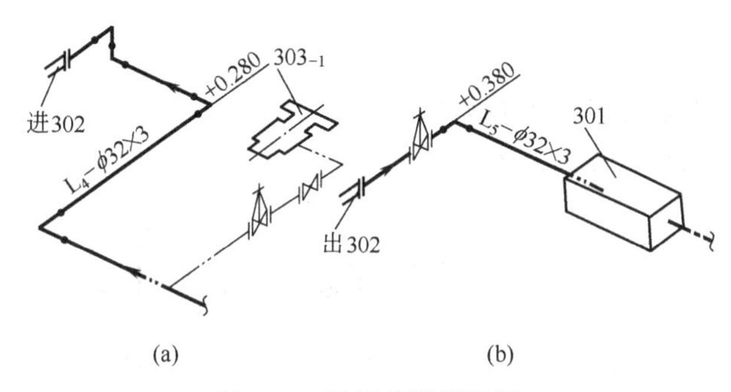

图 5-54　油泵管路管段图

(6) $L_6-\phi32\times3$ 是过滤器 301 出口至曲轴箱进口之间的管线，它先自出口处朝东标高为 0.380m，然后拐弯向上至标高 1.150m 处，再朝北进入曲轴箱，如图 5-55 所示。

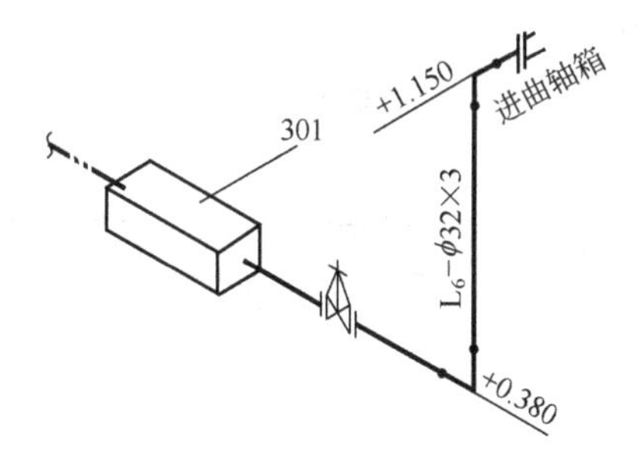

图 5-55　油泵管路管段图

通过流程图、平（立）面图及管段图的识读，使我们能初步建立起一个油循环管路系统的空间概念。由于读者初学工艺管线图，所以应再用正等测投影把油管路系统的轴测图（又称系统管段图）画出，如图 5-56 所示，供学习时参考。

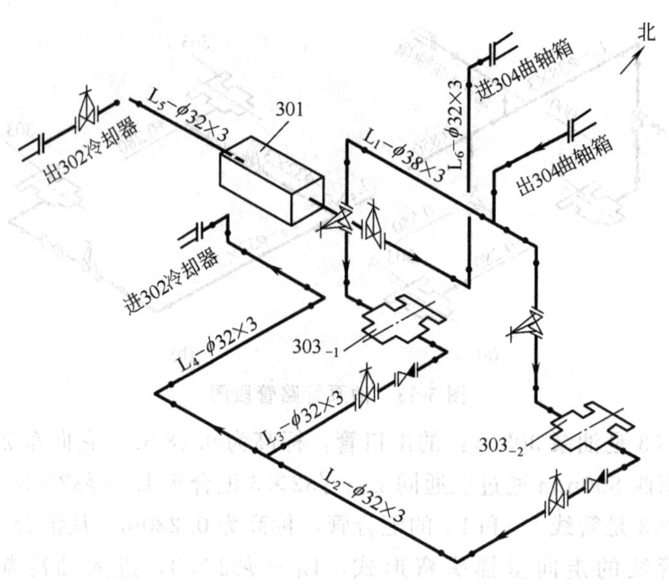

图 5-56　油泵管路系统轴测图

思考题及习题

1. 什么是配管图？
2. 管道布置图上需表达的内容有哪些？
3. 已知平面图，试画出其立面图。

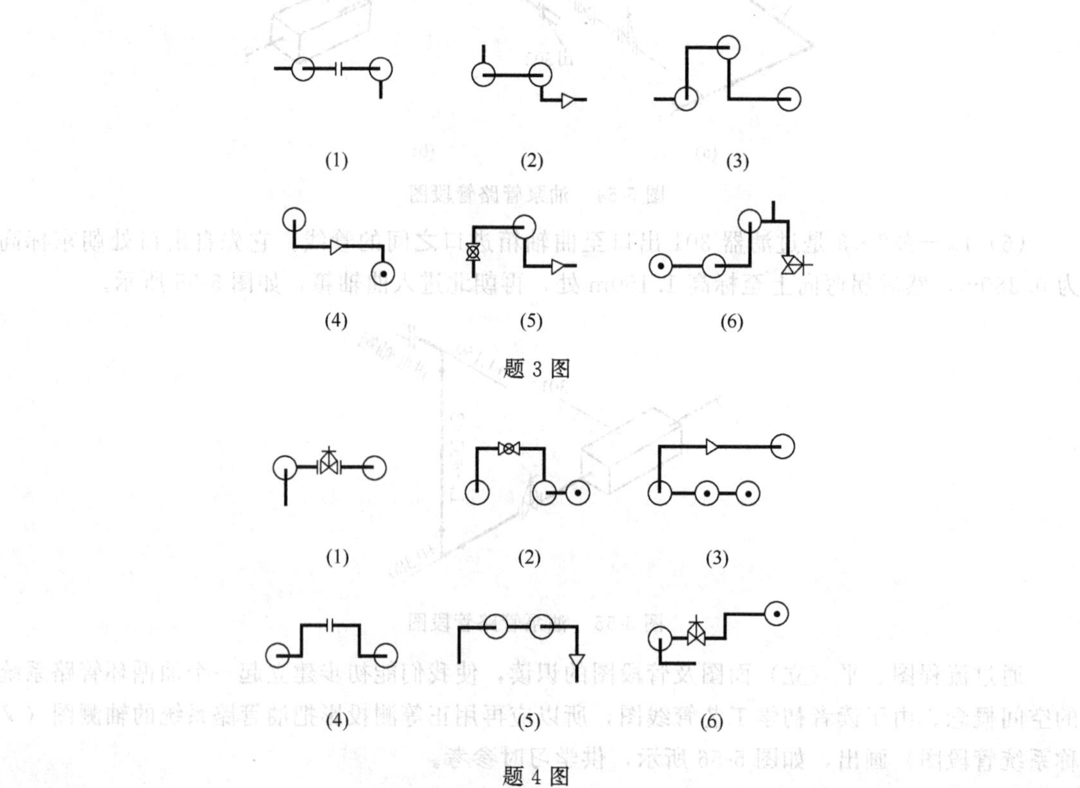

题 3 图

题 4 图

4. 已知平面图，试画出其左视图和右视图。

5. 根据下面平面图和 A—A 剖面图，试画出其 B—B 剖面图。

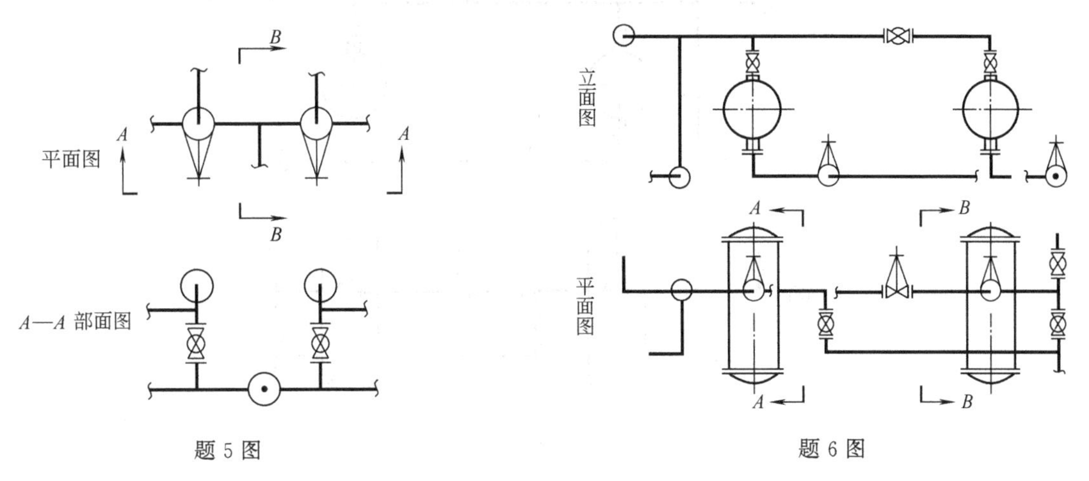

题 5 图　　　　题 6 图

6. 根据平面图和立面图，画出其 A—A 和 B—B 平面图。

7. 已知平面图和立面图，画出其正等轴测图。

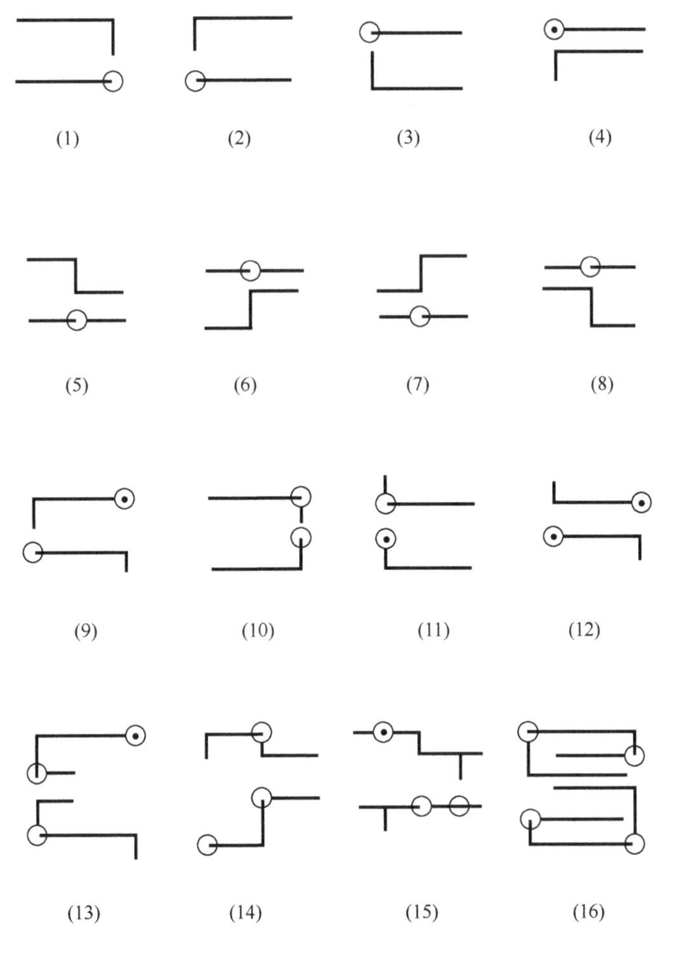

题 7 图

8. 已知下图中设备配管的平面图和立面图，画出其正等轴测图。

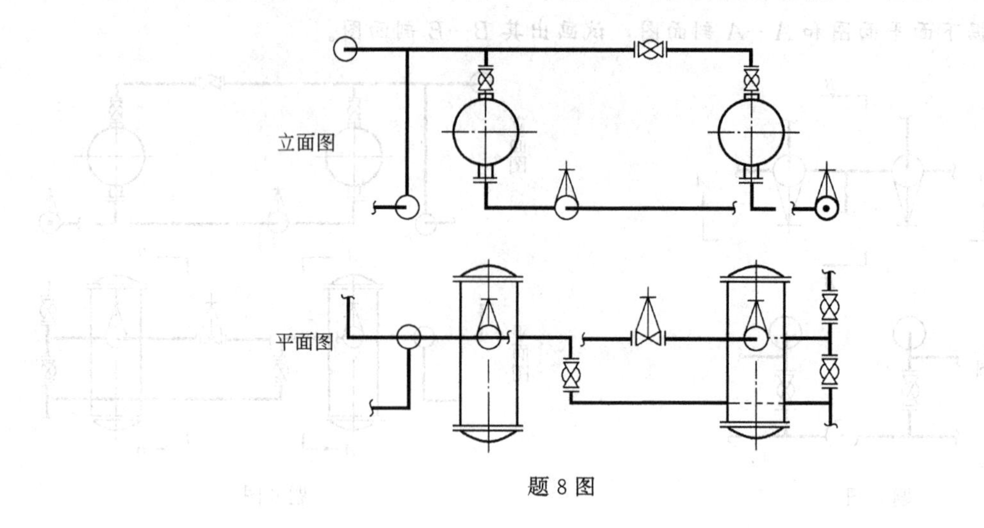

题 8 图

第六章　热力管道

热力管道工作时不仅受到内压、外载荷作用，而且还受到由于温度分布不均匀或膨胀受到限制而引起的热应力的作用。热应力有时会达到很大数值，足以使管道产生过量的塑性变形或断裂。因此，热力管道安装设计时，除应考虑内压、外载荷引起的应力外，还必须采取适当的热补偿措施以限制热应力的大小，保证管道不被热应力所破坏。本章主要介绍热力管道的热胀及补偿措施、安装注意事项和要求。

第一节　管道的热胀

一、热应力的基本概念及产生原因

管子在没有约束的情况下，温度升高或降低会引起管子膨胀和收缩，由于伸长或缩短是自由的（即没有受到任何限制），在管子及其零部件中就不会产生应力。但在石油化工装置中，管子受到各种管件和连接设备的制约，因此，自由膨胀受到阻碍，在管子或其零部件之间就要产生相互作用力，相应的便产生了应力，这种应力便称为“热应力”或“温差应力”。

并非所有情况下的温度改变都会引起热应力，而只是在以下几种情况下才会产生热应力。

（1）零部件内部温度的分布是均匀的，但其由于温度引起的变形受到某种外部约束或限制，这时将在其内部产生热应力。

例如，两端固定的管道，当温度升高时，管道的热膨胀受到两固定端的限制，因而在管道中便产生热应力。

（2）零部件内部温度分布不均匀，这时，即使没有外部约束限制，也会由于内部各部分的热膨胀量不一致而互相牵制，从而产生热应力。

例如，高压管道内外壁温度不等时，若内壁温度高于外壁温度，内壁的膨胀量比外壁大，因而受到外壁限制，其结果相当于内壁受到外压作用，而外部的材料受到内压作用，因而在整个器壁上产生了热应力。

（3）两个零部件组成的系统，当温度分布不均匀（各部分温度不等）或温升不等时，两个零部件的热胀量不等，同样，会引起各部分之间的相互作用力，从而引起热应力。

例如，换热器管子和外壳的温升常常是不等的，因而二者内部都会产生热应力。

二、管系的热胀量和热胀方向

管道以固定支架或方向性支吊架分为若干管段，位于固定支架或方向性支吊架之间的管段，称为一个计算管系。

（1）如管系为一直管，由常温（20℃）受热后将沿着轴向膨胀，如图 6-1（a）所示。其热胀量可按式（6-1）计算。

$$\Delta_t = L\alpha_t\Delta T = Le_t \tag{6-1}$$

式中　Δ_t——管系的热胀量，cm；

ΔT——管系的温升，℃；

α_t——线膨胀系数，由 20℃至 t℃的每米管道温升 1℃的平均线膨胀量，cm/(m·℃)，可查表 6-1；

L——管系的长度，m；

e_t——单位线膨胀量，由 20℃至 t℃的每米管道热膨胀量，cm/m，可查表 6-2 和图 6-2。

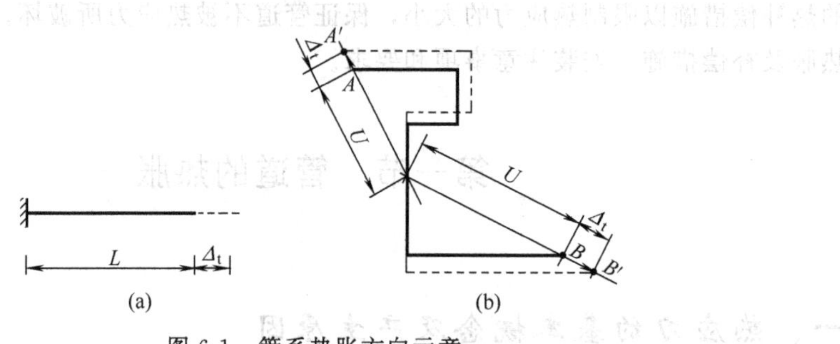

图 6-1　管系热胀方向示意

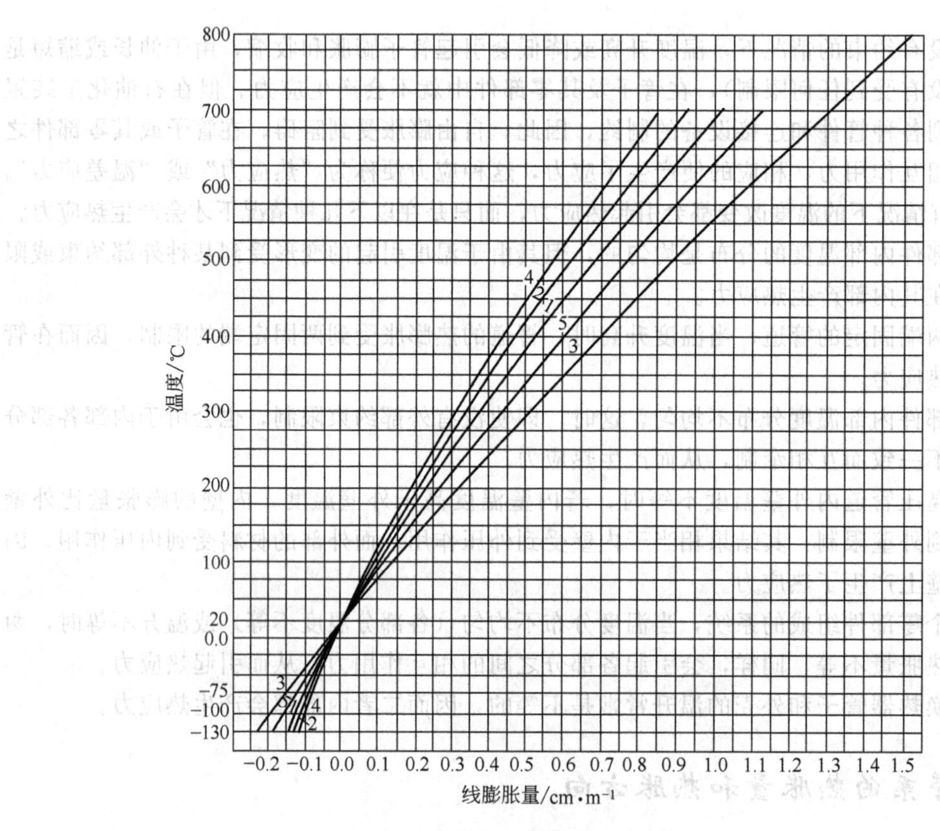

图 6-2　钢材的单位线膨胀量 e_t 图

1—碳钢；2—中铬钢；3—奥氏体钢；4—铬钢；5—铬 25 镍 20

(2) 如管系为任意形状，由常温（20℃）受热后将沿管系两端点连线方向膨胀，如图6-1（b）所示，其热胀量按式（6-2）计算。

$$\Delta_t = U\alpha_t\Delta T \tag{6-2}$$

式中　U——管系两端点的直线距离，m。

表 6-1　钢材的线膨胀系数 α_t①

钢材种类	碳钢 低铬钼钢 （至 Cr3Mo）	中铬钢 Cr5Mo～ Cr9Mo	奥氏 体钢	铬钢 Cr12 Cr17 Cr27	Cr25Ni20	铝	灰铸铁	蒙及尔合金 Ni67Cu30
温度/℃	$\alpha_t\times10^{-4}$/cm·m^{-1}·℃$^{-1}$							
−200	9.00	8.45	14.70	7.75	11.40	17.80	—	9.99
−130	9.65	9.10	15.20	8.25	12.10	19.20	—	11.52
−75	10.10	9.60	15.80	8.75	12.70	20.30	—	12.51
20	10.90	10.30	16.40	9.45	13.40	22.10	—	13.43
100	11.50	10.90	16.80	9.48	14.00	23.40	10.40	14.16
200	12.20	11.40	17.20	10.40	14.50	24.40	11.00	14.74
300	12.90	11.90	17.60	10.93	15.00	25.40	11.60	15.36
400	13.60	12.40	18.00	11.40	15.50	—	12.10	15.93
500	14.20	12.90	18.40	11.80	15.90	—	12.70	16.60
600	14.60	13.20	18.70	12.10	16.20	—	—	17.18
700	14.90	13.40	18.90	12.30	16.50	—	—	17.76
800	—	—	19.30	—	—	—	—	—

① 由 20℃至 t℃的单位长度温升 1℃时的平均线膨胀量。

表 6-2　钢材的单位线膨胀量 e_t①

钢材种类	碳钢 低铬钼钢 （至 Cr3Mo）	中铬钢 Cr3Mo～ Cr9Mo	奥氏 体钢	铬钢 Cr12 Cr17 Cr27	Cr25Ni20	铝	灰铸铁	蒙及尔合金 Ni67Cu30
温度/℃	e_t/cm·m^{-1}							
−200	−0.198	−0.185	−0.320	−0.170	−0.250	−0.390		−0.219
−130	−0.143	−0.135	−0.227	−0.122	−0.180	−0.286		−0.173
−75	−0.096	−0.090	−0.146	−0.082	−0.116	−0.189		−0.119
20	0	0	0	0	0	0	0	0
100	0.092	0.087	0.144	0.078	0.111	0.183	0.082	0.113
200	0.22	0.203	0.309	0.186	0.260	0.438	0.196	0.265
300	0.361	0.335	0.495	0.306	0.421	0.715	0.324	0.430
400	0.516	0.476	0.680	0.428	0.585		0.458	0.605
500	0.680	0.612	0.875	0.562	0.762			0.797
600	0.845	0.765	1.081	0.705	0.940			0.996
700	1.014	0.910	1.275	0.835	1.110			1.208
800			1.510					

① 由 20℃至 t℃的单位长度的热膨胀量。

三、管系沿坐标轴 X、Y、Z 方向上的热胀量

管系在坐标轴 X、Y、Z 方向上的热胀量是管系两端点 A、B 的直线长度在 X、Y、Z 轴

上的投影长度与该管单位热胀量的乘积。图 6-3 所示为一立体管系，设 A 点固定，B 点自由，B' 点为热胀后的端点位置，管系受热后在 X、Y、Z 方向的热胀量 ΔX_t、ΔY_t、ΔZ_t 可分别由式（6-3）、式（6-4）、式（6-5）确定，管系总热胀量 Δ_t 可由式（6-6）计算。

$$\Delta X_t = L_X(e_{t_2} - e_{t_1}) = L_X[\alpha_{t_2}(t_2-20) - \alpha_{t_1}(t_1-20)] \tag{6-3}$$

$$\Delta Y_t = L_Y(e_{t_2} - e_{t_1}) = L_Y[\alpha_{t_2}(t_2-20) - \alpha_{t_1}(t_1-20)] \tag{6-4}$$

$$\Delta Z_t = L_Z(e_{t_2} - e_{t_1}) = L_Z[\alpha_{t_2}(t_2-20) - \alpha_{t_1}(t_1-20)] \tag{6-5}$$

$$\Delta_t = \sqrt{(\Delta X_t)^2 + (\Delta Y_t)^2 + (\Delta Z_t)^2} \tag{6-6}$$

式中　L_X，L_Y，L_Z——管系两固定点 A、B 间的直线长度在 X、Y、Z 轴上的投影长度，m；

t_1，t_2——管系冷态、热态的计算温度，℃；

α_{t_1}，α_{t_2}——由 20℃至 t_1、t_2 之间的平均线膨胀系数，cm/(m·℃)；

e_{t_1}，e_{t_2}——由 20℃至 t_1、t_2 之间的单位线膨胀量，cm/m。

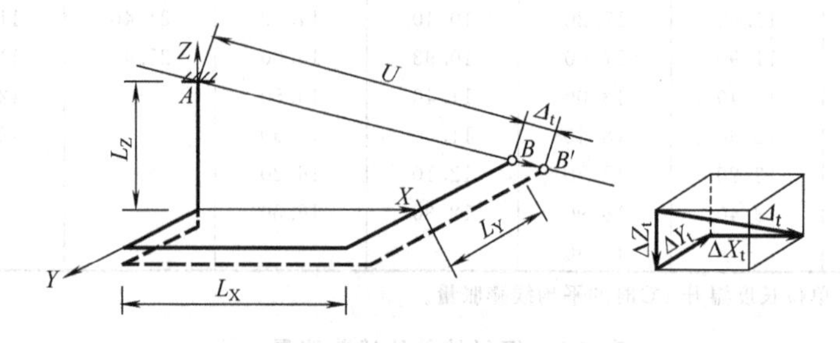

图 6-3　立体管系热胀示意

第二节　管道热补偿

为了限制热应力的大小，常在管道中设置补偿装置来吸收热胀（冷缩）量与端点附加位移量，即采取热补偿措施。

一、补偿值的计算

1. 计算方法

管系的补偿值为补偿装置所要吸收的总位移量，等于热胀（冷缩）量与端点附加位移量的代数和。无端点附加位移时，管系的补偿值与热胀量相等。有端点位移时，管系沿 X、Y、Z 轴方向的补偿值 ΔX、ΔY、ΔZ 及总补偿值 Δ 可分别由式（6-7）～式（6-10）计算。

$$\Delta X = \Delta X_t + \Delta X_{GA} - \Delta X_{GB} \tag{6-7}$$

$$\Delta Y = \Delta Y_t + \Delta Y_{GA} - \Delta Y_{GB} \tag{6-8}$$

$$\Delta Z = \Delta Z_t + \Delta Z_{GA} - \Delta Z_{GB} \tag{6-9}$$

$$\Delta = \sqrt{(\Delta X)^2 + (\Delta Y)^2 + (\Delta Z)^2} \tag{6-10}$$

式中　ΔX_{GA}，ΔY_{GA}，ΔZ_{GA}——固定点 A 在 X、Y、Z 轴方向的附加位移量，cm；

ΔX_{GB}，ΔY_{GB}，ΔZ_{GB}——固定点 B 在 X、Y、Z 轴方向的附加位移量，cm；

Δ——管系的总补偿值，cm。

2. 确定管系热态计算温度的原则

(1) 对于热管，按介质的最高工作温度，并适当考虑可能的超温。

(2) 带有蒸汽伴热管，蒸汽夹套管和可能用蒸汽吹扫的管道，如介质温度低于蒸汽温度，应以蒸汽的最高温度作为计算温度；如介质温度高于蒸汽温度，则以最高介质温度作为计算温度。

(3) 对于冷冻管，取环境极端最高温度。

3. 确定管系冷态计算温度的原则

(1) 对于热管，取环境极端最低温度。

(2) 对于冷冻管，取介质的最低工作温度。

未知管道的安装温度时，一般取管子的安装温度为常温（20℃）。

4. 管系坐标轴的选定和热胀量、附加位移量的符号

(1) 对管系进行弹性计算时，均采用直角坐标系。坐标系可以任意选择，一般多以假定的自由端为坐标系的原点。为简化计算，应使坐标轴通过尽可能多的元件重心，对于对称管系可将对称轴作为坐标系的一轴。

(2) 先假定管系的任一端为固定端，而另一端为自由端，若自由端的热胀方向及两端点附加位移方向与坐标轴正向相同时，则规定该位移值为负号；若与其正向相反，则为正号。此时求得的力为自由端的复原力（作用力），反之为对固定点的推力。

例 6-1　某碳钢管系，尺寸（单位为 m）如例 6-1 图所示，安装温度为－10℃，最高操作温度为 450℃。因受外界影响固定点 A 向上位移 2.4cm，固定点 B 向上位移 2.9cm。试计算此管系的补偿值。

解　由图 6-2 查得 $e_{-10}=-0.03$，$e_{450}=0.595$

假定 B 端为自由端，其各方向的热胀量为

$\Delta X_t=13\times(0.595+0.03)=8.125$ (cm)，向右

$\Delta Y_t=(20-17)\times(0.595+0.03)=1.875$ (cm)，向前

$\Delta Z_t=29\times(0.595+0.03)=18.125$ (cm)，向下

因热胀方向均与坐标轴正方向相反，故均取"＋"值。而 A、B 两端点附加位移方向与坐标轴方向一致，故均取"－"值。则补偿值为

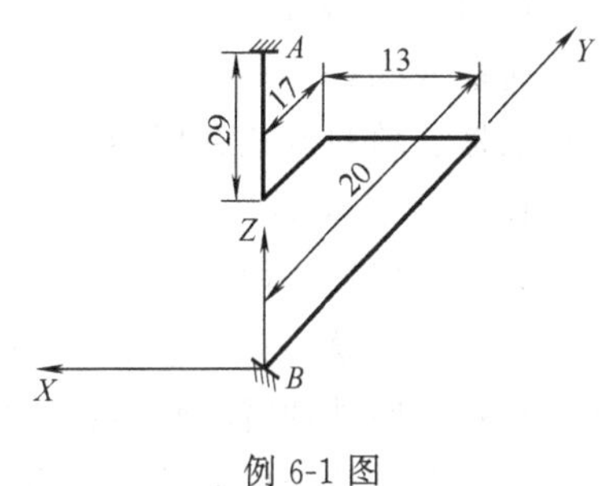

例 6-1 图

$$\Delta X=8.125\ \text{(cm)}$$

$$\Delta Y=1.875\ \text{(cm)}$$

$$\Delta Z=18.125+(-2.4)-(-2.9)=18.625\ \text{(cm)}$$

$$\Delta=\sqrt{8.125^2+1.875^2+18.625^2}=20.4\ \text{(cm)}$$

二、管道热补偿

为了防止管道热膨胀及端点位移而产生的破坏作用，在管道安装设计中需考虑自然补偿或设置各种形式的补偿器以吸收管道的热胀和端点位移。除少数管道采用专用人工补偿器

外，大多数管道的热补偿是靠自然补偿实现的。

（一）自然补偿

管道的走向是根据具体情况而呈各种弯曲形状的。利用这种自然的弯曲形状所具有的弹性来补偿其自身的热胀和端点位移的方法称为自然补偿。有时为了提高补偿能力而增加管道的弯曲，使其形成L型及Z型自然补偿结构。自然补偿构造简单、运行可靠、投资少，所以被广泛采用。自然补偿的计算较为复杂，但有简化的计算方法，详见本章第三节。

自然补偿中要求管系具有足够的弹性，其变形必须是弹性变形。所谓管系的弹性，即在力的作用下出现弹性变形，在力停止后又恢复原状的能力。在一定的变形下所需的力越小，则管系的弹性就越大。

弹性是刚性的倒数，它是由下述因素决定的。

（1）管系的几何形状。

（2）管系的展开长度。

（3）管子的尺寸（外径×厚度）。

（4）管材的弹性模数，一般用公式（6-11）计算。

$$弹性=C\frac{f(L)}{EJ} \tag{6-11}$$

式中 C——与管系形状有关的系数；

E——管材的弹性模数，MPa；

J——管截面的惯性矩，cm^4；

$f(L)$——管长的函数。

掌握了这个基本概念后，在布置管道时，应当利用管系适宜的几何形状得到最大的弹性，而使所用的管子长度较短。

（二）人工补偿

所谓人工补偿即在有热胀的管道中插入一个为吸收膨胀而特制的装置，即补偿器。如方形补偿器、填料函式补偿器、波形补偿器、球形补偿器、金属软管补偿器等。

1. 方形补偿器

方形补偿器是用无缝钢管煨弯而成的，当管径较大时采用焊接弯管制成，如图6-14和6-15所示。其优点是：制造方便，补偿能力大，轴向推力较小，维修方便，运行可靠。其缺点是：单向外伸臂较长，占地面积较大，需增设管架，且对介质流动的阻力较大。因方形补偿器具有自然补偿的特性，有许多优点，所以得到广泛应用。

2. 填料函式补偿器

填料函式补偿器也称套管式补偿器，如图6-17所示。其优点是安装简单、占地少、补偿能力较大、流体阻力较小等；其缺点是轴向推力大、横向弯曲过量容易卡住、造价高、易泄漏、要求经常检修和更换填料，一般用于安装位置受到限制的热力管道上。

3. 波形补偿器

随着大直径管道的增多和波形补偿器制造技术的提高，近年来在许多情况下得到采用，如图6-18所示。波形补偿器适用于低压大直径管道，但制造较为复杂，价格高。波形补偿器一般用于制造0.5～3mm薄不锈钢板，耐压低，是管道中的薄弱环节，与自然补偿相比较，其可靠性较差。

4. 球形补偿器

球形补偿器也称球形接头，利用球形管接头的随机弯转来吸收热位移。对三向位移的蒸汽和热水管道最宜采用，工作介质可由任意一端出入。最大优点是占地面积小，节省材料，补偿能力最大，为方形补偿器的5～10倍，不存在管端推力；缺点是存在侧向位移，密封性能不好。其关键部件为密封环，国内多用聚四氟乙烯制造，并以铜粉为添加剂，可耐温250℃，球体表面镀0.04～0.05mm厚硬铬，使转动既安全又灵活。该补偿器目前国内尚未普遍应用。

第三节　管道弹性判别方法简介

自然补偿结构其管道弹性是否满足要求，可采用多种方法判断，如经验判断式法、图表法和数值求解法。因求解应力的过程比较繁琐，工程上常用简化方法来判别管道弹性。本节仅介绍ANSI判断式和Mitchell两种简化方法。

一、ANSI弹性自补偿判断式

1. 判断式

对一般管系，通常采用美国国家标准ANSI介绍的判断式进行判断，见公式（6-12）。凡满足该判断式的规定则说明管系有足够的弹性，热膨胀和端点位移所产生的应力在许用范围内，可不再进行详细计算。这种判断结果是偏安全的，对价格昂贵的合金钢管系还需进行详细计算，以便在确保安全的前提下能节约材料，降低造价。

应用ANSI判断式的管系必须满足如下假定。

（1）管系两端为固定点。

（2）管系内的管径、壁厚、材质均一致。

（3）管系无支管和支吊架。

（4）管系使用寿命期间的冷热循环次数少于7000次。

ANSI的判断式为

$$\frac{DN\Delta}{(L-U)^2}=\frac{DN\Delta}{U^2(R-1)^2}\leqslant 2.08 \tag{6-12}$$

$$R=L/U$$

式中　DN——公称直径，cm；

Δ——管系总变形量，cm；

L——管系的展开长度，m；

U——管系两固定点之间的直线距离，m；

R——管系的弹性指数。

为了计算方便，将式（6-12）绘制成图6-4。若管系实际的R值大于从图6-4中查出的R'时，即$R'/R<1$时，此管系不需进行弹性计算。

2. 最大热胀应力

由式（6-12）虽不能直接求出应力，但当不等式左边的比值达到 2.08 时，说明管系固有的弹性已达到临界值，故最大热胀应力 σ_E 可按式（6-13）计算。

$$\sigma_E=\frac{0.48DN\Delta}{U^2(R-1)^2}\sigma_A \tag{6-13}$$

式中 σ_A——许用应力范围，MPa。

当管道最大热胀应力 σ_E 在热胀许用应力 σ_A 范围内，该管系安全可靠。

例 6-2 某 20 号无缝钢管系，尺寸（单位为 mm）如例 6-2 图所示，直径 $DN350$，操作温度为 268℃，操作压力 1.5MPa。试判断此管系在下列条件下的弹性。

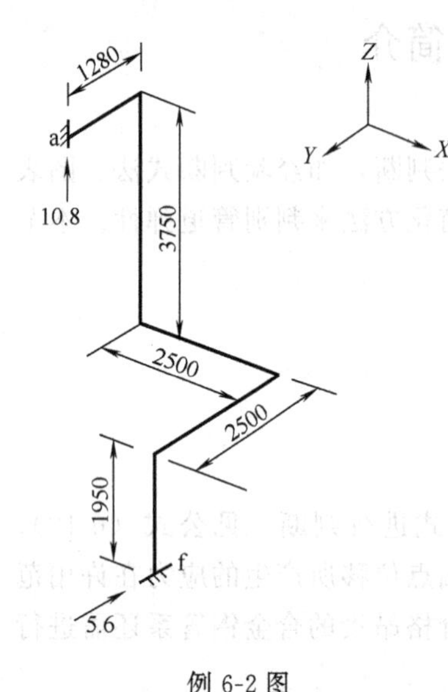

例 6-2 图

（1）两端无附加位移。

（2）两端有附加位移：a 端向上位移 10.8 mm，f 端向右位移 5.6mm。

解 （1）无端点附加位移时

① 管系展开长度

$$L=1.28+3.75+2.50\times2+1.95=11.98\ (\text{m})$$

② 管系两端点间直线距离

$$U=\sqrt{(2.50-1.28)^2+2.50^2+(3.75+1.95)^2}=6.34\ (\text{m})$$

③ $$R=\frac{L}{U}=\frac{11.98}{6.34}=1.89$$

$$\frac{U}{DN}=\frac{6.34}{35}=0.181\ (\text{m/cm})$$

④ 从图 6-4 用 U/DN 与 $t=268$℃查得 $R'=1.95$

⑤ $R<R'$ 故应进一步做弹性计算。

（2）有端点附加位移时

① 由图 6-2 查得 $e_{268}=0.32$（cm/m）

② 求出 $L=11.98$（m），$U=6.34$（m）

③ $R=1.89$

④ 求总变形量

$$\Delta X_t=2.5\times0.32=0.8\ (\text{cm})$$

$$\Delta Y_t=1.22\times0.32=0.39\ (\text{cm})$$

$$\Delta Z_t=5.7\times0.32=1.82\ (\text{cm})$$

$$\Delta=\sqrt{(-0.8)^2+(-0.39-0.56)^2+(1.82-1.08)^2}=1.45\ (\text{cm})$$

⑤ $\Delta/U=1.49/6.34=0.229$

⑥ $U/DN=6.34/35=0.181$

⑦ 从图 6-4 用 $\Delta/U=0.229$ 和 $U/DN=0.181$ 查得 $R'=1.78$

⑧ $R>R'$ 故不必进行详细的弹性解析计算。

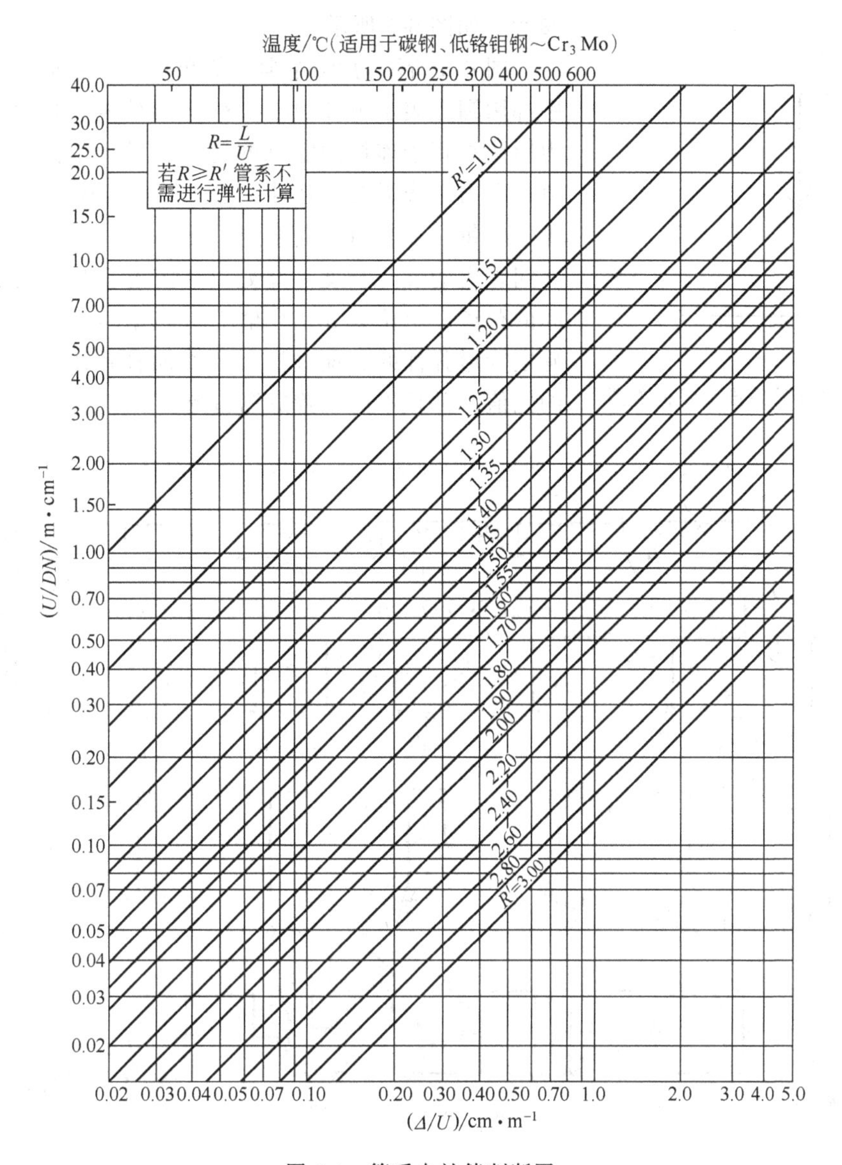

图 6-4　管系自补偿判断图

二、Mitchell 简易弹性分析法

Mitchell 法可在一定程度上判断无端点位移、等径、等厚度管道的弹性、大致的应力分布、弹性中心、最大应力点和零力矩线的位置。

1. 弹性中心和零力矩线

图 6-5 所示为一个两端固定的平面管系，在热载荷作用下，当其一端的约束全部放松后，该端点就会产生位移，如果要将这个自由端点完全恢复到原来的位置，则需在该点上施加力和力矩，这些力和力矩可表达为一个复原力，其作用线称为推力线即零力矩线，它通过整个管系的质量中心即弹性中心。零力矩线的位置可以通过弹性中心法计算，但对绝大多数管系来说，用观察法即可得到比较准确的零力矩线。为实用起见，列出一些典型管系图形供

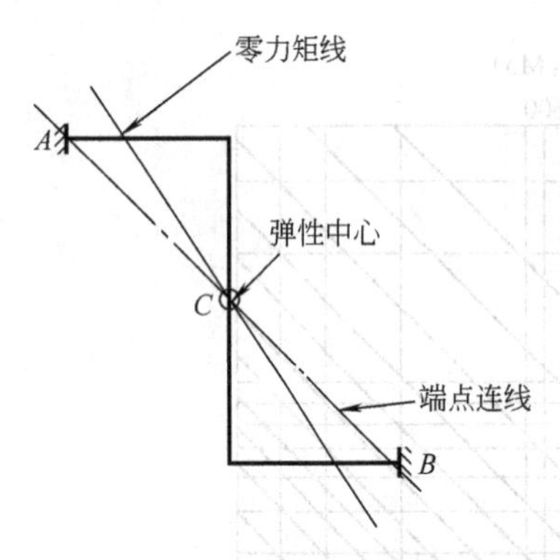

图 6-5 平面管系推力线位置图

参考，如图 6-6 所示。

图 6-6 所示为 27 个典型简单的平面管道图形。每个图中都用圆点表示弹性中心。对于轴对称弯曲的管道，其零力矩线平行于连接固定点的直线。对于非轴对称的弯曲管道，零力矩线需要以弹性中心为圆心旋转一个角度。图6-6中还对每一种管道弯曲给定了比率 L/d 值。L 表示固定点之间管道的展开长度，此处 d（相当于 U）表示固定点之间的距离，单位为 m。比值 L/d 与表 6-3 配合使用是一种确定管道弹性的方便办法。要增加管系弹性，应增加 L/d 的比值，并且不能布置成锯齿形。

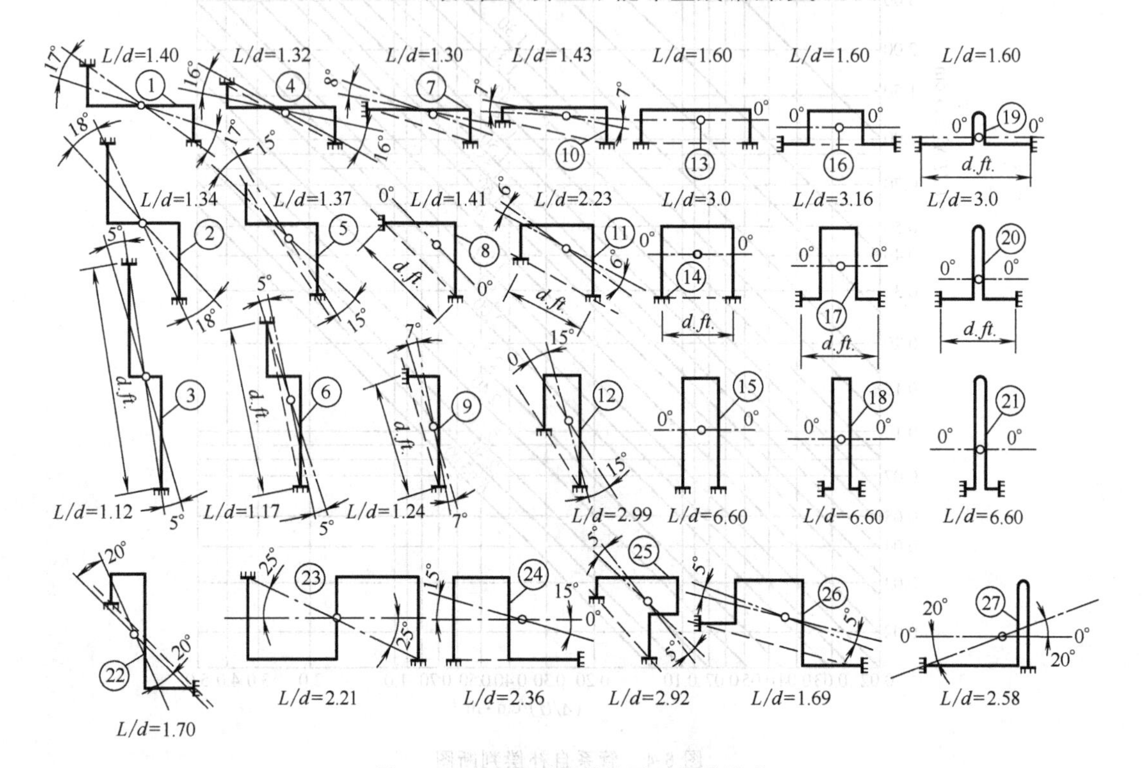

图 6-6 27 个曲型简单的平面管道图形

2. 弹性分析

采用这种图解方法有助于设计者了解管道的应力分布。零力矩线与管道交点的力矩为零，管道上任意一点与零力矩线的距离越大，即力臂越长，弯曲应力越大。最大应力一般发生在管道的固定端或弯管的拐角处。如图 6-6 所示的部分为平面管道，在图 6-7 中给出了相应的应力分布图。

按表 6-3 所列相应的管道尺寸、固定点距离（d）和工作温度（按碳钢管），对照图中所推荐管道布置的 L/d 值，就能检验管道的弹度是否足够。如果一种管道布置的 L/d 值等于或大于表中所列的数值，那么按应力分析可能表明它具有足够的弹性。反之，如果小于表中所列的数值，这种管道布置的刚性太大，需要增加管道长度。

比较图 6-6 和图 6-7 中的管道图形（13）、（16）和（19），这三种布置具有相同的 L/d 值，可以假定管道具有同样的壁厚及几何尺寸。并且，支承点的距离相同。

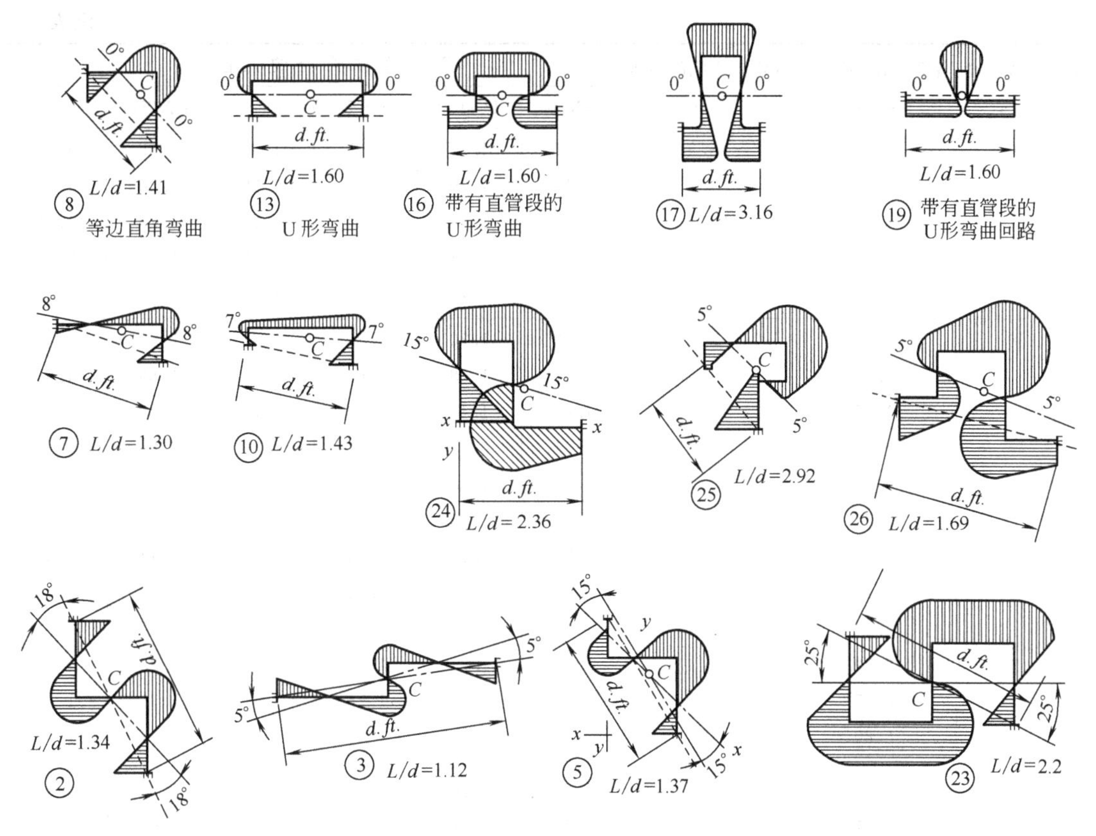

图 6-7 管道应力分布图

U 形管道（13）的弹性中心和零力矩线距离固定点连线最远，其最大的力臂长度是在固定端。如果不考虑弯管的弹性系数和应力加强系数，固定端是产生最大弯曲应力的地方。

U 形管道（16）的固定点连线和顶部直管与零力矩线距离相等，弯曲应力也相等，弹性和受力情况良好。U 形管道（19）在其上部有 1.5DN 的对焊 180°弯头，零力矩线距离固定点的连线最近的弯曲应力较小，但在上部的 180°弯头处弯曲应力最大。

上例表明，即使在 L/d 值相同的情况下，由于管道的不同布置而引起的轴向推力和弯曲应力也有不少差别。

表 6-3 在 L/d 值的基础上，为设计者提供了各种管道布置所需的管道长度。这种方法有助于管道规划阶段确定管道的最小近似长度 L 值。一般说来，保证该长度，就可以得到足够的管道弹性，其弯曲应力将下降到允许的范围内。

表 6-3 比值 L/d

管子工作温度 /℃	当量管道热膨胀量 Δ/cm	固定点之间的距离 d/m	几种公称管径的比值 L/d					
			DN80	DN100	DN150	DN200	DN250	DN300
150	0.46	3.050	1.50	1.55	1.65	1.75	1.80	1.90
	0.68	4.57	1.43	1.46	1.55	1.63	1.68	1.78
	0.91	6.1	1.35	1.36	1.45	1.50	1.55	1.65
	1.04	7.62	1.31	1.33	1.41	1.47	1.51	1.59
	1.4	9.1	1.27	1.30	1.37	1.44	1.47	1.53
	1.85	12.2	1.23	1.25	1.32	1.38	1.40	1.45
	2.31	15.2	1.20	1.24	1.28	1.32	1.36	1.40

续表

管子工作温度/℃	当量管道热膨胀量Δ/cm	固定点之间的距离d/m	几种公称管径的比值L/d					
			DN80	DN100	DN150	DN200	DN250	DN300
150	2.77	18.31	1.18	1.22	1.25	1.30	1.32	1.35
	3.23	21.3	1.17	1.20	1.24	1.29	1.30	1.34
	3.71	24.4	1.16	1.19	1.21	1.27	1.29	1.32
	4.17	27.4	1.16	1.18	1.21	1.25	1.27	1.30
	4.62	30.5	1.14	1.17	1.23	1.26	1.26	1.28
200	0.60	3.05	1.60	1.70	1.80	1.90	2.00	2.10
	1.04	4.57	1.50	1.58	1.68	1.78	1.85	1.95
	1.27	6.1	1.40	1.45	1.55	1.75	1.70	1.80
	1.73	7.62	1.35	1.43	1.50	1.59	1.64	1.72
	2.06	9.1	1.30	1.38	1.45	1.53	1.57	1.63
	2.74	12.2	1.27	1.35	1.42	1.45	1.53	1.55
	3.43	15.24	1.24	1.27	1.34	1.40	1.44	1.50
	4.14	18.3	1.23	1.26	1.31	1.37	1.42	1.45
	4.8	21.3	1.21	1.24	1.30	1.34	1.37	1.41
	5.49	24.4	1.20	1.23	1.27	1.32	1.35	1.39
	6.17	27.4	1.18	1.22	1.26	1.30	1.33	1.37
	6.80	30.5	1.17	1.20	1.24	1.28	1.31	1.34
260	0.91	3.05	1.70	1.80	1.90	2.10	2.20	2.23
	1.37	4.57	1.58	1.65	1.78	1.93	2.00	2.07
	1.83	6.1	1.45	1.50	1.65	1.75	1.80	1.90
	2.31	7.62	1.41	1.47	1.56	1.68	1.74	1.82
	2.77	9.1	1.37	1.44	1.47	1.60	1.67	1.73
	3.68	12.2	1.32	1.37	1.45	1.52	1.58	1.63
	4.6	15.2	1.28	1.32	1.40	1.46	1.52	1.56
	5.51	18.3	1.27	1.30	1.37	1.42	1.47	1.52
	6.43	21.3	1.24	1.27	1.34	1.38	1.43	1.57
	7.37	24.4	1.22	1.26	1.32	1.37	1.41	1.45
	8.28	27.4	1.21	1.24	1.31	1.34	1.39	1.42
	9.2	30.65	1.20	1.23	1.30	1.33	1.36	1.40
315	1.17	3.05	1.80	1.90	2.00	2.20	2.30	2.40
	2	4.57	1.65	1.75	1.85	2.03	2.13	2.20
	2.34	6.1	1.50	1.60	1.70	1.85	1.95	2.00
	2.92	7.62	1.45	1.53	1.65	1.76	1.86	1.92
	3.51	9.1	1.40	1.47	1.60	1.67	1.77	1.83
	4.61	12.2	1.35	1.43	1.50	1.57	1.65	1.70
	5.84	15.2	1.32	1.38	1.46	1.52	1.58	1.64
	7.41	18.3	1.26	1.37	1.42	1.46	1.53	1.58
	8.18	21.3	1.25	1.31	1.38	1.44	1.49	1.54
	9.35	24.4	1.24	1.28	1.35	1.42	1.46	1.50
	10	27.4	1.23	1.27	1.33	1.38	1.42	1.46
	11.68	30.5	1.22	1.26	1.32	1.37	1.41	1.45

续表

管子工作温度/℃	当量管道热膨胀量Δ/cm	固定点之间的距离d/m	几种公称管径的比值L/d					
			DN80	DN100	DN150	DN200	DN250	DN300
370	1.42	3.05	1.80	1.90	2.10	2.30	2.50	2.60
	2.18	4.57	1.70	1.78	1.95	2.10	2.25	2.35
	2.87	6.1	1.60	1.65	1.80	1.90	2.00	2.10
	3.58	7.62	1.54	1.59	1.74	1.80	1.93	2.00
	4.3	9.1	1.47	1.53	1.67	1.70	1.86	1.90
	5.72	12.2	1.40	1.45	1.57	1.67	1.73	1.78
	7.16	15.2	1.36	1.40	1.50	1.58	1.64	1.70
	8.58	18.3	1.33	1.35	1.46	1.52	1.58	1.65
	10.62	21.3	1.30	1.34	1.43	1.50	1.56	1.62
	11.43	24.4	1.28	1.33	1.39	1.45	1.51	1.55
	12.88	27.4	1.27	1.30	1.37	1.42	1.48	1.52
	14.3	30.5	1.25	1.29	1.35	1.40	1.45	1.50
425	1.7	3.05	1.90	2.00	2.20	2.40	2.60	2.70
	2.57	4.57	1.75	1.85	2.04	2.20	2.35	2.45
	3.4	6.1	1.60	1.70	1.85	2.00	2.10	2.20
	4.52	7.62	1.55	1.64	1.78	1.90	2.00	2.10
	5.1	9.1	1.50	1.57	1.70	1.80	1.90	2.00
	6.8	12.2	1.42	1.50	1.60	1.70	1.78	1.85
	8.5	15.2	1.38	1.42	1.54	1.62	1.70	1.76
	10.21	18.3	1.35	1.40	1.50	1.56	1.63	1.70
	11.91	21.3	1.33	1.38	1.46	1.53	1.59	1.66
	13.6	24.4	1.30	1.35	1.42	1.50	1.55	1.60
	15.31	27.4	1.29	1.33	1.40	1.47	1.52	1.57
	17	30.5	1.27	1.31	1.38	1.44	1.50	1.54

第四节 管道应力验算

热力管道处在工作状态时，由于受多种载荷作用，除了由于内压引起的薄膜应力外，还存在由于热膨胀受到限制而引起的热应力。此外，在接管根部、开口附近及壁厚或曲率不连续处也将产生有别于薄膜应力的局部应力。这些应力如何验算是本节所要解决的主要问题。

一、应力的分类

根据性态和特征可将应力分为以下几类。

（一）一次应力

一次应力又称为“基本应力”，是为平衡外加荷载所必须的正应力和剪应力，其特点是不具有自平衡性（也称自限性）。对理想塑性材料，一次应力所引起的总体塑性流动是非自限的，即当结构的塑性区扩展到使之变成几何可变的机构时，即使荷载不再增加，仍会产生不可限制的塑性流动，直至破坏。

属于一次应力的例子很多。例如薄壁圆筒中由于内压产生的轴向及环向应力；沿结构轴线方向产生的应力等。

（二）二次应力

二次应力是为满足外部约束条件或结构自身变形连续要求所必须的正应力或剪应力，其基本特征是具有自平衡性（或自限性）。即局部屈服和小量变形就可以使约束条件或变形连续要求得到满足，从而使变形不再增加，不会导致整个管道的破坏。

属于二次应力的例子如下。

1. 一般的热应力

例如由于温度升高或降低在管壳上产生的应力；接管与被安装的筒体间的温度差产生的应力等。

2. 在结构不连续处产生的弯曲应力

例如圆筒壳体与端盖处的弯曲应力；法兰与壳体或管道的连接处的弯曲应力。

（三）峰值应力

扣除了薄膜应力和弯曲应力后，沿薄厚方向呈非线性分布的分应力。其基本特征是应力分布区域很小，约与容器壁厚为同一量级，它不会引起整个结构的任何明显变形，而只是导致容器和管道产生疲劳破裂和脆性破坏的可能来源之一。在局部范围内产生且不伴随变形的热应力属于峰值应力。

二、应力验算的目的

验算管道在内压、持续外载作用下的一次应力和由于热胀、冷缩及其他位移受约束产生的热胀二次应力是否在许用应力范围之内，以判断所计算的管道是否安全、经济、合理。

三、管道应力计算结果应符合的条件

（一）一次应力验算

1. 压力荷载作用下的应力验算

管道外径与内径的比值 $k=D_o/D_i\leqslant1.2$ 的常称为薄壁管道，一般是中、低压介质管道；$k>1.2$ 的常称为厚壁管道，一般是高压介质管道。按最大剪应力强度理论（第三强度理论），薄壁管道仅受内压作用下的强度条件为

$$\sigma_t=\frac{p(D_i+\delta)}{2\delta}\leqslant[\sigma]^t\varphi \tag{6-14}$$

式中 σ_t——内压管道管壁最大应力，MPa；

δ——管道计算壁厚，mm；

p——介质压力，MPa；

D_i——管道内径，mm；

$[\sigma]^t$——钢管在设计温度下的许用应力，MPa；

φ——焊缝系数，见表 6-4。

另外，根据式（6-14）解出 δ，再增加一个壁厚附加量 C，即可导出壁厚设计公式。

表 6-4 焊缝系数

<table>
<tr><th>序号</th><th colspan="3">项 目</th><th>系数 φ</th></tr>
<tr><td>1</td><td colspan="3">无缝钢管</td><td>1.00</td></tr>
<tr><td>2</td><td colspan="3">单面焊接的螺旋钢管(按有关制造技术条件检验合格者)</td><td>0.60</td></tr>
<tr><td rowspan="6">3</td><td rowspan="6">对于纵缝焊接钢管及容器如下取用</td><td rowspan="3">A. 手工电焊或气焊</td><td>①双面焊接有坡口对接焊缝</td><td>1.00</td></tr>
<tr><td>②有氩弧焊打底的单面焊接有坡口对接焊缝</td><td>0.90</td></tr>
<tr><td>③无氩弧焊打底的单面焊接有坡口对接焊缝</td><td>0.75</td></tr>
<tr><td rowspan="3">B. 焊剂层下的自动焊</td><td>①双面焊接对接焊缝</td><td>1.00</td></tr>
<tr><td>②单面焊接有坡口对接焊缝</td><td>0.85</td></tr>
<tr><td>③单面焊接无坡口对接焊缝</td><td>0.80</td></tr>
</table>

2. 重力荷载作用下的应力验算

管道属于细长的杆系结构，根据结构力学可知，危险点在远离弯曲中性轴的管外壁上。在此点，横截面上存在轴向正应力和由扭矩引起的剪应力；纵截面上存在由压力引起的环向正应力；径向应力为零。根据结构力学可知，此点处剪应力完全由断面扭矩引起，在通常情况下由持续荷载产生的断面扭矩相对较小，剪应力可忽略，因此可以认为主应力方向保持在轴向、环向和径向上，主应力分别为轴向应力、环向应力和径向应力。其中，轴向应力由三部分组成，即平衡压力截面轴力的轴向正应力、平衡其他持续荷载截面轴力的轴向正应力和平衡其他持续荷载截面弯矩的轴向正应力。

采用最大剪应力强度理论，其强度条件为

$$\sigma_L-\sigma_r\leqslant[\sigma]^t \tag{6-15}$$

因径向应力 $\sigma_r=0$，式（6-15）可改写为

$$\sigma_L\leqslant[\sigma]^t \tag{6-16}$$

式中 σ_L——由压力、重力和其他持续荷载共同引起的轴向应力，MPa；

$[\sigma]^t$——设计温度下管道材料的许用应力，MPa。

需要注意在计算 σ_L 时，管道壁厚应取用有效壁厚。

3. 偶然性动力荷载作用下的应力验算

动力荷载和静力荷载共同引起的轴向应力应符合式（6-17）的要求。

$$\sigma_L\leqslant1.33[\sigma]^t \tag{6-17}$$

（二）热应力验算

一般热应力属于二次应力，具有自限性。如果不反复加载，二次应力一般不会导致具有良好延伸性的金属管道破坏。然而管道热应力具有交替变化的特性，这是因为在管道整个寿命期中存在许多次升温与降温的工况变化过程。如果热应力的变化幅值超出一定的范围，那么每一次应力循环都会造成新的塑性变形，不断增加的塑性变形会使管道出现疲劳裂纹。为避免热应力产生疲劳破坏，必须控制热应力变化幅值及循环变化次数，该幅值称为热应力许用范围。

管道的热胀许用应力范围 σ_A 为

$$\sigma_A=f(1.25[\sigma_c]+0.25[\sigma_h]) \tag{6-18}$$

式中　f——对应于管道预期寿命内应力交变循环次数的许用应力范围降低系数，见表 6-5；

$[\sigma_c]$——管道在常温（冷态）下的许用应力，MPa；

$[\sigma_h]$——管道在设计温度（热态）下的许用应力，MPa。

按最大剪应力强度理论建立起来的强度条件为

$$\sigma_1-\sigma_3=\sqrt{\sigma_{LD}^2+4\tau^2}\leqslant\sigma_A \tag{6-19}$$

式中　σ_1——最大主应力，MPa；

σ_3——最小主应力，MPa；

σ_{LD}——仅由位移荷载引起的轴向应力，MPa；

τ——仅由位移荷载引起的剪应力，MPa。

表 6-5　应力范围降低系数

管道预期寿命内,应力交变循环次数	f	管道预期寿命内,应力交变循环次数	f
≤7000	1.0	22000～45000	0.7
7000～14000	0.9	45000～100000	0.6
14000～22000	0.8	≥100000	0.5

第五节　管道热补偿安装设计的注意事项

一、管系热胀（含端点位移）的处理原则

在管道设计中对管系的热胀必须妥善处理，一般应使管系的几何形状具有一定的弹性，以便能自补偿其热胀。

由于设备布置或其他因素使管系的几何形状受到限制，不能满足自补偿的要求时，应在管系的适宜位置上设置补偿器。

在考虑热胀的同时，对管系的端点位移（设备的热胀、基础的不均匀下沉等）也应一并处理，不可忽视。

1. 两端固定的直管

对于两端固定的直管，其热胀必须予以吸收（补偿），否则由于热胀产生的应力和对固定点的推力将使管道和固定点（可能是设备嘴子）破坏。

2. L 形管系

对 L 形管系，长臂与短臂接近相等时，如果没有足够的长度管系并不富有弹性，产生的力是很大的。

3. 平面管系

对于具有弯管的平面管系，欲增加其弹性，宜增加远离固定点联线的管子长度。

图 6-8 所示以 L 形平面管系布置方案图。若图 6-8（a）所示的管系，其热胀不能自补偿，按图 6-8（b）和图 6-8（c）改变后均能自补偿。如将原管系［见图 6-8（a）］改变为图 6-8（d）、图 6-8（e）所示的形状，其效果不如图 6-8（b）和图 6-8（c）。如按图 6-8（f）和图 6-8（g）所示图形改变，是不允许的。如按图 6-8（h）和图 6-8（i）改变，是没有效果的。

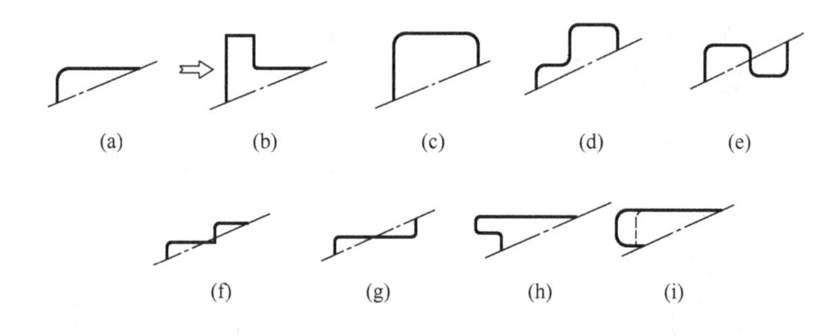

图 6-8 L形平面管系布置方案图

4. 空间管系

对空间管系，欲增加其弹性，一般情况下是在远离端点连线的方向增加管子长度，使图形接近正方体。

图 6-9 以空间 Z 形管系为例。假定图 6-9（a）所示为原几何形状，其热胀不能自补偿，需要改变形状。如果在高的方向增加管长是有效果的，如图 6-9（b）所示，但不如图 6-9（c）在宽的方向增加管系长度，使管系接近正方体效果显著。如在长轴方向增加管长如图 6-9（e)所示虽有效果，但效果不好。如按图 6-9（d）所示变化则弹性减少。

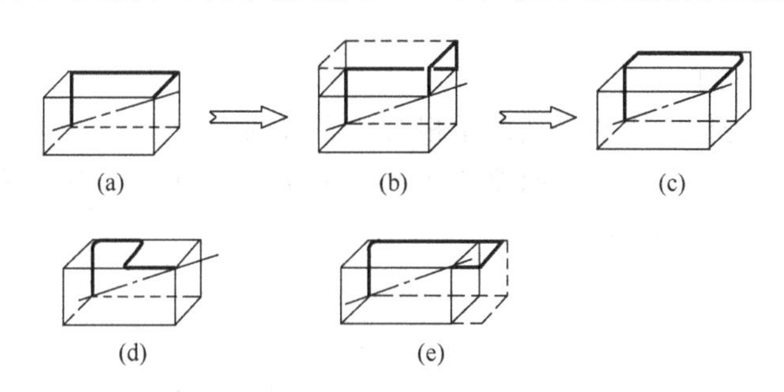

图 6-9 空间（立体）管系布置方案图

二、布置塔的配管

1. 两塔管嘴处于同一标高

图 6-10（a）所示为直接相接，若两管嘴距离 $U \leqslant 4.5$m，$DN \leqslant 100$mm，则管道可能处于超应力状态或使管嘴处的塔体局部凹陷，这是不允许的。如管嘴开口方位不变（标高也不变)，可按图 6-10（b）所示，将两个 U 形管相接，这时 L/U（L 为管系总长，U 为两管嘴间距）由 1 增大到 5.32，对管嘴的推力变小，但弯头处的应力应予校核。

如可以将管嘴方位改变 45°，则 $L/U=2.14$。这时弯管应做应力计算，方知其是否在允许范围之内。

一般对称的管线，中轴线平行于两管嘴间连线。如不对称，中轴线则绕弹性中心转5°～15°角。按此原理可估计弹性中心和中轴线的位置。中轴线与“U”线之间的空间可用于调节管系的弹性，“U”线与中轴越远弹性越好；中轴线外管线越长其弹性越好。

图 6-10（d）将 B 塔管嘴转 90°角，$L/U=1.67$，如果管径比较小时可采用这个方案。但管径大时可试用图 6-10（e）所示方法，它是将管嘴转 180°角，$L/U=2.12$ 或更大些。

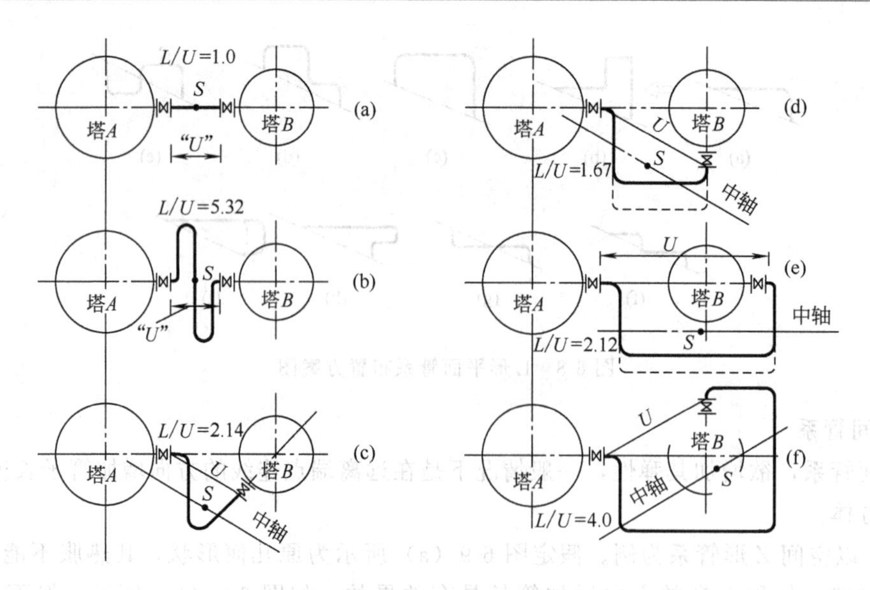

图 6-10　塔的管嘴开口和管道布置方案（同一标高）

图 6-10（f）将管嘴转 270°角，这种方案的优点是形成一个回弯，$L/U=4$，这是最好的方案。

2. 两塔管嘴标高不同

图 6-11（a）所示为同一垂直平面的单根管线布置的两种方案，属于平面管系。图 6-11（b）、图 6-11（c）、图 6-11（d）是两个面上的布置方案，属于立体管系。假定操作温度、管径、钢材均相同，试比较各方案。

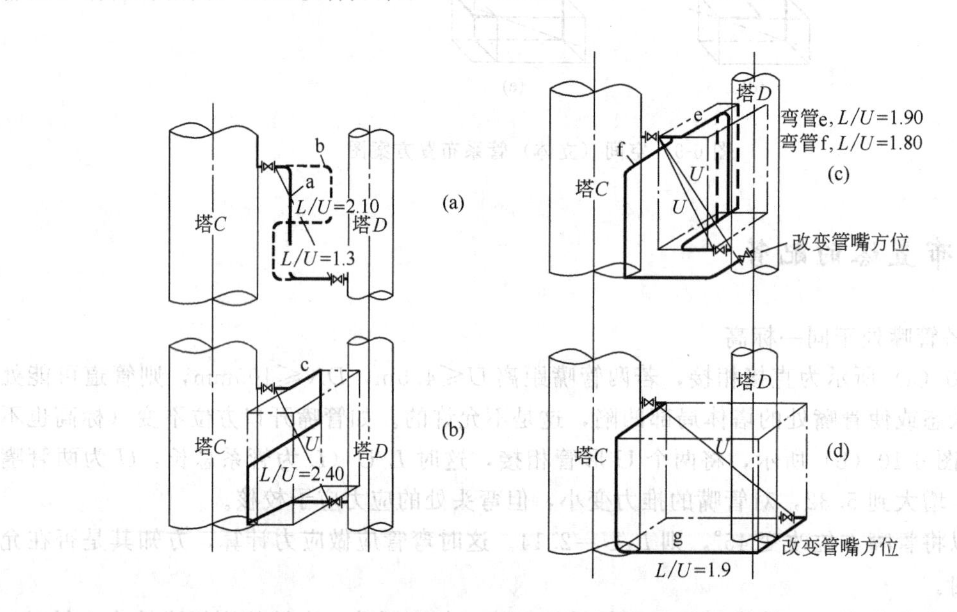

图 6-11　塔的管嘴开口和管道布置方案（不同标高）

图 6-11（a）中的 a 管是直接将两塔管嘴相连，比较简单，如果没有热胀则是可以的。如果管道或塔体有热胀就会使管系产生热应力，这时可将管系改成虚线 b 所示的形状，$L/U=2.1$ 可有较好的弹性。

图 6-11（b）中 c 弯管与图 6-11（a）中 b 弯管相似，但前者是立体管系，$L/U=2.4$，其弹性更好些。

图 6-11（c）中 e 弯管是把垂直Ⅱ形管与管嘴连接面相互垂直安装。这样布置的效能好，如调整弯管的水平管段的尺寸，就能使弯管适应许用应力的要求。图 6-11（c）中 f 弯管是改变管嘴（转 90°角），加长了“U”形线，但实际上能否这样，要看具体情况。

图 6-11（d）将 D 塔管嘴方位在原标高上转 180°角，此时增大 U 值，弹性大为改善。这种方案的 U 值最大，$L/U=1.9$。改变 D 塔管嘴方位是能使管道加长，并使远离“U”线的空间管道加长。这种弯管如进行应力解析，一般都在许用应力范围之内。

三、需要考虑热胀的管道

装置内的管道很多，不能对其弹性逐根计算，一般对下述的管道才考虑其热胀问题。

（1）温度超过 100℃或低于－50℃，$DN100$ 以上的管系。

（2）对外力敏感的透平、压缩机等机器设备的连接管线。

（3）其他大直径的管线，端点位移量大的、在大直径管上有小直径的分支管，管壁厚度大的、管内介质危险性较大的管系，热胀量大的、振动的管系等。

对上述管系有的可用判断式进行判断，有的则需用弹性中心法或一般解析法进行详细计算。

四、必须使用非弯管补偿器的管系

下列情况必须使用非弯管补偿器如波形补偿器、球形接头、柔性接头等的管系。

（1）两设备的间距较小，其直接相接的管道弹性不足时。

（2）为减少管系的压降和防止涡流，在工艺过程可能和经济上合算时。

（3）由于过大的力的作用致使设备的嘴子破坏或基础构筑物过大时。

（4）需要减振时。

（5）低压大直径的管系利用补偿器比弯管自补偿更为经济时。

（6）不均匀沉降设备的管道上；向回转设备供水、供汽、供油的管道上。

五、在管架、支架、管墩处敷设的管道

在管架、支架、管墩上敷设的管道（带管托者）其位移量不应超过管托的长度。因此较长距离的管道应用固定点将其分为若干独立的管系，分别处理热胀问题。各管系的自补偿量或补偿器的补偿量应使该管系最大位移量不超过管托的长度。

六、固定点的选择

（1）能合理的利用管道自补偿，且使位移量不超过管托长度。

（2）固定点的受力不应过大。

（3）使分支管的位移量尽可能小。

如图 6-12 所示，如将图 6-12（a）中固定点上移则可取消“象鼻弯”，如图 6-12（b）所示；在图 6-12（c）中 L 的长度应能吸收竖管的热胀、端点位移以及设备的不均匀沉降；又如图 6-12（d）中所示 L 的距离应小些，尽量靠近支管的节点处（支管的热胀应靠自补偿解决），这样支管的位移量小，设备嘴子受的力和弯矩均小；在图 6-12（e）中固定点尽量居中，该固定点是减载固定点，仅承受不平衡力，同时，管系的热胀应力基本一致。

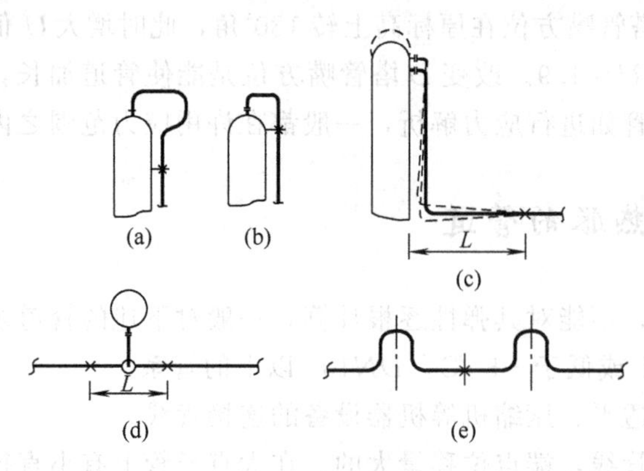

图 6-12　固定点设置示意

第六节　补偿器的安装

1. 方形补偿器安装

安装补偿器应在两个固定支架间的管道安装完毕，且支架已按设计要求固定牢靠后，才能进行。

在直管段中设置补偿器的最大距离，也就是两侧固定支架的最大间距见表 6-6。另外，设置固定支架时，还必须考虑到使分支管的位移不超过 50mm。

表 6-6　方形补偿器两侧固定支架的最大间距

公称直径/mm	25	32	40	50	65	80	100	125	150	200	250	300	350	400
最大间距/m	30	35	45	50	55	60	65	70	80	90	100	115	130	145

吊装大型的方形补偿器时，为保证受力均匀，防止变形，起吊平稳，便于安装，应采用多点绑扎法，如图 6-13 所示。应注意不使焊口受到过大的应力。

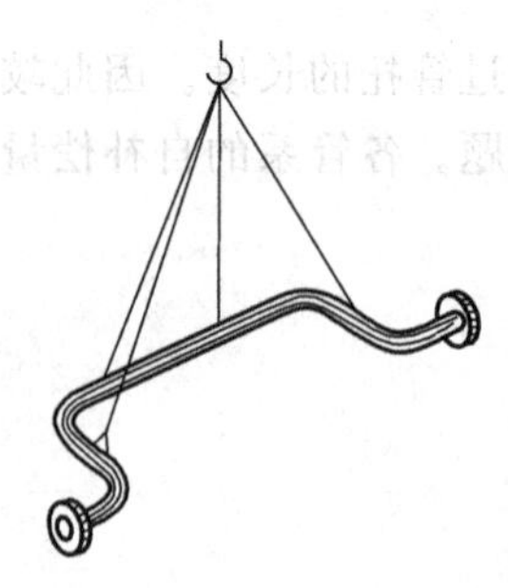
图 6-13　方形补偿器吊装绑扎法

吊装就位以后，必须将补偿器冷拉（热介质管道）或冷压（冷介质管道）。其冷拉（冷压）量等于两固定支架间直管段膨胀量或收缩量的 1/2，如图 6-14 所示。这样便可在运行中充分利用其补偿能力，并避免因受力变形过大，而缩短其使用寿命。冷拉或冷压量应符合设计或计算要求，其允许偏差应在±10mm 之间。

冷拉前，补偿器两端的直管与连接管道的末端之间应预留一定的间隙，其间隙值应等于设计补偿量的 1/4（焊缝的间隙未包括在内）。其焊接口应选在距补偿器弯曲起点 2～2.5m 处，如图 6-15 所示。还需检查固定支架是否固定牢固，活动支架是否正常，管道及阀件等的紧固件是否全部拧紧，并将突出臂中间的管架暂时固定，然后方可进行冷拉。

冷拉的方法有两种：一种是将拉管器安装在两个待焊的接口上，同时收紧两个拉管器上的螺栓，将补偿器拉开直到管子接口对齐，接口点焊之后再拆掉拉管器，松开突出臂中间的管架，拉管器如图 6-16 所示；另一种是用两个倒链来拉拔或用一个千斤顶将补偿器的两长臂撑开，如图 6-15 所示，直到管子接口对齐后再施焊。

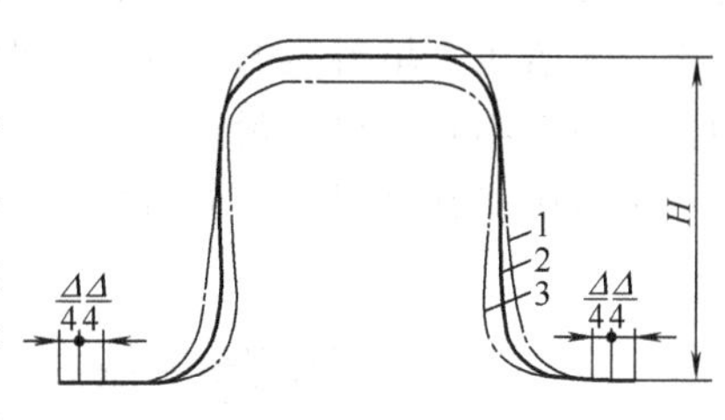

图 6-14　方形补偿器冷拉时的伸缩状态
1—安装状态；2—自由状态；3—工作状态

在安装过程中，不论预拉或预撑，为了避免焊缝在未冷却前受到应力的作用，拉紧或撑开的工具，要等焊缝充分冷却后方可去掉。

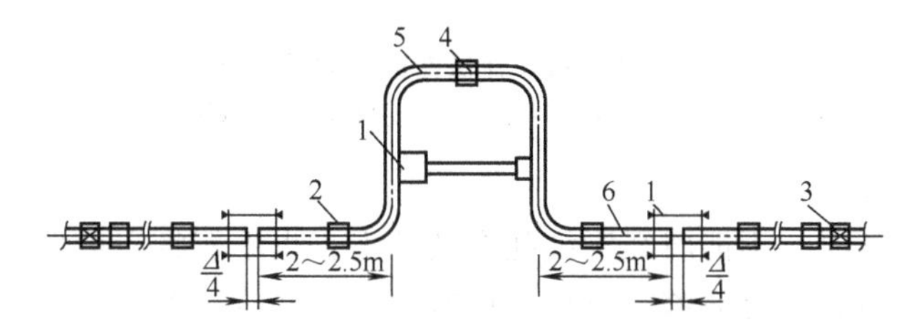

图 6-15　补偿器安装冷拉示意
1—拉管器或千斤顶；2—活动管托；3—固定支架；4—活动管托或弹簧吊架；5—方形补偿器；6—加长直管段

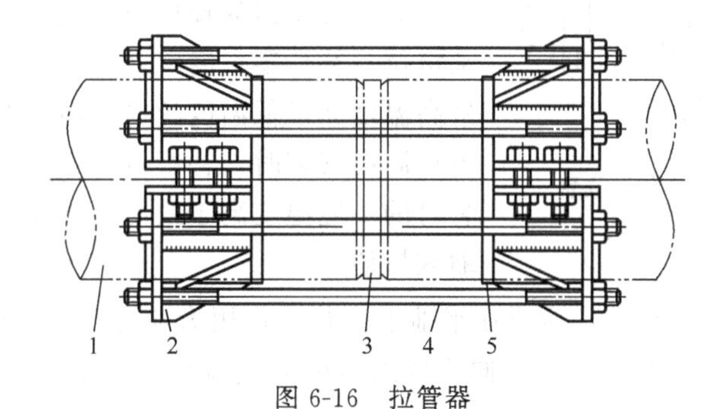

图 6-16　拉管器
1—管子；2—对开卡箍；3—垫铁；4—双头螺栓；5—环形堆焊凸肩

补偿器一般为水平安装，应和管路有相同的坡度，以利于凝结水的流过；而不能有横向倾斜（即两长臂应保持水平），否则会因凝结水集留在内而造成水锤，甚至破坏管道，冬季严寒还可能冻裂管子。当补偿器的两长臂遇到必须横向倾斜或上下垂直安装时，则应在积水处装设排水阀。较大的蒸汽管上需增加疏水装置，使凝结水自动排出。

2. 填料函式补偿器安装

安装前应拆开检查内部零件，检验填料是否完整齐全，并符合技术要求。填料函式补偿器应沿管道中心线安装，不得偏移，否则在管道投入运行时，就可能发生补偿器外壳和导管咬住而扭坏补偿器的现象。在靠近补偿器的两侧，至少应当各有一个导向支架，使管道运行时不致偏离中心线，以保证补偿器能自由伸缩。

填料函式补偿器的摩擦部分应涂上机油，非摩擦部分应涂上防锈漆。填料一般是用机油浸过并涂有石墨粉的石棉绳圈，各圈的接口应互相错开。石棉绳的厚度应不小于补偿器外壳与导管之间的间隙。压装油浸石棉填料时，第一圈及最后一圈最好压装干石棉填料，以免油渗出。压盖压入填料箱的深度，一般为一圈填料的高度，但不得小于5mm，紧固时受力应均匀，填料不宜压得过紧，须考虑留下再旋紧的余地。

填料函式补偿器预拉伸后的安装长度，由安装时的温度决定，如图6-17所示。

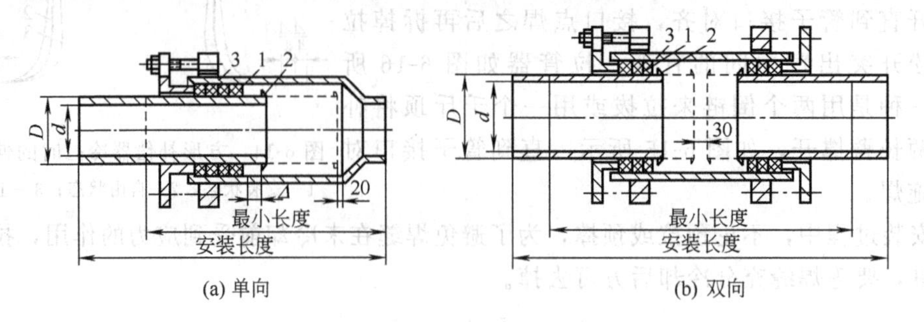

图6-17 填料函式补偿器的安装长度和间隙

1—外壳支撑环；2—导管支撑环；3—填料

3. 波形补偿器安装

在吊装波形补偿器时，不能将绳索绑扎在波节上，也不能将支撑件焊接在波节上，应严格按照管道中心线安装，不得偏移，以免受压时损坏，并应注意安装方向。补偿器内的衬套与外壳焊接的一端，应朝向坡度的上方，以防液体大量流到波形的凹槽里。如输送的介质是液体或有液体析出，则应在每个波节下方安装放水阀，如图6-18所示。

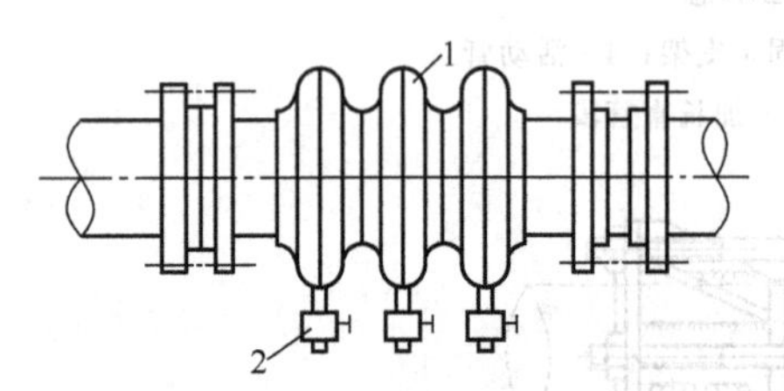

图6-18 波形补偿器放水阀位置

1—波形补偿器；2—放水阀

波形补偿器的预拉或预压，应根据补偿零点温度来定位。补偿零点温度就是管道设计时考虑能达到的最高温度和最低温度的平均值。在环境温度等于补偿零点温度安装时，补偿器可不进行预拉或预压。如安装时的环境温度高于或低于补偿零点温度，应预先压缩或拉伸。

波形补偿器的预拉或预压，应当在平地上进行。作用力应分2～3次逐渐增加，要尽量保证各波节的圆周面上受力均匀。拉伸或压缩量的偏差应小于5mm。当拉伸或压缩到要求的数值时，应立即进行固定。

管道作水压试验时，绝对不允许超过规定的试验压力，以防止补偿器过分变形而失去弹性。试压时最好将波形补偿器夹牢，使其不能自由拉长。

第七节 热力管道布置的原则和方式

一、热力管道布置的原则

应根据下列资料，综合考虑热力管道的布置。

(1) 厂区或建筑区域的总平面布置图。

（2）厂区或建筑区域的水文地质及气象资料。

（3）各建筑物及构筑物的热负荷资料。

（4）厂区或建筑区域的近期及远期的发展规划。

（5）厂区或建筑区域的地下电缆、给排水管道及煤气、氧气、乙炔、压缩空气等动力管道等布置概况。

热力管道的布置总的原则是技术上可靠、经济上合理和施工维修方便。其具体要求如下。

（1）热力管道的布置力求短直，主干线应通过热用户密集区，并靠近热负荷大的用户。

（2）管道的走向宜平行于厂区或建筑区域的干道或建筑物。

（3）管道布置不应穿越电石库等由于汽、水泄漏将会引起事故的场所，也不宜穿越建筑扩建地和物料堆场。并尽量减少与公路、铁路、沟谷和河流的交叉，以减少交叉时必须采取的特殊措施。当热力管道穿越主要交通线、沟谷和河流时，可采用拱形管道。

（4）管道布置时，应尽量利用管道的自然弯曲作为管道受热膨胀时的自然补偿。如采用方形伸缩器时，则方形伸缩器应尽可能布置在两固定支架之间的中心点上。如因地方限制不可能把方形伸缩器布置在两固定支架之间的中心点上，应保证较短的一边直线管道的长度，不宜小于该段全长的1/3。

（5）一般在热力地沟分支处都应设置检查井或人孔，当直线管段长度在100～150m的距离内，虽无地沟分支，也宜设置检查井或人孔。所有管道上必须设置的阀门，都应安装在检查井或人孔内。

（6）在从主干线上分出的支管上，一般情况下都应设置截断阀门，以便当建筑物内部管道系统发生故障时，可进行截断检修，不致影响全厂供热。

（7）在下列地方，蒸汽管道上必须设置疏水阀。

① 蒸汽管道上最低点。

② 被阀门截断的各蒸汽管道的最低点。

③ 垂直升高管段前的最低点。

④ 直线管段每隔100～150m的距离内应设置一个疏水阀。

（8）热水管道及凝结水管道应在最低点放水，在最高点放出气体。

二、热力管道的安装布置方式

室外热力管道一般采用枝状布置形式。枝状管网的优点是系统简单，造价较低，运行管理较方便。其缺点是没有供热的后备性能，即当管路上某处发生故障，在损坏地点以后的所有用户供热中断，甚至造成整个系统停止供热，进行检修。

对要求严格的某些化工企业，在任何情况下都不允许中断供汽。可以采用两根主干线的方式，即从热源送出两根蒸汽管道作为蒸汽主干线，每根蒸汽管道的供汽能力为全厂总用汽量的50％～75％。此种复线枝状管网的优点是任何情况下都不中断供汽。

环状管网（主干线呈环形）的优点是具有供热的后备性能。但是环状管网的投资和金属消耗量都很大，因此实际工作中极少采用。

在一些小型工厂中，热力管道布置采用辐射状管网，即从锅炉房内分别引出一根管道直接送往各个用户，全部管道上的截断阀门都安装在锅炉房内的蒸汽集配器上。其优点是控制方便，并可分片供热，但投资和金属消耗量都将增大。对于占地面积较小而工房密集的小型工厂，可以采用此种管道布置方式。

地处山区工厂的热力管道，应注意地形的特点，因地制宜地布置管道，并应注意地质滑坡和洪峰口对管道的影响。一般可采用下列几种布置方式。

（1）热力管道应根据山区地区特点，采取沿山坡或道路低支架布置。

（2）热力管道直径 $DN \leqslant 150$mm，可沿建筑物外墙敷设。

（3）爬山热力管道宜采用阶梯形布置。

（4）热力管道跨越冲沟或河流时，宜采用沿桥或沿栈桥布置或拱形管道，但应特别注意管道底部标高应高于最高洪水水位。

第八节　热力管道安装

热力管道采用架空敷设或地沟敷设，一般不采用埋地敷设，其安装要求如下。

（1）为了便于排水和放气，热力管道均应设有坡度，室外管道的坡度为 0.002，室内管道的坡度为 0.003。蒸汽管道的坡度最好与介质流向相同，但不论与介质流向相同与相反，一定要坡向疏水装置。室内蒸汽管坡度应与介质流动方向一致，以避免噪声。每段管道最低点要设排水装置，最高点要设放气装置。与其他管道共架敷设的热力管道，如果常年或季节性连续供气的可不设坡度，但应加强疏水装置。

（2）方形补偿器竖直安装时，如果管道输送的介质是热水，应在补偿器的最高点安装放气阀，在最低点安装放水阀门；如果输送的介质是蒸汽，应在补偿器的最低点安装疏水器或排水阀门，如图 6-19 所示。

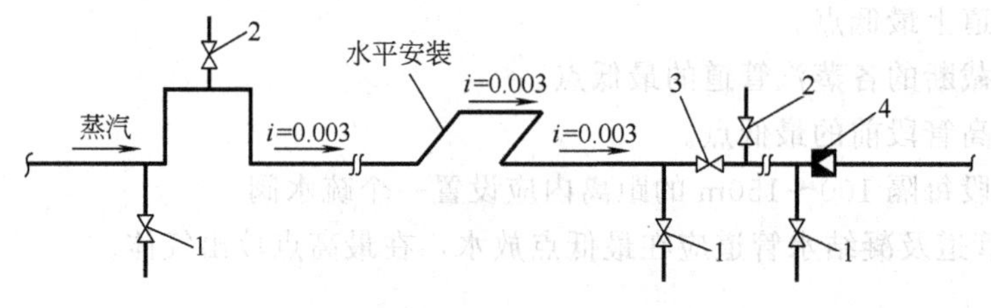

图 6-19　热水管道排水、放气示意

1—排水阀；2—放气阀；3—控制阀；4—流量孔板

（3）水平安装的方形补偿器横臂应有坡度，竖臂水平安装即可，如图 6-19 所示。

（4）在水平管道上、阀门的前侧、流量孔板的前侧及其他易积水处，均需安装疏水器或放水阀，如图 6-19 所示。

（5）水平管道的变径宜采用偏心异径管（大小头）。大小头的下侧应取平，以利排水。

（6）蒸汽支管从主管上接出时，支管应从主管的上方或两侧接出，以免凝结水流入支管。但连接排水装置和排水装置的支管应从主管的下方接出，以利于冷凝水的排出。

（7）不同压力或不同介质的疏水管或排水管不能接入同一排水管。

（8）疏水装置的安装应根据设计进行，对一般的装有旁通的疏水装置，如设计无详图时，也应装设活接头或法兰，并装在疏水阀或旁通阀门的后面，以便于检修。

（9）减压阀的阀体应垂直安装在水平管道上，进出口方向应正确，前后两侧应装置截止阀，并应装设旁通管。减压前的高压管和减压后的低压管都应安装压力表，低压管上应安装安全阀，安全阀上的排气管应接至室外。管径应根据设计规定，一般减压前的管径应与减压阀公称直径相同，减压阀后的管径比减压阀直径大1～2档。

(10) 两个补偿器之间（一般为20～40m）以及每一个补偿器两侧（指远的一端）都应设置固定支架。固定支架受力很大，安装时必须牢固，应保证使管子不移动。两个固定支架的中间应设导向支架，导向支架应保证使管子沿着规定的方向作自由伸缩，如图6-20所示。

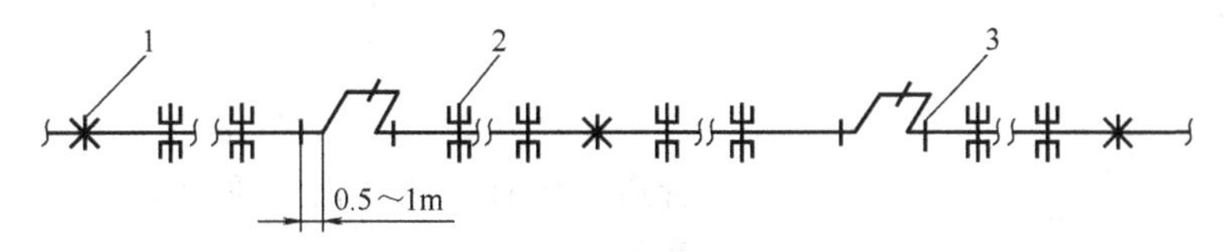

图6-20　热力管道支架布置示意

1—固定支架；2—导向支架；3—滑动支架

(11) 补偿器两侧的第一个支架应为活动支架，在距补偿器弯头弯曲起点0.5～1m处，不得设置导向支架或固定支架，如图6-20所示。

(12) 为了使管道伸缩时不致破坏保温层，所以管道的底部应用点焊的形式装上托架，托架高度稍大于保温层的厚度，安装托架两侧的导向支架时，要使滑槽与托架之间有3～5mm的间隙。

(13) 安装导向支架和活动支架的滑托时，应考虑支架中心与滑托中心一致，不能使滑托热胀后偏移，靠近补偿器两侧的几个滑托应偏心安装，如图6-21所示。其偏心的长度应是该点距固定点的管道热伸长量的一半，即 $(\Delta L)/2$。偏心的位置应在管道热膨胀方向相反的一侧。但当这一点的热膨胀量小于40mm时，滑托可不偏移安装。

(14) 如果管道在轴向的热膨胀量超过40mm，则邻近补偿器的吊架应倾斜安装。倾斜的距离与管道热膨胀方向相反，倾斜的距离等于该吊架处管道轴向热位移量的一半，即 $(\Delta L)/2$，如图6-22所示。

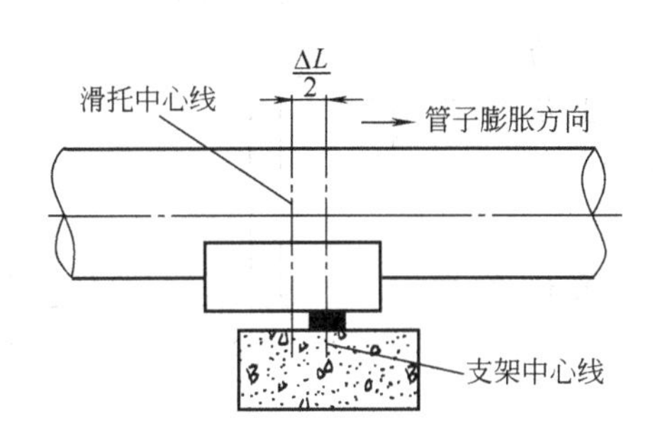

图6-21　补偿器两侧滑托偏心安装示意

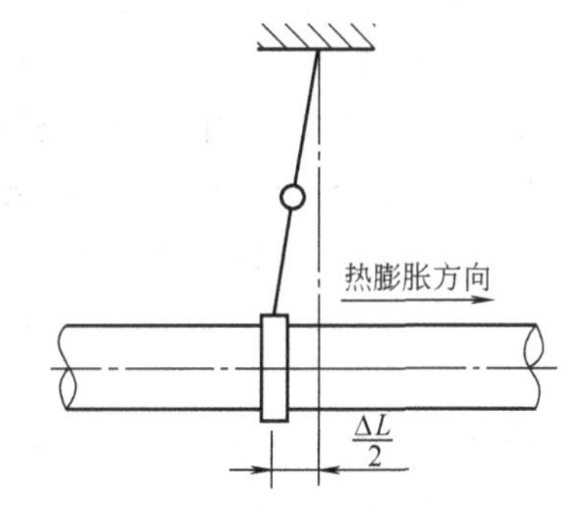

图6-22　邻近补偿器的吊架倾斜安装示意

(15) 弹簧支吊架的安装

① 弹簧支架一般装在有垂直膨胀伸缩而无横向膨胀伸缩之处，安装时必须保证弹簧能自由伸缩。

② 弹簧吊架一般安装在垂直膨胀的横向、纵向均有伸缩处。吊架安装时，应偏向膨胀方向相反的一边。

③ 安装弹簧吊架时，为了使管子截面 $A—B$ 在工作过程中不受 ACB 管段重力的作用，应将弹簧自由长度 L_0 压缩到 L_2，如图6-23所示。L_2 的长度可用式(6-20)计算。

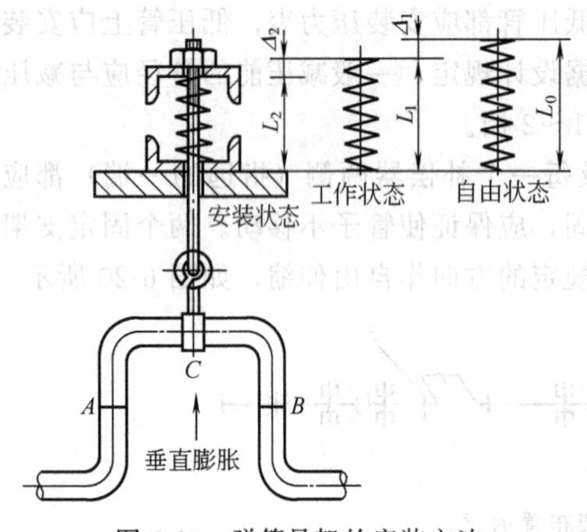

图 6-23 弹簧吊架的安装方法

$$L_2 = L_0 - (\Delta_1 + \Delta_2) \quad (6\text{-}20)$$

式中 L_2——压缩后的弹簧长度；

L_0——弹簧的自由长度；

Δ_1——由 ACB 段弯管的重力使弹簧压缩的长度；

Δ_2——该补偿器工作时垂直向上膨胀的长度。

显然，$\Delta_1 + \Delta_2$ 为安装时弹簧的总压缩量。当管道工作时，该补偿器垂直向上膨胀 Δ_2，此时弹簧的长度为 $L_1 = L_2 + \Delta_2$ 或 $L_1 = L_0 - \Delta_1$，即弹簧的工作长度 L_1 较自由长度 L_0 缩短了 Δ_1，也就是说，此时弹簧仍有一个向上的弹力，正好能平衡 ACB 段弯管的重力。故在工作时，截面 A—B 不再承受 ACB 管段重力引起的压力作用，而只受到管道膨胀时的弯曲应力和剪应力的作用。

思考题及习题

1. 试举例说明管道在哪些情况下会产生热应力。

2. 什么是一个计算管系？

3. 什么是自然补偿？什么是人工补偿？常用的人工补偿器有哪些？各有什么特点？

4. 什么是管系弹性？影响管系弹性的因素有哪些？

5. 什么是 ANSI 弹性自补偿判断式？其使用条件是什么？

6. 题 6 图所示的管系，安装温度为 0℃，最高操作温度为 250℃，管子材料为 20 号钢，固定点 B 受外界影响向左位移 2cm。试计算此管系的补偿值，并判断此管系弹性。

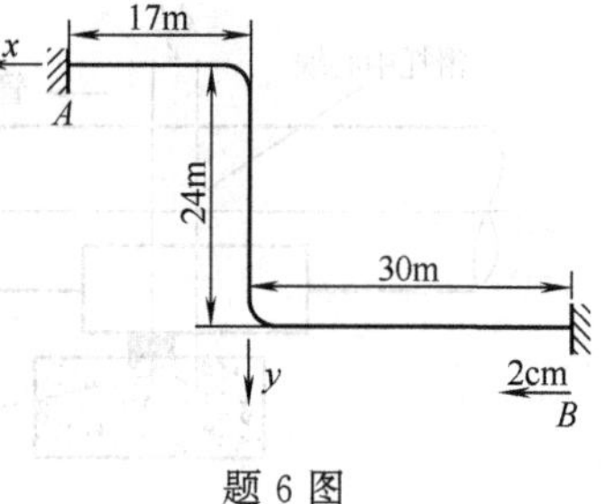

题 6 图

7. 如例 6-1 图所示，管系公称直径为 15cm，材质为碳钢，设计温度为 325℃，因受外界影响固定点 A 向上位移 2.4cm，固定点 B 向上位移 2.9cm，试判断此管系弹性。

8. 什么是弹性中心和零力矩线？

9. 什么是一次应力？什么是二次应力？二者各有什么特点？

10. 管系弹性不足可采取哪些改进措施？

11. 对长距离输送的热管，如何确定其固定点的位置？

12. 安装方形补偿器应注意哪些问题？

13. 安装波形补偿器应注意哪些问题？

14. 简述热力管道布置的原则。

15. 简述热力管道的安装要求。

第七章　管道预制

管道预制加工，就是利用管材、阀件和配件按图纸要求，预制成各种部件，然后在施工现场进行管道系统整体组装。管道部件预制施工程序如图 7-1 所示，它由三个基本工序组成，即准备工序、组装焊接工序和检验工序。在施工程序图中，管道定型零件是指各种三

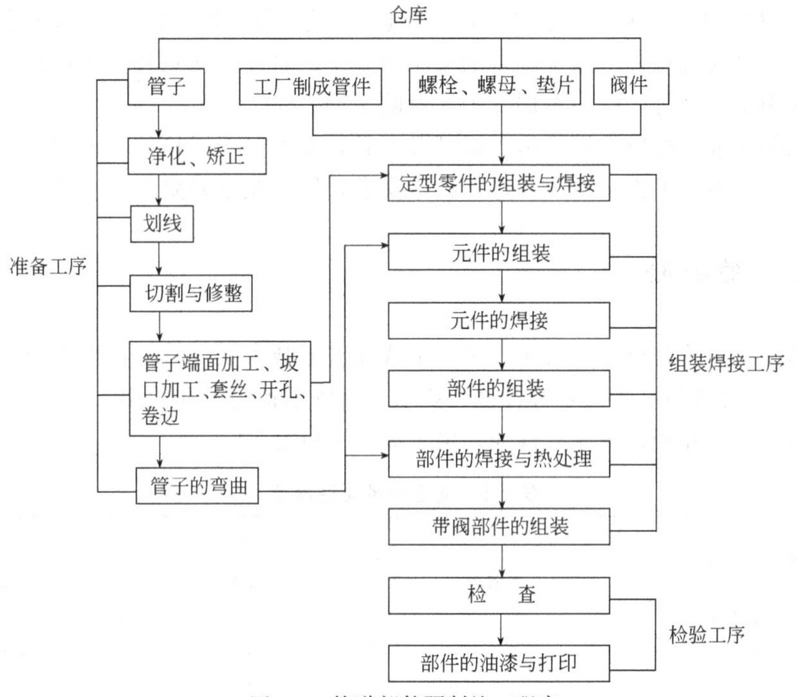

图 7-1　管道部件预制施工程序

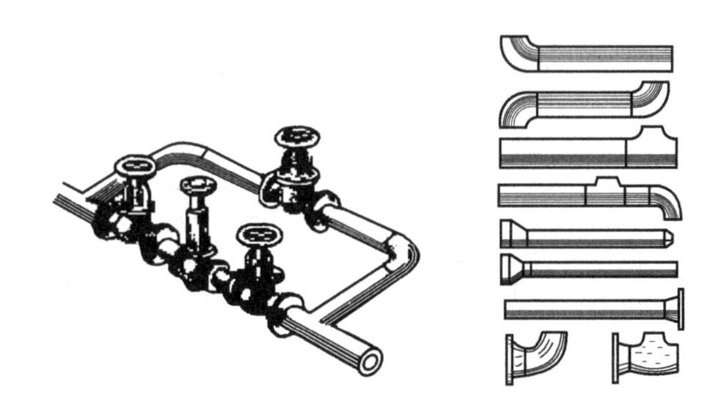

(a) 管道部件　　(b) 管道元件

图 7-2　管道的部件和元件

通、弯头、大小头、法兰、管卡和管子封头等，施工中加深管道部件预制深度，可以缩短管道安装时间，充分发挥机械效率、减轻工人的劳动强度、提高劳动生产率，保证工程质量，并能较好地做到安全生产和文明施工。管道元件如图 7-2（b）所示，管道部件如图 7-2（a）所示。

第一节 管道预制加工基础知识

一、预制加工前的准备工作

（1）加工前要认真熟悉图纸，掌握预制件的工作量及技术要求，并审查各部分的尺寸标注、坐标和标高等，同时核算材料的数量和规格，发现问题及时向有关方面反映，及时求得解决。

（2）人员安排要合理，根据工程量的大小和施工的难度，注意技术力量搭配、工序交叉以及预制件的施工程序等，以免造成窝工、影响工期。

（3）加工前要准备好所需用的施工机械及工具，并及时予以检修和校准。

（4）加工前应由技术人员对工程进行技术交底，同时制定必要的安全措施。

二、管材的检验

管道预制中所用的管材必须有出厂证明书或相应的技术文件（机械性能和化学分析报告单），证明材质、规格和尺寸误差符合设计要求，否则不得验收和使用。

工业常用钢管的外径、壁厚允许偏差值见表 7-1 和表 7-2。

表 7-1 钢管外径允许偏差

钢管的种类和尺寸		精确度		
		普通级	高级	最高级
无缝钢管	冷拔(冷轧)钢管外径			
	≤30mm	±0.4mm	±0.2mm	±0.1mm
	30～51mm	±0.45mm	±0.3mm	±0.2mm
	＞51mm	±1%	±0.8%	±0.5%
	热轧钢管外径			
	≤219mm	1%	±1%	—
	＞219mm	1.25%～1.5%	±1.25%	—
电焊钢管	外径			
	5～20mm	±0.3mm	±0.2mm	±0.1mm
	21～30mm	±0.5mm	±0.25mm	±0.1mm
	31～40mm	±0.5mm	±0.3mm	±0.15mm
	41～50mm	±0.5mm	±0.35mm	±0.20mm
	＞50mm	±1%	±0.8%	±0.5%
螺旋焊缝电焊钢管				
	外径≤426mm		±1.25%	
	外径＞426mm		±1%	
水煤气输送钢管				
	外径≤48mm		±0.5mm	
	外径＞48mm		±1%	

续表

钢管的种类和尺寸		精确度		
		普通级	高级	最高级
裂化用钢管	冷拔钢管 外径≤30mm 外径=30～50mm 外径>51mm 热轧钢管 炉管和热交换管 管道管	 ±0.4mm ±0.45mm ±1% ±0.5%～1.75% ±1.5%		

表 7-2 钢管壁厚的允许偏差

钢管的种类和尺寸		精确度		
		普通级	高级	最高级
无缝钢管	冷拔(冷轧)钢管			
	壁厚<1mm	±0.15mm	±0.12mm	±0.1mm
	壁厚=1～3mm	+15% -10%	+12% -10%	±10%
	壁厚>3mm	+12% -10%	±10%	—
	热轧钢管			
	壁厚=3.5～20mm	+12.5% -15%	12.5%	—
	壁厚>20mm	±12.5%	±10%	
电焊钢管	壁厚=0.5mm	±0.1mm	—	+0.03mm -0.05mm
	壁厚=0.5～0.8mm	±0.1mm	—	+0.04mm -0.0mm
	壁厚=0.8～1.2mm	±10%	—	+0.05mm -0.09mm
	壁厚=1.2～1.5mm	±10%	—	+0.06mm -0.11mm
电焊钢管	壁厚=1.5～2.2mm	±10%	—	+0.07mm -0.13mm
	壁厚=2.2～3.0mm	±10%	—	+0.08mm -0.16mm
	壁厚=3.0～4.0mm	±10%	—	+0.1mm -0.2mm
	壁厚=4.0～5.5mm	±10%	—	—
水煤气输送钢管		+12% -15%		
裂化用钢管	冷拔钢管			
	壁厚≤3mm	10%～+15%		
	壁厚>3mm	10%～+12.5%		
	热轧钢管			
	炉管和热交换器管	10%～+20%		
	管道管	±15%		

管子椭圆的允许偏差不超过外径允许偏差。

管子弯曲度要求如下：壁厚 $\delta \leqslant 20$mm 的碳素钢管，每米弯曲不大于 1.5mm，全长最大不超过 10mm；壁厚 $\delta \leqslant 20$mm 的合金钢管，每米弯曲不大于 3mm，全长最大不超过 10mm；壁厚 20mm$<\delta<$30mm 的钢管，每米弯曲不大于 5mm，全长最大不超过 20mm。

以上各项检查是在将钢管的毛刺除去以后，用卡尺、卡钳和板尺等量具进行的。

对钢管外观也必须进行检查，内外表面不得有裂缝、折叠、离层、斑纹和结疤等缺陷存在。

钢管检查合格以后，应按不同材质与不同规格进行合理堆放，按表 7-3 规定的涂色标志在管端用油漆涂成长 250～300mm，宽 25～40mm 的标志，以便识别。

表 7-3　钢管涂色标志

钢管材料	碳钢	1Cr18Ni9Ti	Cr5Mo	12CrMo	15CrMo
涂色	不涂	红	黄	绿＋白	红＋白

堆放管子的场地要平整，管堆要用楔子挤住外侧管子以防止滚动，管垛不得堆放过高。

第二节　展开与下料

看懂图，下准料，在整个预制加工过程中占据十分重要的地位。这一节将要介绍下料的过程。下料过程大致可以为放样、求结合线（有时还要求线段实长和断面实形）、作展开图、划线、切割、开坡口等步骤。其中放样、求结合线和作展开图是下料过程的关键。

依照实物或施工图的要求，按正投影原理把需要制作的管子、管件等的形状画到放样平台、钢板或油毡纸上的操作称为放样。所画出的图形称为放样图。

将管子、管件等物体的表面按其实际形状和大小，摊平在一个平面上，称为管子、管件等物体表面展开，展开后所得到的平面图形，称为该物体的表面展开图。

管子、管件等物体表面展开的方法，有计算法和作图法。无论物品的外形如何复杂，都可以用这两种方法来展开。

在作图展开法中，按其作图方法的不同，又可分为放射法、平等线法和三角形法等几种。现就各种方法分述如下。

一、平行线展开法

用平行线作展开图的方法称为平行线展开法。其原理为：利用一系列的平行线把立体表面划分成足够多的小平面，然后依次在平面上展开，求出立体表面的展开图。作图时可按以下步骤进行。

（1）作出立体的主视图（立体图）、俯视图（平面图）或侧视图。

（2）任意等分俯视图中立体的断面图，如圆周周长，由各等分点向主视图引投射线，将立体表面分为若干平行的小块。

（3）在平面上任作一水平辅助线，或与主视图中直素线相垂直的方向引一辅助线，在辅助线上截取俯视图中圆柱或棱柱的周边长度，并录其等分点。

（4）由辅助线各等分点向上引垂线，分别等于主视图中相应的各素线高度。

（5）依次连接各垂线顶点，即可求得展开图。

（一）棱柱体展开

例 1　矩形管两节直角弯头的展开

矩形管两节直角弯头（图 7-3）由两个相同的截头四棱柱组成，棱线分别平行于正投影面和水平投影面，并反映棱线实长，由于棱线相互平行，可采用平行线法将棱柱表面展开。

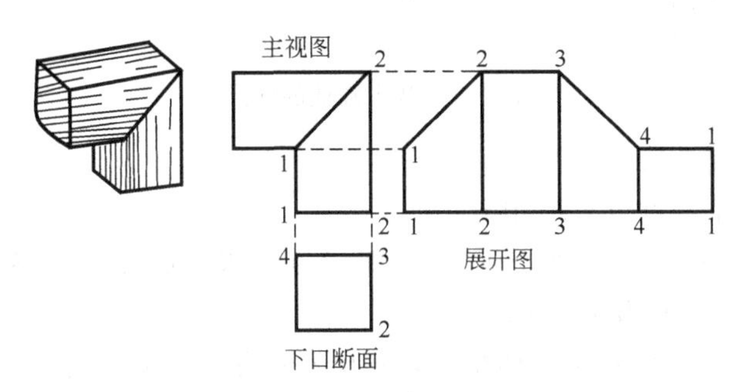

图 7-3　矩形管两节直角弯头的展开

首先作出直角弯头的主视图和俯视图。然后在主视图中矩形管底边延长线上，量取矩形管断面的周边长度，并标出 1、2、3、4 各点，由各点向上引垂线，截取垂线等于相应的各线长度，连接各线顶点，即可求出矩形管表面的展开图，如图 7-3 所示。

（二）圆柱体展开

将圆柱体看成为棱线无限多的棱柱面，可用上述同样方法把圆柱体表面展开，这是管工在展开放样中经常采用的方法。

平切圆管展开后，平切口是一直线，如圆柱表面展开图为一矩形，斜切圆管展开后，斜切口是一个周期的正弦曲线，正确作出这条正弦曲线是作展开图的关键，作图时先将圆周分成若干等分，等分越多。得到的近似正弦曲线的精度就越高，但作图和计算就比较繁琐，一般可以根据圆管直径的大小来选择圆周的等分数，具体见表 7-4。

表 7-4　圆管直径与等分数

圆管直径/mm	等分数 n	圆管直径/mm	等分数 n
＜100	8	800～1300	32
100～300	12	1300～2000	48
300～500	16	＞2000	72
500～800	24		

例 2　截头圆柱的展开

解　一端截头圆柱展开如图 7-4（a）所示，为简化作图，可将平面图中的断面圆移至靠近立面图圆柱底部，只画一半圆，如图 7-4（b）所示。12 等分圆周，由各等分向上引圆柱轴线平行线，得出各素线长度，作一水平辅助线，使其等于圆柱的圆周长度，并将其 12 等分，由各等分点向上引垂线，量取各素线的长度，顺序圆滑连接各素线顶点，即可求出截头圆柱的展开图。由于作图时起始点不同如图中 1 点、4 点和 7 点，则得出图 7-4（b）中三条正弦曲线，卷起为一圆柱时，三条曲线合为一条完全相同的正弦曲线。

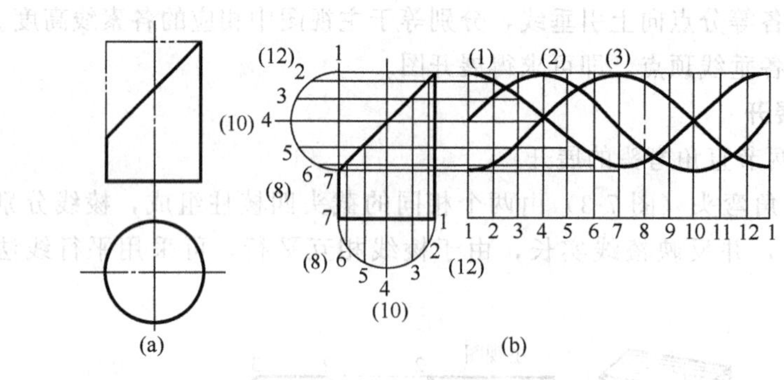

图 7-4　截头圆柱的展开

例 3　90°单节虾壳弯管的展开

解　(1) 在左侧作一直角∠AOB＝90°。

(2) 将 90°的∠AOB 平分成两个 45°角，即∠AOC 及∠COB。再将 45°的∠COB 平分成两个 22.5°的角，即∠COD 及∠DOB。

(3) 以 *O* 为圆心，半径 *R* 为弯曲半径，画出虾壳弯管的中心线。

(4) 以弯管的中心线与 *OB* 线的交点为圆心，以管子外径的 1/2 长为半径画圆，并将其半圆分成 6 等分。

(5) 通过半圆上的各等分点作垂直于 *OB* 的直线，各垂线与 *OB* 线相交各点的序号是 1、2、3、4、5、6、7。与 *OD* 线相交各点的序号是 1′、2′、3′、4′、5′、6′、7′。四边形 11′77′是个直角梯形。也是该弯头的端节部分。

(6) 再将端节左右、上下对称展开。在图 7-5 右 *OB* 延长线上画直线 EF 等于管外径的周长，并 12 等分之。自左向右将等分点按顺序标号为 1、2、3、4、5、6、7、6、5、4、3、2、1。通过各等分点作垂直线。

(7) 以直线 *EF* 上的各等分点为基点，用圆规分别截取 11′、22′、33′、44′、55′、66′、77′线段长画在 EF 相应的垂直线上，将所得到的各交点用光滑曲线连接起来，即为端节的展开图。如果在端节的展开图的另外一半，用同样方法对称地截取 11′、22′、33′、44′、55′、66′、77′后，用光滑曲线连接起来，即为中节的展开图，如图 7-5 所示。

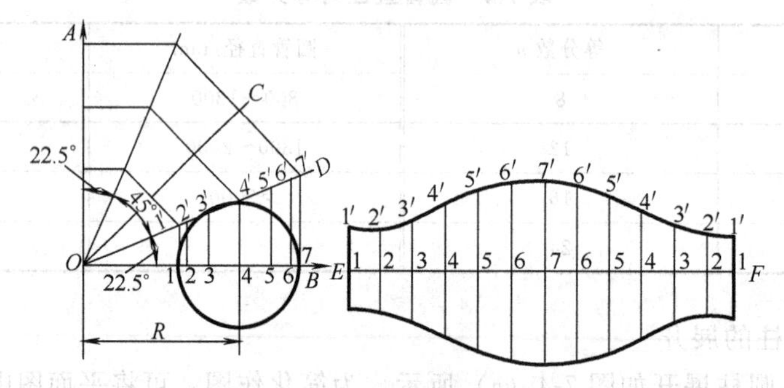

图 7-5　90°单节虾壳弯管的展开图

例 4　异径正三通管的展开

解　(1) 依据主管和支管的外径在一根垂直线上画出大小不同的两个圆（主管画成半圆）。

(2) 将支管上半圆弧 6 等分，标注号为 4、3、2、1、2、3、4。然后从各等分点向下引垂直的平行线，与主管圆弧相交，得出相应的交点 4′、3′、2′、1′、2′、3′、4′。

(3) 将支管图上直线 4-4 向右延长得 AB 直线，在 AB 上量取支管外径的周长，并 12 等分之，自左向右等分点顺序标号为 1、2、3、4、3、2、1、2、3、4、3、2、1。

(4) 由直线 AB 上的各等分点引垂直线，然后由主管圆弧上各交点向右引水平线与之相交，将对应点用光滑曲线连接起来，即为支管的展开图。

(5) 延长支管圆中心的垂线，在此垂线上以点 1″为中心，上下对称量取主管圆弧上的弧长弧 1′2′、弧 2′3′、弧 3′4′，得交点 1″、2″、3″、4″、3″、2″、1″。

(6) 通过这些交点作垂直于该线的平行线。同时，将支管半圆上的 6 等分垂直线延长，并与这些平行直线相交，用光滑曲线连接各交点，即为主管上开孔的展开图，如图 7-6 所示。

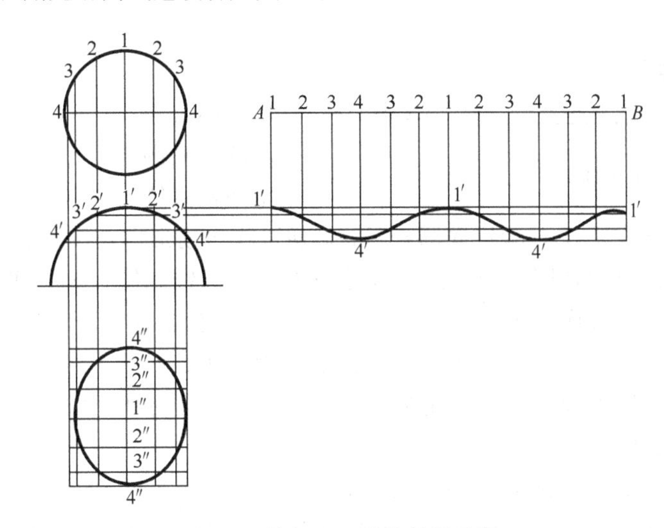

图 7-6 异径正三通管的展开图

二、放射线展开法

用一组汇交于一点的直线作展开图的方法称为放射线展开法，利用一组素线将锥体表面划分成一系列的三角形，将其围绕锥顶依次在平面上展开即可得出锥体表面的展开图，作图时大致按以下步骤进行。

解 (1) 画出锥体的主视图（立面图）、俯视图（平面图）或侧视图。

(2) 将平面图中锥底圆分成若干等份，由等分点向立面锥底引垂线，其交点与锥顶相连，即将锥体表面分成若干个三角形。

(3) 以锥顶或任意 O 为圆心，圆锥素线实长或棱锥棱线实长为半径画圆弧，在圆弧上录取其平面图中锥底圆圆周等分数，或为锥体周边长度，圆弧各等分点或圆弧两端点和锥顶相连。

(4) 将立面图中各素线实长移到相应的放射线上，连接放射线端点即可得出锥体表面的展开图。

例 5 正圆锥的展开

正圆锥体是直角三角形以任意直角边为轴旋转一周所形成的曲面体。它的表面是可以展开的，锥底为一圆，轴线垂直于锥底底圆，正圆锥体表面上的素线都相等，平行于锥底圆和各个截面都是圆。

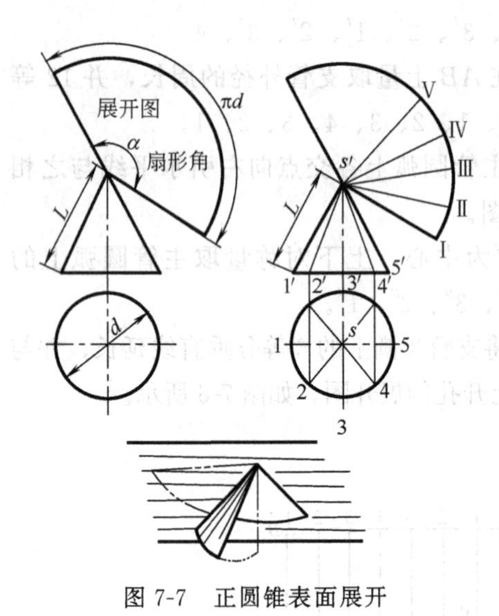

图 7-7 正圆锥表面展开

正圆锥面展开是一个扇形，扇形半径为素线实长，即为立面图上锥底斜边的长度，扇形弧长为锥底圆圆周长度，如图 7-7 所示。

正圆锥可以用计算法和图解法将其表面展开。具体做法如下。

解 (1) 计算法

从几何关系得出

$$\frac{\alpha}{\pi d}=\frac{360^{\circ}}{2\pi L}$$

$$\alpha=\frac{d}{L}180^{\circ}$$

式中 α——扇形圆心角；

d——正圆锥底圆直径；

L——正圆锥素线实长。

若已知正圆锥素线实长 L 和锥底圆直径 d，便可作出扇形即正圆锥展开图。

(2) 图解法　画出主视图、俯视图，等分俯视图中圆锥底圆（如八等分），由各等分点向上引垂线与主视图中锥底交于 1′、2′、3′、4′、5′点，连接 $S'1'$、$S'2'$、$S'3'$、$S'4'$、$S'5'$ 即为各素线立面投影。以任一点（如 S'）为圆心，素线实长 L 为半径画弧，在圆弧上截取 8 等分，使每等分等于锥底圆等长度，连接 S'Ⅰ，S'Ⅱ，…即可作出圆锥表面展开图。

例 6　截头圆锥的展开

截头圆锥有正圆锥台（见图 7-8）和斜切圆锥台（见图 7-9）两种，可以把正圆锥台看成由两个正圆锥组成，即圆锥台顶部小圆和锥顶组成小圆锥，圆锥底圆和锥顶组成大圆锥。以锥顶为圆心，侧面线实长为半径画同心圆弧，截取圆弧长度分别等于 πd_1 和 πd_2，即可作出正圆锥台的展开图。

斜切圆锥的展开图主要问题在于求实长线，即求圆锥斜切后锥面上各素线的实长。作图时多采用旋转法求实长，具体做法如下。

(1) 作出斜切圆锥的立面图和平面图。

(2) 在平面图上 8 等分底圆圆周，由等分点向上引垂线交立面图锥底圆于 1′、2′、3′、4′、5′点，连接 $S'1'$、$S'2'$、$S'3'$、$S'4'$、$S'5'$。

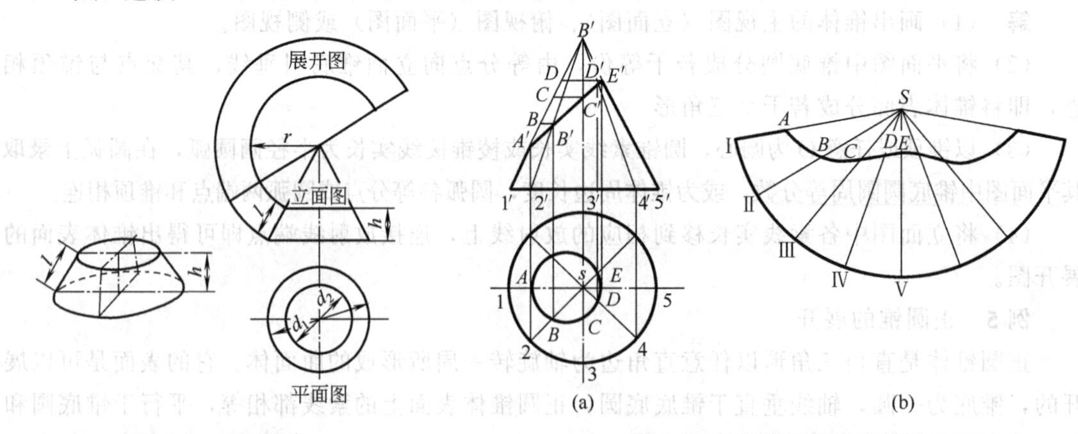

图 7-8 正圆锥台　　　　图 7-9 斜切圆锥的表面展开

（3）过锥顶 S 作旋转轴垂直于水平投影面 H，将 $S2$、$S3$、$S4$ 旋转至平行于 $1'5'$，则 $S'1'$ 为各素线实长，过各素线上 $b'c'd'$ 点引水平线交 $S'1'$ 于 B、C、D 点。

（4）以任一点 S 为圆心，素线实长为半径画圆弧，截取弧长等于锥底圆周长并 8 等分，连接锥顶和各等分点。

（5）在相应的素线上，分别截取 $S'A$、$S'B$、$S'C$、$S'D$ 和 $S'E$，找出 A、B、C、D、E 等点，用曲线圆滑连接各点，则可得到斜切圆锥的表面展开图，如图 7-9（b）所示。

例 7　斜圆锥的展开

斜圆锥的锥顶偏向一侧，锥底为一圆，由于斜圆锥不是旋转体，故素线随着位置的变化长度有所不同，与旋转轴的夹角也不同，斜圆锥如被平行于底圆的平面所截时，截面形状均为圆形。斜圆锥的展开主要问题在于求锥面上各素线的实长，一般采用旋转法求线段实长，然后将锥面予以展开，作图步骤如下。

解　（1）画出平面图、立面图，如图 7-10 所示。

（2）将平面图中锥底圆 12 等分，各等分点与锥顶 O1 连成直线。

（3）以 O1 为圆心，O1 到各等分点为半径画同心圆弧交水平中心线于 1、2′、3′、4′、5′、6′、7 点，由等分点向上线垂线，交立面图中 1～7 于 1、2′、3′、4′、5′、6′、7 点。

（4）连接 O1、O2′、O3′、O4′、O5′、O6′、O7 点则为各素线实长。

（5）以锥顶 O 为圆心，各素线实长为半径画弧，再以起始边端点（7）为中心，平面图锥底圆的等分弧长为半径顺次画弧，交点为 7、6、5、…、6、7，连接各点即得展开图。

例 8　斜圆锥台的表面展开

斜圆锥台，如图 7-11 所示，可以看成上段是小斜圆锥，整体是个大斜圆锥，按图 7-10 所示的斜圆锥展开方法，作出斜圆锥台的表面展开图。

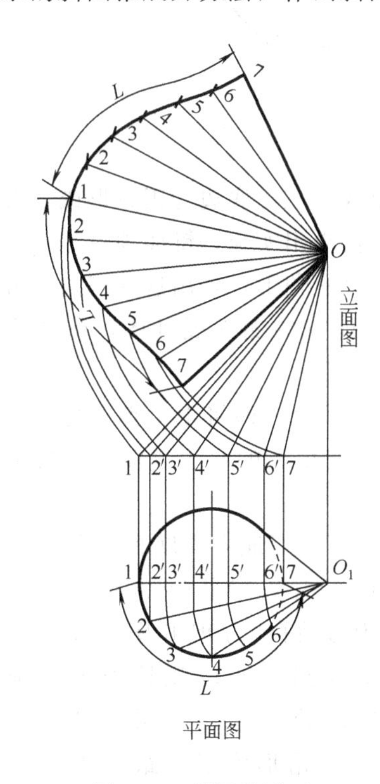

图 7-10　斜圆锥展开

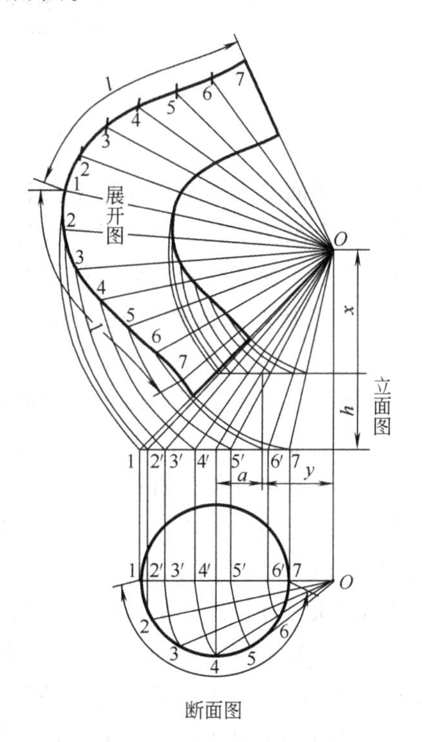

图 7-11　斜圆锥台的表面展开

三、三角形展开法

将立体表面，依其特点划分成若干三角形，利用三角形作出展开图的方法称为三角形展开法。三角形展开法可展开一切可展开形体的表面，对平面立体来说是准确的。对曲面来说是一种近似的展开方法。

用三角形法作展开图大致按以下三个步骤进行。

解 (1) 作出立面图、平面图及必要的辅助视图。

(2) 将立面图划分为若干个三角形，并求出各边实长。

(3) 用三角形各边实长，依次画出所有三角形摊平在平面上，即可得出展开图。

例 9 天圆地方的展开

天圆地方是管道中用来连接方形管和圆形管的一种变形接头。也是由圆到方的过渡接头，天圆地方有正口天圆地方和偏口天圆地方之分，管道中最常用的是正口天圆地方，如图 7-12 所示。

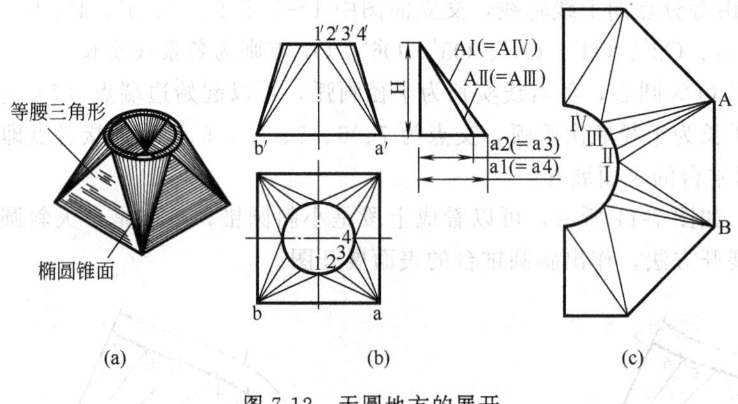

图 7-12 天圆地方的展开

天圆地方的侧面是由四个三角形平面和四个椭圆锥面组成，三角底边为正方形或矩形的一边，在平面图上反映实长，三角形两腰为一般位置直线，需求出实长，锥面顶点是正方形或矩形的四个顶点，为了展开需要常把锥面部分划分为若干个三角形，求出这些三角形各边实长以及三角形实形，依次摊平在平面上，即可作出天圆地方的侧面展开图，作图步骤如下。

解 (1) 画出立面图和平面图，将平面图中上口圆周 12 等分，即将 1/4 锥底分为 3 等份，将各等分点与锥顶（如 A、B 等点）连为三个三角形，三角形的一边是曲线，等分越多，那么曲线部分就可近似为直线。

(2) 利用直角三角形法求 AⅠ、AⅡ、AⅢ、AⅣ实长，用天圆地方高度和 AⅠ、AⅡ、AⅢ、AⅣ水平投影作为直角两边，则直角三角形斜边 AⅠ(＝AⅣ)、AⅡ(＝AⅢ)为实长。

(3) 利用已知三角形三边实长作三角形的方法，求作天圆地方展开图。取一线段为 AⅠ实长，以 A 为圆心 AⅡ实长为半径画弧，与以Ⅰ为圆心，$\overset{\frown}{12}$弧长为半径画的弧交于Ⅱ点，连接Ⅰ、A、Ⅱ三点，则△ⅠAⅡ为实形，同法求出△ⅡAⅢ、△ⅢAⅣ实形，得出ⅠAⅡ锥面展开图，依此类推逐步求出各三角形实形，最后得出天圆地方展开图。

四、简易下料

以上我们利用计算和投影方法，讨论了一些典型管件的展开下料，这些方法误差较小、比较准确，但比较繁琐。在施工中也常采用一些简便而适用的方法，对某些典型而又简单的管件如弯头、焊接三通、大小头等，直接在管子上划线下斜，它的优点是方法简便，缺点是误差较大。

（一）两节直角弯头下料

两节直角弯下料方法如图 7-13 所示，首先将管按圆周分为 4 等份，等分点为 1、2、3、4，在 3、4 两点分别向左右截取 $33'=44'=\frac{D}{2}$，圆滑连接 1、3′、2、4′四点，则该曲线为弯头切割线。

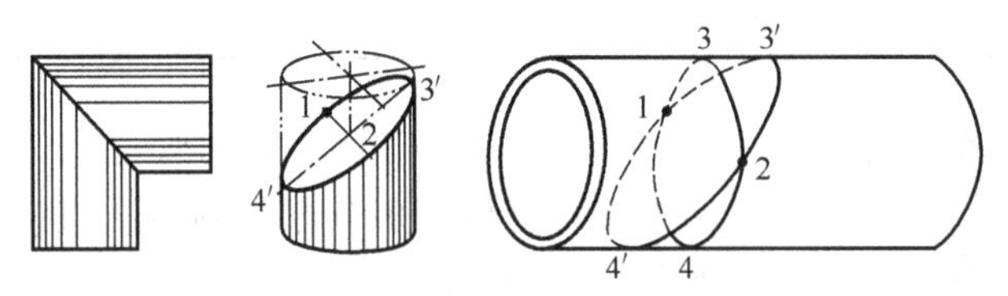

图 7-13　两节直角弯下料

（二）多节直角焊接弯头下料

多节直角焊接弯头又称虾米腰，因为外观形状像虾米的腰，如图 7-14 所示，左图多为加工厂制作，比右图现场制作的少两道焊缝，由图中可以看出，四节弯头不是四等分，由两个端节和两个中节组成，中节是全节，是两端截头圆管，端节是半节，也是一端截头圆管，半节为全节的一半，两端半节合在一起等于一个全节，半节斜口角度可用下式求出。

$$\alpha=\frac{90^{\circ}}{2(n-1)}$$

式中　α——半节斜口角度

n——直角弯头的筒节数。

图 7-14 所示为四节直角弯头，$\alpha=15^{\circ}$。

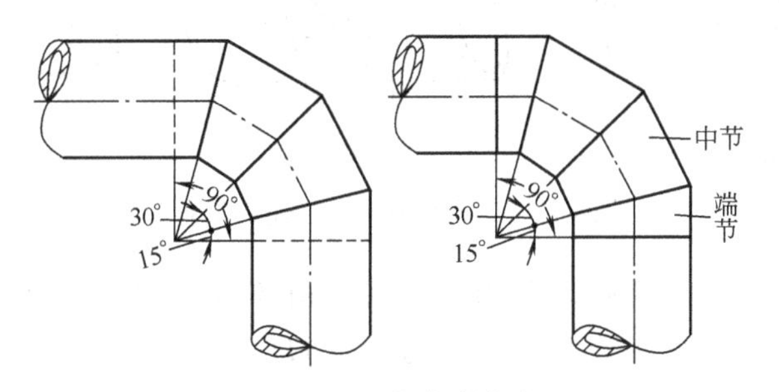

图 7-14　四节直角弯头

表 7-5　焊接弯头的弯曲半径、弯曲角度与节数关系

弯曲角度	15°	30°	45°		60°		90°		
弯曲半径	$3D_o$	$2\sim3D_o$	$2D_o$	$3D_o$	$2D_o$	$3D_o$	$1.5D_o$	$2D_o$	$3D_o$
中间节数	1	1	2	3	2	3	2	3	4

焊接弯头、弯曲半径、弯曲角度与节数关系见表 7-5，表中 D_o 为管外径。

$$A=2\left(R+\frac{D_o}{2}\right)\tan\alpha$$

$$B=2\left(R-\frac{D_o}{2}\right)\tan\alpha$$

式中 R——焊接弯头的弯曲半径；

D_o——管外径；

α——半节斜口角度。

常用正切函数值见表 7-6。

表 7-6 常用正切函数值

α	7.5°	90°	11.25°	15°	22.5°	45°
$\tan\alpha$	0.132	0.158	0.202	0.268	0.414	1

焊接弯头一般用在压力小于 2.5MPa，温度小于 200℃的管道上，直径 D 小于 250mm 的焊接弯管可用多节弯头划线法直接在钢管上划线切割，如图 7-15 所示。

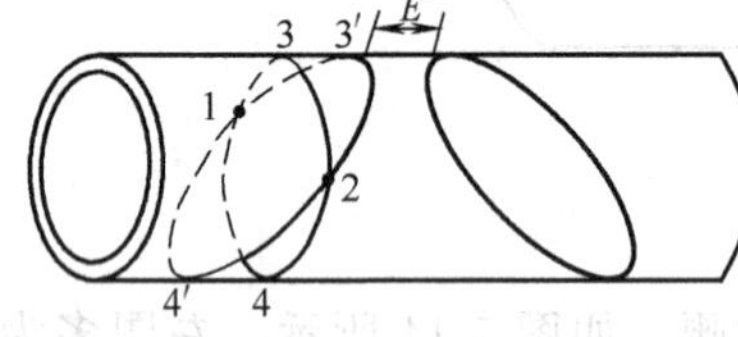

图 7-15 多节弯头划线

E—弯管中部（节）内侧长度

首先将管按圆周分为 4 等份，在 3、4 等分点上分别向左、右截取 $33'=44'=\frac{D_i}{2}$（D_i 为管道内径），圆滑连接 1、3′、2、4′四点，则为弯头中部全节一端切割线。

沿钢管中心线由 1、2 两点向右量取一节长度 $C=2R\tan\alpha$，按以上顺序再划出另一条切割线，两条切割中间管段，即为弯管中部全节。

（三）等径马鞍（三通）下料

等径马鞍下料如图 7-16 所示，立管及水平管切孔划线方法如下。

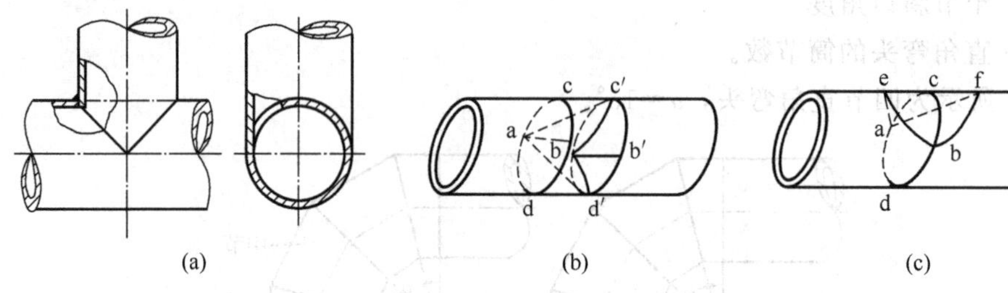

图 7-16 等径马鞍（三通）下料

立管为截头圆管，将管按圆周分为 4 等份，由等分点引 aa′＝bb′＝cc′＝dd′＝$1/2D$，并平行于管子中心线。也可在管上取间距为$(1/2)D$ 的两个圆周，等分点为 a、b、c、d，作 aa′、bb′、cc′、dd′平行于管子中心线，连接 a、c′、b、d′和 a，该曲线则为马鞍的切割线。

水平管的切孔做法是：将管按圆周分为 4 等份，通过等分点 c，作平行于管子中心线的直线，在直线上取 e 和 f 两点，并使 $ec=cf=\frac{D}{2}$，连接 a、e、b 和 a、f、b，则该曲线为切孔的切割线。

（四）异径马鞍（三通）下料

异径马鞍又称异径三通管，其图及下料方法如图 7-17 所示。

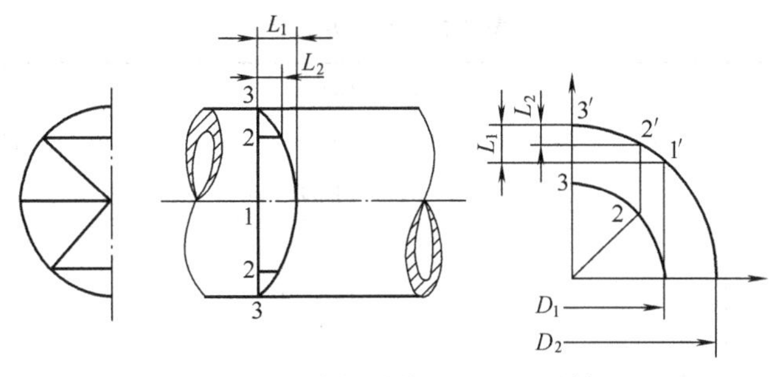

图 7-17　异径马鞍（三通）下料

用支管和水平管的半径画 1/4 圆，2 等分小管 1/4 圆周，等分点为 1、2、3，分别向上引垂线交大管的 1/4 圆于 $1'$、$2'$、$3'$，并由此向左引水平线，得出 L_1 和 L_2。

在支管管段上将管按圆周分为 4 等份或 8 等份，于管子和等分线上截取 L_1、L_2，圆滑连接各点即为切割线。

水平管切孔划线：可将切割好的支管一端扣在水平管上，沿支管的切割线在水平管上划出切孔线，以此向里减去一管壁厚划线，即为切割线。

（五）同心大小头下料

大小头又称异径管，分同心和偏心两种，按制造方法分为冲压大小头、钢板卷焊大小头、钢管焊制大小头和钢管大小头。除冲压大小头外，均在现场制作，在施工中常用钢管焊制大小头如图 7-18 所示，其展开图如图 7-19 所示。

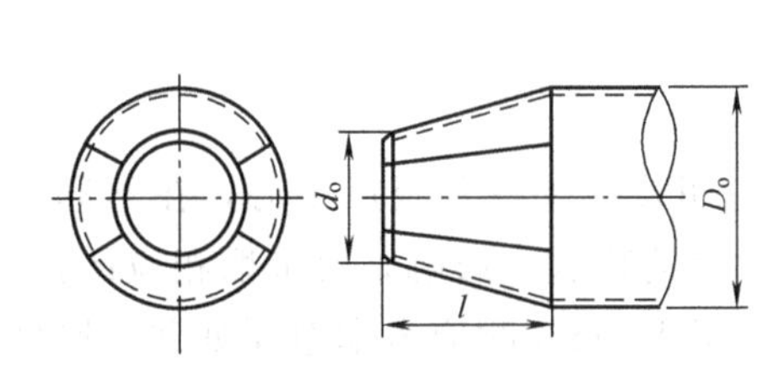

图 7-18　钢管焊制大小头

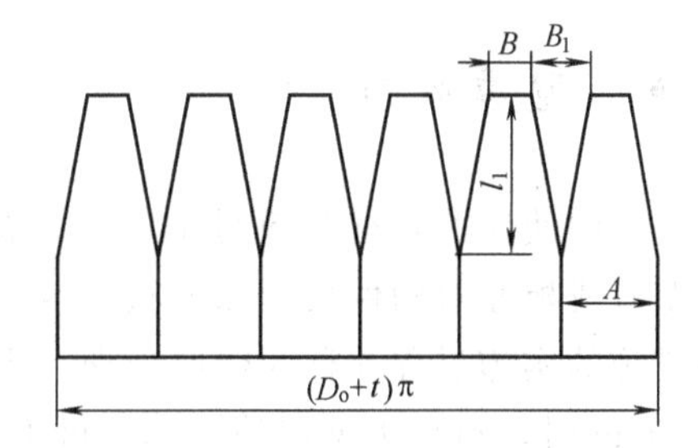

图 7-19　钢管焊制大小头展开图

大小头的长度 l 一般为两管直径差的 2～3 倍，并不应小于表 7-7 中的规定。

抽条长度 L_1 由下式求出。

$$L_1=\sqrt{\left(\frac{D_o-d_o}{2}\right)^2+l^2}$$

$$A=\frac{(D_o+\delta)\pi}{n}$$

$$B=\frac{(d_o+\delta)}{n}$$

$$B_1=A-B$$

式中　D_o——大头钢管外径；

d_o——小头钢管外径；

n——等分数，也是抽条数，对于 50～100mm 直径的管子，$n=4\sim6$，100～400mm

直径的管子，$n=6\sim12$，400～600mm 直径的管子，$n=12\sim18$；

δ——样板用材料厚度。

表 7-7　大小头长度

直　径	大管公称直径/mm										
	100	125	150	200	250	300	350	400	450	500	600
	大小头长度/mm										
50	150										
65	70	150									
80	50	150	200								
100		70	150	250							
125			70	200	250						
150				150	250	300					
200					150	250	300	400			
250						150	250	300	400	500	
300							150	250	300	400	600
350								150	250	350	500
400									150	250	400
450										150	300
500											200

求出上述数值后，即可切割去 B_1（抽条下料），然后用手锤敲打使小端成为圆形，直径为 d_o，检查无误后即可焊接。

五、壁厚处理

生产中使用的管材和板材都有一定的厚度，具有里皮、外皮和板厚中心，在不同情况下，壁厚或板厚对构件尺寸和形状产生不同的影响，为消除这一影响，要采取相应的措施，这些措施的实施过程就称为壁厚处理。当构件壁厚大于 1.5mm 时应考虑壁厚处理，厚度小于 1.5mm 时，可略去壁厚的影响，可不考虑壁厚处理。

壁厚处理应注意以下几种情况。

（一）构件的断面形状

板材弯曲时，外部受拉而伸长，里皮受压而缩短，在两者之间有一层既不拉长也不缩短的中性层，中性层依弯曲程度及板厚的不同而有所移动，中性层位置移动系数 XO 见表 7-8。当 $R_{内}/\delta>5$ 时，中性层与中心层相重合；当 $R_{内}/\delta<5$ 时，中性层位置向板厚中心内侧移动。

其中，$R_{内}$ 为弯曲内半径；δ 为板材或管材厚度。

一般情况下，弯曲半径较大，$R_{内}/\delta>5$ 时，中性层与中心层重合。石油化工工业常用

表 7-8　中性层位置移动系数 XO

$R_{内}/\delta$	0.25	0.5	0.8	1	2	3	4	5	>5
XO	0.2	0.25	0.3	0.35	0.37	0.4	0.41	0.43	0.5

圆筒形构件，用钢板卷制圆管时，圆口的展开线应以中径计算，圆管的内径和外径没有用，展开放样时只画出中径即可，这就是放样时的板厚处理。故凡圆管等弯曲件在下料时展开长度以中心层的展开长度为准。

施工现场常用成品管预制各种类型的管段，下料时先作出样板，然后再卷在管上划线，样板本身有一定厚度，与管壁还会有一定间隙，样板展开长度按下式计算。

$$L=\pi(D_o+\delta)+1.5$$

式中　L——样板展开长度；

D_o——圆管外径；

δ——样板厚度。

1.5mm 是因样板不可能与圆管外皮完全贴合而加的修正值。

样板一般采用马粪纸、油毡纸、薄铁皮或塑料制成。样板剪好后，先围着管子圆周比量一下，检查样板展开长度是否合适，以样板紧贴管壁而两端既不重叠又无空隙为适宜。样板纸的厚度不宜过厚，1～3mm 最适当，薄铁皮厚度为 0.75～1.0mm。采用何种样板材料，依工件的大小、工作环境温度的高低而定。大型工件多采用薄铁皮制作样板，塑料板和油毡纸对温度变化较马粪纸和铁皮敏感，温度低样板变硬，管子表面和样板之间的间隙变大，温度高，样板变软，围管子时，稍一用力样板即可伸长，一般气温高于 20℃时，不宜用油毡纸制作样板，在重要场合，一律用薄铁皮制作样板。

当构件的断面形状为折线形时，板料在折角处发生急剧弯折，板厚中心层和外皮发生了较大的长度变化，而里皮长度却变化不大，故展开长度应以里皮的展开长度为准。此结论适用于一切呈折线形断面的构件，放样时只需画出里皮的展开长度，即可求出构件的展开图。

（二）构件的接口形式

接口是指构件上由两个以上的形体相交构成的接合处，接口处的壁厚处理可分为铲坡口和不铲坡口两类，管道施工中比较典型管件的壁厚处理是各种焊接弯头和三通。两相交形体不论是否铲坡口，其放样高度和展开高度都应以接触部位尺寸为准，里皮接触则以里皮计算，外皮或中径接触，则以外皮或中径计算。

管件一般采用 V 形坡口和 X 形坡口，当壁厚大于 3.5mm 时即应加工 V 形坡口。直角弯头若接口处铲 V 形坡口，从接点 A、B 可以看出：相接触的是里皮，应按里皮尺寸作展开图，也就是按内径尺寸作展开图，展开长度仍按中径来计算，如图 7-20 所示。

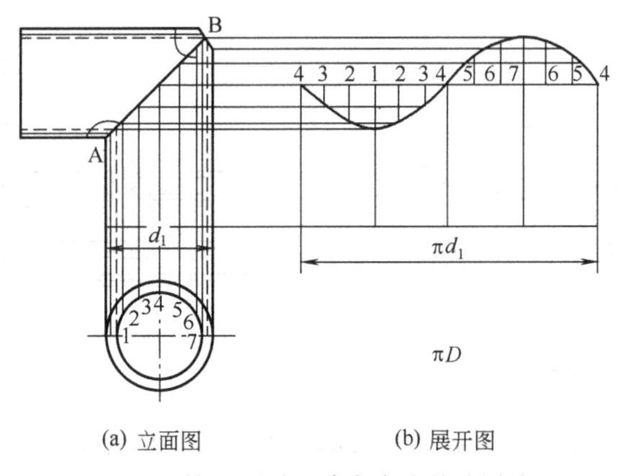

(a) 立面图　　(b) 展开图

图 7-20　铲 V 形坡口直角弯头的壁厚处理

若直角弯头接口处铲成X形坡口，显然是板厚中心层接触，因此圆管展开长度以应中径计算，展开图的高度按壁厚中心层处理。

第三节　管子的调直与校圆

管子由于装卸、搬运及存放不当，往往会出现弯曲和管口椭圆或局部撞瘪等现象。使用时这样的管子必须经过处理并要符合使用标准。

一、管子的调直

一般$DN100$以上大口径管子，不需调直，可切断用在管路上，因为大管产生弯曲的可能性较少。

小口径管子调直有以下几种方法。

(1) 对于小口径的管子调直工作，如果是大慢弯，可用弯管平台人工扳别的办法调直，如图7-21所示。

操作时把弯管平放在弯管平台上两根别桩（铁桩）之间，然后用人力扳别。弯管较长时可以从中间开始。如果弯管不太长（2～3m），可从弯曲起点开始，边扳别边往前移动，扳时不要用力太猛，以免扳过劲，如一次扳不直可按上述方法重复，直到调直为止。在扳别中管子与别桩间要垫上木板或弧形垫板，以免把管子挤扁。

(2) 如果局部弯曲比较严重，可用乙炔焊炬或火炉对弯曲部分进行局部加热，然后，采取图7-21所示扳别的方法进行调直。但应注意，在扳别时，别桩应距离加热区50～100mm，或加半弧垫块，以防管子加热变软扳别时把管子挤扁。

(3) 锤击法调直。在普通平台或一块厚钢板上，一个人站在管子的一端，观察管子的弯曲部位，指挥另一个人用木锤敲击凸出的部位，先调大弯再调小弯，直到将管子调直为止。

(4) $DN50$以上管子的调直。$DN50$以上的管子用上述方法调直比较困难，调直的质量也不理想。故管子调直工作一般可在特制的工作台上进行。工作台可用型钢制作，如图7-22所示。

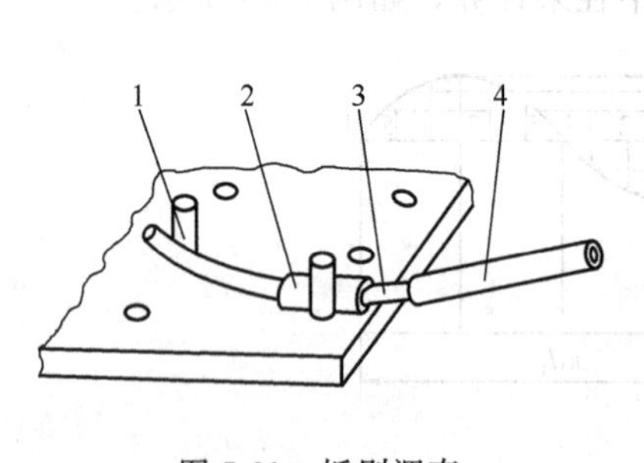

图7-21　扳别调直

1—铁桩；2—垫片；3—管子；4—套管

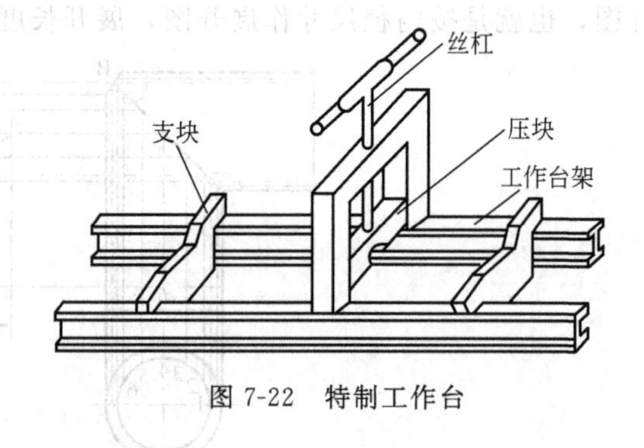

图7-22　特制工作台

调直时摇转丝杠，将压块提升到所需要的高度，然后把管子置于两个支块之间，管子凸出的部位向上放置，支块间的距离可根据管子弯曲部位长短进行调整，旋转丝杠使压块下压，把弯曲的部位压下去。一般情况下压量要过量一点，因为待压块上升后，管子有一定的回弹量。回弹量的大小与管子弯曲的程度、管子的材质，管子的规格有关，不易掌握，可以使压过量先小一点，上升压块后如果回弹量大，可立即加大压块的压过量，直至调直为止。

(5) 加热滚动调直法。*DN*100 以上的管子，一般采用加热调直的方法，如图 7-23 将管子的弯曲部位放在焦炭炉上加热到 600～800℃（近樱桃红色），平放在由四根以上管子组成的滚动支架上，火口在中央，然后，用手滚动弯管，利用管子自身的重量滚直。当管子弯曲凸面向下时，可在管子两端适当用手压一下。弯管滚直后不要马上把管子拿下来，要等冷却后再从支架上取下，防止再次产生弯曲。

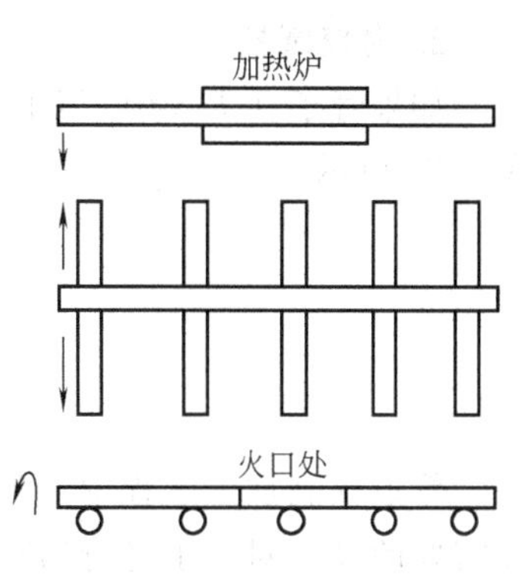

图 7-23　弯管加热滚动调直

二、管子校圆

1. 特制外圆对口器

外圆对口器适用于大口径，并且椭圆度较轻的管口，在对口的同时要进行校圆。管口外圆对口器结构如图 7-24 所示。把圆箍（内径与管外径相同，制成两个半圆以易于拆装）套在圆口管的端部并使管口探出约 30mm，使之与椭圆的管口相对。在圆框的缺口内打入楔铁，通过楔铁的挤压作用于把管口挤圆，然后点焊。

在生产实践中还可以采用锤击的方法，用大锤均匀敲击椭圆长轴两端附近的范围，如图 7-25 所示，并用圆弧样板检验校圆的效果。打锤时力要用均，锤头要落正。

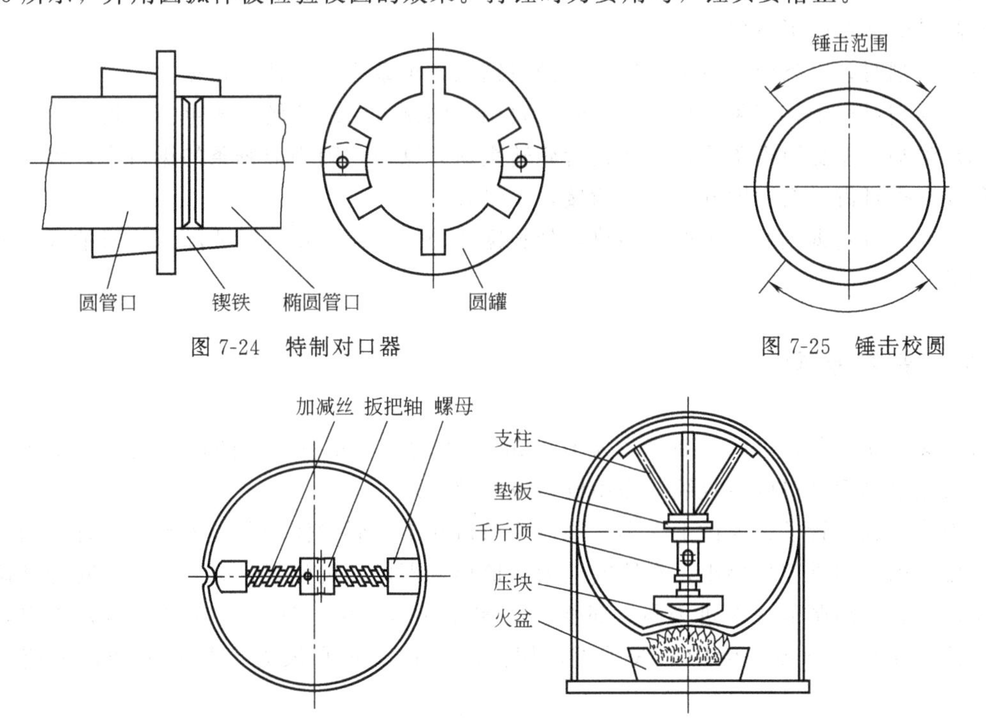

图 7-24　特制对口器

图 7-25　锤击校圆

图 7-26　内校圆器

2. 内校圆器

如果管子在 $DN400$ 以上，而管中椭圆比较大或有瘪口现象，可采用内校圆器校圆，如图 7-26 所示。

第四节　管子的切割

管道预制加工过程中，常根据施工图纸的要求，施工的具体情况或运输能力的大小，按照需要的尺寸对管子进行切割。使用的切割方法常要考虑到管子的材质、管径、技术要求和施工机具装备的条件等。

一、锯割

锯割分人工和机械锯割两种。人工锯割方法简便易行，使用工具简单，占用场地小，该方法得到广泛使用，但劳动强度大，施工速度慢。

小直径的钢管常用人工锯割，锯割工具是手锯。操作时要把画好切割线的管子牢固地夹在管子台虎钳上，锯口尽量距钳口近一些，以防锯割时管端颤动。起锯时，锯条应放在切割线上，用左手拇指靠近锯条侧面引导，右手平稳地推锯弓。开始时，锯条行程要短，压力要轻，待锯缝形成后，再恢复到正常的锯切。锯割时锯条面应经常保持和钢管中心线垂直，推拉应平稳用力。在开始和将要锯断时，都应减低速度。钢管应全部锯断，不应在中途敲断。钢管切口内外如果有毛刺，应使用锉刀或铰刀清理干净，然后用直角尺检查。

锯割时应注意以下事项。

(1) 锯割时，锯条应沿石笔画出的切割线锯入，锯条应直线往返走锯。

(2) 锯割过程中，锯条走出标定线时，要调整锯割方向或旋转管子重新开锯。

(3) 锯割中途更换锯条后，应将钢管旋转重新开锯口，因为旧锯条的锯口窄，容易造成卡锯条或锯条打齿。新旧锯缝应紧密衔接，不错开。

(4) 为了带走锯割时产生的摩擦热，延长锯条使用寿命，锯割时要随时加机油或柴油来冷却润滑。

二、管刀切割

管刀又称切割器，可以截断管径为 100mm 以内的碳素钢管。它的优点是割口整齐，效率高。缺点是割后管口内径收缩，需用绞刀或圆锉处理。

先把管子放在管子台虎钳上夹牢，割口距钳口在不妨碍操作的前提下越近越好。切割分几遍完成。第一圈进刀量要小，在管壁上划一道痕迹即可，视位置正确后，再旋转螺杆调节进刀量，每转一圈调节一次进刀量，每次进刀量都不宜太大。转动切割器时用力要均匀平稳，并始终保持割管器与管中心线垂直，切割时要在滚轮和滚刀上加润滑油，不使刀具过热。

硬度大的中碳钢与合金钢钢管不能用割管器切割，否则易损坏刀具，同时也很难割断。

三、氧气切割

利用氧气和乙炔混合燃烧后产生的高温，使管子割缝处熔化，然后用高压氧气把氧化铁熔渣吹掉，出现一条割缝。

氧气切割是管道施工中常用的一种切割方法。用于切断大口径低合金钢和碳素钢钢管，特别是管的曲线切割。

使用氧气切割应注意如下问题。

(1) 将需切的管子在号料之前，用管子或木方垫起来，以便于号料和切割时滚动。同时要把管子切割附近的泥土和油污、氧化铁锈除掉，如果锈蚀严重，可用手锤敲击使氧化铁锈脱落，然后才能划线切割。否则会使划线不清，切割时氧化铁崩落影响切割质量，并给切割工作带来困难。

(2) 在管子上号出所需长度后，要用卷尺画出周长割线，要求线条清晰，并与管中心线垂直。如果画线后管子在当天不能切割时，可沿圆周切割线打上冲眼。

(3) *DN*40 以下的管道不宜用氧气切割。小口径管子用氧气切割时热量集中，易造成管口淬火，氧化铁不易清除，切口也不整齐，特别是套丝的管端不能用氧气切割。

(4) 不锈钢及其他有色金属的管材（如铜管、铝管等）不能用氧气切割。

(5) 氧气切割后的管口必须把氧化铁清除干净，必要时还要用砂轮或锉刀打光。

四、磨切

磨切即用砂轮切割机进行切割，砂轮切割机如图7-27所示。砂轮切割机是一种定型设备，通过电动机带动砂轮片高速旋转，对管子磨削达到切割目的。

砂轮切割机除某些有色金属和非金属管外，对一般金属管都可以进行切割（包括不锈钢和合金钢管）。特别是对小口径管材切割速度快，切出的管口质量高。

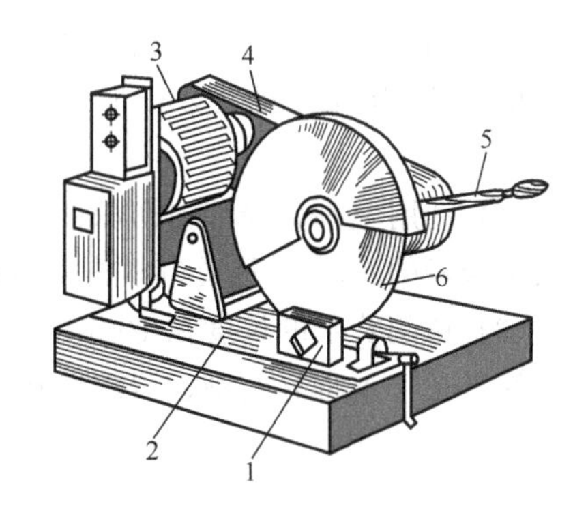

图 7-27 砂轮切割机

1—紧固装置；2—底座；3—电动机；4—传动皮带罩；5—手柄；6—砂轮片

使用砂轮切割机时，首先要对它的各部分进行仔细的检查，特别是砂轮片绝不能有裂缝和缺损，然后通电试运正常后方能使用。使用时砂轮片要对准切割线，切割时要轻轻下切，绝不能用力下切，否则会造成砂轮片破碎飞出伤人。切割后的管口内外要清除掉毛刺。

五、錾切

对于铸铁和陶土管的切割，用上述几种方法是很难以进行的，只能用錾切的方法进行切割。

錾切用的工具主要是錾子、大锤、手锤。錾子是由碳素工具钢锻打而成，使用前要经淬

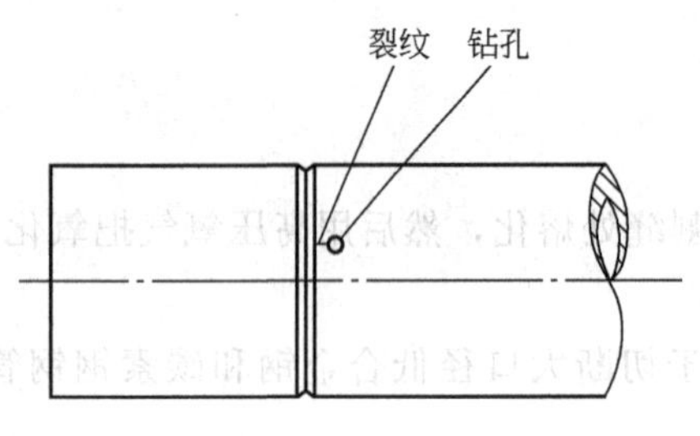

图 7-28　錾切裂缝的钻孔

火处理。錾子的种类很多，管子切割常用扁錾和剁斧（带木柄的錾子）。

管子錾切处的下面要垫实。錾切时，錾子要与管面垂直，边錾边转运管子使錾子沿切断线在管面上錾出槽沟，然后把錾口一端的管子垫实，另一端悬空，用锤敲击錾口处，管子即可切断。如在錾切过程中出现裂缝（哪怕裂缝很小），应立即用钻孔的方法限制裂缝扩大，即在裂缝的末端钻一个小孔，如图 7-28 所示。

六、等离子切割

等离子切割可以切割氧乙炔焰所不能切割或比较难切割的不锈钢、铜、铝、铸铁及一些难熔的金属和非金属材料。

等离子切割原理是离子枪中的钨钍棒电极与被切割物体间形成高电位差，这时从离子枪喷出氮气被电离产生等离子体，形成离子弧，温度高达 15000～33000℃，能量比电弧更加集中。现有的高熔点的金属和非金属材料，在等离子弧的高温下都能被熔化。等离子切割效率高、热影响区小、变形小、切口不氧化、质量高。

七、管材切割的质量标准及检查

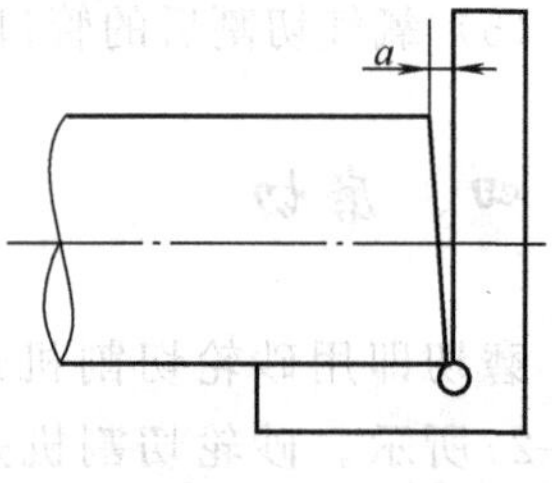

(1) 钢管切口平面应与管子中心线垂直。切口平面倾斜允许的误差为管径的 1%，但不得大于 2mm，如图 7-29 所示。

图 7-29　管口倾斜允许误差值
a—钢管切口平面与管中心垂直（线）的误差

(2) 利用气割，局部损伤深度不得大于 2mm，损伤长度不大于管径的 10%，每道口损伤不得超过三处。

(3) 切割管子的长度在 10m 以内允许误差为 2mm，超过 10m 允许误差为 3mm，并要求管端平正，不得有毛刺、裂纹等缺陷。

第五节　管子的弯曲

在管道工程中，弯管常用做管道连接、热补偿器及工艺盘管。由于管件加工能力的提高，弯管大部分可用成品弯头所代替。但在某些情况下，在施工现场用适当的方法把管段加工成所需形状的弯管。弯管制作方法很多，按加热与不加热有两种：即冷煨法（冷弯法）和热煨法（热弯法）。

一、管子弯曲时的变形特点

管子的弯曲是管子在外加力矩的作用下产生弯曲变形的结果。管子在弯曲变形的过程中，外侧管壁受到拉应力的作用，内侧管壁受到压应力的作用，中心部分的管壁不受拉应力也不受压应力的作用，离中心位置越远，管壁受的应力（拉应力或压应力）越大，在这一组拉应力与压应力的作用下，弯管产生下列变形。

1. 管壁变形

外侧管壁伸长而减薄，离中心越远减薄越多；而内侧管壁缩短而增厚，离中心越远增厚越多。最内侧管壁增厚的数值与最外侧的管壁减薄的数值近似相等。

2. 断面椭圆变形

管子椭圆变形的程度用椭圆变形率表示。椭圆变形率的大小等于同一断面的长径 a 与短径 b 之差除以长径，即

$$\text{椭圆变形率}=\frac{a-b}{a}$$

其值不得大于8%（弯曲半径 $R\leqslant 3.5D$）。

3. 内侧管壁的折皱变形

当弯曲较薄管壁的管子时，内侧管壁在受变形的过程中，结构不够稳定，除了增厚外，还会产生折皱。管壁越薄，结构稳定性越差，越容易产生折皱。

在这些变形中，除了内侧增厚外，其余几种都会影响管道工作性能。外侧管壁减薄会降低管道的强度；断面椭圆变形，一方面会减小管子的有效断面，增大流体阻力，另一方面要降低弯管抵抗内压的能力；折皱将增大流体的阻力，并使弯管的外形不美观。上述变形统称为弯管的有害变形。因此在管子的弯曲过程中，应尽量将其限制在允许范围之内。

减少有害变形的方法：冷弯可通过胎具来解决，而热弯可以通过在管内充砂和控制加热温度以及弯管时控制弯曲变形来解决。

影响有害变形的因素有很多，其中最主要的因素是弯曲半径的大小、弯曲方法的正确与否。弯曲半径的大小对弯管有害变形的影响，可用下式表示

$$\delta_1=\delta\frac{R}{R+D_o/2}$$

式中 δ_1——弯曲后外侧母线处管壁的厚度；

R——弯曲半径；

D_o——管子的外径；

δ——管壁厚度。

从上式可以看出，管径 D_o 一定时，弯曲半径 R 越大，δ_1 就越接近 δ，即管壁减薄或增厚得越少。这就说明在弯曲时管壁上受拉应力越小，因而断面的椭圆变形和内侧管壁的折皱变形也会越小；反之，弯曲半径 R 越少，弯管的有害变形就越大。弯曲方法对弯管有害变形的影响，主要表现在断面上的椭圆变形，所选用的弯曲方法不当时，弯管弯曲部分的椭圆变形就大些。因此合理地选择弯曲半径和采用正确的弯管方法，是保证弯管质量的主要技术问题。

二、弯曲半径的选择

弯曲半径 R 的选择，从减小有害变形来看越大越好，但从弯管的安装来看，弯曲半径小则有利。所以，合理选择弯曲半径的原则应该是，在不使弯管有害变形超出允许范围的条

件下，弯曲半径应尽量小一些。弯管的最小弯曲半径应符合表 7-9 的规定。

表 7-9　弯管的最小弯曲半径

管子类别	弯管制作方式	最小弯曲半径	
中、低压钢管	热煨弯	$3.5D_o$	
	冷弯	$4.0D_o$	
	折皱弯	$2.5D_o$	
	压制	$1.0D_o$	
	热推弯	$1.5D_o$	
	焊制	$DN\leqslant250$	$1.0D_o$
		$DN>250$	$0.75D_o$
高压钢管	冷、热弯	$5.0D_o$	
	压制	$1.5D_o$	
有色金属	冷、热弯	$3.5D_o$	

注：D_o 为管子外径。

三、管道弯曲后应满足的要求

(1) 管道截面变化不超过有关规定。

(2) 弯曲处外表要平整、光滑、无皱纹和裂纹。

(3) 弯曲角度符合要求。

四、弯管方法

弯管制作方法很多，有加热与不加热两种，即冷煨法（冷弯法）和热煨法（热弯法）。

管子的热煨是对管子的弯曲部位进行加热后，再进行弯曲加工的一种方法。分无折皱充砂热弯和有折皱充砂热弯两种方法。热弯主要工序为计算弯曲管段的长度和确定加热范围、填砂、加热和煨管（清砂）等。

（一）热弯

1. 热弯加热长度的计算

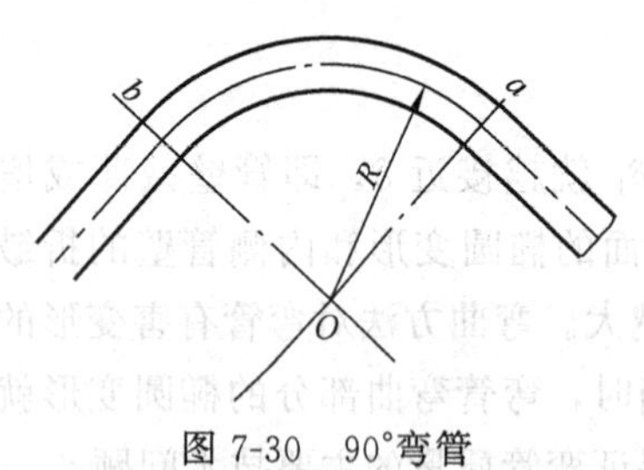

图 7-30　90°弯管

(1) 90°弯管计算　90°弯管在管道预制和安装中应用最多，如图 7-30 所示，弯曲半径除有特殊要求外一般为：热煨时，$R=4D_o$；冷煨时，$R=(5\sim6)D_o$；冲压焊接折皱时，$R=(1\sim1.5)D_o$。

由图 7-30 可以看出，弯曲部分的长度近似等于中心线 ab 弧的长度，即 $ab=\pi R/2\approx1.57R$。也就是说 90°弯曲部分的长度为弯曲半径的 1.57 倍。施工中都以此式计算 90°弯曲的加热长度。下面以方形补偿器为例，说明加热长度的计算和画线的方法。

由图 7-31 (a) 的尺寸标注可得 $R=4DN=800$mm，画线时在直管上进行，以 a 点为起点。

$ab=2000-R=2000-800=1200$mm；$\overset{\frown}{bc}$是第一个弯曲部分；$\overset{\frown}{bc}=1.57R=1256$mm；$cd=2500-2R=900$mm；$\overset{\frown}{de}=\overset{\frown}{bc}=1256$mm。

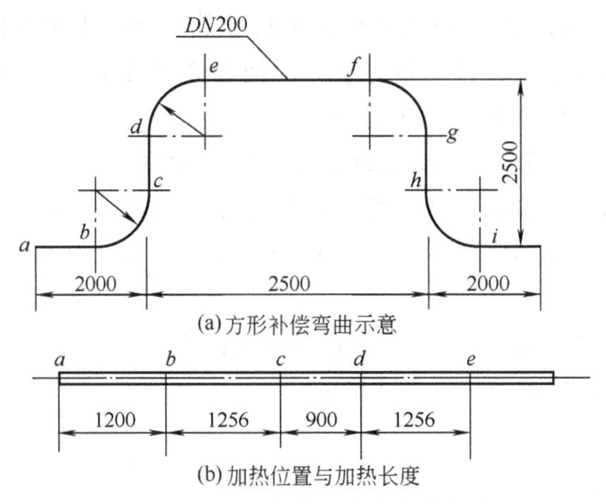

图 7-31　方形补偿器热弯加热长度

以下各段可依此类推进行计算。

在直管上可根据以上计算，直接画出加热的位置和加热的长度［见图 7-31（b)］。

bc 段和 *de* 段就是弯曲加热的位置和长度。在实际工作中，划线工作并不是一次完成的，因为计算的理论数值在煨弯的过程中，很难准确无误地达到要求。为了保证弯管整体的几何形状，现场往往采用边画线边煨弯的操作方法。即前一个弯管煨制好后，再画下一个弯管的加热位置和长度，这样可以较好地解决弯管在弯曲工作中尺寸误差。

（2）任意角度弯管加热长度的计算　图 7-32（a）所示为一个任意角度的弯管，现需要求出弯曲部分的长度和位置。

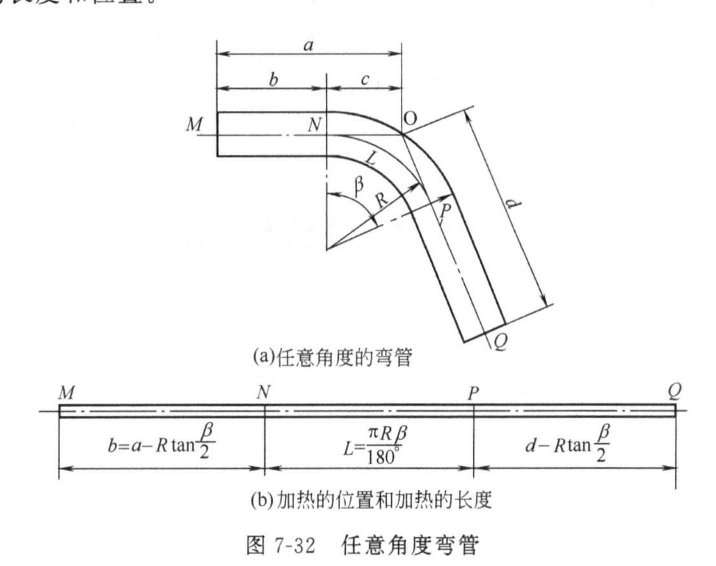

图 7-32　任意角度弯管

① 弯曲长度

$$\widehat{NP}=L \quad L=\pi R\beta/180=0.017453R\beta$$

② 弯曲的位置。如图 7-32 所示方法标注。

$$b=a-c$$

$$c=R\tan\beta/2$$

$$b=a-R\tan\beta/2$$

上式中若把标注 a、d、R、β 换成为标注的尺寸数字即可求出弯曲位置和弯曲的长度。

在实际生产中还往往采用放样测量方法，即把弯管图按比例 1∶1 在平台上画出放样图，然后经测量得出弯曲加热的位置和加热的长度。

(3) 弯曲角度的测量　管段在煨弯的过程中要经常测量弯管是否达到要求的度数。这样，就要在煨弯前做出测量检验用的样板，现场往往用放样的方法，如图 7-33 所示。

图 7-33 中延长两端直管中心线相交于 O_1 点，则角$\angle AO_1B$ 即 α 就是弯管的外卡角度。用平面几何的知识可知：$\beta=180°-\alpha$。

所以，这个道理明确了就不用放样，可直接做出卡角样板，用钢筋或扁钢做一个角是 α、两条边相等长的样板即可，如图 7-34 所示。

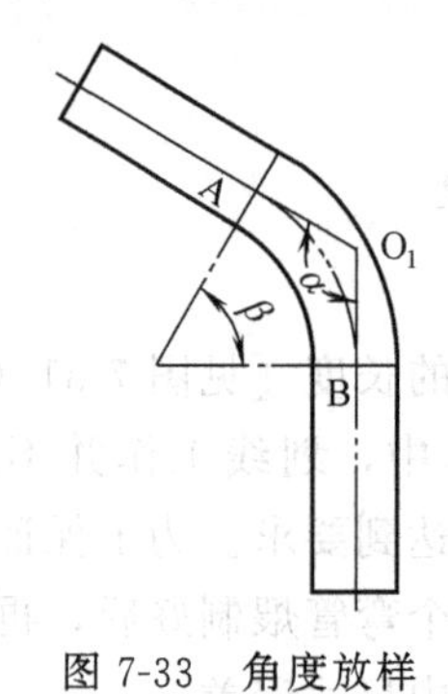

图 7-33　角度放样

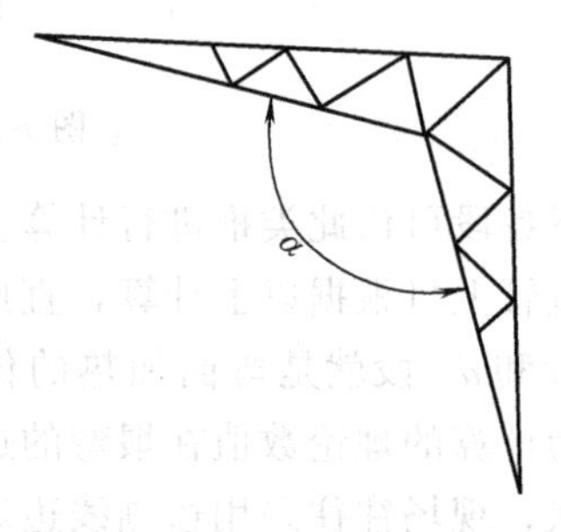

图 7-34　外卡样板

2. 灌砂

热弯时灌砂是为了防止管子弯曲时产生椭圆或折皱变形，减慢加热部位的冷却速度，增加弯曲时间。在管段加热前要向管内充砂，砂子通常为清洁的海砂或河砂，砂子必须干燥，去除砂中一切蒸发成分。灌砂的粒度要根据管段的直径大小选择，粒径的配合比见表 7-10。充砂采用人工法和充砂台充砂。充砂时要不断敲击管子，装砂后管子用金属盲板封着，如管端不加热，也可用木塞封着。

表 7-10　粒径配合比

公称直径 DN/mm	粒径/mm						
	ϕ1～2	ϕ2～3	ϕ4～5	ϕ5～10	ϕ10～15	ϕ15～20	ϕ20～25
	百分比/%						
25～32	70		30				
40～50		70	30				
80～150			20	60	20		
200～300				40	30	30	
350～400				30	20	20	30

不锈钢管、铝管及铜管弯管时，不论管径大小，其填充用砂均采用细砂。

3. 管子加热

为节约能源，管子只加热弯曲部分，可管子加热是否适当将直接影响弯管质量。温度不够时进行弯曲，不但弯管费力，还易将管子弯瘪，温度过高易将管子烧毁变质。

合金钢管加热时宜用木炭而不用烟煤，因烟煤中含有硫、磷，在加热时可渗入钢材中，也可用电炉或油气做燃料来加热合金钢管。

碳钢管加热时可用焦炭和无烟煤。管道加热常采用具有鼓风的敞开式烘炉。管子在装砂后和加热前，用白铝油（或湿粉笔）在管子上画出加热区长度和加热区的中心，供加热时观察用，管子加热温度与管材有关，碳素钢管一般加热到950～1000℃，低合金钢管加热到1050℃，18-8型不锈钢加热到1100～1200℃。铬钼钢管加热到1100～1200℃。

加热碳钢管时待炉火里的燃烧火焰正常以后，方可上管加热，管子加热开始温度不要升得太急，以免管壁温度达到了而砂子的温度不够，出炉后管壁冷却太快不易煨弯，同时，还易烧化管壁。当管子加热到橙红色（900～950℃），钢管表面的氧化层成蛇皮状开始脱落，说明管内砂子接近管壁温度，就可立即出炉上平台进行煨弯。

除上述加热方法外，也可用中频（2500Hz）感应圈套在管子上，依靠中频电流将管子局部加热到需要的温度，然后用机械动力弯管。此外，还可以用氧乙炔焰加热。用以上两种方法加热弯管时，管内都不充砂。

4. 煨管

在管段加热的同时，应做好煨管的准备工作。管子加热到弯曲温度时，可将钢管由炉内运到弯管平台进行弯曲。弯曲时要根据管径大小，事先决定用人力还是用卷扬机。

用人力弯曲，如果管端距离弯曲点太近，可套上一段内径大于弯管外径的套管，以增加力臂，也可采用倒链、滑轮组等省力的器具。

使用卷扬机弯曲时，应用管卡或钢丝绳扣与管端固定，并通过导向滑轮使施力的方向与管端转动的方向保持一致。施力的方向不得离开弯曲平台，并且和钢管垂线方向的偏斜不得超过15°～20°，以免滑脱。

不论是用人力还是用卷扬机进行弯曲，在煨弯的过程中都应有一位弯管经验丰富的工人站在管子的弯曲部位旁，指挥煨管的全过程。拉力（或推力）要平稳，不得冲击或速度过快，并用样板测量，控制好管子的弯曲半径和角度。

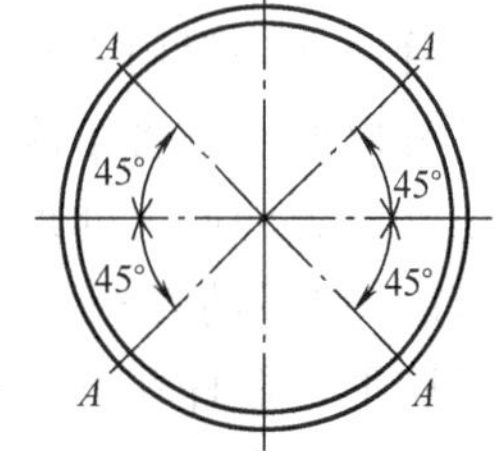

图7-35 煨制有缝管焊缝位置

煨弯操作中应注意如下事项。

(1) 煨弯要力争一次完成，如果反复几次不但效率低，而且影响质量，由于某些因素在管子温度低于650～700℃（暗红色）仍未弯好时，应停止弯曲，重新加热后再煨。

(2) 煨制有缝管时，管缝位置在侧面45°处，如图7-35所示*A*点处，以免管缝在煨制时由于承受过大的拉力或压挤开焊。

(3) 管子煨完冷却后，由于冷缩的原因，容易出现角度不够的现象，因此煨制时要比要求的角度大3°～4°。

(4) 煨制过程中常见的缺陷和原因见表7-11。

表7-11 煨管中常见的缺陷和原因

缺陷	原因	缺陷	原因
局部凸凹	① 加热不均匀或浇水不当,内侧温度高 ② 施力方向与管不垂直	管壁减薄过多	① 弯曲半径小 ② 加热不均匀 ③ 浇水不当内侧温度低
折皱	① 施力不均匀,有冲击现象 ② 管壁过薄 ③ 充砂不实,内有空隙	裂纹	① 钢管材质不合格 ② 加热燃料中含硫过多 ③ 浇水冷却太急或气温过低
椭圆度过大	① 弯曲半径小 ② 充砂不实		

（5）弯曲后的几何尺寸允许误差见表 7-12。

表 7-12 弯曲后的几何尺寸允许误差

项目	钢管公称直径/mm									
	<100	100	125	150	200	250	300	350	400	>400
椭圆度/mm	±4%	±4	±5	±6	±7	±8	±10	±10	±10	±3.5%
曲率半径/mm	±10%	±10	±10	±15	±15	±40	±50	±50	±50	±50
局部凹凸深度/mm	4	4	5	6	6	7	7	8	8	10
壁厚减薄量	弯曲处的壁厚薄量不超过壁厚的 15%									

5. 清砂

煨制好的钢管冷却后，应及时清除管内的砂子。把管垂直吊起，除去堵头，用锤敲打，倒出管内的砂子，内壁附着的砂子可用管刷除掉。小口径管可用风压吹扫。

对管内壁要求较高（如氧气管道）而管内附着的砂子不易清除时，可进行酸洗。酸洗时用 15%浓度的盐酸或 5%的硫酸冲洗。酸洗后用 5%浓度的苛性钠中和冲洗，然后再用 30%浓度的磷酸三钠稳定，最后用水冲洗干净。

清出的砂子，经过筛后保持粒度以便重复使用。一般碳钢管热弯后不进行处理，合金钢要进行热处理，以防消除弯管时产生的内应力。

（二）冷弯

冷弯就是管子不加热，在室温的情况下对管段进行弯曲，多用于 *DN*50 以下的管子，管径大于 *DN*100 以上的管子或管壁较厚的管段，煨弯比较困难，很难保证质量，同时也不安全，很少用冷煨。一般冷弯都是利用机械方法来进行的。

钢管冷煨一般用手动弯管器、液压弯管器和弯管机进行。冷弯方法有无型芯杆冷弯法和有型芯杆冷弯法。管子冷弯后一般可不进行热处理，使用苛性碱等有应力腐蚀的管道上时，应做消除应力的回火处理。手动弯管器一般用于 *DN*25 以下的管子，液压弯管器一般适用于 *DN*100 以下的管子，弯管机可在 *DN*150 的范围内使用。有型芯杆冷弯，管子截面不易变成椭圆形。芯杆在弯管机上位置要适当，否则易影响弯管质量。根据经验，芯杆放在管子开始弯曲的地方比较适当，如果超过管子弯曲的地方，管子外侧管壁会卡着芯杆头，如果芯杆放得较靠后，又起不到放置芯杆的作用。芯杆形式如图 7-36 所示。

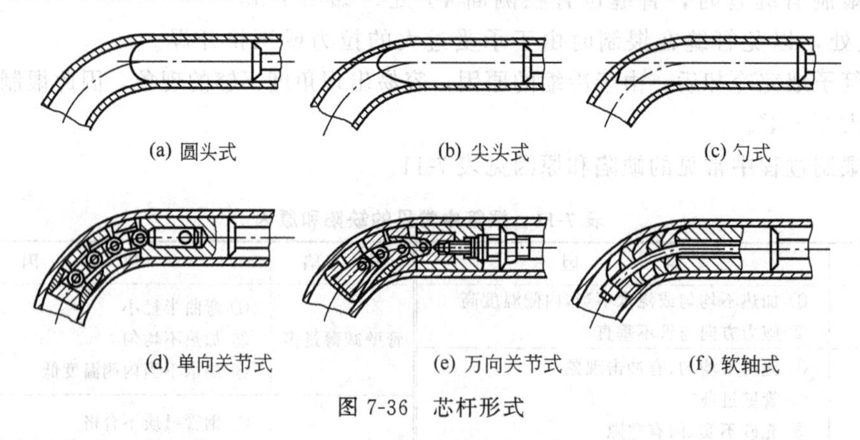

(a) 圆头式　(b) 尖头式　(c) 勺式　(d) 单向关节式　(e) 万向关节式　(f) 软轴式

图 7-36　芯杆形式

冷弯不需加热设备，管内不用充砂，操作方便，但管子弯曲半径较大，一般为管子公称直径的 4 倍。手动弯曲器结构很简单，一般都是由施工单位根据需要自制。用手动弯管机弯管时，要把需要的管子插入定轮和动轮之间，一端由夹持器固定，然后用力均匀地慢速推动煨杠（推棒），在动轮围绕定轮转动的同时就可把管子煨弯。弯曲的角度一般要过一点，防止弯曲回弹后角度不够。

操作要领如下。

（1）弯管前要通过计算，在管段上画出弯曲的位置和弯曲的长度。

（2）在定轮上找出弯曲起点，然后把管端插入两轮之间，使管段上的弯曲起点与定轮上的弯曲起点对准，同时调整好两轮半圆槽形成的孔形。

（3）在弯曲有缝管时，管缝应在侧面45°处。

（4）开始弯管时要缓慢而平稳地推棒，不得冲击施力，并应力求匀速推进。胎具上的滑轮轴和互相摩擦的表面都应加注润滑油。

弯管时，主要是掌握好管子的弯曲度，考虑到管子弹性恢复，回弹角度约为3°～5°，因此，弯管时要比图纸上要求的角度大3°～5°。弯曲机胎模应符合欲弯钢管管径和弯曲半径。

除电动弯管机以外，近年还出现了数控弯管机。数控弯管机是按零件图规定的程度和尺寸制成穿孔纸带，弯管前将管材参数、弯曲半径、弯曲角度打入纸带，输入弯管机，钢管即可按要求弯成所需形状。弯管过程为全自动控制。数控弯管机适用于大批弯管及管件尺寸多变的场合。

第六节　管子端部加工与修整

管道系统由直管段、弯管、各种管件和各种阀门等组成。为了连接组对，对管子端部要进行加工、检查以及修整。

对管端的局部凸凹和椭圆等变形，在钢管对焊前要进行修整。小口径钢管可用弧锤校正。大口径的钢管如果管壁向内凹陷时，可用千斤顶在内部顶出，管壁向外凸出或局部凸凹变形。可用大锤和压模校正。校正时，大锤不得直接敲打管壁，轻微的变形可在温度不低于－5℃时进行校正，较严重的变形必须在用气焊嘴或喷灯等加热以后进行校正。管端变形严重不能修整时，应将变形的部分切去，重新加工坡口。

钢管端部要平齐，不得有裂纹、毛刺、凸凹等缺陷，管内外不得有溶渣、铁屑、油污或其他杂物。钢管切口平面应用直角尺检查，如果允许间隙超出要求，对管端要进行修整。

对于与活套法兰连接的直管段，管段要进行卷边。其过程是先用芯棒扩孔，然后再卷边，如图7-37所示。

为了保证管子连接时的焊接质量，管子端部连接处要根据管子材质、壁厚和焊接方法决定管端是否加工坡口以及坡口的大小。一般来说气焊比手工电弧的坡口要大，管壁厚的比管壁薄的坡口要大，有色金属管比钢管坡口大。一般钢管壁厚小于4mm时可不开坡口，管壁

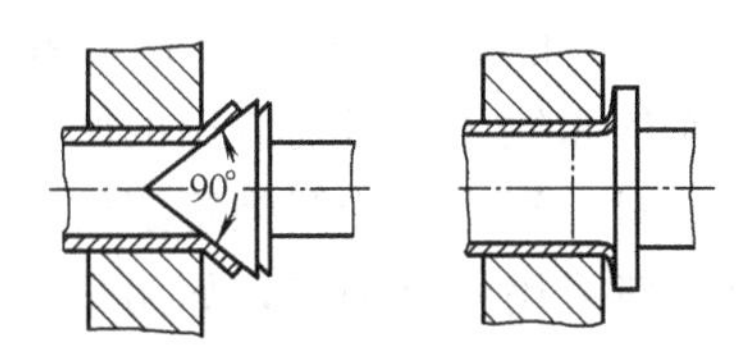

图7-37　管子卷边

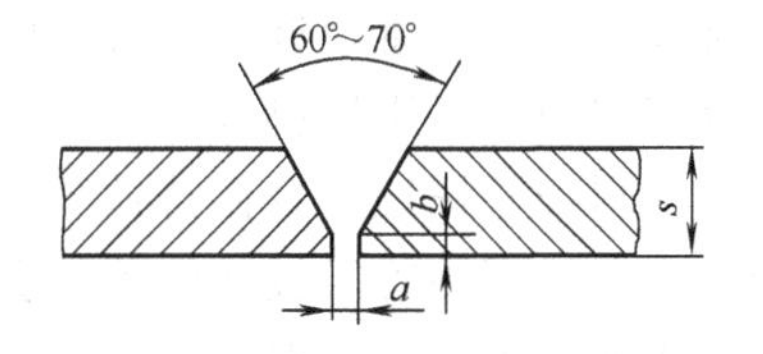

图7-38　钢管V形坡口

厚为4～8mm时，应开60°～70°V形坡口，如图7-38所示，管壁厚度大于8mm时，应开60°～85°V形坡口。钢管对口间隙及钝边尺寸见表7-13。

表7-13　钢管对口间隙及钝边尺寸

管壁厚度δ/mm	4～5	5～8	8～12
对口间隙a/mm	1～1.5	1.5～2	2～3
钝边尺寸b/mm	1～1.5	1～1.5	1.5～2

坡口加工方法一般有如下几种。

1. 手工铲

利用手工铲加工坡口，一般用于壁厚为4～6mm的低碳钢钢管，多在施工条件差，没有机加工能力的情况下采用。这种方法虽能保证坡口的质量，不受材质影响，但效率低，劳动强度大。

操作方法如下。在未进行铲坡口前，为了便于操作，要先把被加工的管子垫离地面。加工端的垫木或垫管距加工端100～200mm，如果离得太远，在加工锤击时管端发颤，锤击无力。为了防止管子滚动，管子的两侧要用硬木挤住。操作中一定要掌握住扁铲的角度，使手铲和加工面始终保持为45°。锤击的位置要准，敲在手铲顶端的中央处，频率不要太快。特别是初学操作，锤击力不要太大，以免打手。

2. 手工锉

对于管壁厚度小于5mm的管端的坡口加工，在数量不多的情况下，还可以用手工锉的办法加工坡口。手工锉加工坡口质量最易控制，需要注意的是不要把坡口斜面锉成弧形，造成斜面弧状的原因是两手用力不均，使锉刀运行成弧状而不是直线运动。

3. 气割加工坡口

对于管壁厚6mm以上的管端坡口加工，用上述两种方法加工比较困难，特别是大口径管道加工量又大，上述两种方法就不适应了。现场施工中常用气割方法加工坡口。气割分自动切割器切割和手工切割两种，具体操作是由气焊工完成。此种方法虽简便易行，但坡口加工质量较差，往往在气割完毕以后还需要用锉刀进行修整。一般有色金属管不用本方法加工坡口。

4. 机械加工坡口

利用机械加工坡口是一种最好的方法，它加工的坡口质量最高、速度快、又省力。加工管端坡口的设备是坡口机，加工原理与车床的车削原理相同。有色金色管（如铝、铜管）可用车削方法加工。

连接管道的螺纹有圆锥形管螺纹和圆柱形螺纹。上述两种管螺纹牙型角$\alpha=55°$，圆柱管螺纹公称直径近似为管子内径，内外螺纹公称牙型间没有间隙，密封简单，多用于压力为1.6MPa以下的水、煤气管路，润滑和电线管路系统。

圆锥管螺纹公称直径近似为管子内径，螺纹分布在1∶6的圆锥管壁上，内外螺纹公称牙型间没有间隙，不用填料（麻丝，纱线，涂铅丹等）而依靠纹牙。目前应用的圆锥管螺纹大多为右旋圆锥管螺纹，只在铸铁暖气片的组对中所用丝对一端为左旋圆锥管螺纹。

圆柱管螺纹可用管子板牙架手工套丝，圆锥管螺纹一般采用机械加工，如用车床车削面成。手工或机械加工的管螺纹，要求完整，光滑，不得有毛刺和乱丝、裂纹，中心线偏差不超过1°～2°，拧紧后露出2～3丝扣为宜。

在工程实际中，当支管要求有坡度时，以及遇到管件的螺纹不端正等情况，则要求套丝有相应的偏扣，俗称歪牙。歪牙的最大限度不能超过15°。套歪牙的操作方法是将铰套板进1～2扣后，把铰板后卡爪根据所需的偏度略为松开，使板牙与管中心线略有偏斜地进行切削。

第七节 管道的组对

管道的组对是指管段、法兰、三通、弯头和大小头等的对装，它是管道施工中主要操作工艺，直接关系到管道质量的好坏。

管道预制的目的是将管道系统中各种管材和管件组装成各种部件和组合件，以便充分发挥机械效益，减少劳动强度及高空作业，提高施工质量及施工速度。管道组对要求如下。

(1) 要尽可能加深预制深度，但部件或组合件的大小和重量要便于搬运和吊装，有利现场整体组装。

(2) 预制成的部件或组合件，应具有较大的刚性，防止吊装时产生不允许的永久变形。

(3) 预制成的部件或组合件，不允许长期处于临时固定状态，并应妥善存放，避免锈蚀变形或碰伤。

(4) 预制成的部件或组合件，应考虑到工地安装时土建与设备可能出现的误差，应在适当部位留出调整活口，预留长度为100mm左右。

(5) 预制成的部件或组合件应在端部加临时盲板，防止杂物进入管内，并在预制件上加写预制件编号。

一、管子的组对

管子组对前要求对管口进行检查和清理。

(1) 检查管口是否有凸凹和椭圆变形，坡口是否符合要求。

(2) 检查管子是否平直，不直的则要求调直，管子的弯曲为每米不大于1.5mm。

(3) 检查两组管子的直径是否相同，直径相差大的管子可作调整，尽量使直径相同的管子进行对接。管子外径误差为±1.5mm。

(4) 要把管子两端（大直径的管子在端部的100mm范围内，小直径的管子在端部的50mm内）的泥土、油污和锈清理干净，直到发出金属光泽为止。用氧乙炔焰切割的坡口的钢管，要把剩留下的氧化铁渣和毛刺等彻底清理干净，以免影响焊接质量。

管道组对时要求横平竖直，所以组对时，必须使两根管子在一条直线上，对焊时不得有弯折现象，点焊以后用400mm长的专用检查直尺进行检查，如图7-39所示，管径100mm以下允许间隙为1mm，管径大于100mm允许间隙为2mm。管件预制组对时，最好在工作台上进行，野外施工因受条件的限制，应该根据现场具体情况用型钢、管材、钢板垫平后进行组对。对于大直径的钢管组对，应采用吊装工具找平对正进行，常用的吊装工具有人字架、手拉葫芦和吊带等。为了保证连接两管在同一中心线上，管子组对时，采用各种对口工具即定心夹持器，如图7-40所示。

管线组对的时候，应留有一定的对口间隙，管壁厚度$\delta<3.5$mm时，对口间隙为1.5～

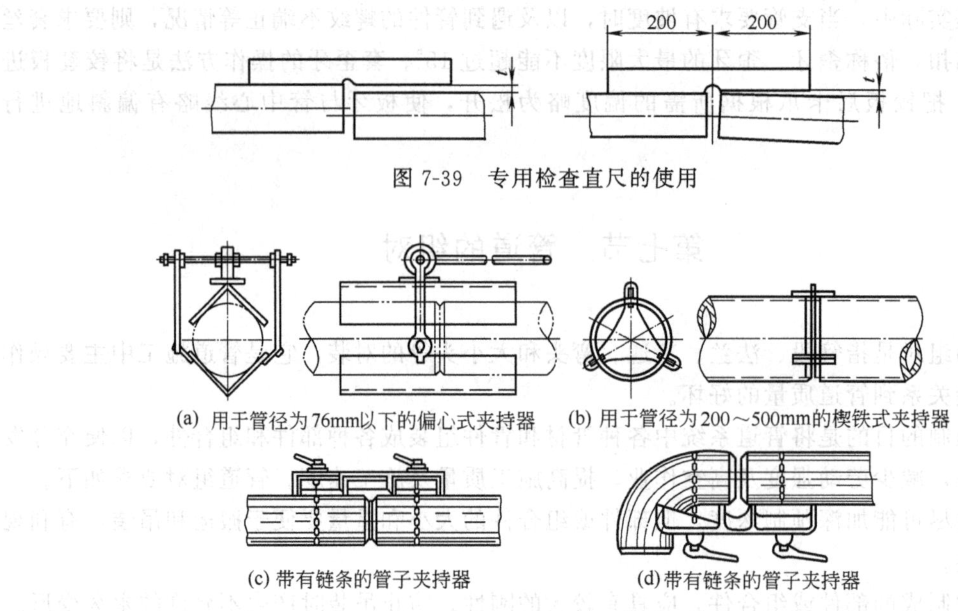

图 7-39 专用检查直尺的使用

(a) 用于管径为76mm以下的偏心式夹持器 (b) 用于管径为200～500mm的楔铁式夹持器

(c) 带有链条的管子夹持器 (d) 带有链条的管子夹持器

图 7-40 管子组对时用的定心夹持器

2.5mm；当 δ＝3.5～8mm 时，对口间隙为 1.5～2.5mm；当 δ＞8mm 时，对口间隙为 2.5～3mm。

钢管对焊时，必须注意管壁偏移（又称错口），一般不得大于管壁厚度的 10%。

施工时根据管壁厚度还可以作出具体规定：管壁厚度为 3～4mm 时，允许偏移 1mm；管壁厚度为 5～6mm 时，允许偏移 1～1.5mm；管壁厚度为 7～8mm 时，允许偏移为1.5～2mm；管壁厚度为 8～14mm 时，允许偏移 2mm。

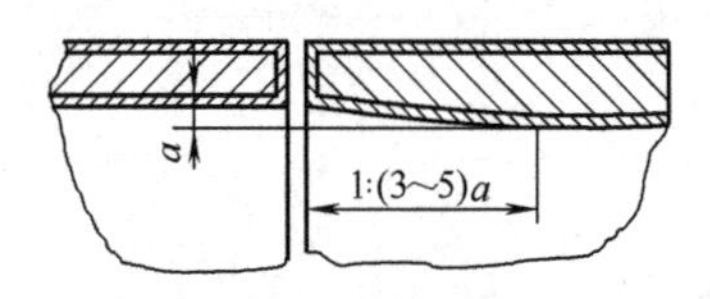

图 7-41 不同厚度的管壁对焊

不同壁厚的钢管对焊时，如两管壁厚度相差 3mm 以上时，应将较厚的管壁进行加工，即在管壁上开出 1∶(3～5)a 的斜坡，其中 a 为两管壁厚度差，然后将两管对焊，如图 7-41所示。

钢管对焊时，中间所加短节不能过短，两个环形焊缝不能相隔太近，故所加短节长度不应小于管子的直径，一般不小于 200mm，在管径大于 500mm 时，其相邻的环缝间距应大于 500mm，即管段最小长度为 500mm。在图纸说明中有要求的，按图纸要求来加短管，在加短管的时候，要考虑到热应力的影响，特别是长距离管道施工时，其热胀冷缩现象非常明显，在气温上升时，要考虑到热伸长量，温度下降时考虑冷收缩量。加短管的时间，最好选择在清早和晚间，因为这个时候的温度相对来说是比较稳定的。施工时防止管道突然伸长和收缩以免发生意外事故。

在组对带有纵向焊缝或螺旋焊缝钢管时，不要把两管的焊缝对焊在一起，一定要使连接两管的螺旋焊缝或纵向焊缝错开 100mm 以上。单面焊接的螺旋焊缝，钢管管端里面应衬焊 100mm。

组对好的管子应先点焊定位，然后进行焊接，对于直径小于 300mm 的管子，定位点焊应不少于三处，点焊位置如图 7-42（b）、图 7-42（c）所示，直径大于 300mm 的管子，应点焊定位六处以上，点焊位置如图 7-42（a）所示。其中要使固定焊的点焊位置避开 0 点和 6 点（钟表的位置）。

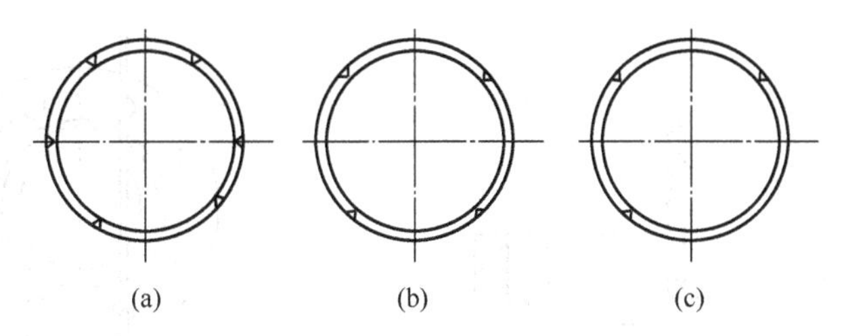

图 7-42　定位点焊位置

二、法兰的组对

法兰的组对就是管子与法兰的对接，分平焊法兰与管子的对接和对焊法兰与管子的对接两种，法兰组对中心问题是使法兰端面与直径中心线相垂直。

在法兰对接时，应将长管平放后将法兰对上，先在上方点焊一处，用法兰弯尺（平焊法兰可以用直尺）进行检查校正，如图 7-43 所示，使法兰端面垂直于管中心线。校正时可以用手锤敲打找正，法兰端面与管道中心线垂直度的允许偏差见表 7-14。然后，在对称的下方点焊第二处，再用法兰弯尺在相隔 90°方向来找正法兰的位置，合格后再点焊左右和第三、四处如图 7-44 所示。

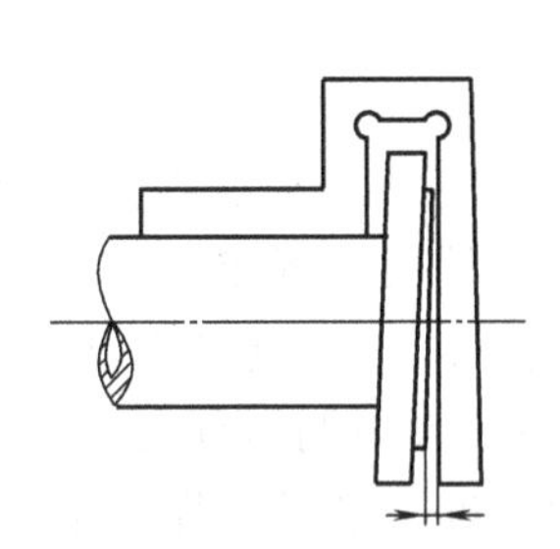

图 7-43　法兰弯尺或直角尺的检查

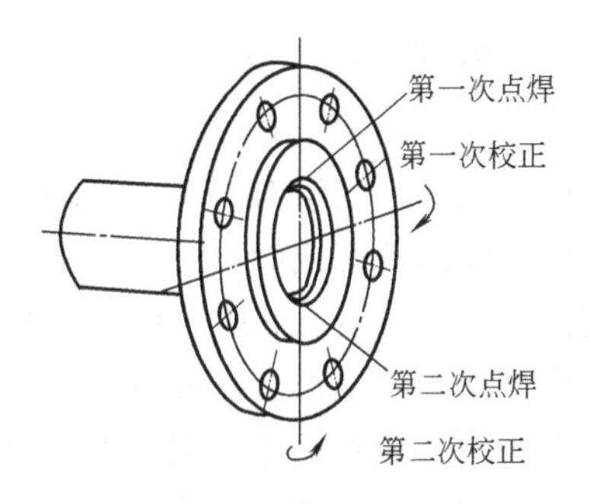

图 7-44　法兰的点焊

表 7-14　法兰封面与管道中心线垂直度的允许偏差

管子的公称直径/mm		100	125	150	200	250	300	350	400
允许偏差/mm	工作压力≤4MPa	±2	±2	±2	±2	±2	±2.5	±2.5	±3
	工作压力>4MPa	±1	±1	±1	±1	±1	—	—	—

平焊法兰与管子的对接，先将管子穿入法兰内孔，管端距离法兰密封面为管壁厚度的 1.3～1.5 倍，如图 7-45 所示，具体规定见表 7-15。

表 7-15　平焊法兰与管子对接

法兰公称直径 DN/mm	10～40		50～125		150～350		400～1000	
法兰内径与管外径间隙/mm	1		2		3		4	
法兰公称直径 DN/mm	10～20	25～50	65～150	175	200	225	250～300	350～1000
法兰密封面至管端距离 H/mm	4	5	6	7	8	9	10	11

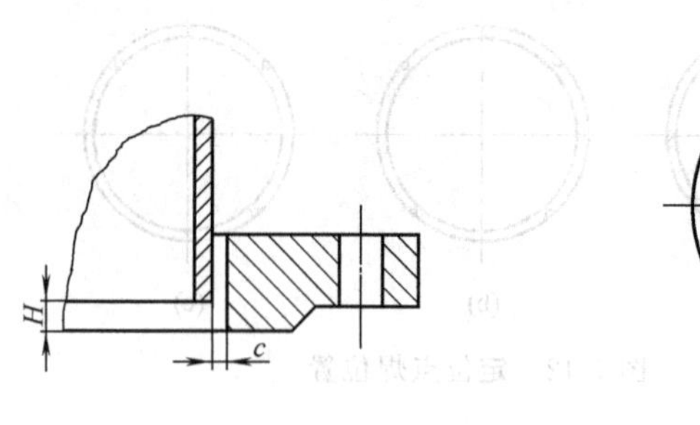

图 7-45 法兰与管子对接

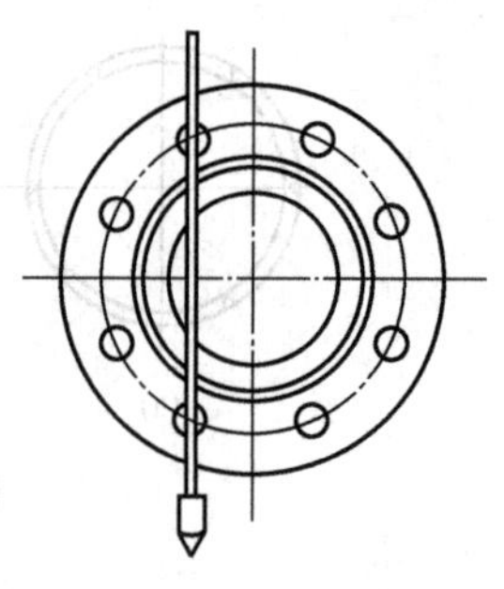
图 7-46 法兰位置找正

焊接时应先焊内口，后焊外口。对于公称直径大于 150mm、公称压力小于 1MPa 的平焊法兰，在焊接前必须装上相应的法兰或法兰盖，并且用螺丝拧紧，以防止焊接变形，带颈的对焊法兰与管子对接时，应检查对口处的坡口、间隙，其他要求按管道对接进行。

管子两端都焊有法兰时，务必把法兰螺栓孔的位置找正确。其方法是先把点好的一端法兰的管子放平，用水平尺找平后再用吊线把上、下的法兰螺栓孔找到同一条垂线上，如图 7-46 所示。另一端的法兰也采用同样的方法进行找正并点焊，检查合格后可进行焊接。法兰焊接完毕后应将管内外焊缝附近的熔渣、铁渣等清除干净，特别是法兰的密封面，不得留有任何杂物。法兰连接发生偏移、歪斜等情况，不符合规定时应切除重新焊接。

三、管件的组对

马鞍（三通）的组对，将支管端部加工成需要的形状，然后把支管骑在主管上，主管上的开孔的边缘离管端或缝不小于 100mm。马鞍连接的对接焊缝要按规定铲出坡口，并留出对焊间隙为 2～3mm，搭接的焊缝（角焊缝）应使两管壁紧靠，其间隙不得大于 1mm。焊接时，应先在主管上部交点处点焊，用直角尺沿主管的中心线方向调整好支管的倾斜度后，再点焊和第一处相对的第二处，校正支管在另一方向的倾斜度，最后点焊与上述两处相隔 90°相对的两处，使主管与支管位置确定后可进行焊接，如图 7-47 所示。如果在同一根主管上连接数根支管时，应先焊好其中管径最大或主要的支管，其他支管就以此为基准校正其位置、倾斜角度和方向，经验查合格后再进行焊接。马鞍与管段或法兰的组对应和管段与管段的组对，管段与法兰的组对要求相同。

直角马鞍的组对连接可以用 200mm 直角尺进行检查，如图 7-48 所示，其间隙不得大于 1mm，斜马鞍的组对连接用活络角尺进行检查，角度允许误差为±0.5°。马鞍焊接以后应清扫管内外，除去熔渣、铁渣及其他物质。

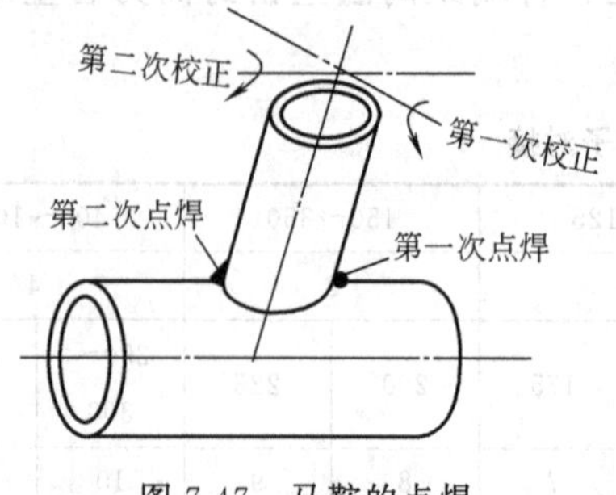

图 7-47 马鞍的点焊

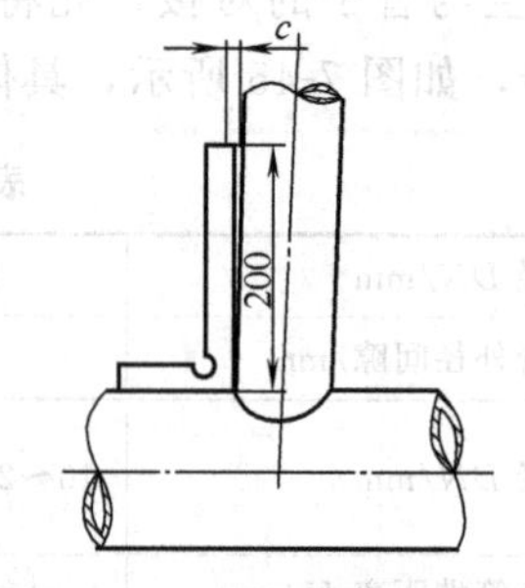

图 7-48 检查马鞍垂直度

不同直径的两根管子对焊时，两管径之差小于小管子的管径15%时，可把大直径管子的管端加热，用手锤敲打加热部分，边打边转动管子，使之成为和小直径管子的管径相同的锥形接口，再和小直径的管子对接。如果两管的管径之差大于小管径15%时，用加热敲打的方法是不合适的，应在大管的管端按抽瓣大小头的制作方法进行抽瓣组对。此外还可以在两管中间加无缝大小头或焊接大小头进行组对，组对要求与管段组对要求相同。

多节焊接弯头（即虾米腰弯头）在公称直径大于400mm时，一般用钢板卷制，公称直径不大于400mm时，可根据设计要求用无缝钢管或焊接钢管制作，切割线处应留出一定宽度的切割余量，用氧乙炔焰切割，割口宽度为3～5mm，用锯或高速切割器切割，割口宽度为锯条或砂轮片的厚度。焊接弯头各段切割以后，应按规定开口坡口，弯头外侧的坡口要开得小一些，弯头内侧坡口要开得大一些，避免弯头焊好以后出现弯头外侧焊缝宽、内侧焊缝窄的现象。焊接弯头组对时，应将各段中心线对准，避免弯头焊后出现扭曲。弯头焊接前，先用点焊固定两侧的两点，将角度调整正确后再点焊1～2处，如图7-49所示，如果为90°弯头，点焊固定时可将角度放大1°～2°，以备焊缝收缩得到较准确的弯曲角度。弯曲角度可用活络角尺检查，允许角度误差为±1°，周长公差在±4mm范围内，椭圆度小于1%。

在组对弯头时，如果数量不多，用简单胎具拼装即可；如果制作数量较大，应根据具体情况设计出施工拼装胎具，以加速施工进度和提高焊接质量，弯头制作胎具如图7-50所示。

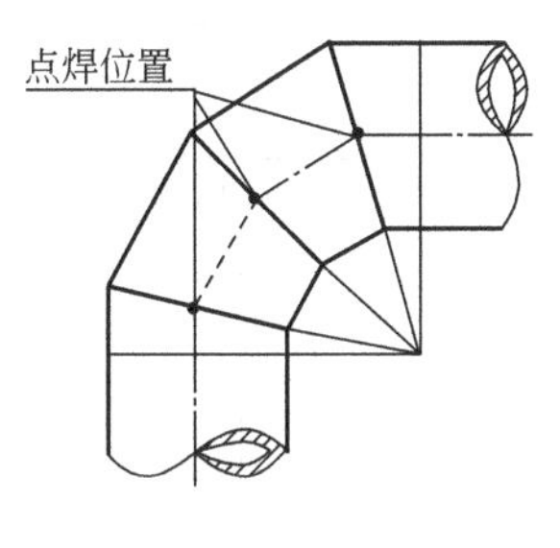

图7-49 弯头点焊

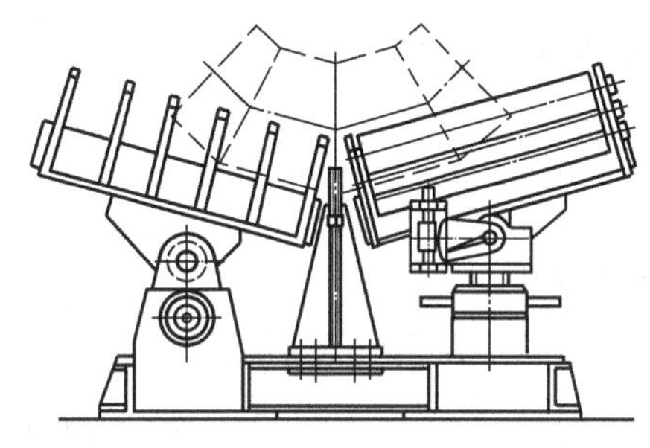

图7-50 弯头制作胎具

四、管子与弯头的组对

在一般情况下，弯头端面有一定的自由长度端，该端部与管段组对时，其接口要求同管子的组对要求及检查方法是相同的。

五、管段的组对

管段组对是根据施工图纸的设计要求及所标注的尺寸，考虑到现场运输及工地吊装能力，把管件、阀件等预制成所需要的管段（部件或组合件），然后把这些管段按图纸要求组装起来，形成一封闭管道系统，达到生产使用要求。

各种部件或组合件实质是多种阀件和管件的组合，具体要求和施工方法可参见上述有关内容。

考虑到各种可能出现的误差，管段组对时要在适当部位留出调整活口，预留长度约100mm即可。

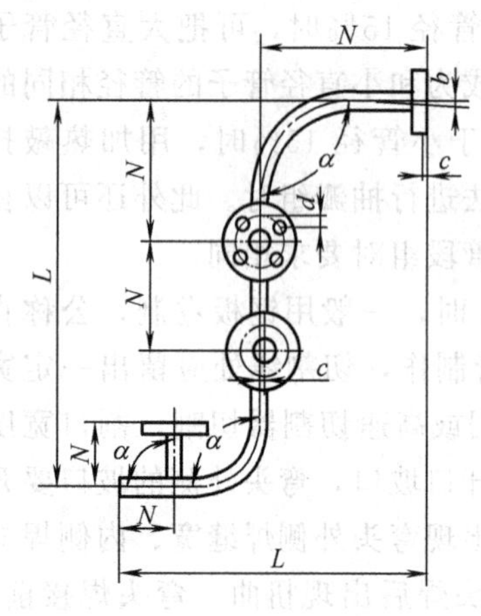

图 7-51　预制管段的尺寸允许偏差

预制的管段，应用油漆在便于识别的部位写上预制件的编号（应与组装图一致），并在端部加临时盲板封口，以免杂物进入管内。预制好的管段应妥善存放，以免锈蚀、变形或碰伤。

预制管段的尺寸允许偏差，可按图 7-51 所示规定要求。管道安装允许偏差见表 7-16。

长度偏差 $L<\pm 5\text{mm}$；间距偏差 $N<\pm 3\text{mm}$；角度偏差小于±3mm/m（沿管段全长的最大偏差小于±10mm）；三通同心度偏差 $C<1.5\text{mm}$；法兰螺栓孔应跨中安装，其偏差 $D<1\text{mm}$；法兰密封面应垂直于管道中心线，在等于法兰外径长度上的偏差 c，当 $DN\leqslant 300\text{mm}$ 时为 1mm，当 $DN>300\text{mm}$ 时为 2mm。

表 7-16　管道安装允许偏差

项目			允许偏差/mm	
坐标及标高	室外	架空	15	
		地沟	15	
		埋地	25	
	室内	架空	10	
		地沟	15	
水平管弯曲	$DN\leqslant 100$		1/1000	最大 20
	$DN>100$		1.5/1000	
立管垂直坡			2/1000	最大 15
成排管段	在同一平面上		5	
	间距		+5	
交叉	管外壁或保温间距		±10	

思考题及习题

1. 什么是管道预制？其基本工序由哪几部分组成？
2. 管道预制加工前的准备工作有哪些？
3. 试画出 $\phi 57\times 3$、90°马蹄弯管的展开图。
4. 试画出 $\phi 159\times 5$、$R=1.2D_0$、90°单节虾壳弯的展开图。
5. 试画出 $\phi 108\times 4$、正三通的展开图。
6. 试画出支管为 $\phi 108\times 4$、总管为 $\phi 219\times 5$ 异径正三通的展开图。
7. 试画出小头为 $\phi 133\times 5$、大头为 $\phi 219\times 5$、$H=250$ 同心大小头的展开图。
8. 什么是壁厚处理？怎样进行壁厚处理？
9. 试述管材调直和校圆的方法？
10. 试述管子切割方法及其使用范围？
11. 管子端部加工内容有哪些？

12. 试述热弯的操作工序，煨管时的注意事项。

13. 试述组对平焊法兰和对焊法兰的具体方法和步骤，并讨论分析产生质量事故的原因。

14. 试述管道预制的目的及要求。

第八章　管　　架

支吊架在管道敷设工程中是必不可少的。所有管道敷设都必须借助各种不同形式、不同性能的支吊架来完成。支吊架不仅起着支承管道垂直荷载的作用，还需要承受来自各方面的力和力矩。工厂管道布置与安装的合理、美观、整齐，运行的安全可靠，很大程度取决于支吊架的布置和选型。合理的管道支吊架布置，可以使管道受力均匀分布，能够使管道传到设备、机、泵的推力减至最小，以防止由于受力过载，引起金属疲劳，而造成管道焊缝处及法兰连接处的跑、冒、滴、漏现象。

第一节　管道支吊架的选型

一、管架的种类

（一）分类方法

管架是对管道起承托、导向和固定作用的，它是管道安装中的重要构件之一，可按如下几种不同方式来分类。

（1）按材料来分，主要有钢支架、混凝土支架等。

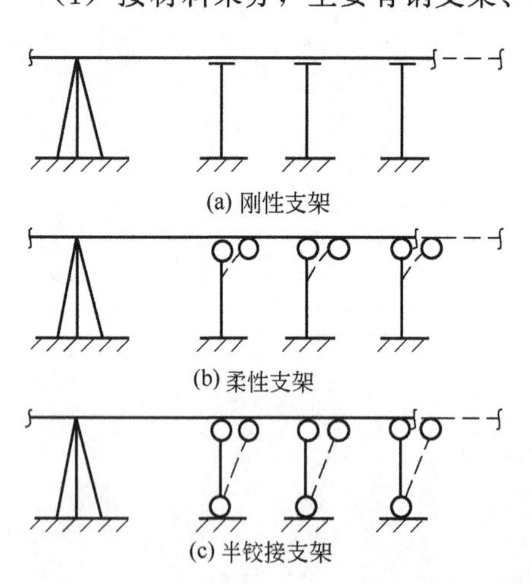

图 8-1　不同力学特点的管道支架

（2）按力学特点，可分为刚性支架、柔性支架和半铰接支架，如图 8-1 所示。

（3）按形状可分为悬臂支架、三角支架、Π 形支架、吊架、弯管支架、弹簧支架、独柱支架、龙门支架等。根据管道排列的层次又可分为单层支架和多层支架，如图 8-2 所示。

（4）按支架的用途可分为活动支吊架（允许管道有位移的支吊架）和固定支架（不允许管道有位移的支架）。

（二）结构形式

下面按用途分别叙述支吊架的种类和构造。

1. 固定支架

固定支架是为了均匀分配补偿器间管道热膨胀量，保障补偿器的正常工作，防止管道因某些部位受过大的热应力而引起破坏或过大的变形而设置的。

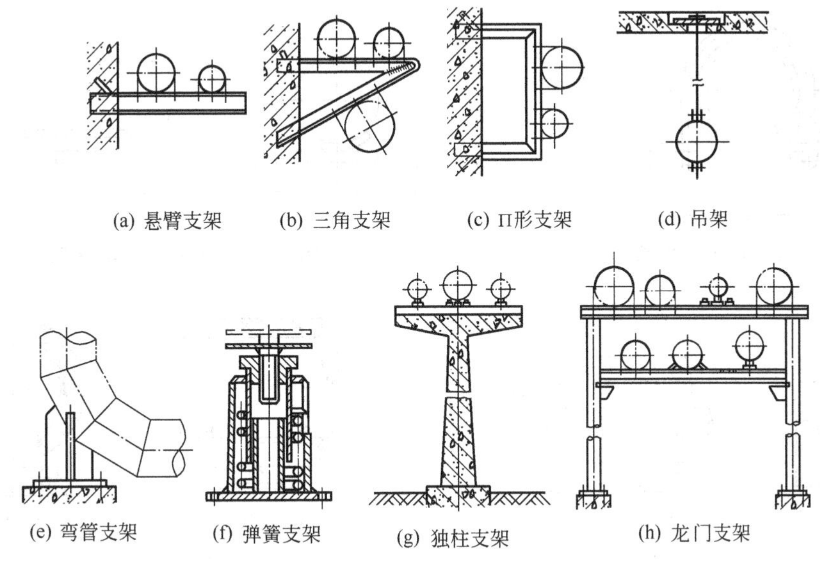
(a) 悬臂支架　(b) 三角支架　(c) П形支架　(d) 吊架

(e) 弯管支架　(f) 弹簧支架　(g) 独柱支架　(h) 龙门支架

图 8-2　不同外形的管道支架

不保温的管道用 U 形螺栓和弧形板组成的固定支架，如图 8-3 所示。

单面挡板固定支架用于推力较小的室外管道，如图 8-4 所示。

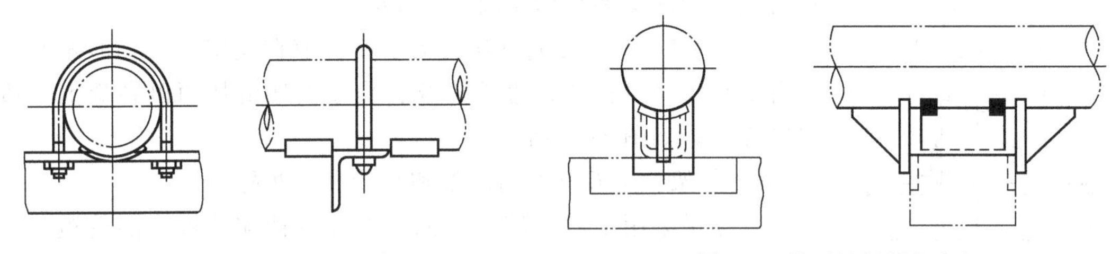
图 8-3　U 形螺栓式固定支架　　图 8-4　单面挡板固定支架

双面挡板固定支架用于推力较大的室外管道，如图 8-5 所示。

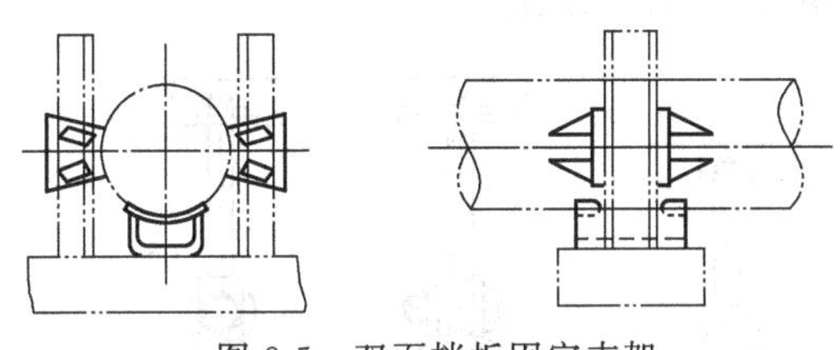
图 8-5　双面挡板固定支架

2. 活动支架

活动支架包括滑动支架、滚动支架、导向支架、吊架和弹簧管托等。

① 滑动支架。管道与支承结构能自动滑动，尽管有较大的摩擦力，但结构简单，一般管道都能适用，尤其是有横向位移的管道更为适用，故被广泛应用。

低滑动支架适用于室内不保温管道。图 8-6 所示为 U 形螺栓固定的低滑动支架，它适用于热膨胀量较小的管道。对于热膨胀量较大的管道，为避免直接和管架发生摩擦，而使管壁减薄，可采用图 8-7 所示的弧形板低滑动支架。

高滑动支架适用于保温、保冷管道。托座高一般为 100～150mm。管道与托座用电焊焊牢，运行时托座在支承结构上可自由滑动，如图 8-8 所示。

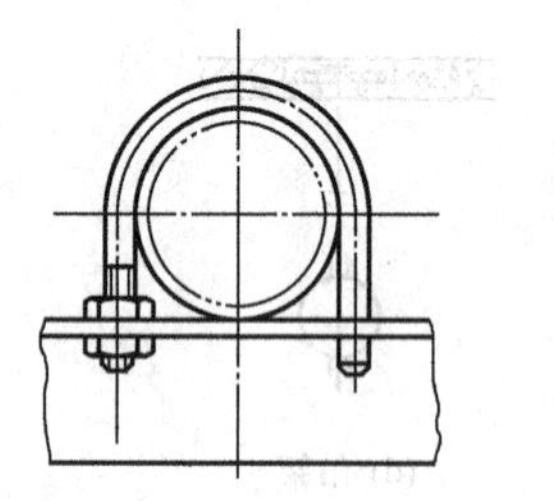

图 8-6 U形螺栓固定的低滑动支架

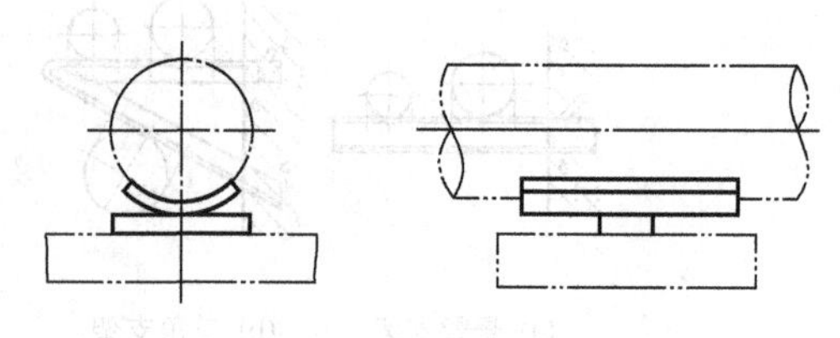

图 8-7 弧形板低滑动支架

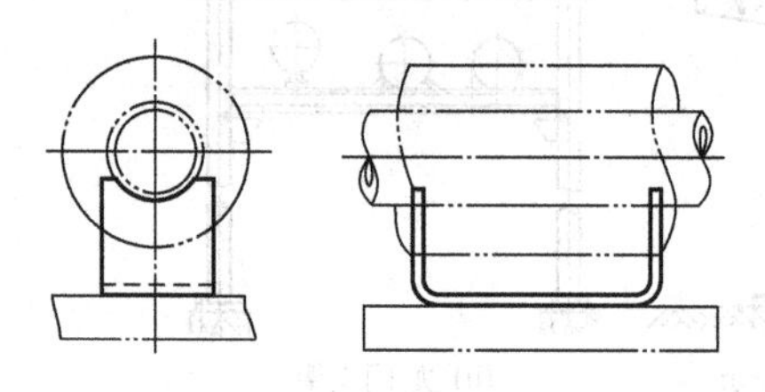

图 8-8 高滑动支架

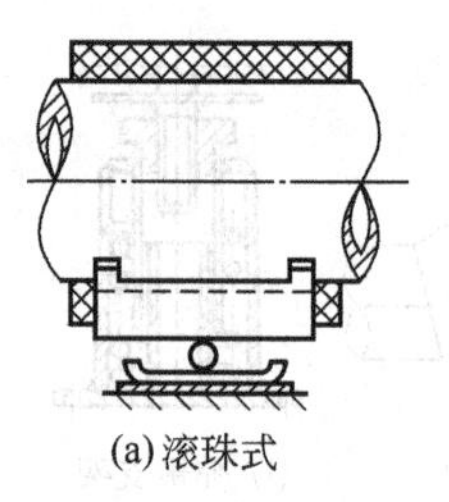

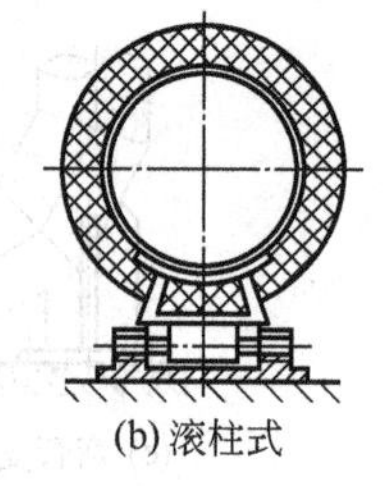

(a) 滚珠式　(b) 滚柱式

图 8-9 滚动支架

② 滚动支架。滚动支架摩擦阻力很小，宜用于管径较大、介质温度较高，且无横向位移的管路，但结构较为复杂。滚动支架又可分为滚柱支架和滚珠支架两种，前者摩擦阻力较后者大。滚动支架结构如图 8-9 所示。

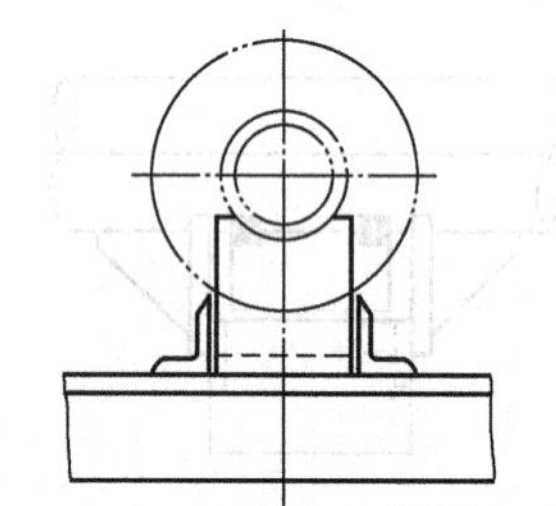

图 8-10 导向支架

③ 导向支架。导向支架是为了使管道在支架上滑动时不至于偏移管道轴线而设置的。通常的做法是在支架滑托两侧各焊上一段角钢或扁钢，如图 8-10 所示。

④ 吊架。吊架分普通吊架和弹簧吊架两种。

普通吊架用于口径较小、无伸缩性或伸缩性极小的管道。它由卡箍、吊杆和支承结构组成，如图 8-11（a）、图 8-11（b）所示。

弹簧吊架用于有垂直位移及振动较大的管道。它由卡箍、吊杆、弹簧和支承结构组成，如图 8-11（c）所示。

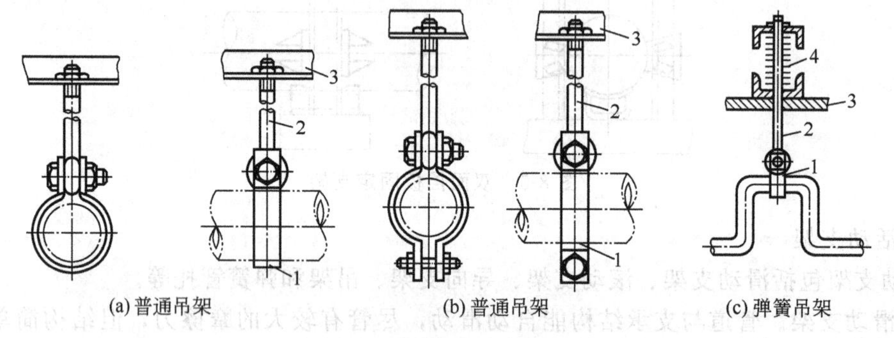

图 8-11 普通吊架和弹簧吊架

1—卡箍；2—吊杆；3—支承结构；4—弹簧

⑤ 弹簧管托。弹簧管托用于有垂直位移要求的管道支承。它由托架、弹簧和支承结构等组成，如图 8-2（f）所示。

目前，支架已标准化、系列化，使用时除按照图纸制作外，可参照国家标准图集，根据管道安装的实际位置和特性选择合适的支架形式。支架材料一般选用 Q235 钢制作。

二、支吊架的选择

正确选择和合理设置支、吊架是保证管道安全、经济运行的重要一环。选择时，要遵循下列基本原则。

（1）当管道不允许有任何位移时，应设固定支架。固定支架要安装在牢固的厂房结构或专设的结构上。

（2）当管道无垂直位移或垂直位移很小时，可设活动支架或吊架，活动支架的形式应根据该管道对摩擦阻力的要求不同来选择。

对摩擦阻力无严格要求时，可采用滑动支架；当要求减少管道轴向摩擦阻力时，可用滚柱支架；当要求最大限度地减少管道轴向摩擦阻力时，可采用滚珠支架；对于架空管道，如不便装以上三种支架时，可采用吊架。

（3）水平管道上只允许管道沿管子轴向位移时，应装设导向支架（如在铸铁阀门的两侧、方形补偿器两侧适当距离的地方）。

（4）当管道有垂直位移时，应装设弹簧吊架；如不便装设弹簧吊架，也可采用弹簧管托。若管道既有垂直位移又有水平位移时，则应采用滚珠弹簧管托。

（5）对于室外架空敷设大直径管道的独立支架，为了减少摩擦阻力，可按下列原则选择。

对于要求沿管道轴线方向有位移而横向不允许有位移时，采用柔性支架，如图 8-1（b）所示；对于仅承受垂直力，允许管道在同一平面上作任何方向位移时，采用铰接支架，如图 8-1（c）所示。

第二节　钢性支吊架的计算

一、管架垂直荷重的计算

单根管道的管架垂直荷重，包括管子重、管内充水重及保温结构重。多根管道的管架垂直荷重为单根管道荷重之和，但对气体管道只考虑其中一根管径最大的管内充水重。与弹簧支吊架邻近的刚性支吊架，尚应考虑弹簧支吊架转移到刚性支吊架的转换荷重。管架垂直荷重的计算公式及简图见表 8-1。

表 8-1　管架荷重计算公式及简图

简　　图	计算公式	备　　注
架-1　L　$L/2$　Q　架-2　R_1　R_2	$R_1=R_2=\frac{Q}{2}=\frac{qL}{2}$	单根管线无集中荷重
架-1　L　L_1　L_2　L_3　Q_1　Q_2　Q_3　架-2　R_1　R_2	$R_1=\sum_{i=1}^{3}L_iQ_i/L$ $R_2=\sum_{i=1}^{3}Q_i-R_1$	单根管线有集中荷重

续表

简图	计算公式	备注
架-1 R_1 a b 架-2 R_2	$R_1=aq+\frac{bq}{2}$ $R_2=\frac{bq}{2}$	单根管线带有垂直管段的荷重近似值，如两端有固定支架时尚应考虑管系的弹性力
架-1 L L_1 L_2 α a R_1 Q_1 Q_2 β 架-2 b R_2	$R_1=\frac{Q_1L_1+Q_2L_2}{L}$ $R_2=(Q_1+Q_2)-R_1$ $L_1=L-\frac{a}{2}\cos\alpha$ $L_2=\frac{b}{2}\cos\beta$	单根管线带水平弯管的荷重分配近似计算值

式中　R_1，R_2——架-1、架-2的反力，N；

q——每米管道的计算重量，N/m；

Q，Q_1，Q_2，Q_3——管段、管件、阀门等重量，N；

L，L_1，L_2，L_3，a，b——管段长度或支吊架间距，m。

例 8-1　已知蒸汽管ϕ168.3×5.6，保温材料密度200kg/m³，保温厚度70mm，管系上的法兰为PN1.6对焊钢法兰，阀门为Z41H-1.6C，管系尺寸如例8-1图所示，求各支架的垂直荷重。

解　查出每米管道的质量$q=569.1$N/m，阀门加保温取1100N/个，法兰加保温取100N/个。分段计算各支架的反力。

(1) A～架-1

$$R_A=\frac{(10\times0.6+30.7\times0.27)}{0.6}\times10=238\ (\text{N});\quad R_1=(10+30.7)\times10-238=169\ (\text{N})$$

(2) 架-1～架-2

$$R_1'=\frac{56.91\times1.8}{2}\times10=512\ (\text{N});\quad R_2=\left(56.91\times3+\frac{56.91\times1.8}{2}\right)\times10=2219\ (\text{N})$$

(3) 架-2～架-3

$$R_2'=\left(56.91\times6+\frac{56.91\times1}{2}\right)\times10=3699\ (\text{N});\quad R_3=\frac{56.91\times1}{2}\times10=284.6\ (\text{N})$$

(4) 架-3～架-4

$$Q_1=56.91\times1.5\times10=854\ (\text{N});\quad Q_2=56.91\times2.3\times10=1309\ (\text{N})$$

$$L=\sqrt{1.5^2+2.3^2}=2.74\ (\text{m});\quad L_1=L-\frac{1.5}{2}\times\cos\alpha=2.74-0.75\times\frac{1.5}{2.74}=2.33\ (\text{m})$$

$$L_2=\frac{2.3}{2}\times\cos\beta=1.15\times\frac{2.3}{2.74}=0.96\ (\text{m})$$

$$R_3'=\frac{Q_1L_1+Q_2L_2}{L}\times g=\frac{85.4\times2.33+130.9\times0.96}{2.74}\times10=1185\ (\text{N})$$

$$R_4=Q_1+Q_2-R_3=(85.4+130.9)\times10-1185=978\ (\text{N})$$

(5) 架-4～架-5

$$R_5=\frac{56.91\times5.24\times2.62+10\times5.3+110\times5.5}{5}\times10=2878\ (\text{N})$$

$R_4' = (56.91 \times 5.24 + 10 + 110) \times 10 - 2878 = 1304$ (N)

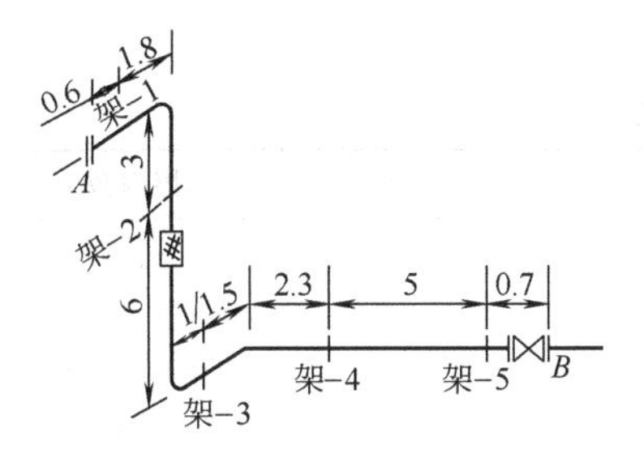

例 8-1(a)图　管系图

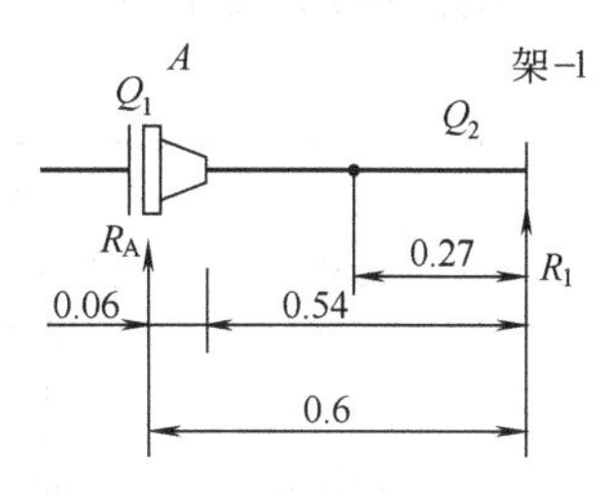

例 8-1(b)图　A～架-1 管段

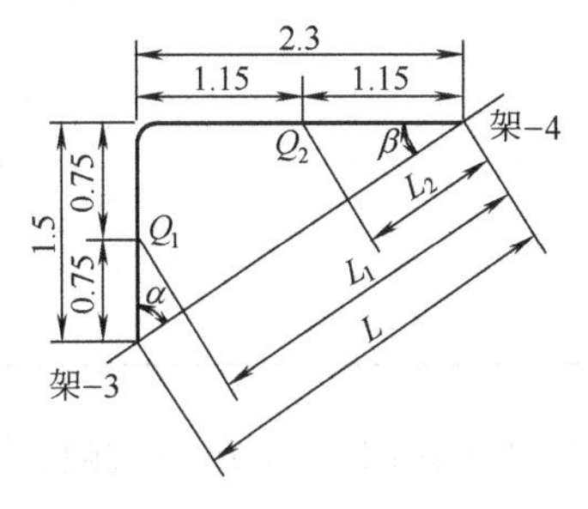

例 8-1(c)图　架-3～架-4 管段

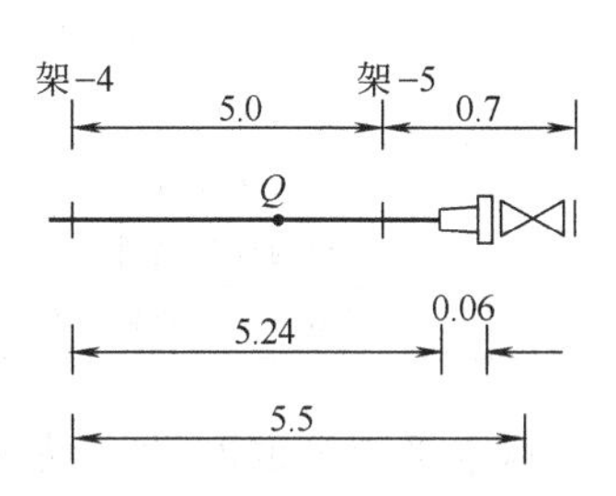

例 8-1(d)图　架-4～架-5 管段

(6) 各支点反力之和即为各支架所承受的垂直荷载 P_V，见表 8-2。

表 8-2　各支点所承受的垂直荷载

支架编号	A～架-1 N	架-1～架-2 N	架-2～架-3 N	架-3～架-4 N	架-4～架-5 N	合计 N
A 点	238					238
架-1	169	512				681
架-2		2219	3699			5918
架-3			284.6	1185		1469.6
架-4				978	1304	2282
架-5					2878	2878

二、管架水平推力的计算

作用于管道支架的水平推力，按作用力方向分为沿管道轴向的水平推力和沿管道侧向的水平推力。同一条管道作用于活动支架和固定支架的推力是不相同的。

1. 刚性活动支架所承受的推力计算

刚性活动支架（包括滑动支架、导向支架）所承受的水平推力，主要来源于管道的热伸长产生位移时与刚性活动支架间的摩擦力，分两种情况。

(1) 支承水平直管的刚性活动支架所受的水平推力（摩擦力）按式 8-1 计算

$$P = q\mu L \tag{8-1}$$

式中　P——管架所承受的轴向水平摩擦力，N；

q——每米管道的计算重量，N/m；

L——管架间距，m；

μ——摩擦因数，见表 8-3。

表 8-3 摩擦因数

序号	接触情况	摩擦因数 μ
1	滑动支座——钢与钢接触 钢与混凝土接触 钢与木	0.3 0.6 0.28～0.4
2	滚珠支座——钢与钢接触	0.1
3	滚柱支座——钢与钢接触： 沿滚柱轴向移动时 沿滚柱径向移动时	 0.3 0.1
4	管道与土壤	0.6
5	管道与保温材料	0.6
6	管道与橡胶填料	0.15
7	管道与油浸的和涂石墨粉的石棉圈	0.1

(2) 支承水平弯管的刚性活动支架所受的水平摩擦力分轴向分力 P_x 和侧向分力 P_y，分别按式(8-2)、式(8-3)计算

$$P_x = q\mu L\cos\alpha \tag{8-2}$$

$$P_y = q\mu L\sin\alpha \tag{8-3}$$

式中 α——分力与管道轴向间的夹角，(°)。

2. 固定支架所承受的推力计算

管道作用于固定支架上的水平推力情况比较复杂，包括管道上各种补偿器（如方形、套管、波形、球形）的反弹力、管内介质作用于补偿器的内压力、支管传来的弹性力、活动支架的摩擦力通过管道传给固定支架的反作用力，室外管道还有侧向风载荷等。不同的补偿器形式在不同的管道布置情况下，其计算公式各不相同，主要有以下计算内容。

(1) 方形补偿器和自然补偿结构固定支架推力计算。

(2) 套管补偿器固定支架推力计算。

(3) 波形补偿器固定支架推力计算。

(4) 球形补偿器固定支架推力计算。

以上计算公式限于篇幅，请查阅有关管路手册。

三、悬臂和三角支架计算

在设计和选用支架时，通常已知支架所承受的垂直荷重，水平推力（摩擦力、弯管或补偿器弹性变形力）和管道与支架生根处的距离。根据已知条件，既可通过计算选用合适的型钢规格，组合成合理的结构形式，也可以在现有的支架系列中选取适用的支架，然后再对其进行强度校核。

（一）悬臂支架计算

如图 8-12 所示，当悬臂支架同时承受垂直荷载和水平推力时，由垂直荷载 P_V 引起的最大弯矩和由水平推力 P_H 引起的最大弯矩，都作用在固定端的截面上，在对悬臂梁进行强

度计算时，该截面上危险点的最大应力不应超过许用应力。对危险点，根据应力叠加的原理，可得出如下公式。

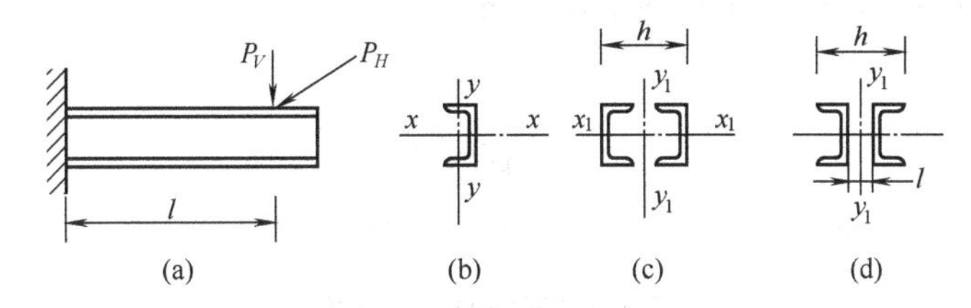

图 8-12 悬臂支架受力示意

x—x，x_1—x_1—型材断面横向中性轴；y—y，y_1—y_1—型材断面纵向中性轴

$$\sigma=\frac{M_x}{W_x}+\frac{M_y}{W_y}\leqslant[\sigma] \tag{8-4}$$

$$M_x=P_V l \tag{8-5}$$

$$M_y=P_H l \tag{8-6}$$

式中 σ——钢支架的应力，MPa；

$[\sigma]$——钢材的许用应力，MPa；

M_x——由管道垂直荷重产生的弯矩，N·mm；

M_y——由管道水平推力产生的弯矩，N·mm；

P_H——管道水平推力，N；

P_V——管道垂直荷重，N；

W_x——型钢截面对 x-x 轴的抗弯断面系数，mm^3；

W_y——型钢截面对 y-y 轴的抗弯断面系数，mm^3。

（二）三角支架的计算

1. 三角支架端部受力的计算

管道位于横梁与斜撑的交点，如图 8-13 所示。

由于垂直荷载 P_V 的作用

横梁受轴向拉力 $N_1=\frac{P_V}{\tan\alpha}$ (N) (8-7)

斜撑则受轴向压力 $N_2=\frac{P_V}{\sin\alpha}$ (N) (8-8)

由于水平推力 P_H 的作用

为简化计算，假定横梁为一端固定的悬臂梁，水平推力全部由横梁承担，故产生弯矩

$$M_y=P_H l \tag{8-9}$$

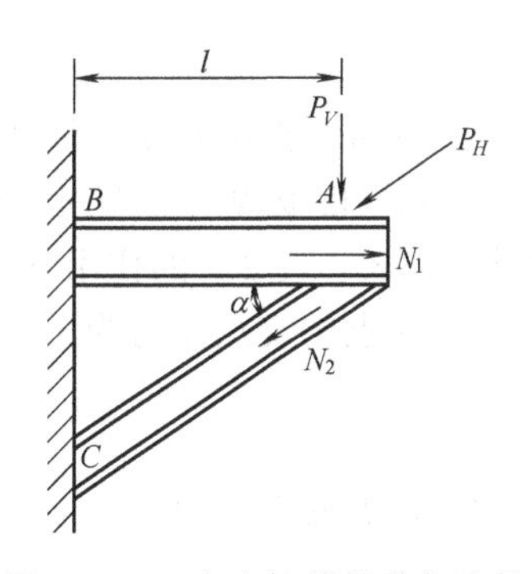

图 8-13 三角支架端部受力示意

(1) 横梁的计算

$$\sigma=\frac{N_1}{F}+\frac{M_y}{W_y}\leqslant[\sigma] \tag{8-10}$$

(2) 斜撑的计算。确定斜撑的型钢规格，首先满足斜撑的长细比 $\lambda\leqslant120$ 的原则。

$$\lambda=\frac{l_0}{i}\leqslant120 \tag{8-11}$$

式中 λ——斜撑的长细比；

l_0——斜撑的自由长度，$l_0=\frac{l}{\cos\alpha}$，cm；

i——斜撑材料截面的最小惯性半径，cm。

斜撑的应力

$$\sigma=\frac{N_2}{\varphi F}\leqslant[\sigma] \tag{8-12}$$

式中　φ——压杆的稳定系数，见表（8-4），当 $\lambda=120$ 时，$\varphi=0.45$。

表 8-4　压杆的稳定系数

长细比 λ	稳定系数 φ	长细比 λ	稳定系数 φ
0	1.000	110	0.536
10	0.995	120	0.466
20	0.981	130	0.400
30	0.958	140	0.349
40	0.927	150	0.306
50	0.888	160	0.272
60	0.842	170	0.243
70	0.789	180	0.218
80	0.731	190	0.197
90	0.669	200	0.180
100	0.604		

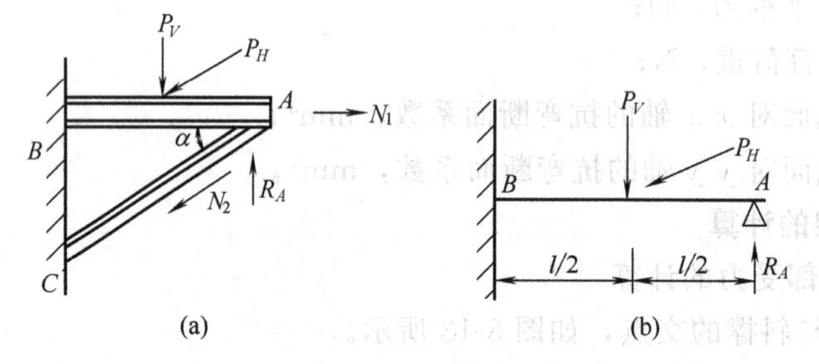

图 8-14　三角支架中间受力示意图

2. 三角支架中间受力的计算

首先将横梁视为一端固定的简支梁，如图 8-14 所示。根据一端固定另一端简支的单跨梁计算公式，在 P_V 的作用下：

① A 点的支点反力为

$$R_A=\frac{5P_V}{16} \tag{8-13}$$

② B 点的弯矩为

$$M_B=-\frac{3P_VL}{16} \tag{8-14}$$

一般受力点靠近 A 点，为安全起见和简化计算，常将力的作用点定为 $l/2$ 处。由于管道水平推力 P_H 的作用，在 B 点产生 $M_y=P_Hl/2$。于是将 P_A（与 R_A 大小相等，方向相反）分解为对横梁 AB 的轴向拉力 N_1 及对斜撑 AC 的轴向压力 N_2。

$$N_1=\frac{P_A}{\tan\alpha} \tag{8-15}$$

$$N_2=\frac{P_A}{\sin\alpha} \tag{8-16}$$

(1) 横梁的计算

$$\sigma=\frac{N_1}{F}+\frac{M_x}{W_x}+\frac{M_y}{W_y}\leqslant[\sigma] \tag{8-17}$$

$$M_x=-\frac{3Pl}{16}$$

$$M_y=P_H l/2$$

式中　M_x——在危险断面 B 处，由 P_V 产生的弯矩；

M_y——在危险断面 B 处，由 P_H 产生的弯矩。

(2) 斜撑的计算。按式(8-11)、式(8-12)计算。

第三节　弹簧支吊架的计算和选用

在管道有垂直位移的地方，应该设弹簧支吊架，以承管道的重量。弹簧的选定，是根据管道在铅垂方向的最大位移值和最大荷重来进行的。弹簧选定以后，再确定弹簧的工作高度、安装高度及安装荷重，然后选取相应的弹簧管吊或弹簧管托。

一、管道垂直位移量的计算

管道垂直热位移的计算方法较多，繁简不一，但与实际均有差异。这是因为影响热位移的因素较多，不仅与管材的特性、介质温度和管系形状有关，而且与复原力的大小和方向、支吊架的形式和位置均有密切的关系。可选用一种简单的近似计算法——悬臂挠度法，应用于现场设计时的计算。

在这个方法里，弯头可以直角来代替；每个水平管段可以认为是具有嵌入端的直悬臂梁。管道系统在垂直方向的热胀值（或补偿值）是依靠相邻水平管段的变形来吸收的，根据悬臂梁的变形 $\Delta=\frac{PL^3}{3EJ}$，水平管段吸收热位移的能力与其长度（L）的三次方成正比，与刚度（EJ）成反比。因此可得到任意一个水平管段的转角点位移的基本公式为

$$\Delta_i=\frac{\Delta_Z}{\sum L_n^3}L_i^3 \tag{8-18}$$

式中　Δ_i——任一计算管段转角点的热位移量，mm；

Δ_Z——管系在 Z 方向（垂直方向）的总热位移量，mm；

$\sum L_n$——全管系各水平管段的总长度，m；

L_i——对所计算的水平管段长度，m。

1. 具有一段垂直管段的计算

(1) 对于图 8-15 (a) 所示的管系，其转角点位移为

$$\Delta_1=\frac{\Delta_Z}{L_1^3+L_2^3}L_1^3 \tag{8-19}$$

$$\Delta_2=\frac{\Delta_Z}{L_1^3+L_2^3}L_2=\Delta_Z-\Delta_1 \tag{8-20}$$

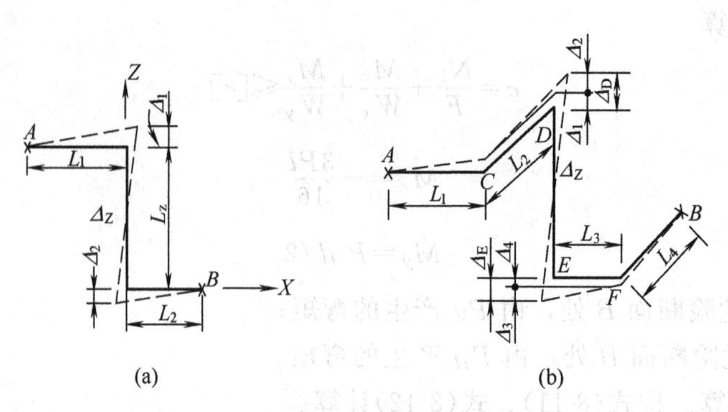

图 8-15　具有一段垂直管段的管系

(2) 对于图 8-15 (b) 所示管系，其转角点位移为

$$\Delta_C=\Delta_1=\frac{\Delta_Z}{L_1^3+L_2^3+L_3^3+L_4^3}L_1^3 \tag{8-21}$$

$$\Delta_2=\frac{\Delta_Z}{L_1^3+L_2^3+L_3^3+L_4^3}L_2^3 \tag{8-22}$$

$$\Delta_D=\Delta_1+\Delta_2=\frac{(L_1^3+L_2^3)\Delta_Z}{L_1^3+L_2^3+L_3^3+L_4^3} \tag{8-23}$$

$$\Delta_3=\frac{\Delta_Z}{L_1^3+L_2^3+L_3^3+L_4^3}L_3^3 \tag{8-24}$$

$$\Delta_4=\frac{\Delta_Z}{L_1^3+L_2^3+L_3^3+L_4^3}L_4^3 \tag{8-25}$$

$$\Delta_E=\Delta_3+\Delta_4=\frac{(L_3^3+L_4^3)\Delta_Z}{L_1^3+L_2^3+L_3^3+L_4^3} \tag{8-26}$$

2. 具有两段垂直管段的计算（见图 8-16）

$$\Delta_1=\Delta_C=\frac{\Delta_Z}{L_1^3+L_2^3+L_3^3+L_4^3}L_1^3 \tag{8-27}$$

$$\Delta_2=\Delta_D=\Delta_{Z1}-\Delta_C \tag{8-28}$$

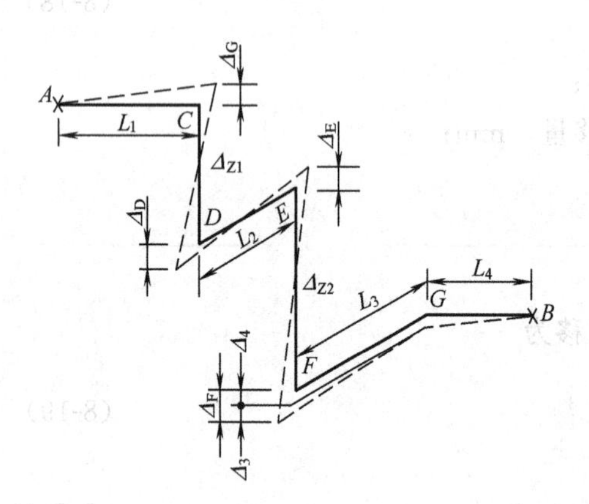

图 8-16　具有两段垂直管段的管系

$$\Delta_3=\frac{\Delta_Z}{L_1^3+L_2^3+L_3^3+L_4^3}L_3^3 \tag{8-29}$$

$$\Delta_4=\frac{\Delta_Z}{L_1^3+L_2^3+L_3^3+L_4^3}L_4^3 \tag{8-30}$$

$$\Delta_F=\Delta_3+\Delta_4=\frac{(L_3^3+L_4^3)\Delta_Z}{L_1^3+L_2^3+L_3^3+L_4^3} \tag{8-31}$$

$$\Delta_E=\Delta_{Z2}-\Delta_F \tag{8-32}$$

$$\Delta_Z=\Delta_{Z1}+\Delta_{Z2} \tag{8-33}$$

3. 管系的端点有位移时分配到支吊架位移的计算

端点附加位移示意如图 8-17 所示。

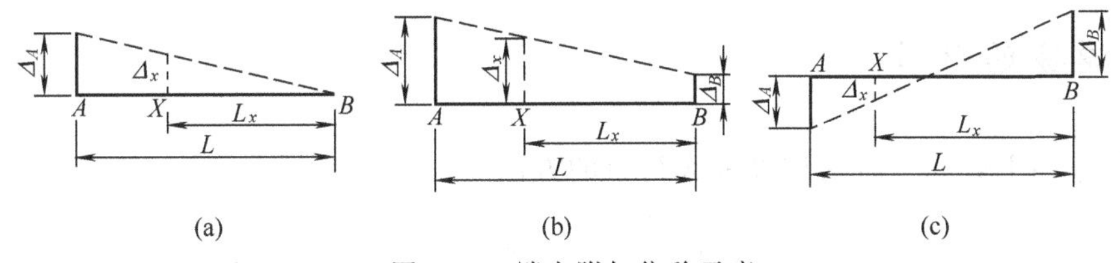

图 8-17 端点附加位移示意

(1) 管系的一端有位移，另一端无位移时

$$\Delta_x=\frac{L_x\Delta_A}{L} \tag{8-34}$$

(2) 管系两端有相同方向的位移时（$\Delta_A>\Delta_B$）

$$\Delta_x=\frac{L_x(\Delta_A-\Delta_B)}{L}+\Delta_B \tag{8-35}$$

(3) 管系两端有相反方向的位移时

$$\Delta_x=\frac{L_x(\Delta_A+\Delta_B)}{L}-\Delta_B \tag{8-36}$$

式中 Δ_A——端点 A 的位移；

Δ_B——端点 B 的位移；

Δ_x——x 处支吊架的位移量。

二、弹簧的选择

(1) 根据弹簧所承受的最大荷重和管道最大的垂直位移量，从有关表中选择合适的弹簧号。

弹簧所承受的最大荷重可按下述原则确定。

① 在热位移向上时，工作荷重（热态）相当于管道的基本荷重，安装荷重（冷态）大于工作荷重，因此必须用安装荷重作为选择弹簧的最大荷重。

② 在热位移向下时，安装荷重（冷态）相当于管道的基本荷重，工作荷重（热态）大于安装荷重，因此应以工作荷重作为选择弹簧的最大荷重。

但是，在管系中弹簧支架的相邻两侧支架或设备嘴子在冷态时能够多承受一些荷重时，也可将管道的基本荷重作为工作荷重即最大荷重来选择弹簧，这样在管道安装时弹簧支架所承受的荷重比它应该承受的管道的基本荷重小，其差值由相邻的支架或设备嘴子承担。

(2) 视管道的布置和支吊架生根位置等具体情况，选用弹簧管托或管吊。一般应尽量选用弹簧管吊，尤其在水平位移量较大的地方不宜选用弹簧管托。

(3) 在一般情况下，如实际工作压缩量超过表中最大压缩量的 35%时，可用两个弹簧串联安装。这时，每个弹簧所承受的垂直位移量应按两个弹簧最大压缩量的比例分配总的垂直位移量。如荷重和变位量的计算比较准确，或所选用的弹簧质量、性能比较可靠时，工作压缩量可提高，最大压缩量的 50%或更多一些。

如实际荷重超过表中最大允许荷重时可选用两个或两个以上的弹簧并联安装。

如实际工作压缩量和最大荷重均超过表中的数值时，可采用既串联又并联的安装方法。

(4) 弹簧所承受的实际荷重应小于弹簧的最大允许荷重 P_{max}，一般为 P_{max}的 95%。

三、弹簧的计算

1. 热位移向上或向下时的估算最大荷重的方法

$$P'_a = P_g \frac{\lambda_{max}}{\lambda_{max} - \Delta J} \tag{8-37}$$

或

$$P'_g = P_a \frac{\lambda_{max}}{\lambda_{max} - \Delta J} \tag{8-38}$$

式中 P_g——工作荷重，当热位移向上时 P_g 相当于管道的基本荷重，N；

P_a——安装荷重，当热位移向下时 P_a 相当于管道的基本荷重，N；

P'_g——估算的工作荷重（最大荷重），N；

P'_a——估算的安装荷重（最大荷重），N；

λ_{max}——弹簧的最大压缩量，mm；

ΔJ——向上或向下的热位移量，mm。

2. 弹簧的工作高度、安装高度和安装荷重或工作荷重的计算

（1）弹簧的工作高度

$$H_g = H_z - KP_g \tag{8-39}$$

（2）弹簧的安装高度

$$H_a = H_g \pm \Delta J \tag{8-40}$$

（3）弹簧的安装荷重或工作荷重

$$P_a = P_g \pm \frac{1}{K}\Delta J \tag{8-41}$$

$$K = \frac{\lambda_{max}}{P_{max}} (\text{mm/kg})$$

式中 H_g，H_z，H_a——弹簧的工作高度、自由高度、安装高度，mm；

P_a，P_g——弹簧的安装荷重、工作荷重，N；

ΔJ——支点向下或向上的热位移量，mm，在计算安装高度时热位移向下用“+”号，热位移向上则用“－”号，如图 8-18 所示，但在计算安装荷重时热位移向上用“+”号，向下则用“－”号；

K——弹簧系数；

P_{max}——最大荷重。

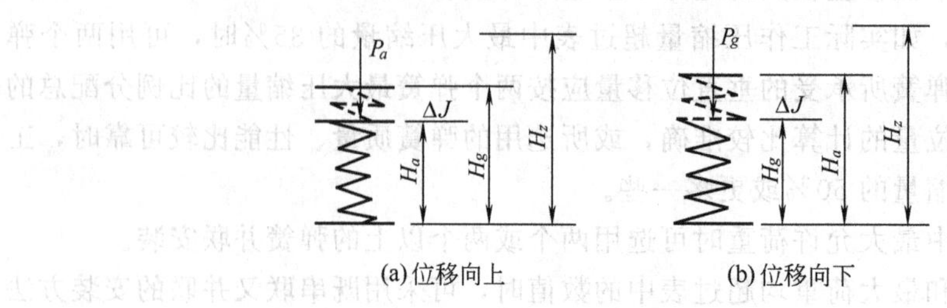

图 8-18 位移示意图

第四节　厂区间管架

工业生产过程中，主要由管道输送工艺介质，分厂与分厂之间，单元与单元之间以管道关联起来。特别是石油化工管道数量众多，有时一条线路上多达30～40根大小不等的管道。这些管道规格繁多，材质不一，所输送的介质特性有很大差异。在这样的情况下，合理排列组合全厂众多的管道，选用合适的管架，对全厂的布局和生产十分重要。下面介绍几种常用的厂区间管架结构形式。

1. 独立式管架

这种管架适于在管径较大、管道数量不多的情况下采用。有单柱式和双柱式两种（根据管架宽度和推力大小而定）。这种形式，采用较为普遍，设计和施工也较简单，如图8-19所示。

2. 悬壁式管架

与一般独立式管架不同点在于把柱顶的横梁改为纵向悬臂，作管道的中间管座，延长了独立式管架的间距，使造型轻巧、美观。其缺点是管道排列不多，一般管架宽度在1.0m以内，如图8-20所示。

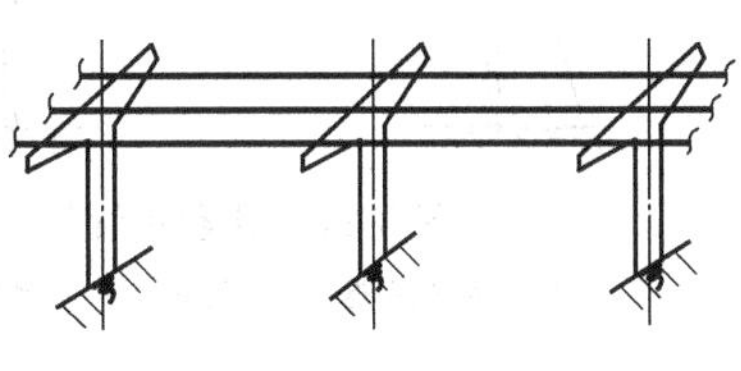

图8-19　独立式管架

3. 梁式管架

梁式管架可分为单层和双层，又有单梁和双梁之分。常用的梁式管架为单层双梁结构，跨度一般在8～12m之间，适用于管道推力不太大的情况。可根据管路跨度不同，在纵向梁上按需要架设不同间距的横梁，作为管道的支点或固定点，如图8-21所示。

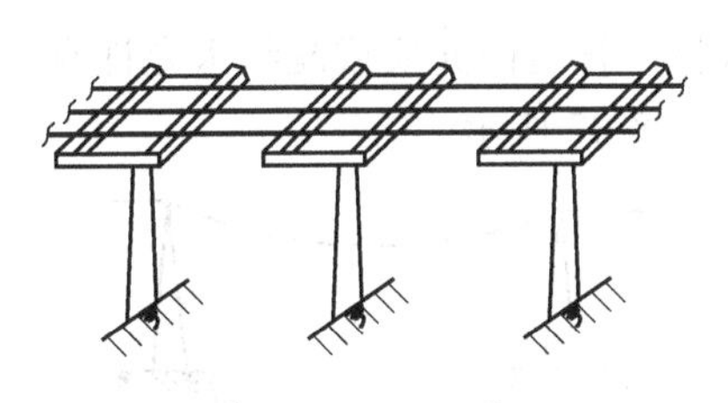

图8-20　悬臂式管架

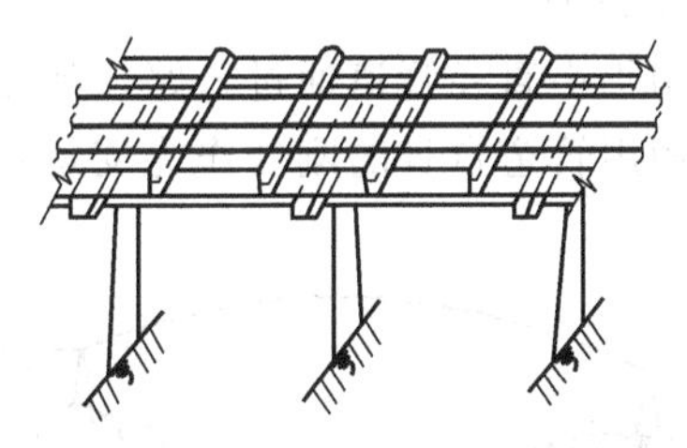

图8-21　梁式管架

4. 桁架式管架

适用于管道数量众多，而且作用在管架上推力大的线路上。跨度一般在16～24m之间，这种形式的管架外形比较宏伟，刚度也大，但投资和钢材耗量也大，如图8-22所示。

5. 悬杆式管架

这种管架适用于管架较小，多根排列的情况。要求管道较直，跨度一般在15～20m之间，中间悬梁一般悬吊在跨中1/3长度处。其优点是造型轻巧，柱距大，结构受力合理。缺

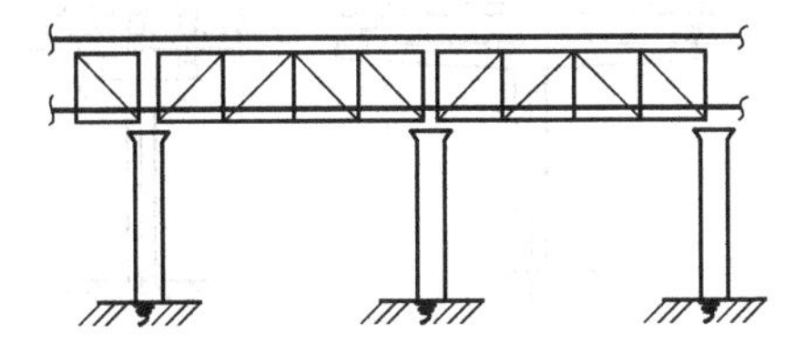

图8-22　桁架式管架

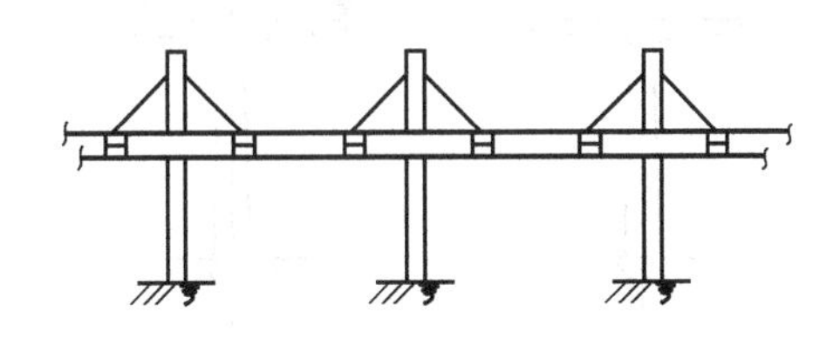

图8-23　悬杆式管架

点是钢材耗量多，横向刚性差（对风力和振动的抵抗力较好），施工和维修要求较高，常需校正标高，而且拉杆金属易被腐蚀性气体腐蚀，如图 8-23 所示。

6. 悬索式管架

这种管架适用于管道直径较小，需跨越宽阔马路、河流等情况。跨越大跨度时可采用小垂度悬索管架。悬索下垂度与跨度之比，一般可选 1/20～1/10 之间，如图 8-24 所示。

7. 钢绞线绞接管架

管架与管架之间设拉杆，在沿管道方向，由于管架底部能够转动，不会产生弯矩，固定管架及端部的中间管架采用钢绞线斜拉杆，使整体形成稳定。作用于管架的轴向推力，全部由水平拉杆或斜拉杆承受。适用于管路推力大和管架变位量大的情况，如图 8-25 所示。

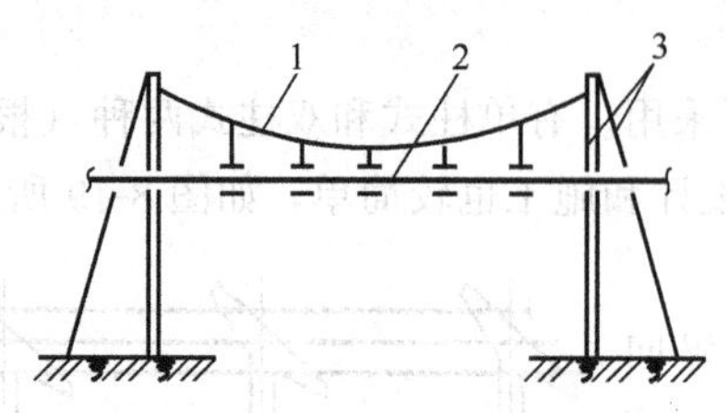

图 8-24　悬索式管架

1—钢筋吊架；2—管道；3—钢拉杆

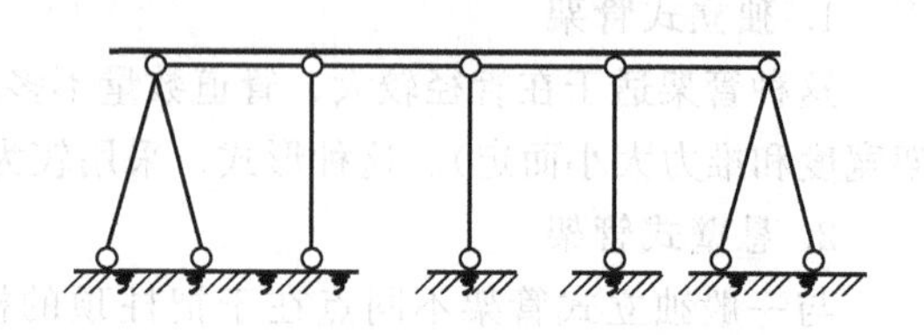

图 8-25　钢绞线绞接管

8. 拱形管道

当管道跨越公路、河流、山谷等障碍物时，利用管道自身的刚度，煨成弧状，形成一个无铰拱，使管道本身除输送介质外，兼作管承结构，拱形又可考虑作为管道的补偿设施。这种方案称之为拱形管道，如图 8-26 所示。

9. 下悬管道

适用于小直径管道通过公路、河流、山谷等障碍物，管道内介质或凝结水允许有一定积存时，利用管道自身的刚度作为支承结构的情况，如图 8-27 所示。

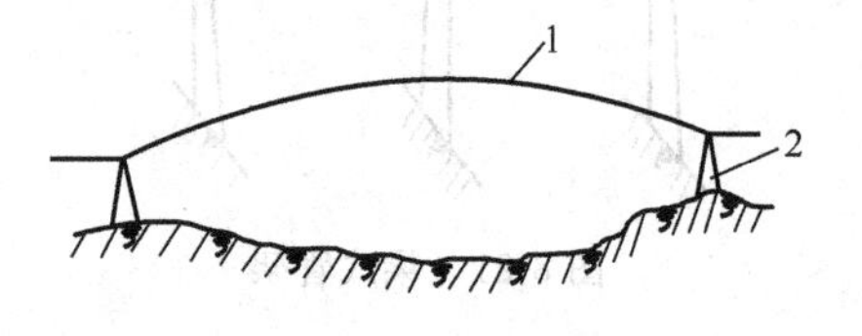

图 8-26　拱形管道

1—管道；2—固定管架

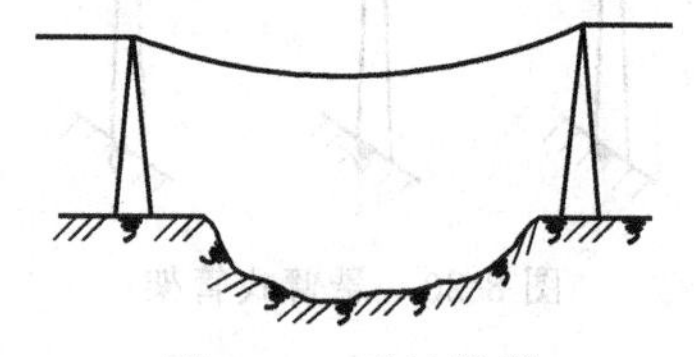

图 8-27　下悬管道

10. 长臂管架

长臂管架可分为单长臂管架与双长臂管架两种，如图 8-28 及图 8-29 所示。单长臂管架适用于 *DN*150 以下的管道。长臂管架的优点是增大管架跨距，解决小管径架空敷设时管架过密的问题。

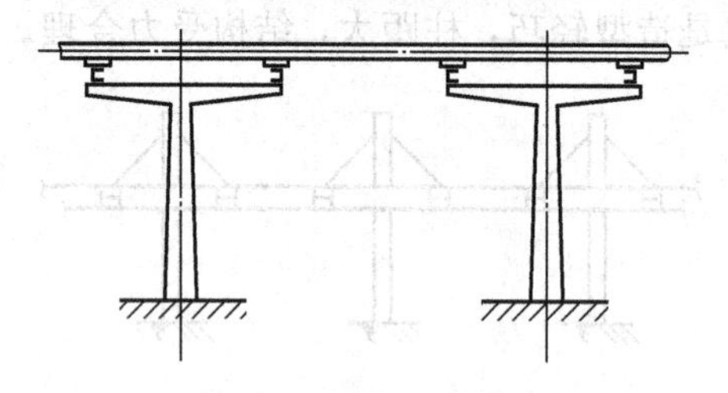

图 8-28　单长臂管架

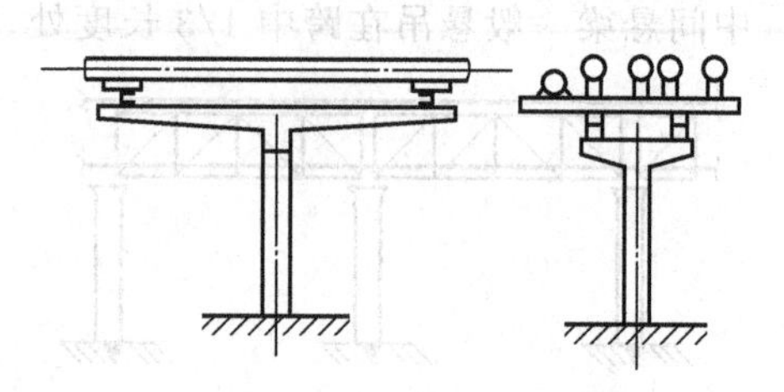

图 8-29　双长臂管架

第五节　管架跨度和位置的确定

一、管道最大允许跨度计算

敷设在管架上的水平管道，其受力情况与梁相似，管道的允许跨度就是管架的最大布置间距。管道允许跨度的大小直接决定着管架的数量，跨度太小造成管架过密，管架费用增高。在保证管道安全和正常运行的前提下，应尽可能增大管道跨距，以降低管架费用。管道允许跨度取决于管材的强度、刚度、外载荷的大小、管道敷设的坡度以及管道允许的最大挠度等因素。管道允许跨度可分别按强度条件和刚度条件计算，取两者中较小值作为推荐的最大允许跨度。

1. 按强度条件计算

为了保证安全，管道截面上的最大应力不得超过管材的许用应力。根据这一原则计算的管道允许跨度，称为按强度条件计算的管道最大允许跨度。

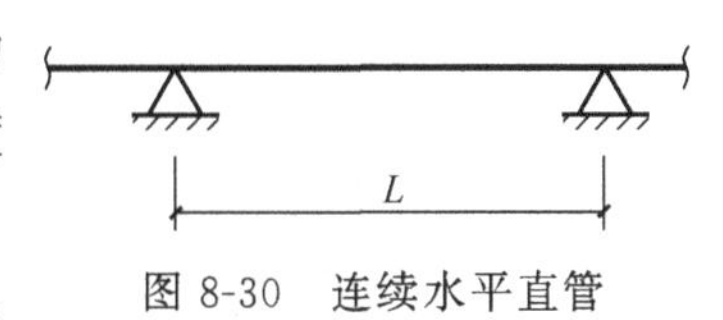

图 8-30　连续水平直管

如图 8-30 所示，对于连续敷设，均布荷载的水平直管，其最大允许跨度计算公式为

$$L_{max}=2.24\sqrt{\frac{[\sigma]\varphi W}{q}} \tag{8-42}$$

$$W=\frac{\pi(D^4-d^4)}{32D} \tag{8-43}$$

式中　L_{max}——管道的最大允许跨距，m；

q——管道单位长度的重量，N/m；

$[\sigma]$——管材许用应力，MPa；

φ——管子横向焊缝系数，见表 8-5；

W——管子断面抗弯矩，cm^3；

D——管道外径，cm；

d——管道内径，cm。

表 8-5　管子横向焊缝系数

横向焊缝系数 φ		纵向焊缝系数 φ_1	
焊接情况	φ	焊接情况	φ_1
手工电弧焊	0.7	手工电弧焊	0.7
有垫环对焊焊接	0.9	直缝焊接钢管	0.8
无垫环对焊焊接	0.7	螺旋焊接钢管	0.6
手动双面加强焊接	0.95	无缝钢管	1.0
自动双面焊接	1.0		
自动单面焊接	0.8		

2. 按刚度条件计算

管道在一定跨度下就会产生一定的挠度，根据对挠度的限制所确定的允许跨度称为按刚度条件计算的管道最大允许跨度。

如图 8-31 所示，对于连续敷设、均布荷载的水平直管，其最大允许跨度计算式为

$$L_{\max}=0.024\sqrt{\frac{EJ}{q}} \tag{8-44}$$

$$J=\frac{\pi}{64}(D_{o}^{4}-D_{i}^{4}) \tag{8-45}$$

式中　E——在计算温度下管材弹性模数，MPa；

J——管子断面惯性矩，cm^4。

3. 水平弯管和尽端直管跨度计算

水平 90°弯管两管架间管道的展开长度 L 如图 8-31 所示，不应大于水平直管最大允许跨度的 0.73 倍。尽端直管两管架间管道的长度 L 如图 8-32 所示，不应大于水平直管最大允许跨度的 0.81 倍。

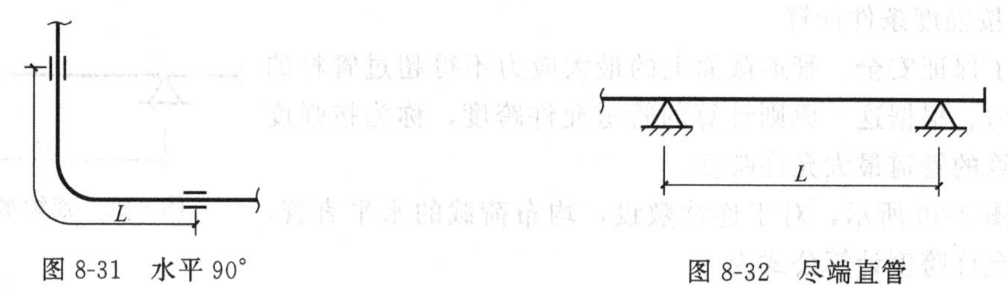

图 8-31　水平 90°　　图 8-32　尽端直管

二、确定管道支吊架位置的要点

(1) 首先要满足管道最大允许跨度的要求。

(2) 在有集中荷载时，支架要布置在靠近荷载的地方，以减少偏心荷载和弯曲应力。

(3) 往复式压缩机的吸入或排出管道以及其他有强烈振动的管道，宜单独设置支架（生根于地面上的管墩、管架上），并与建筑物隔离，以避免将振动传递到建筑物上。

(4) 承重支架应安装在靠近设备管嘴处，以减少管嘴受力。如果管道重量过重，一个承重支架承重有困难时，可增设一个弹簧承重支架。

(5) 对于复杂的管系，尤其需要作较精确的热应力计算的管系，宜按下面步骤设置支架。

第一步：将复杂管系用固定支架或导向支架划分为几个较为简单的管段。

第二步：在集中荷载点附近配置支架。

第三步：按规定的最大允许跨距设置其余支架。

第四步：进行热应力核算，根据核算结果调整支吊架的位置。

第六节　支吊架的安装

一、安装的一般要求

(1) 支架的横梁应牢固地固定在墙、柱子或其他构筑物上。横梁长度方向应水平，顶面

应与管子中心线平行。

(2) 吊架的吊杆应牢固地固定在楼板、梁或其他构筑物上。吊杆应垂直于管道（热膨胀管道除外），吊杆的长度一般应能调节。在木梁上安装吊架时，不准在木梁上打洞或钻眼，应用扁钢抱住木梁而设吊卡。

(3) 固定支架必须安装在设计规定的位置，并应使管道牢固地固定在支架上，以便抵抗管道的水平推力。

(4) 活动支架不应妨碍管道由于热膨胀所引起的移动。管道在支架横梁或支座的金属垫块上滑动时，支架不应偏斜或使滑托卡住。热膨胀量较大的管道，支管与主、干管的连接点，应远离支架，一般要求不小于 200 mm，以免影响主、干管的伸缩。

(5) 补偿器的两侧应安装 1～2 个导向支架，使管道在支架上伸缩时不致偏移中心线。

(6) 在保温管道上不宜采用过多的导向支架，以免妨碍管道的自由伸缩。

(7) 支架的受力部件，如横梁、吊杆及螺栓等的规格，应符合设计或有关标准图的规定。

(8) 支架的长度应使管道中心离墙的距离和管道中心之间的距离符合设计要求。

二、支架定位的方法

安装支架时，首先应根据设计要求定出各种不同支架安装轴线的位置，再按管道的标高把同一水平直管两端的支架位置画在墙或柱上（以支架横梁顶面为基准）。要求有坡度的管道，则应根据两点间的距离和坡度的大小，算出两点间的高度差。

三、常用支架的安装

1. 埋入式支架

如图 8-33 所示，可配合土建施工一次埋入或预留孔洞，以减少打洞工作量。

2. 焊接式支架

如图 8-34 所示，钢筋混凝土构件上的支架可在浇注时预埋钢板，然后将支架焊接在预埋钢板上。

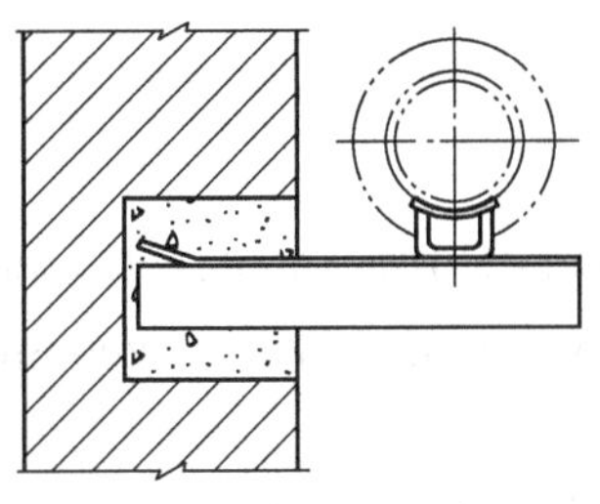

图 8-33　埋入式支架

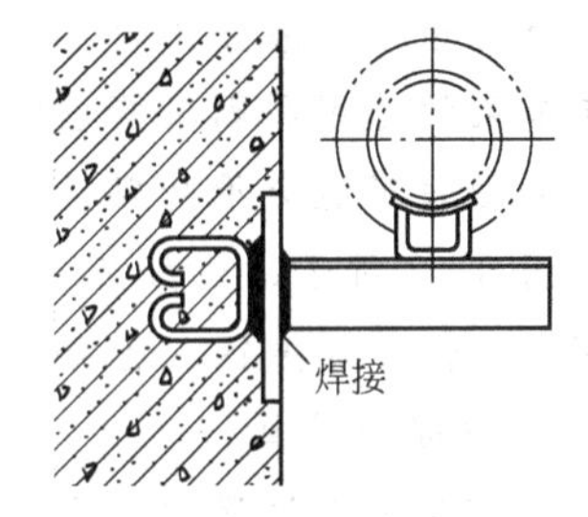

图 8-34　焊接式支架

3. 包柱式支架

如图 8-35 所示，沿柱子敷设的管道（如未预埋钢板），可以采用包柱式支架。

4. 射钉和膨胀螺栓安装的支架

分别如图 8-36 和图 8-37 所示。在设有预留孔洞和预埋钢板的砖或混凝土构件上，支架所受荷重不大的情况下，可以用射钉或膨胀螺栓安装支架。

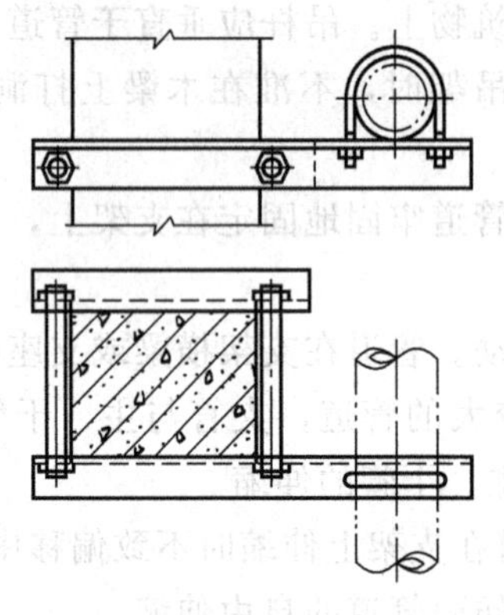

图 8-35 包柱式支架

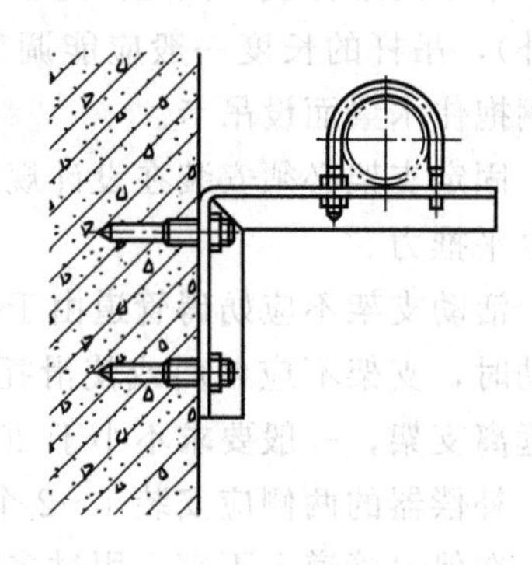

图 8-36 射钉安装的支架

5. 立管卡和钩钉

如图 8-38 所示，立管卡埋入深度不小于 100mm，孔洞一般是预留或管道安装前打好，埋设方法和埋入式支架相同。一般每层楼均应设置一个，若层高较大时，可适当增加。钩钉适用于靠墙敷设的小直径水平支管，安装前要用浸过沥青的木基埋入墙内，管道安装后再将钩钉打入。打钩钉时，手锤不要打在钩部。

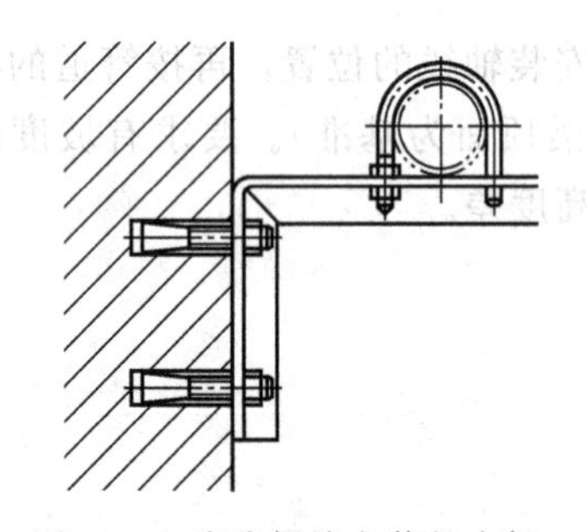

图 8-37 膨胀螺栓安装的支架

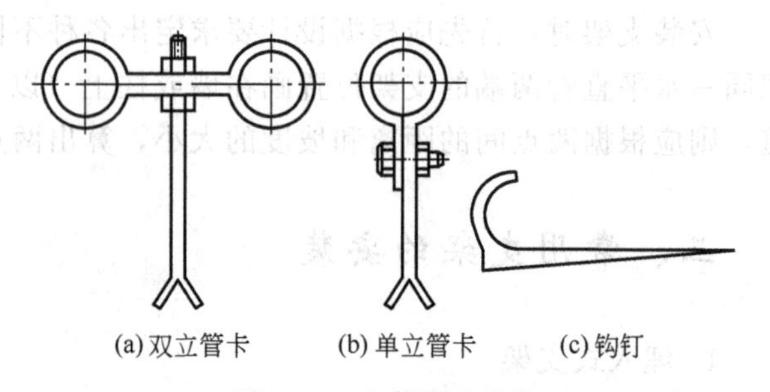

(a) 双立管卡 (b) 单立管卡 (c) 钩钉

图 8-38 立管卡和钩钉

思考题及习题

1. 管道支吊架一般分为哪几类？

2. 支吊架的选用原则有哪些？

3. 固定管架可能会承受哪几种水平推力？

4. 如图 8-13 所示，已知三角支架端部受力 $P_V=3000\text{N}$，$P_H=900\text{N}$，$l=900\text{mm}$，$\alpha=30°$。选用 10 号普通槽钢，已知 $F=1274\text{mm}^2$，$W_x=39700\text{mm}^3$，$W_y=7800\text{mm}^3$，$[\sigma]=174\text{MPa}$，试作受力计算。

5. 管道何时考虑设置弹簧支吊架？选择弹簧支吊架的依据是什么？

6. 弹簧支吊架何时串联安装？何时并联安装？

7. 常用的厂区间管架有哪几种？

8. 简述确定管道支吊架位置的要点。

9. 简述管道支吊架安装的一般要求。

第九章　管道工程安装

第一节　安装施工前期准备工作

工业管道的安装施工，一般可分为熟悉图纸资料、管道测绘、管道预制加工、管道安装以及管道的试压、吹洗、脱脂、防腐、保温、试车、交工等程序。这种程序有它自己的客观规律性，管道安装施工只有符合这种规律，才能确保施工的安全、质量和进度。

现代工业建设具有规模大、交叉作业多、工期短等特点。要做到按程序施工，安装施工的准备工作尤其重要，必须提前进行。

一、安装施工的准备

安装前期的准备的目的是为了给以后的施工创造良好条件。施工准备的范围很广，这里所讲的施工准备是指安装的技术准备、材料准备和机具准备。

1. 技术准备

技术准备是施工安装准备工作的核心，其内容一般包括熟悉图纸资料，布置和安排施工场地，了解土建施工和设备安装的进程以及现场的水源、电源、临时道路等是否具备条件。

管道施工所需要的图纸资料主要是设计说明书、工艺流程图、设备布置图、管道布置图、管道支吊架图及其标准图等。除此之外，在施工中，往往还需参考部分土建图纸和设备制造图纸，仪表、电器图纸以及采暖、通风、给排水图纸等。同时还应准备好施工组织设计、施工方案、施工技术交底及有关的标准、规范、操作规程、安全规程等资料，以利施工的顺利进行。

图纸资料准备齐全以后，就要开始熟悉图纸资料。熟悉图纸资料的过程和方法可按识读单张图纸与整套图纸的步骤和方法进行。一般是先看基本图和详图，有必要时，再熟悉土建图，设备制造图，仪表、电器图等。在熟悉图纸阶段，应特别注意管道的位置和标高有无差错，管道的交叉处、连接点、变径处是否清楚，管道工程与土建工程及电器、仪表、设备安装有无矛盾。同时，还应弄清楚管道的材质与规格，所用阀件及其他管道组成件的型号，管道的连接方式及支吊架结构形式。

通过熟悉图纸，应了解生产工艺，弄清设计意图，从而明确对施工的要求。在熟悉和自审图纸过程中，如发现问题，应及时作好记录，并在施工图纸会审时提出，以便及时解决。与此同时，还应当熟悉技术交底，了解施工工艺、技术安全措施、施工安装规范要求、质量标准等，并提出相应的材料使用计划、机具使用计划、加工件计划和必要的加工图。

对于重点工程，特殊工程，推行新结构、新工艺、新材料的工程，除熟悉图纸资料和施工技术交底外，还应当组织有关人员外出参观调研、学习或举办专门技术培训班，请有经验的工程技术人员和专家讲课，以达到提高施工安装技术水平和保证管道安装质量的目的。

2. 材料准备

管道施工中所需要的材料可分为两大类：一类是主材，这类材料直接用在工程上，是永久性的，如管子、管件、法兰、垫片、阀门、紧固件、支吊架等；另一类材料是消耗材料，如棉纱、棉布、机油、洗油、粉线、石笔、氧气、电石以及劳保用品等，这类材料，在施工中只起辅助作用，所以又称为辅助材料或消耗材料。

材料准备工作的好坏对工程质量和施工进度有很大影响，因此必须认真做好以下各项工作。

(1) 以施工预算、施工图为依据，并结合现场具体情况，做全做好用料计划和先后进场日期。

(2) 材料进场后，应及时进行检验。其材质、规格、型号、数量、尺寸、误差及外观缺陷均应符合有关规定。没有说明书和合格证的材料不得验收和使用。管子及配件应根据出厂说明书或相应的技术文件做如下检验。

① 各类管子，其内外表面不得有裂缝、折皱、分层、裂纹、结疤和严重锈蚀等缺陷。如有缺陷，应完全清除，清除后壁厚不得超过负偏差。钢管的尺寸偏差应符合国家颁布的钢管制造标准，经过验收和检查合格的高压钢管应及时填写“高压钢管检查验收记录”。

② 阀门壳体内外表面应平滑、洁净，没有砂眼、灰渣气孔、缩孔、裂纹等缺陷，阀门转动应灵活，阀体螺栓连接牢固，螺栓露出螺母以外2～3扣。阀门上的法兰或丝扣应按法兰和丝扣标准检查，并经试压合格。低压阀门要进行强度和严密性试验抽查或全查。对于在高、中压和有毒、剧毒及易燃、易爆场合下使用的阀门，必须复核合格证书和试验记录，应逐个进行强度和严密性试验，并填写阀门试验记录。

③ 螺栓、螺母的螺纹应完整，无刻痕、毛刺及断丝等缺陷。螺母的端面应平整，且与中心线垂直。螺栓与螺母应正确配合，螺母应能用手拧入全部丝扣，而不得在螺栓上晃动。经检查合格的螺栓、螺母应成套存放。不同材质的螺栓、螺母须标出明显标志。以免安装施工时装错。

④ 法兰和法兰盖的表面应光滑，不得有裂缝、斑点、剥离层、毛刺以及其他影响法兰强度和密封性的缺陷。其尺寸偏差应符合现行有关标准。材质应符合设计要求。高压法兰和法兰盖经验收后应填写“高压管件检查验收记录”。

⑤ 缠绕垫不得有松动现象。石棉橡胶板、耐油橡胶板，其外观不得有折损、皱纹、裂纹等缺陷。金属和金属包石棉垫片，用平尺目测检查，其表面应密贴，密封面不得有毛刺、裂纹、凹痕、粗糙和凹凸不平等缺陷。高压透镜垫应符合标准要求。

⑥ 钢制弯头、大小头、三通、补偿器及管帽的内、外表面都应光滑，没有砂眼、疤痕、裂纹、沟槽等缺陷。其尺寸偏差应符合现行的有关标准。材质应符合设计要求。高压管件经验收后应填写“高压管件检查验收记录”。

⑦ 管道支、吊架的形式、材质、尺寸、精度及焊接等应符合设计要求。外观检查不得有漏焊、欠焊、裂纹、咬肉等缺陷。支架底板及支架、吊架弹簧盒的工作面应平整。管道支、吊架弹簧应有合格证明书，弹簧表面不得有裂纹、折损、分层、锈蚀等缺陷；尺寸偏差应符合图纸的要求；工作圈数偏差不得超过半圈，在自由状态时，弹簧各圈节距应均匀，其

偏差不得超过平均节距的10%；弹簧两端支承面应与弹簧轴线垂直，其偏差不得超过自由高度的2%。

（3）施工现场用料数量大、品种繁多，各工种同时施工，交叉作业多，现场材料如管理不好，容易造成混乱和丢失，因此，材料进场后，应按品种、规格、材质整齐堆放，妥善保管。对于料场、料棚或临时库房等，都必须事先做出适当安排。

（4）施工中，应及时将剩余材料全部收集起来，办理退库手续，由物资供应部门收回，做到工完、料净、场地清。

3. 机具准备

施工中所需用的工机具，可分为常用工机具和专用工机具两大类。

在管道施工中，要想提高劳动生产率和减轻体力劳动，就必需做好以下几项机具准备工作。

（1）施工前，根据所承担的工程量，提出机具需用量计划，交有关部门准备。其内容应包括工机具名称、规格、型号、数量，有时还需说明使用起止时间。

（2）机具进场后，要核对数量和规格、型号，并对产品的质量进行检查。

（3）在施工中，对所有的施工机具，要经常检查、维修、保养，以提高机具的使用率和完好率。

二、管道测绘

（一）测绘的目的

管道测绘，就是在施工现场待与管道有关的土建工程已检验合格、与管道连接的设备机器已找正合格，固定完毕后，对待安装的管段尺寸进行实测，并绘制成施工草图（现多为单管段图），以满足管道加工和预制的需要。目前，由于各种因素的影响（如设备制造、安装误差、土建施工误差），如果直接按照设计图纸上的尺寸下料制作，往往会给安装工作带来一些困难，甚至造成返工浪费。所以，施工前，一般都要进行现场实测。

通过现场实测，可以检查管道的设计标高和尺寸是否与实际相符，预埋件及预留孔洞的位置是否正确，管道交叉点以及管道与设备、仪表安装是否有矛盾等。对于那些在图纸上无法确定的标高、尺寸和角度，也只有在实地进行测量，才能满足管道预制加工的需要。

（二）测绘工具

管道测绘工作中常用的工具有水平尺、粉线、弯尺（直角尺）、钢卷尺、线锤，角度尺、划规，以及制图仪器等。

1. 水平尺

水平尺是用来检验水平度和垂直度的，有方框式和长条式两种，如图9-1所示。管工常用的是一种长条式的铁水平尺，它由铁壳和水准器组成，水准管内装有液体（酒精或乙醚）

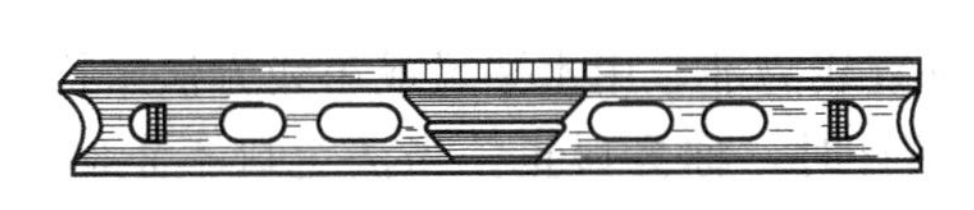

(a) 长条式水平尺

(b) 方框式水平尺

图9-1 水平尺

和一个可以灵活移动的气泡。

用水平尺检验工件时，如气泡居中不再移动，则说明工件处于水平或垂直位置；当被测平面稍有倾斜，水准器的气泡就向高的一方移动，在水准器的刻度上可读出两端高低相差值。如刻度值为 0.5mm/m，即表示气泡每移动一格时，被测长度为 1m 的两端上高低相差 0.5mm。刻度值为 2mm/m，即表示气泡每移动一格时，被测长度为 1m 的端上，高低相差 2mm。检验时，为了降低水平尺本身制造精度对测量精度的影响，往往在同一测量位置上，正反测量两次，即测完一次之后，将水平尺倒过来再测一次，以两次读数的平均值作为该处的水平度或垂直度。

方框式水平尺，简称方水平。有几种规格，小的为 150mm×150mm，大的为 300mm×300mm，精度比铁水平高。它的刻度值有 0.02mm/m、0.05mm/m 两种。使用方法与铁水平尺大致相同。

水平尺在使用前后，都必须用布擦干净，用完后，应妥善保管，最好放在盒子里。

2. 线锤

线锤是一种用来检验垂直度的简单工具。形状为锥形，上圆下尖，在上部圆心有一个连接吊线用的接头，使用时根据线锤大小，配上适当粗细的细线，即可使用。线锤是用铁质或铜质材料车制的，表面大多经过电镀处理。规格按重量划分，有 0.05kg，0.1kg，0.2kg，0.25kg，0.3kg，0.4kg，0.5kg 几种。

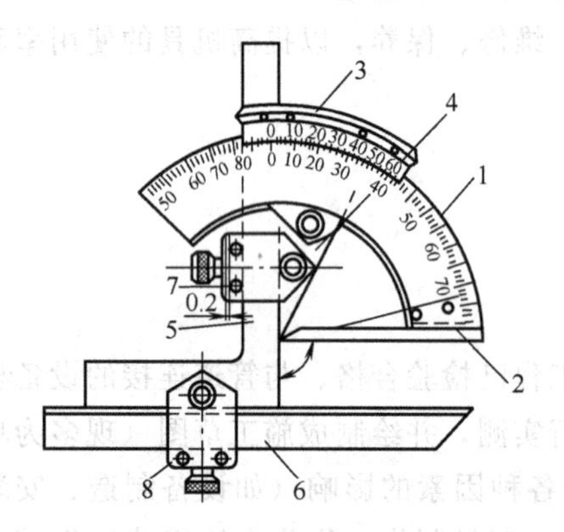

图 9-2 万用角度尺

1—扇形主尺；2—基准板；3—游标；4—扇形板；5—直角尺；6—直尺；7，8—套箍

3. 游标角度尺

游标角度尺，也称万用角度尺，它可以测量零件和样板内外角度，测量范围为 0°～320°。游标分度值为 2，它的构造如图 9-2 所示。基准板 2 固定在扇形主尺 1 上，游标 3 固定在扇形板 4 上，直角尺 5 用套箍 7 固定在扇形板 4 上，直尺 6 用套箍 8 固定在直角尺上，直角尺和直尺都可滑动。改变直角尺和直尺的相对位置可以将测量范围调整为 0°～50°、50°～140°，140°～230°及 230°～320°。

(三) 测绘的基本原理和方法

管道测绘的方法很多，而且十分灵活，但不管怎样测量，其基本原理都是利用三角形的边角关系和空间三轴坐标来确定管道的位置、尺寸和方向。

测绘时首先要确定基准，根据基准进行测绘。管道工程一般都要求横平、竖直、眼正(法兰螺栓孔正)、口正（法兰面正)。因此，基准的选择离不开水平线、水平面，垂直线、垂直面。测绘时，应根据施工图纸和施工现场的具体情况进行选择。

管路中法兰的安装位置，一般情况下是平眼（双眼)，个别情况也有立眼（单眼)，这两种情况都称为眼正，如图 9-3 所示。

测量时，可以法兰眼水平线或垂直线为准，用水平尺或吊线方法来检查法兰眼是否正。

法兰密封面与管子的轴线互相垂直时，称为口正。当法兰口不正时，称为偏口（或张口)；测量方法是用直角尺检查。

测量长度用钢卷尺。管道转弯处应测量到转弯的中心点，测量时，可在管道转弯处两边

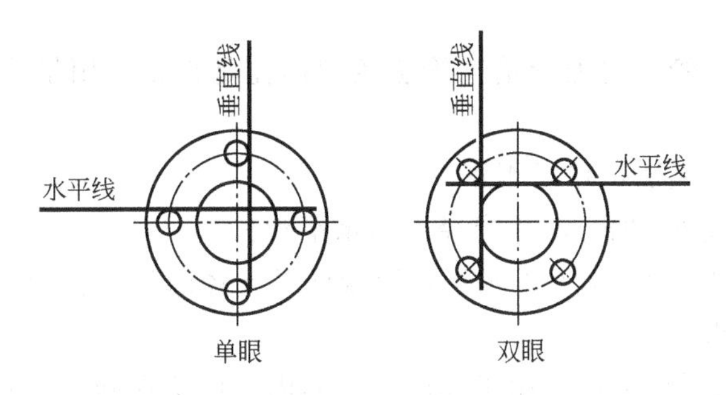

图 9-3　单、双眼法兰

的中心线上各拉一条细线，两条线的交叉点就是管道转弯处的中心点。

测量标高一般用水准仪，也可以从已知的标高用钢卷尺测量。

测量角度可以用经纬仪。但一般方法是在管道转弯处两边的中心线上各拉一条细线，用量角器或活动角尺测量两条线的夹角，也就是弯管的角度。

在进行施工测绘的过程中，首先应根据图纸的要求定出立干管各转弯点的位置。在水平管段先测出一端的标高，并根据管段的长度和坡度，定出另一端的标高。两点的标高确定后，就可以定出管道中心线的位置。再在干管中心线上定出各分支处的位置，标出分支管的中心线。然后把管路上各个管件、阀门、管架的位置定出，测量各管段的长度和弯头的角度，并标注在测绘草图上，即完成现场实测工作。

（四）测绘实例

1. 短管测量

短管用于相距较近且位于一条直线上的两个法兰口的连接，其测量方法如图 9-4 所示。

① 用吊线或水平尺测量两端法兰螺栓孔是否正。

② 用两个直角尺测量两端法兰口（垂直方向口也可用水平尺测量）是否正。

③ 用卷尺测量短管长度 a。

2. 水平 90°弯管测量

水平 90°弯管又称水平直角弯。用于同一水平面互成直角的两法兰口的连接，其测量方法如图 9-5 所示。

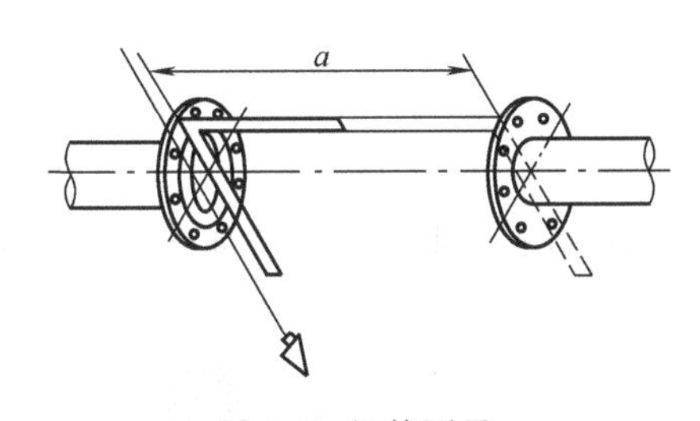

图 9-4　短管测量

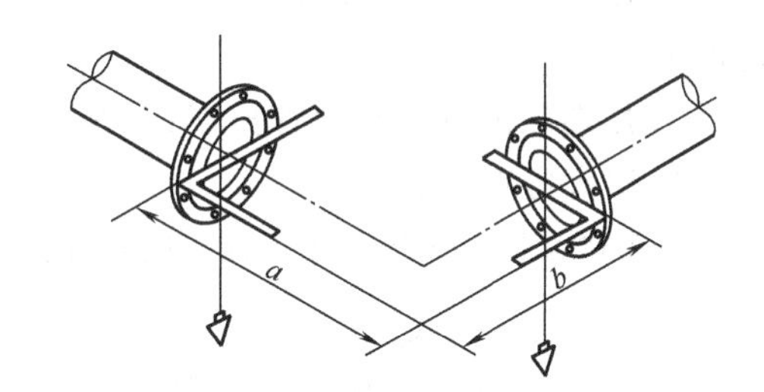

图 9-5　水平 90°弯管测量

① 用吊线或水平尺测量两端法兰螺栓孔和法兰口是否正；

② 用两个直角尺测量法兰水平方向口是否正，并保证在成 90°角的情况下，用卷尺测量 90°弯管的两端长度 a、b（测量长度应减去法兰半径）。

3. 垂直 90°弯管测量

垂直 90°弯管用于在同一铅垂面内互成直角的两法兰面的连接，其测量方法如图 9-6

所示。

① 用直角尺沿水平管方向测量垂直管法兰螺栓孔是否正，用吊线或水平尺测量水平管法兰螺栓孔是否正。

② 用水平尺测量两端法兰口是否正。

③ 用吊线量出长度 b，加上法兰半径即为水平管长。

④ 用水平尺及吊线量出 h，h 加水平尺厚及法兰半径即为垂直管长。

4. 水平来回弯管测量

水平来回弯又称水平灯叉弯，用于在同一平面内、但不在同一中心线上的两法兰口的连接，测量方法如图 9-7 所示。

① 用吊线或水平尺测量两端法兰孔和法兰口是否正。

② 用两个直角尺与钢卷尺测量来回弯管长度 a 和间距 b。

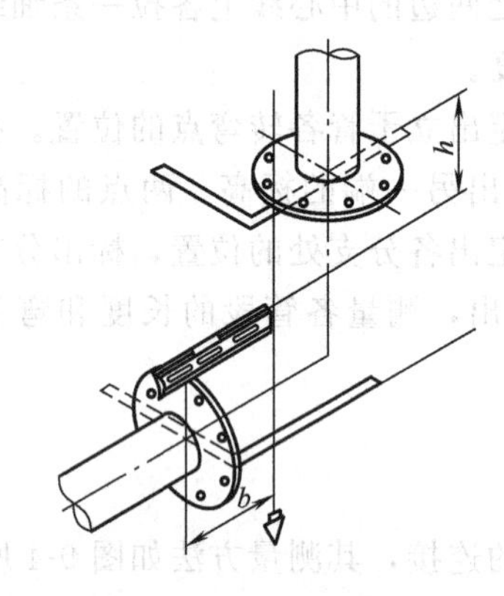

图 9-6 垂直 90°弯管测量

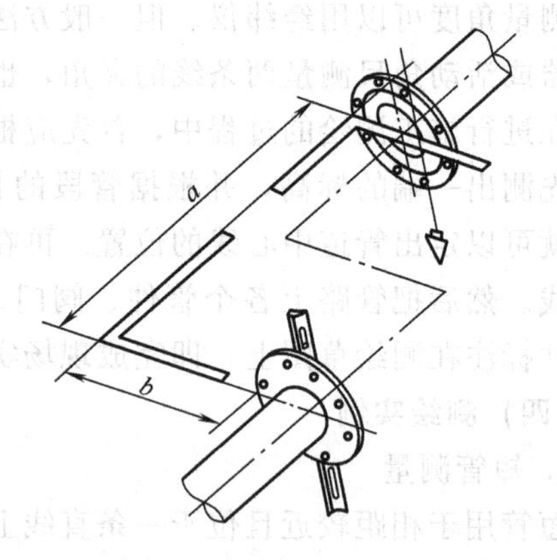

图 9-7 水平来回弯管测量

5. 180°弯管测量

180°弯管又称 U 形弯，用于中心线平行，朝向一致的两法兰口的连接，其测量方法如图 9-8 所示。

① 用吊线或水平尺测量两端法兰螺栓孔是否正。

② 用吊线或水平尺测量两端法兰上、下方向口是否正，用直角尺测量法兰水平方向口是否正。

③ 用卷尺测量 180°弯管长度 a、b。

6. 摆头弯管测量

摆头弯又称摇头弯。用于在空间相互交错的两法兰口的连接，其测量方法如图 9-9 所示。

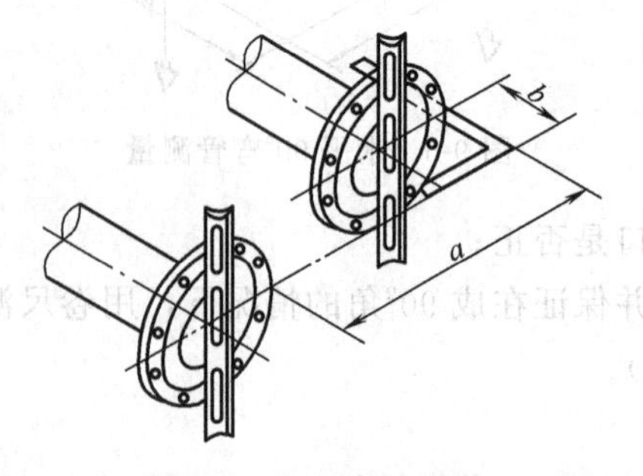

图 9-8 180°弯管测量

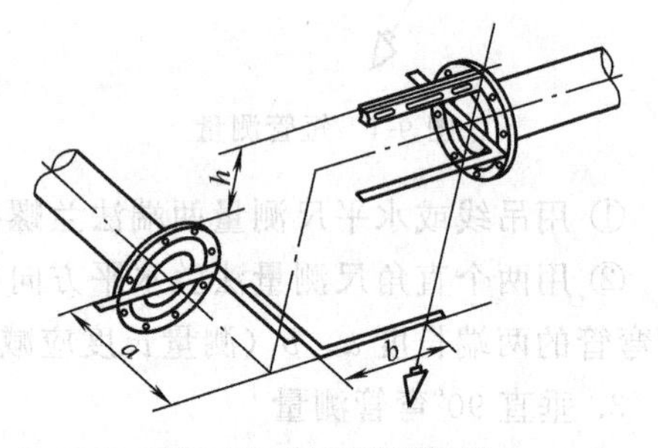

图 9-9 摆头弯管测量

① 用吊线或水平尺测量两端法兰螺栓孔是否正。

② 用吊线和弯尺测量 a、b 长，并测量两端法兰水平方向口是否正，用水平尺和吊线测量上、下方向口是否正。

③ 用水平尺和线测量摆头高 h。

7. 三通管测量

其测量方法如图 9-10 所示。

① 三通管主管测量与短管测量方法相同，如图 9-4 所示。

② 用水平尺测量三通支管法兰口是否正，用直角尺或钢板尺测量法兰螺栓孔是否正。

③ 用水平尺测量三通支管长，三通主管的偏心可用吊线测量。

8. 任意角度水平弯管的测量

其测量方法如图 9-11 所示。

① 用吊线或水平尺测量两端法兰螺栓孔及法兰口是否正。

② 由管Ⅰ、管Ⅱ各引出直角线，测量 a、b 的长度。

③ 用角度尺测量 a、b 线所夹的角度 α。

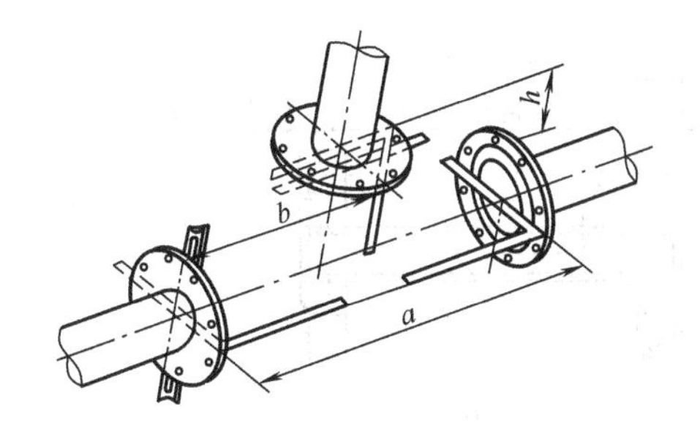

图 9-10 三通管测量

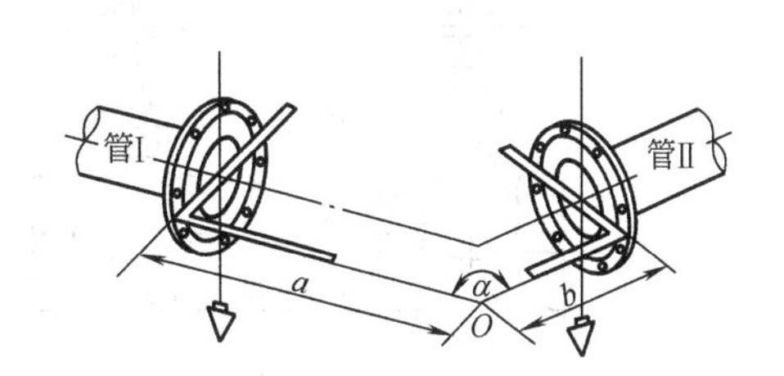

图 9-11 任意角度水平弯管测量

对于不带法兰的弯管，可参照上述有关方法进行测量，这里不再详述。

（五）管道测绘与加工长度的确定

1. 一般概念

① 建筑长度管路中的支管、管件、阀件、仪表控制点以及它们与相邻的设备口或其他附件之间的距离称为建筑长度，如图 9-12 所示。

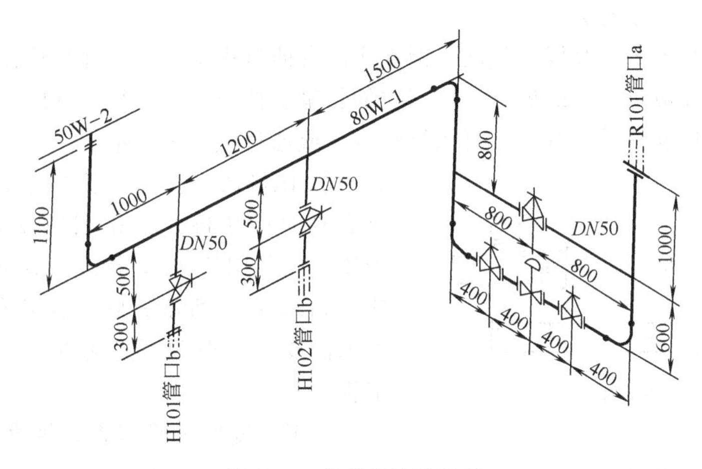

图 9-12 管道的建筑长度

建筑长度在管路系统中，决定着支管、管件、阀件、仪表控制点的中心位置，此长度一般需要通过现场实测才能确定，但有条件时，也可按施工图量算。

② 安装长度。管路中管子、管件、阀件、仪表元件等的有效长度称为安装长度。安装长度的总和等于建筑长度。建筑长度减去管件、阀件、仪表元件的安装长度，即等于管子的安装长度。管件，阀件、仪表元件的安装长度（即结构长度），可从有关的产品目录或样本中查到，也可直接按实物量取。

③ 预制加工长度

两零件或零件与设备口间所装配的管子的下料长度称为预制加工长度。

2. 预制加工长度的确定方法

① 计算法。预制加工长度应根据安装长度来计算，同时还与管道的连接方式和加工工艺有关。

直管的预制长度在理论上与其安装长度相等，但实际上并不完全相同，当用平焊法兰连接时，则管子的下料长度等于其安装长度减去［2×(1.3～1.5)］δ（δ为管子的壁厚），如图 9-13（b）所示。其他形式的法兰连接可按类似的方法进行计算，这里不一一介绍。

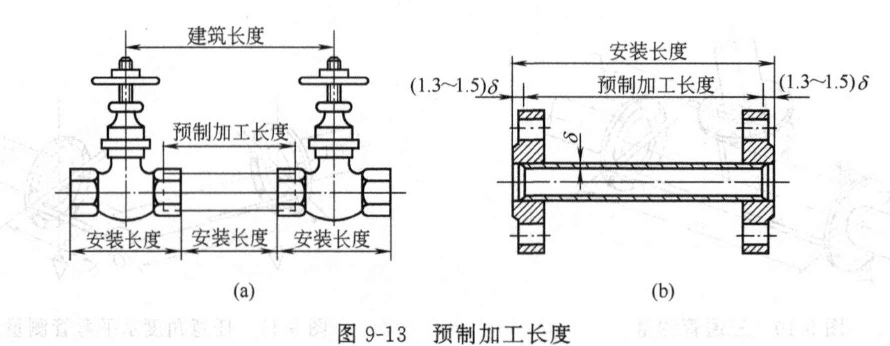

图 9-13　预制加工长度

如用螺纹连接时，则管子的预制长度等于其安装长度加上拧入零件内螺纹部分的长度，如图 9-13（a）所示。

拧入零件内螺纹部分的长度与管件、阀件和仪表元件的规格型号有关，可查阅有关产品目录和样本或按实物量取。

焊接连接时，管子的下料长度等于其安装长度减去焊接时对口的间隙。间隙的大小与管子的壁厚以及焊接工艺有关。

弯管的下料长度等于其展开长度，但在实际弯曲过程中，弯曲部分往往要伸长一点，所以弯管的下料长度应等于它的展开长度减去伸长量。伸长量与管径、壁厚、弯曲半径、弯曲方法以及弯曲角度和材质等有关。可用计算方法或通过试验来决定。

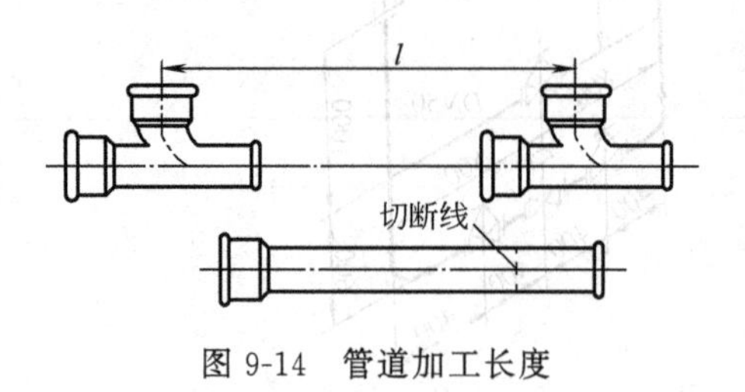

图 9-14　管道加工长度

② 比量法。在地面上或实际安装位置上按所需要的尺寸将配件排列或安装好，然后用管子比量，找出下料切断线，这种方法称为比量法，如图 9-14 所示。此方法不能适应现代化施工的需要，一般只用于临时工程、水暖和维修工程。

加工长度的正确与否，将直接影响工程的质量和进度。因此，下料时，一定要周密考虑，并仔细核对有关尺寸，绝不可粗心大意。

第二节 管道布置及安装的一般规定

一、管道布置规定

工业管道的布置和安装质量直接影响着装置的生产效率、产品质量、工艺操作、安全生产以及管道本身的美观和使用寿命。所以在管道安装工作中，应特别重视管道的合理布置和安装技术要求。

（1）布置管道时，应对全装置所有管道全盘规划，统筹考虑。

（2）管底（或管架梁底）距车行通道路面的高度一般不能小于4m；距人行通道路面的高度不能小于2.2m；距铁道路轨面的高度不能小于6m。与电线、电缆之间也应保持规定距离。管廊下没有布置泵和其他设备时，管廊下层管子管底标高一般不应低于3.2m；布置泵和其他设备时，管廊下层管子管底标高一般不应低于4m；管廊上、下两层管道标高差一般采用1m、1.1m或1.4m。沿建筑物敷设的管道应考虑不挡门、窗。埋地管道的敷设深度应在冻土层以下。

（3）布置管道时，其空间位置应考虑下列因素：不能妨碍设备、阀门附件以及吊车、行车的操作和检修；塔和容器附近的管道不能从人孔、手孔或其他开孔的正前方通过，以免影响人孔、手孔以及其他开孔的使用；尽量避免通过电动机、配电盘、仪表盘的上空。

（4）管道间距应按下列要求确定：带法兰不保温管道的管间距，其突出部分净空应不小于50mm；无法兰不保温、保温、保冷管道的管间距，其突出部分之间的净空不小于80mm；管子的最突出部分（包括管件、阀件、其他附件、保温及保冷层等）与墙壁、柱边及管架横梁端部的距离均不应小于100mm。

（5）管道在管架上排列时，应考虑下列因素：重量较大的管道应靠近管架支柱；单柱管架上的管道，应尽量使管架支柱两侧的负荷均匀；液化气和输送冷冻介质的管道不应和不保温的热介质管道布置在一起；架空分层排列时，辅助系统管线和两端连接设备且管口均高于上层管道的工艺管线，一般应布置在上层；输送腐蚀性介质的管道、泵的吸入管道和两端连接设备且管口均低于上层管道的工艺管线，一般应布置在下层。

（6）管路安装时应尽量避免“气袋”、“口袋”、“盲肠”。

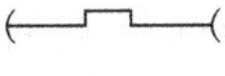

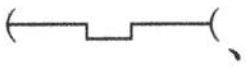

（7）装置内工艺管道和热力管道尽可能采用架空敷设，以便于操作和检修；如不能架空敷设时（如离心泵的吸入管），也可埋地或在管沟内敷设。

（8）布置管道时，管架间距应根据管架上大多数管道的允许跨度而定；对其中少数允许跨度小于管架间距的小管，可将其布置在大管附近并支持在大管上。

二、管道安装一般规定

（1）管道安装前一般应具备下列条件：所有与管道安装有关的建筑物、构筑物等工程已基本施工完毕，并经检查合格且能满足安装要求；与管道连接的设备已找正合格、固定完毕，并应了解它们的结构特点及其所用材料，以便固定管道支架；必须在管道安装前应完成的有关工序，如清洗、脱脂、内部防腐与衬里等已进行完毕；管子、管件、阀门等已经检验合格，并具备有关的技术证件；型号、规格、数量已按设计要求核对无误，内部已清理干净不存杂物。

（2）管道吊装以前必须满足下列要求：管架必须施工完毕，并牢固可靠，标高、水平、坡向和坡度都达到设计要求；凡穿过楼板、墙壁、基础、铁道、公路的管道，已作好套管或涵洞等保护性措施；吊装前还应核对管段的尺寸、走向等是否符合设计要求和实际情况。

（3）管道安装时应保持横平、竖直，且符合设计和规程要求。

（4）管道安装过程中，如遇到管道敷设位置相矛盾时（如相碰、重叠等）可按下列原则避让：一般是小口径管道让大口径管道；常压、低压管道让中压或高压管道；常温管道让高温或低温管道；辅助管道让物料管道；一般管道让易结晶、易沉淀物料的管道；支管让主管；管道让梁柱。

（5）管道安装时，管道的连接处应符合下列要求：一般情况下，管道的连接处和纵向焊缝设置应考虑易于检查、维修，确保质量和不影响管道运行的位置，如穿墙套管中或其他隐蔽的地方，一般不应设置焊缝和法兰等；管道的对接焊缝或法兰等接头，一般应离开支架100mm左右；直管段两个对接焊缝距离一般不得小于100mm；钢板卷管的纵向焊缝应置于易检查、修理的地方；在管道的纵向焊缝和对接焊缝处不宜开孔或连接支管等。

（6）管道与管道或设备连接中不得强力对口，一般不允许将管道重量支承在机泵等设备上，以免增加管道、阀门、附件及设备连接口等的附加应力。

（7）支管和主管的连接有下列要求：输送含有固体颗粒介质的管道，主管与支管的夹角，除设计规定者外，一般要求不大于30°，且接口焊缝根部应保持光滑；输送一般介质的管道，允许90°相接，但输送气（汽）体介质的管道，支管宜从主管的上方或侧面接出，而输送液体介质的管道，支管宜从主管的下方或侧面接出，以利于流体的输送和排液或放气。

（8）管道变径宜采用大小头，安装时应注意：同心大小头宜用在垂直管道上，偏心大小头宜用在水平管道上。输送蒸汽和气体介质的管道应使管底平齐，输送液体介质的管道应使管顶平齐，以利于排放。

（9）管道安装因故间断，应及时采取临时的有效措施封闭敞开的管口，以免异物进入管内堵塞管道。管段吊装后，不允许长期处于临时固定状态，调整后应马上将其固定完毕，以免发生意外事故。

（10）管道安装完毕后，应对整个系统进行详细的外观检查，检查管道的布置、质量是否符合设计的要求，有无遗漏等；进行全面检查后，再按规定进行强度及严密性试验。在试验未合格前，焊缝及接头处不得涂漆及保温。

第三节　管道敷设方式

工业管道的敷设方式分为明装和暗装两大类。

一、明装

明装主要是架空敷设，这是石化行业采用的最普遍的管道敷设方式，安装时将管道敷设在架空的支架、吊架上，可分为室内、室外两种。架空敷设的优点如下。

(1) 适用于输送任何介质的管道。

(2) 便于安装和检修。

(3) 可根据管道外表的涂色，识别该管道输送何种介质。

(4) 可避免形成死角，便于最低点设置排放阀，最高点设置放空阀。其缺点是占用空间位置多，热损失较大，安装成本较高。

明装管道的敷设方式可分为如下几种。

1. 沿墙敷设

要求立管紧贴墙壁敷设，横管应让过立管后沿墙敷设，如图 9-15 所示。

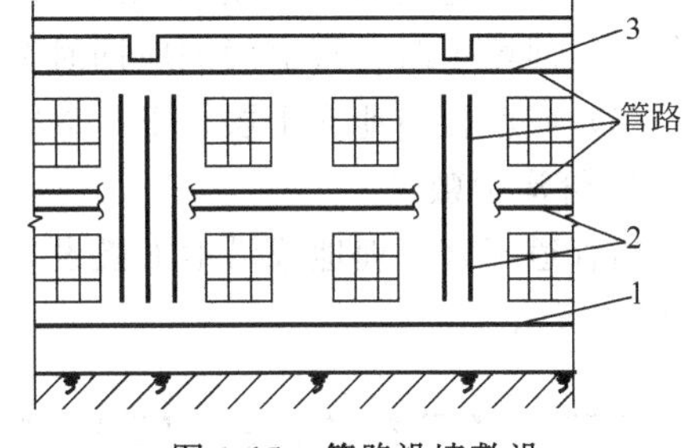

图 9-15　管路沿墙敷设

1—窗台下；2—两个窗户之间；3—窗户顶与梁底之间

2. 楼板下敷设

要求管路沿主梁敷设，以避免管道吊在楼板上而使楼板受集中载荷。但小直径管道，每个吊架的负荷不超过 100kg 时，可以吊在楼板下。

3. 靠柱敷设

靠柱子敷设对管道是较适宜的，特别是蒸汽、水、压缩空气等辅助管道的总管。如图 9-16 所示。

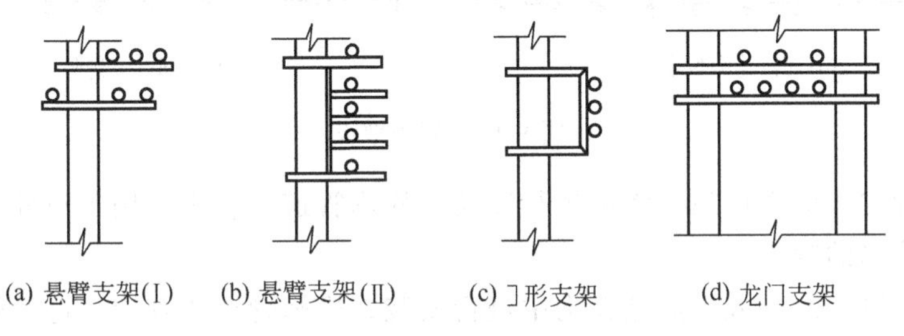

(a) 悬臂支架(Ⅰ)　(b) 悬臂支架(Ⅱ)　(c)]形支架　(d) 龙门支架

图 9-16　沿柱管道支架的形式

4. 沿设备敷设

多用在较高大的钢制设备上，且垂直敷设的管道。

5. 沿操作台敷设

与操作平台上的设备、阀门、仪表连接的管道，一般可沿操作台旁或台下进行敷设。

6. 沿地面或楼面敷设

为了缩短管道的长度，可沿地面或楼面敷设，但应安装在较隐蔽的地方，以避免挡路、妨碍操作。

7. 专门的独立管架

当管道按上述的方法敷设有困难时，应设置专门的独立管架，如独柱支架、桁架式支架、悬臂式支架、梁式支架等，其结构形式参见第八章第四节。

二、暗装

管道暗装可分为埋地敷设、管沟中敷设和墙内敷设。

1. 埋地敷设

工业工程中，一般给排水管宜选用埋地敷设。埋地敷设适用于常温介质管道。如遇带有保温层的管道时，保温层外应有防水层，以防止地下水侵蚀和承受土壤的压力。

管道埋地敷设时应注意以下几点。

(1) 支持管道的地基或基础经检查合格后，才能进行安装。

(2) 地下管道须经强度及严密性试验合格，并经防腐才能回填土。

(3) 距管道两侧和管顶 200mm 以内的回填土层中，不应夹杂有石块、砖头等硬物。

(4) 回填土时，管道两侧应同时覆土夯实，以防止管道单向受力而产生中心位移。

(5) 应埋在当地冻土层以下，以防冬季冻坏管道或流体冻结。

2. 管沟中敷设

当管道不宜于埋地或沿地面敷设，又不可能架空敷设时，可敷设在管沟中。管沟敷设如图 9-17 所示。

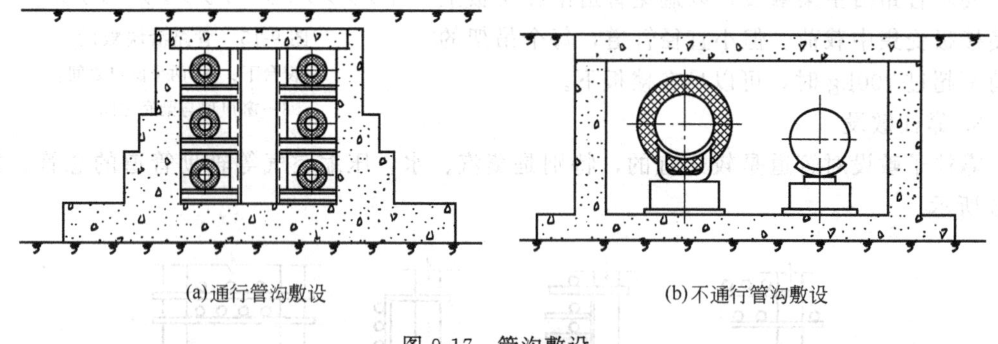

图 9-17　管沟敷设

(1) 通行管沟。即人可站在沟中进行安装、检修管道的管沟。用于户外距离较长、管道数量较多经常检修的管道。

(2) 不通行管沟。即人不能站在沟中进行安装、检修管道的管沟。这种管沟适用于管线数量较少、距离较短、无需检修的管道。

(3) 半通行管沟。即介于可通行与不通行之间的管沟。这种管沟敷设管线较多、较长、可经常检修、并位于不经常通行的地面下，以便检修管道打开沟盖时，不致妨碍交通或其他设施。

3. 墙内敷设

对于要求较高的建筑物，其内部的供水、排水、采暖通风、供热、电缆线等管道系统，常采用墙内敷设的形式。进入 21 世纪这种敷设方式逐渐多起来。

第四节　生产系统单元配管

一、塔、容器和泵的配管

(一) 塔的配管

塔的设备在石油石化装置中应用极广，其特点是外形简单（多为圆柱形）、体形高、重量大、内部构造和工艺用途多种多样。配管时，应根据塔类设备的构造、工艺用途等特点，采用不同的管道布置及安装方法。

1. 根据塔的结构配管

塔上配管和其他一般机器、设备配管比较，应特别注意管道接口与工艺要求的关系。处理得好，将为管道敷设、检修和操作创造良好的条件，因此安装时有必要熟悉塔的结构和工艺过程。塔周围原则上分操作侧（或维修侧）和配管侧，如图 9-18 所示。操作侧主要有塔顶臂吊、人孔、梯子和平台等。平台供人孔、液面计、阀门仪表等操作及检修用，平台宽度一般为 0.7～1.5m，每层平台间距通常为 6～10m。配管侧主要供敷设管道之用，无操作要求，除最上层外，一般不设全平台。由于石化装置不断向大型化方向发展，塔顶管道将随着增大，应考虑在塔器起吊前，在地面将塔上的管道提前预制装配，连同塔一起整体吊装，这样给管道安装带来很多方便。

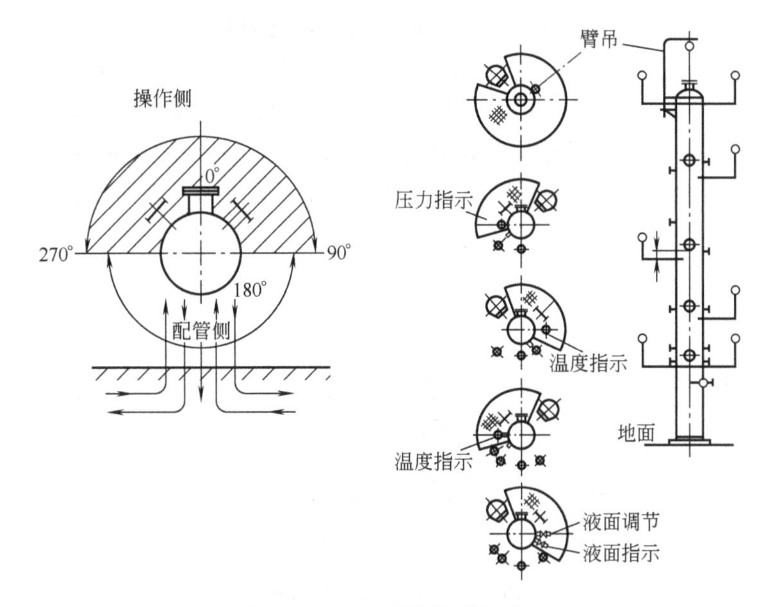

图 9-18 塔的配管及操作分布

2. 根据管口方位进行配管

塔类设备管口繁多，除连接各种操作用途的管道之外，还有仪表、手孔等的管接口。所以在配管时一定要根据管口方位、标高等，确定每个管口的用途，切勿接错。

3. 热应力的影响

配制管道时，由于管道与塔的热膨胀量不同，必须考虑热应力的影响。如板式塔，由于工艺过程的需要，进料管在邻近塔板间由阀门控制进料，阀门可直接和设备管口相连接，但管道和塔的热膨胀量不同，应采用图 9-19（b）所示的配管方式。

4. 管道的固定方法

沿塔敷设的管道，一般用支架固定在塔上，但安装时应注意，如果塔的内部已进行了防腐处理，就不允许在塔壁上再烧焊，否则将破坏内部的防腐层。另外，当塔的直径较小，而塔的高度较大时，塔体一般置于钢架结构中，这时塔上的管道就不应傍塔设置，以置于钢架的外侧为宜。

5. 管道敷设的工艺要求

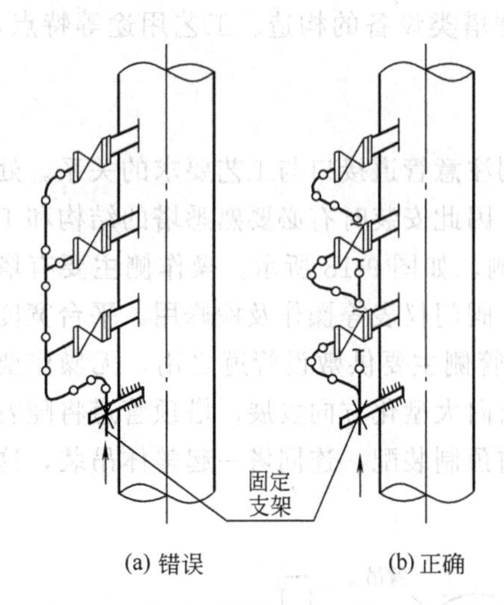

图 9-19　管道与塔热胀量不同时的配管

塔底管道上的法兰接口和阀门，一般不要装在狭小的设备裙座内，以防检修时物料泄漏，操作人员不能及时躲开而造成事故。液体的出口管道，应既能毫无困难地排出塔内所有的液体，又能可靠地将设备内的空间与大气隔离，所以常采用水封装置或 U 形管密封装置。水封的深度和 U 形管的长度一定要按设计要求安装设计。

（二）容器配管

1. 排出管路的敷设方式

图 9-20（a）所示为排出管沿墙敷设。这种配管方式适合设备间距较大场合。图 9-20（b）所示为排出管在设备前引出，这种配管方式，设备间距及设备离墙距离均可小些，排出管通过阀门后一般立即引至地下管道（地沟或埋地管）；图 9-20（c）所示为排出管在设备底的中心引出。这种配管方式适用于设备底离地面较高，有足够距离安装阀门的一些槽罐上，敷设管路短，占地面积小，布置紧凑，但设备直径不能过大，否则开启阀门不方便。

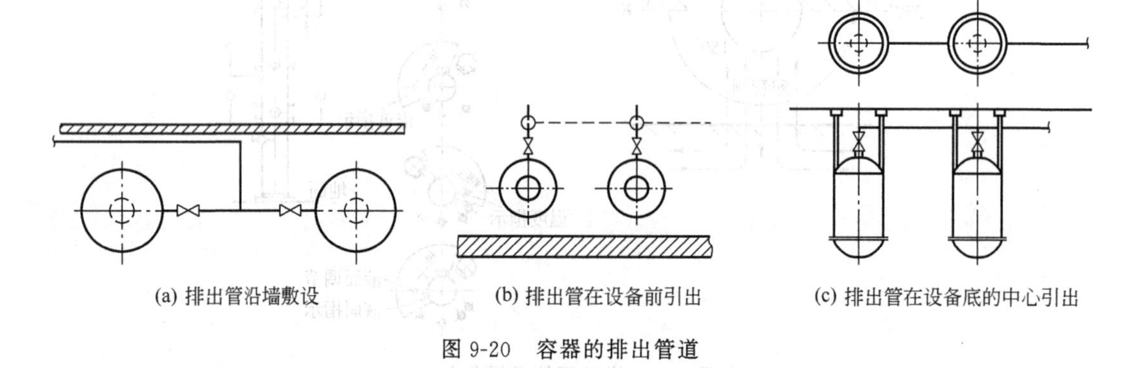

(a) 排出管沿墙敷设
(b) 排出管在设备前引出
(c) 排出管在设备底的中心引出

图 9-20　容器的排出管道

2. 进入管的敷设方式

图 9-21（a）所示为进入管对称设置，适用于需设置平台进行操作的设备；图 9-21（b）所示为进入管在设备前设置，适用于能站在地（楼）面上操作的设备；图 9-21（c）所示为地面上操作较高的进入管。

立式容器一般在顶部进料，在底部出料；卧式槽的进、出料口位置应各在一端，一般也是进料在顶部出料在底部。

（三）泵的配管

1. 支架的设置

泵的进出口管道、管件和阀门的重量不宜承受在泵体上（特别是非金属泵更应注意），防止泵在重力或其他作用力影响下而破裂。故进泵前和出泵后的管道，必须设置支架，尽可能做到维修时不设临时支撑即可将泵移走。

2. 吸入管道的敷设

在紧靠泵进口处的吸入管上，应考虑在试车时能安装临时过滤器（已设永久性过滤器的除外）。为了改善泵的吸入条件，应做到安装严密，吸入管道应尽可能缩短，尽量少拐弯

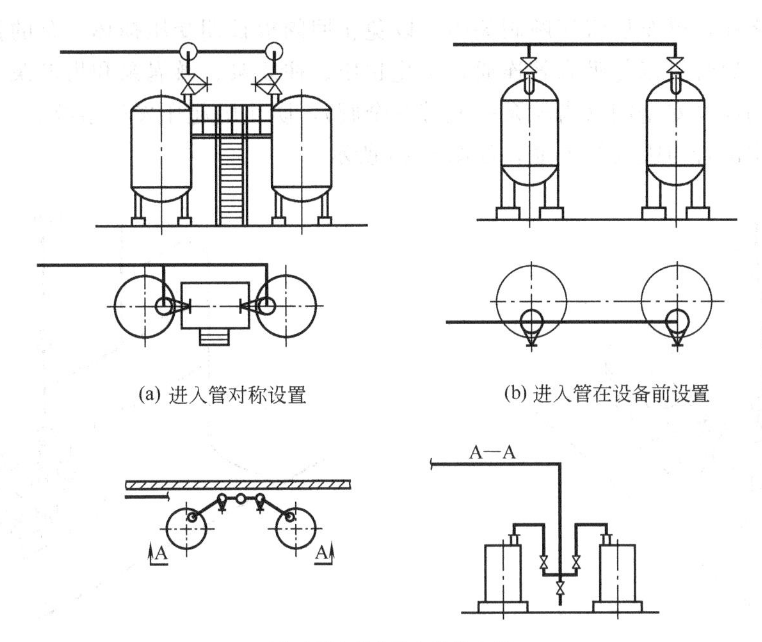

(a) 进入管对称设置　(b) 进入管在设备前设置

(c) 地面上操作较高的进入管

图 9-21　容器进入管道设置的形式

(弯头宜用大弯曲半径的)，要避免突然缩小管径，吸入管道的直径不应小于泵的吸入口。当泵的吸入口为水平方向时，吸入管道上应配置偏心异径管，偏心异径管的安装应使管顶平直，以免形成气袋，如图 9-22 所示；当吸入口为垂直方向时，可配置同心异径管。吸入管道整个管段不能有因翘头而形成气塞的部位，因气塞存在会影响泵的吸水效果，当不能避免时，应在袋形部位设 $DN15$ 或 $DN20$ 的排气阀。

当水泵安装位置高于水位时，吸入管底部要安装底阀；靠近水泵处要装设注水阀及灌水漏斗，便于启动时向吸入管内注水。单吸泵的吸入口处，最好配置一段直径约为 3 倍泵吸入口直径的直管；双吸泵最好配置一段 7～10 倍泵吸入口直径的直管。吸入管道要有约 0.02 的坡度，当泵比水源低时坡向泵，当泵比水源高时则坡向水源。如果要在双吸泵的吸入口前装弯头，这个弯头应垂直安装，使流体均匀入泵，如图 9-23 所示。

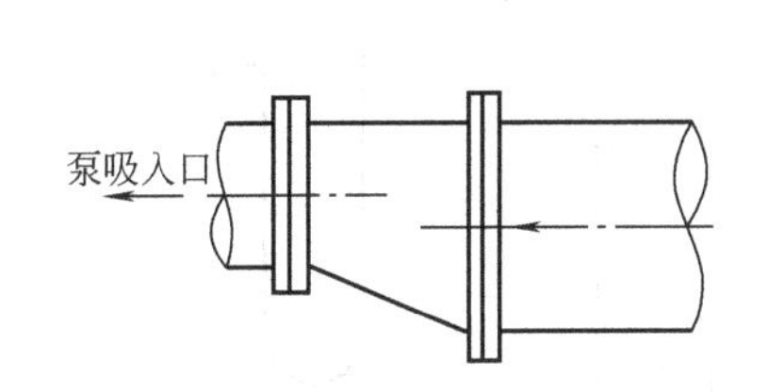

图 9-22　泵吸入口的偏心异径管

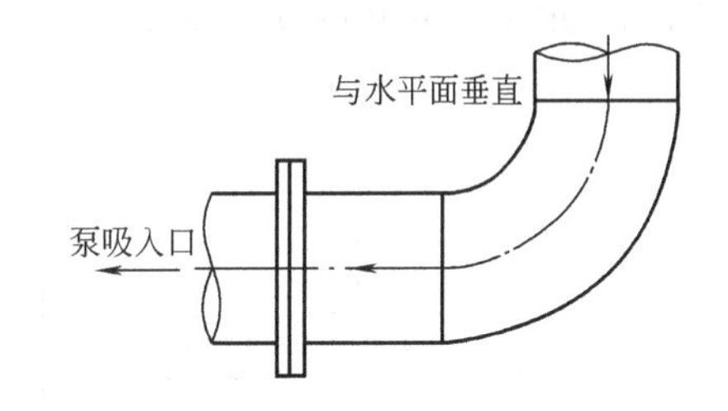

图 9-23　泵入口配管

悬臂式离心泵的吸入口配管应考虑方便拆修叶轮，因而应加装可拆装连接的法兰，如图 9-24 所示。

蒸汽往复泵、计量泵、非金属泵的吸入口必须设过滤器，避免杂物进入泵内。

3. 排出管道的敷设

在泵的排出管道上，一般均设置止回阀，防止停泵时排出管道内的物料倒流。止回阀应设置在切断阀之前，停车后将切断阀关闭，以免止回阀板长期受压损坏。泵的排出管上一般应设旁通管，旁通管可以与吸入管连通，防止超压。往复泵、漩涡泵和齿轮泵一般应在排出管道上的切断阀前设安全阀（齿轮泵一般带安全阀），防止因超压发生事故。

安全阀的排出管与吸入管连通，如图 9-25 所示。

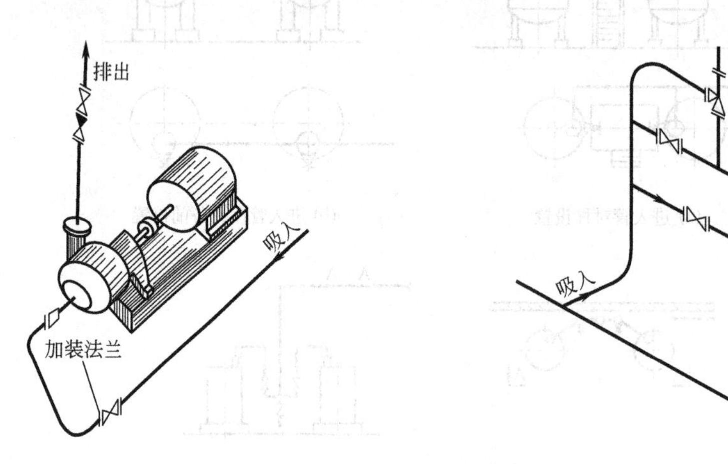

图 9-24　悬臂式离心泵吸入口配管　　　　图 9-25　泵的配管

4. 蒸汽往复泵的进汽和排汽管道的敷设

在进汽管的阀门前应设置冷凝水排放管，防止水击汽缸。排汽管应少拐弯，不设阀门，在可能积聚冷凝水的部位应设排放管，放空量大的还要装设消音器。蒸汽往复泵在运行中一般都有较大的振动，故与泵连接的管道应很好地固定。

二、排放、取样和吹洗点的配管

（一）排放点的配管要求

1. 放气阀、排液阀的设置

管道、设备的最高点应设置放气阀，以保证管内或设备内的气体能排放干净；最低点应设排液阀，另外在停车后可能积聚液体的部位也应设排液阀，以保证管内或设备内的液体能排除干净，如图 9-26 和图 9-27 所示。

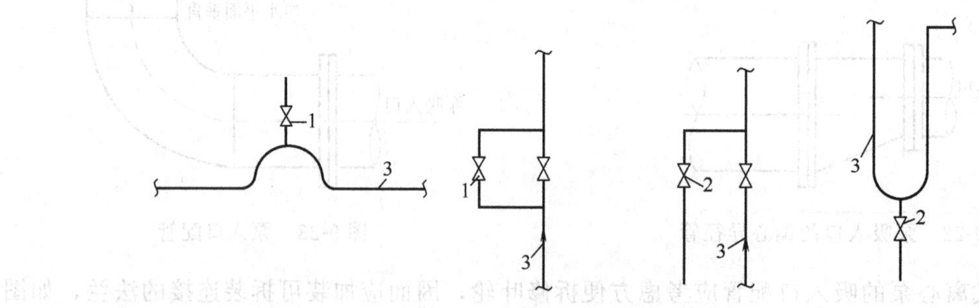

图 9-26　管路上排放阀设置

1—放气阀；2—排液阀；3—管路

2. 排放管直径的确定

排放管直径应根据管道、设备的容积和工艺要求等因素来确定。管道上排放管直径按下

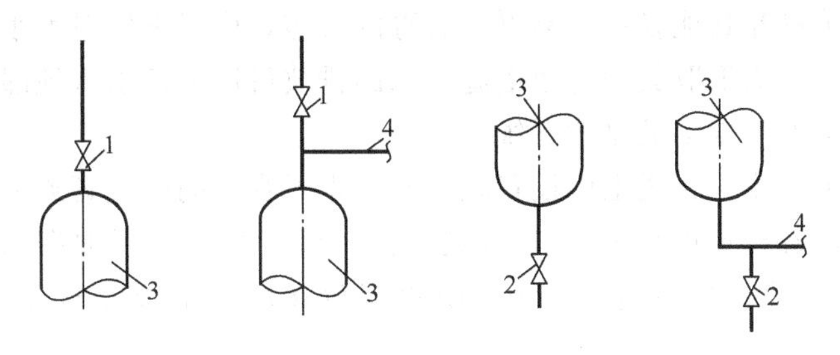

图 9-27 设备上排放阀设置

1—放气阀；2—排液阀；3—设备；4—管路

列规定确定。

① 当主管 $DN \leqslant 150$ 时，用 $DN20$ 的排放管。

② 当主管 $DN = 150 \sim 200$ 时，用 $DN25$ 的排放管。

③ 当主管 $DN > 200$ 时，用 $DN40$ 的排放管。

设备上的放气管除下述情况外，一般采用 $DN20$ 的管子和阀门；容积大于 50m^3 的设备的放气管，可采用 $DN40 \sim DN50$ 的管子和阀门；有安全阀的设备，按安全阀的进口管径设置旁路作为放气管（即安全阀和放气管共用一个管口）；有泄放时间要求或其他特殊要求的放气管，其管径应通过计算确定；常压下保存液体的容器上的连通管管径，可根据进液管大小等情况确定。

设备上的排液管除下述情况外，一般选用 $DN25$ 的管子和阀门：容积大于 50m^3 的设备，排液管可采用 $DN40 \sim DN80$ 的管子和阀门；用泵抽空的设备，排液管可按泵的吸入管径大小配置；生产中有特殊要求的排液管口应通过计算或其他方法来确定。

3. 排放阀位置的确定

管道上的排放阀应尽量靠近主管安装；设备上的排放阀最好与设备本体直接连接，如无可能，则可装在与设备相连的管道上，但也以靠近设备为宜。图 9-28 所示的排放管，其阀门必须装在左侧所示部位，若装在右侧所示部位时，则阀前必定会积存液体。

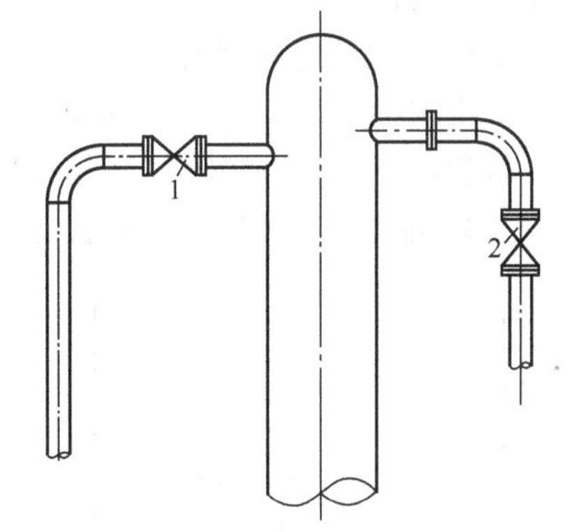

图 9-28 排放阀的安装位置

1—位置正确；2—位置错误

4. 事故时的排放方式

事故用排放管道和阀门设置，应根据生产操作和安全要求确定。事故排放系统上的阀门，必须安装在操作方便的位置，并加铅封或显著颜色区别，以免开错。其排放方式有以下三种。

① 自动排放。当设备、管路内的压力（或温度升高后引起压力升高）超过规定值时，能自动泄放设备或管路内的液体或气体，并排至规定的区域内。

② 手动排放。事故时，操作人员迅速打开排放管上的切断阀，利用系统压力泄放到规定地点或设备内。

③ 机械抽空。事故时，用泵将有关设备或管路内的液体抽送到备用贮罐。

5. 排放要求

由排放口泄出的气体或液体，应根据介质的性质排放到规定地点：常温的空气和惰性气体可以就地排放；蒸汽和其他易燃、易爆、有毒的气体，应根据气量大小等情况确定向火炬排放，或向高空排放，或采取其他有效措施；水的排放可以就近引入地漏或排水沟；其他液体介质的排放则必须引至规定的排放系统。

排放易燃、易爆气体的管道上应设置阻火器。露天容器的排气管道上的阻火器宜设置在距排气管接口（与设备相接的口）500mm 处，排气管可视需要再加高到 2m 以上；室内容器的排气管，必须接到室外并超过屋顶，阻火器放在屋面上或靠近屋面，以便于固定及检修。

（二）取样点的配管要求

1. 取样点位置的确定

在设备或管道上设置取样点时，要慎重选择位置。取样点应设在操作方便的地方，并使取出的样品能真正代表当时该处的物料。

(1) 设备上取样。对于连续进出物料的塔或容器，当体积较大时，取出的样品往往不能及时反映当时情况，所以取样点最好不直接设在这些设备上，而应尽量设在物料经常流动的管道上。还应注意物料是否均相，当物料有可能出现非均相状态时，在找出相间分界线的位置后，方可设置取样点。

(2) 管道上取样。管道上取样点的位置，视所输送的介质和管道位置的不同而异。

① 气体取样。当在水平敷设的管道上取样时，取样管应从管顶引出；当在垂直敷设的管道上取样时，取样管应与管道成45°角倾斜向上引出。

② 液体取样。垂直敷设的液体物料管道，其流向是由下向上时，取样点可设在管道的任意侧；如果流向是由上向下时，除非能保证液体充满管道，否则管道上不宜设置取样点。水平敷设的液体物料管道，在压力下输送时，取样点可设在管道的任意侧；如果物料是自流时，取样点应设在管道的下侧。

2. 取样阀的设置及其安装高度

取样阀开关比较频繁，容易损坏，因此取样管上一般装有两个阀，其中靠近设备和管道的阀为切断阀，经常处于开启状态；另一阀为取样阀，只在取样时开启，平时关闭。不经常取样的点，则只需装一个阀。取样阀一般宜选用针形阀，但对于黏稠物料，可按其性质选用适当大小的其他阀门。

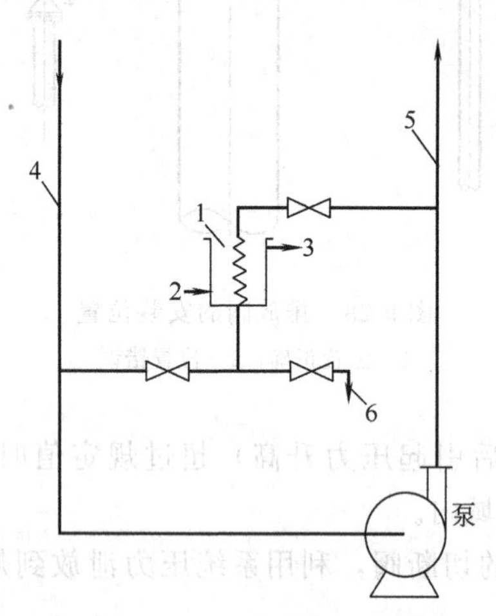

图 9-29　高温物料取样

1—取样冷却器；2—冷却水进口；3—冷却水出口；4—泵进口管道；5—泵出口管道；6—取样嘴

就地取样点应尽可能设在便于操作的地方，取样阀安装高度离地面或楼板面不得超过 1.5m，但不应采取延伸取样管段的办法将高处的取样点引到低处来。设备或管道与取样阀间的管段应尽量缩短，以减少取样时置换该管内物料的损失和环境的污染。为了取样人员工作的安全，取样口应向下。取样点的具体安装位置和形式可与使用单位联系决定。

高温物料取样应装设取样冷却器。例如，在泵进出口管间装取样冷却器，一端与泵出口管道相通，另一端与泵进口管道相通，如图 9-29 所示。

3. 取样阀的选用

在靠近设备或管道端的阀门，一般选用 DN15 的切断阀，第二个阀门则根据取样要求决定，可采用 $DN15$ 的阀门，也可采用 $DN6$ 的阀门，但气体取样一般选用 $DN6$ 的针形阀。

三、双阀设置与静电防止

(一) 双阀设置

在生产过程中需要严格切断或操作频繁时可设置双阀，但应尽量少用，特别在采用造价高的合金阀门或 $DN>150$mm 的阀门时，更应慎重考虑。下面举两个在生产中需要设置双阀的实例。

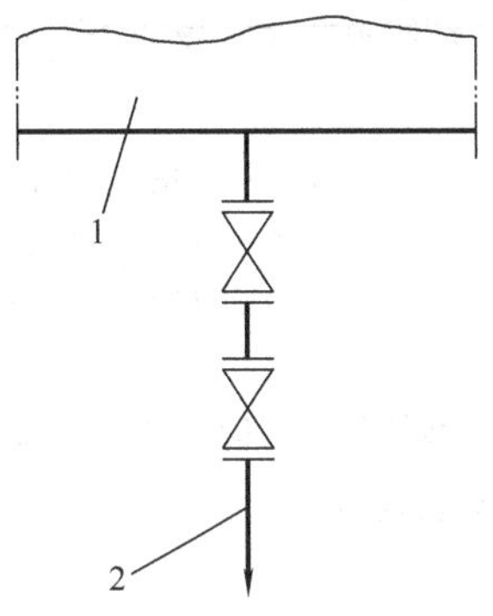

图 9-30　设备上双阀的设置
1—锅炉；2—带双阀的排污管

在工业锅炉的排污管道上，一般设置双阀，如图 9-30 所示。因锅炉采用间断排污时，每 8h 开关 3～4 次，而阀门在压力、温度的作用下启闭频繁容易泄漏，该阀门泄漏严重时，将影响锅炉安全运行。因此需设置双阀，以保证锅炉能长期正常运行。一般情况下，其中一个阀门常开，另一个阀门启闭。某些化工容器的排污也采用这种方式。

在某些间歇生产的化工装置中，当反应进行时，如果再漏进某种介质，有可能引起爆炸、着火或严重的质量事故，因此应在该介质的管道上设置双阀，并在两阀间的连接管上设排放阀，如图 9-31 所示。在生产中阀 1 均关闭，阀 2 打开；当上一次生产完毕，准备下一次生产进料时，关闭阀 2，打开阀 1。

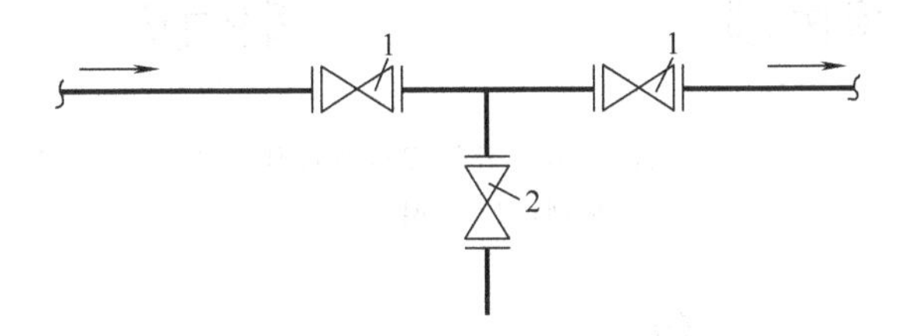

图 9-31　管路上双阀的设置
1—控制阀；2—排放阀

(二) 静电的防止

1. 静电的产生

输送易燃、易爆液体或气体（如煤气、氧气、乙炔、石油等）的管道，必须考虑防止静电的措施。静电电荷产生的原因，是电解质相互摩擦或电解质与金属摩擦。例如粉尘、液体和气体电解质沿管路流动以及从管路中抽出或注入容器时，将产生静电电荷，它产生的火花，可引起火灾或爆炸。

2. 防止静电火花的措施

首先是将设备和管道安装可靠的接地装置。在防爆厂房内，最好采用环形接地网，即用金属丝或扁钢将各设备、管道的接地线连接起来。接地可以采用专用的接地装置或利用电气设备的保护接地。接地总电阻一般不应超过 10Ω。

下列设备必须有可靠的接地：生产、输送可燃粉尘的设备；生产、加工、贮存和输送易燃液体和气体的设备；油罐和油槽车（包括栈桥、铁轨、鹤管和漏斗）等；图 9-32 所示为

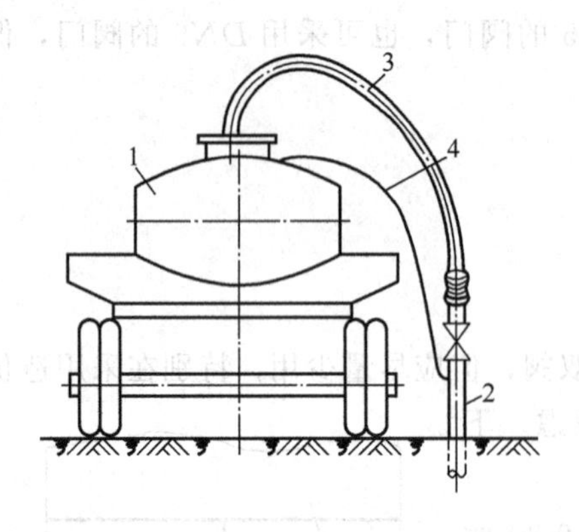

图 9-32 槽车的接地

1—槽车；2—金属管；3—软胶管；4—多芯铜导线（截面积不小于 $2.5mm^2$）

槽车的接地；其他可能产生静电的生产设备和管道等。

一切安装在室内或室外，并用来输送易燃液体、气体或可燃粉尘的各种管路均应是一个连续电路，并和接地装置相连接。法兰之间的接触电阻不应大于 0.03Ω，在法兰螺栓正常拧紧后即可满足这一要求。当有特殊要求时，需增加金属线跨接。法兰的跨线连接方法，一般不宜采用焊接，如图 9-33（b）所示，而采用扁钢、螺栓连接，如图 9-33（a）所示。

选用非导电材料制成的管道（如橡胶管、陶瓷管等）时，要用缠在管外或放在管内的钢丝、铜丝或铝丝进行接地。为防止各种架空管道引入高电位，应在架空管道引进防爆厂房前接地。输送易燃、易爆介质的大型管路，其始端、末端以及各个分岔处均应接地。图 9-34 所示为架空管道和埋地管道的接地装置。

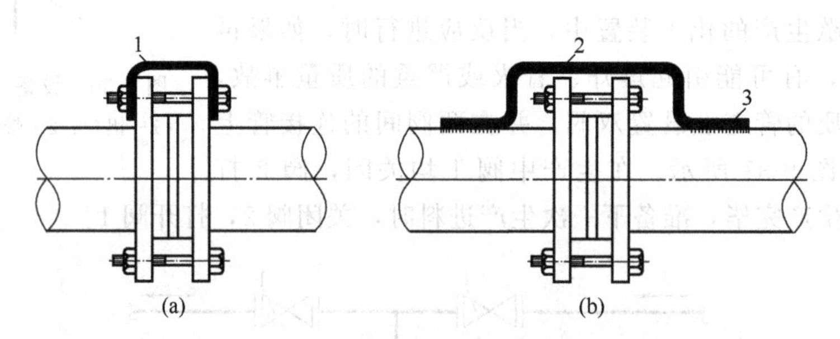

图 9-33 法兰的跨线连接

1—扁钢；2—圆钢；3—焊缝

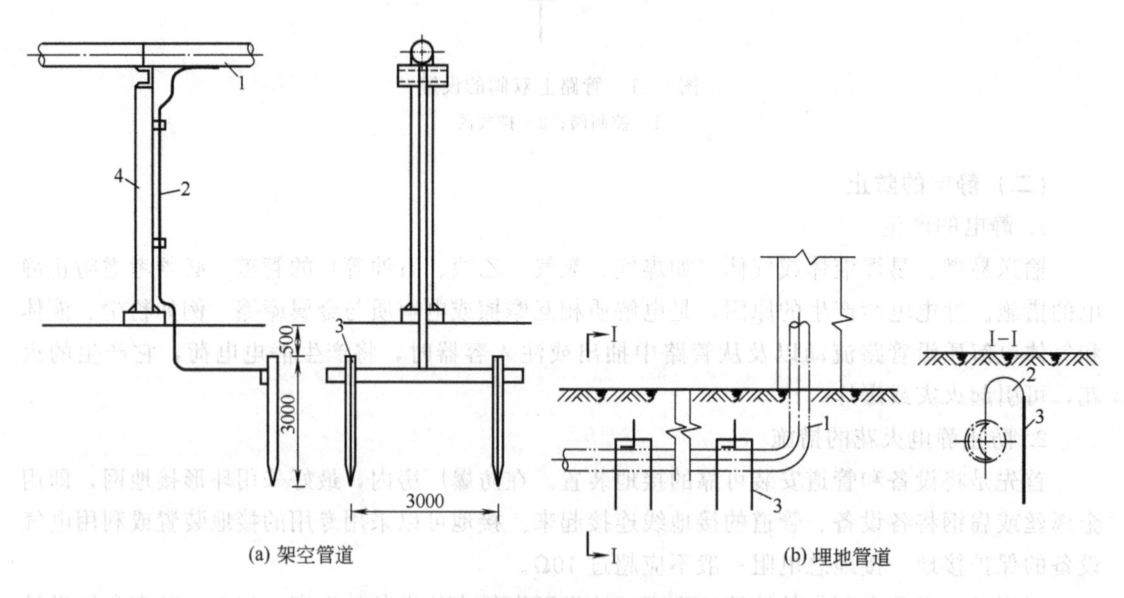

图 9-34 架空管道和埋地管道的接地装置

1—管道；2—引下导体；3—接地极；4—管架

3. 其他防止静电火花的措施

软管接头应用有冲击时不产生火花的金属（如青铜、铝等）制造。

由管道向贮罐输送易燃液体时，严禁采用自由降落的方式，应将管端插到液面之下或使液体沿容器的内壁缓慢流下，以免产生静电，如图 9-35 所示。

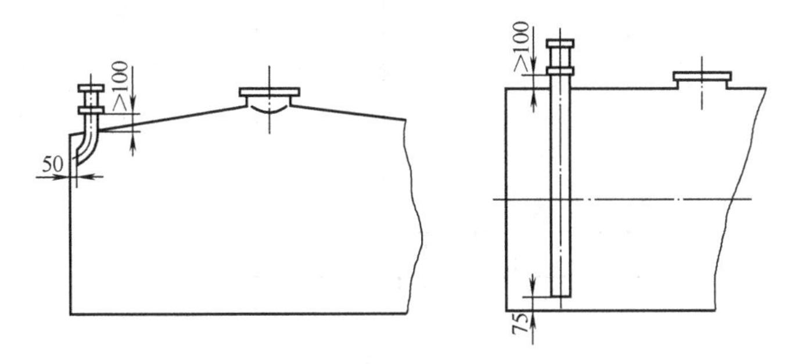

图 9-35　向罐内输液时插管的设置

在有静电接地的情况下，苯及其同类性质的液体（如二硫化碳、乙醚）在管路内流动的速度不应超过 1m/s；汽油及其同类性质的液体（如甲醇、乙醇）在管路内流动的速度不应超过 2～3m/s。

在有爆炸危险的厂房内，使用 V 带传动比较安全，否则需在传动带和输送带上涂以导电的润滑膏。

增高厂房内湿度，当相对湿度在 65％～70％以上时，也能防止静电的积聚。

第五节　辅助系统管道安装

一、压缩空气管道的安装

1. 压缩空气管道的敷设形式

压缩空气管道的敷设形式有三种，即单树枝状管路系统，如图 9-36（a）所示；环状管路系统，如图 9-36（b）所示；双树枝状管路系统，如图 9-36（c）所示。

2. 压缩空气管道安装的一般要求

站内配管时，为避免管内杂质污物进入气缸，损伤机械，凡属空气管道中的管子经切割、钻孔与焊接完毕后，内部应予以清理，不允许留有切屑、金属熔渣，残余物及其他脏物。安装前，管子内壁必须清除铁锈及杂物，清除时可用圆形钢丝刷反复拉刷，在确实排除管内污物后，方可进行安装。管道转向处，只要空间位置允许，应尽可能采用煨制弯头，以提高管道质量和外形美观。其弯曲半径一般较大。

多段压缩机每段进、出口的压力不同，使用的管材要适应压力的要求，防止错用而造成事故。管道安装完后，在试压时，应将连接设备的法兰口用盲板临时堵死，再根据每段的压力分别试验。

由于压缩空气中本来就含有少量水分和汽缸油，而且其又高于大气的温度，遇冷会产生冷凝水，因此在接支管时，必须从总管的上部开三通，防止冷凝水进入设备和用具。支管与

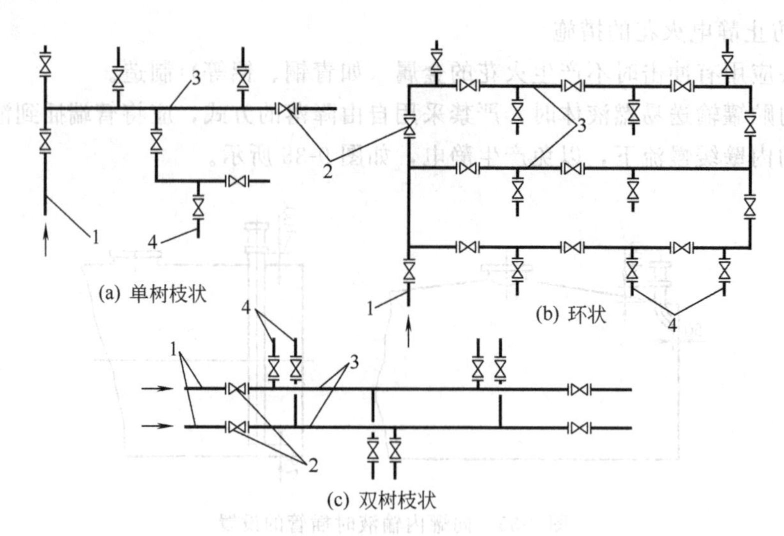

图 9-36　压缩空气管道的敷设形式

1—进气管；2—阀门；3—主干管；4—支管

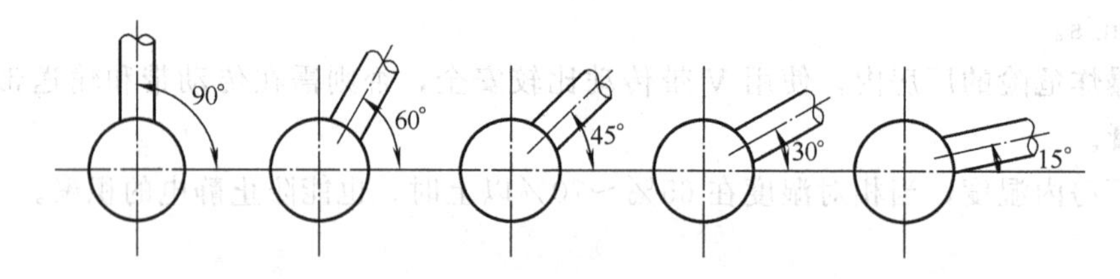

图 9-37　支管与总管的连接

总管相交，一般采用便于施工的常用角度，如 90°、60°、45°、30°、15°等，如图 9-37 所示。

同时干管也应有顺流方向的坡度（0.002～0.003），并坡向集水器，使水和油顺流到管道终点的集水器，通过集水器定期排除。集水器的支管则应由干管的底部接出，如图 9-38 所示。

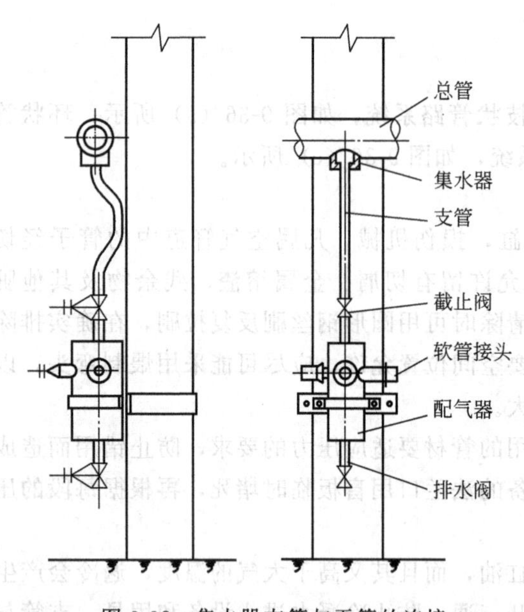

图 9-38　集水器支管与干管的连接

由于从压缩机出来的压缩空气经过冷却器和贮气罐等设备，其温度已降低到 40℃左右，所以一般不设置补偿器。只有在输送管线较长或温度较高的情况下才装设补偿器。补偿器的安装要求和热力管道相同。压缩空气管道穿过墙壁或楼板时，均应安置套管。

室外的压缩空气管道可与热力管道同时敷设在管沟内。也可以埋地敷设，但应用沥青麻布包缠防腐。在管道的最低点应安装油水分离器或其他排水装置。油水分离器泄水管的控阀门的安装位置，应便于操作。

压缩空气管道进入用气车间后，一般应根据需要和不同情况设置控制阀门、减压装置、流量计、油水分离器等。当车间需要两种不同压力的压缩空气时，还应装二次减压装置，以满足生产要求。这些设备、阀门，管件及其他附件，常常集中安装在一起，统称为压缩空气入口装置，图 9-39 所示为常见的压缩空气入口装置的示意。

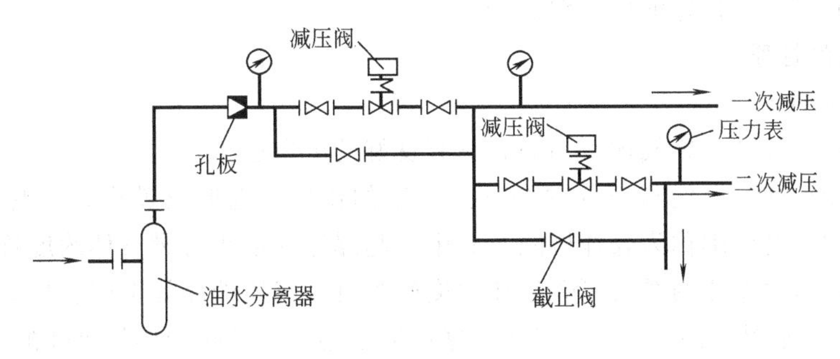

图 9-39 常见的压缩空气入口装置示意

配气器（又称分气管）的安装一般分中间安装和终点安装两种形式。中间配气器一般安装在管道的中部，其主要用途是利用一根供气管供应几个用气设备，但不能排除总管中的冷凝水。终点配气器一般安装在车间压缩空气管道末端或最低点，除了排除管道中的冷凝水外，还可以同时连接几个用气设备的管接头，以便向这些设备供气。

二、燃气管道的安装

（一）燃气的分类

民用与工业用燃气是一种清洁无烟的气体燃料，它燃烧时温度高、易点燃、易调节、使用方便，是一种理想的燃料。燃气由几种气体混合组成，包括可燃气体和不可燃气体。可燃气体有：一氧化碳、氢和碳氢化合物等。不可燃气体有：二氧化碳、氮和氧等。

燃气种类很多，按其来源不同可分为天然气和人工燃气两大类。

1. 天然气

天然气是指从地层中开采出来的燃气。从气井开采出来的气田气不含有石油，称为纯天然气；伴随石油一起开采出来的石油气，称为石油伴生气。

天然气的主要成分是甲烷，热值较高，是一种优质的燃气，可作为城市燃气供应的气源。

2. 人工燃气

人工制取的燃气根据生产工艺的不同又分为干馏煤气、气化煤气、油制气和液化石油气。

（1）干馏煤气。将煤装入焦炉、立式碳化炉等进行干馏，所得到的燃气称为干馏煤气，这类燃气中甲烷和氢的含量较高、热值较高，是城市燃气的主要气源之一。

（2）气化煤气。固体燃料在煤气发生炉中进行气化所得的燃气称为气化煤气，主要有水煤气、空气煤气、蒸汽氧煤气、混合煤气等。这类煤气的主要成分为一氧化碳和氢，热值较低，一般用于工业企业，不单独作为城市燃气的气源。

（3）油制气。利用重油通过裂解制取的燃气，按制取方法不同，分为重油蓄热裂解气和重油蓄热催化裂解气两种。前者的主要成分为甲烷、乙烯和丙烯等；后者的主要成分为氢、甲烷和一氧化碳等。热值较高，不但用做化工原料，还可以作为城市燃气的气源。

(4) 液化石油气。液化石油气是开采和炼制石油过程的副产品，其主要成分是丙烷、丙烯和丁烷等，热值较高。液化石油气在常温常压下呈气态，当压力升高或温度降低时，就能液化为液态，液化后其体积可缩小到原来体积的0.4%，便于输送和贮存。液化石油气多用做化工原料，同时也是良好的燃气源。

(二) 燃气的性质

1. 易燃易爆性

燃气的主要成分是可燃气体，因而它具有良好的可燃性。

燃气具有爆炸性。燃气与空气混合达到一定的比例，遇明火就会发生爆炸。引起爆炸时，可燃气体的浓度范围称为爆炸极限，其中引起爆炸的最小可燃气体浓度称为可燃气体浓度的爆炸下限，引起爆炸的最大可燃气体浓度称为可燃气体的爆炸上限。焦炉煤气的爆炸极限为5%～36%，水煤气约为6%～75%。爆炸下限越小，意味着燃气爆炸的可能性越大。

2. 有毒有害性

燃气中含有一些有毒有害气体。如一氧化碳、硫化氢和烃类等。

一氧化碳经呼吸道进入人体后，立即与血红蛋白结合形成碳氧血红蛋白，碳氧血红蛋白不能携带氧，引起组织缺氧，轻者会使人头痛、无力、眩晕，进一步加重会发生恶心、呕吐、视力模糊，甚至昏厥，重者会使人窒息以致死亡。

硫化氢是无色臭蛋气味的气体，是强烈的神经毒物，接触低浓度时表现为畏光、流泪、眼刺痛和咽喉有灼热感，并伴有刺激性咳嗽及前胸闷痛。高浓度吸入后可在数秒或数分钟内发生头晕、呕吐、骚动不安，进而迅即昏迷并可导致死亡。

烃是天然气的主要成分，它对人体主要有麻醉作用，人吸入后会引起眩晕、头痛，高浓度吸入时可使人窒息。

3. 其他

燃气中含有一定的水分，燃气在输送过程中，由于温度的降低，使凝水析出，这些凝结水应及时排除，否则会堵塞管路。

燃气中还含有萘、煤焦油、硫化物、氨等有害物质。萘在干馏煤气中含量较多，容易以结晶态析出，沉积于管道内壁上，使管道截面缩小，减少流量，严重时会堵塞管道，造成断气。在人工燃气中含有煤焦油，煤焦油与灰尘黏合在起，会造成管道和用气设备的堵塞。硫化物除了硫化氢之外，还有二硫化碳、硫氧化碳等，这些硫化物除了对人体有害外，还对管道、设备有腐蚀作用，高温干馏的煤气中含有氨，氨是有毒有害物质，氨对铜有腐蚀作用。

(三) 燃气管道的敷设形式

燃气管道的敷设形式有树枝式，如图9-40 (a) 所示；环式，如图9-40 (b) 所示；辐射式，如图9-40 (c) 所示。通常采用的是树枝式，这种系统简单实用，缺点是检修主干管时，所有用户都要停止使用。因此，有些规模较大的工业企业敷设两条主干管，形成双树枝式（或称双干线式）系统，如图9-40 (d) 所示。

(四) 燃气管道附件的安装

1. 防爆安全阀的安装

安全阀上装有一块防爆板，一般均为铝质材料制成。当管内压力突然升高时，防爆板首先破裂，气体向外冲出，并掀动阀盖，因而支撑杆自动脱落，泄压后阀盖在重锤的作用下封闭阀口，防止空气渗入管路系统。安全膜在安装前应进行破裂试验，试验压力一般为工作压力的1.25倍，当工作压力 $P=0.005 \sim 0.02$MPa时，试验压力为 $P+0.005$MPa。试验中为

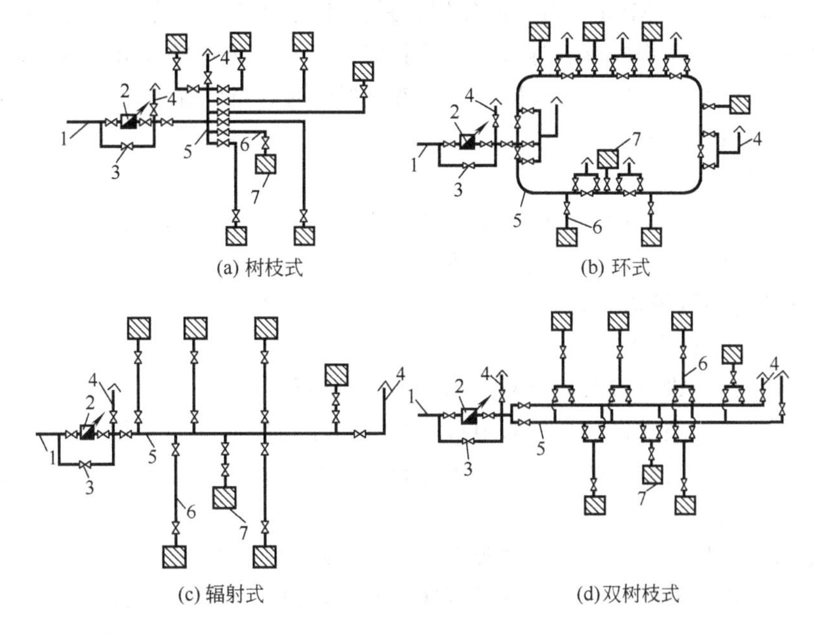

(a) 树枝式　(b) 环式

(c) 辐射式　(d) 双树枝式

图 9-40　燃气管道敷设的形式

1—燃气源；2—燃气表；3—旁通管；4—放散管；5—主干管；6—支管；7—用气点

了减小防爆板的有效厚度，可用“刻划”井字形沟槽的办法处理。

2. 排水器的安装

它是用来排除燃气管道中冷凝水的附属设备，分连续和定期排水器两种。燃气管一般采用连续排水器，在直管段中每 150～200m 至少装一个。埋地管及直径在 200mm 以下的架空燃气管，可以使用定期排水器。城市埋地燃气主管用定期排水器，其安装间距不大于 500m。连接燃气管道的排水管直径一般为 25～50mm，应接于主管的最低点。

3. 盲板、盲板环及盲板支撑的安装

燃气管道的某一段因故临时抢修时，应将该段管道与其他部分切断。为防止泄漏，采用一般阀门切断是不允许的，而应在切断处安装盲板。因此，燃气管道在适当位置都设有这种装置。盲板分不承压与承压两种。停用和停气检修时，采用不承压盲板；正在运行的燃气管道进行抢修时，采用承压盲板。盲板安装的位置一般是在两法兰之间或阀门的后面（按气流方向）。盲板环和盲板配合使用时，正常运行时安装的是盲板环，一旦需要切断管道时，打开螺栓取出盲板环，插入盲板拧紧螺栓即可。盲板支撑装置是为放置备用盲板环或盲板而设置的。

4. 蒸汽吹扫管、放空管及取样嘴的安装

燃气管道投入运行时，要放出系统中的空气或空气、燃气的混合物；在检修时，要放出管道中的燃气；在检验管道中是否存在燃气、空气的危险混合物时，需要取样化验；另外，管道运行一段时间后，会积聚一些焦油、灰尘等沉淀物，需通入蒸汽吹扫。因此，燃气管道上应安装蒸汽吹扫管、放空管和取样嘴。

在管道系统的较高点、阀门处及管道末端等位置，应安装适量的放空管及蒸汽吹扫管，以便分段清扫燃气管道。放空管的安装位置应能保证管道各处无吹扫不到的死点，并应引出屋外高出屋脊 2m，同时高出 20m 范围内建筑物的高度。吹扫管口处应安装减压孔板及阀门，使蒸汽压力降到0.02MPa左右才能使用，最高不得超过燃气管道的试验压力。蒸汽吹扫管与燃气管道之间应用橡胶软管连接，不吹扫时应断开，防止燃气窜入蒸汽管道。厂区燃气管道，每100m至少装一个蒸汽吹扫管。在燃气管道的适当位置（如放空管闸阀与燃气管道之间的管段）应安装取样嘴。

5. 手孔和人孔的安装

燃气管道直径在500mm以内时，应设置手孔，大于500mm时则应设置人孔，供检修清扫用。在手孔盖和人孔盖上部应安装蒸汽吹扫管和取样嘴。

（五）厂区管道的敷设与安装

1. 厂区燃气管道的敷设

厂区燃气管道的敷设方式有架空敷设和埋地敷设两种。

（1）架空敷设。架空敷设的燃气管道应尽量平行于道路或建筑敷设，系统应简单明显，以便于安装和维修。架空敷设的燃气管道不允许穿越爆炸危险品生产车间、仓库、变电所、通风间等建筑，以免发生意外事故。

（2）埋地敷设。厂区燃气管道埋地敷设，应与建筑物或道路平行，宜设在人行道或绿化地带内，不得通过堆积易燃易爆材料和具有腐蚀物的场地。埋地管宜设在土壤冰冻线以下，其管顶敷土深度不得小于0.7m，埋地管道不得在地下穿过建筑物或构筑物，不得平行敷设在有轨电车的轨道之下。埋地管道在铁路、厂区主要干管下面穿过时，应敷设在套管内，套管两端应密封。地下燃气管道严禁在地沟内敷设。为保证安全及管道安装维修方便，要求燃气管道与各种管道、构筑物有一定的间距，最小净距应符合有关标准规定。

2. 厂区燃气管道的安装

（1）对管材管件的要求

① 埋地敷设的中、低压管道主要是给水铸铁管，也可用镀锌钢管、石棉水泥管和塑料管。低压管道 $DN \geqslant 75mm$ 主要采用给水铸铁管，$DN < 75mm$ 主要采用镀锌钢管和塑料管，中压管道均采用铸铁管和钢管。

② 架空敷设的管道均采用钢管，$DN \leqslant 250mm$ 采用焊接钢管或无缝钢管，$DN \geqslant 300mm$，一般采用卷焊钢管。

（2）对管道的连接要求

① 埋地燃气管道，当管材采用铸铁管时，一般采用承插连接，接口材料应按下列要求选择：低压燃气管道采用石棉水泥接口；中压燃气管道采用耐油的橡胶圈石棉水泥接口；有特殊要求（如通过铁路、重要公路等）时，应采用青铅接口。

② 采用焊接钢管螺纹连接时，填料为聚四氟乙烯生料带、黄粉甘油调和剂、厚白漆等，不得使用麻丝作为填料。

③ 管材采用焊接时，$DN > 50mm$ 时采用电焊连接，$DN \leqslant 50mm$ 时采用氧-乙炔焊焊接。

④ 燃气管道与法兰阀门、设备连接时，应采用法兰连接，法兰垫片的选用要求为：$DN \leqslant 300mm$ 时，采用橡胶石棉板，厚度为3～5mm，不得使用橡胶板或石棉板作垫片；$300mm < DN \leqslant 450mm$ 时，采用油浸石棉纸垫片；$DN > 450mm$ 时，采用焦油或红铅油浸过的石棉绳作垫片。

（3）对坡度的要求。燃气管道敷设时应有不小于0.003的坡度，坡向凝水器。

（4）对接地装置的要求。室外燃气管道架空敷设时，每隔100～200m设接地装置。接地电阻不得大于 20Ω。室外架空管道法兰连接处，应用铜板或镀锌钢板进行跨接。

（5）对放散管的要求。考虑到燃气管道检修时要将燃气吹扫干净，应在管道系统的高点、阀门处及管道末端等位置，适量的设置放散管和蒸汽吹扫口，以便分段清扫燃气管道。放散管的设置要保证管段各处无吹扫不到的死点。沿建筑物敷设的放散管应高出屋脊 2.0m，不沿建筑物敷设者一般应高出 20m 内建筑物的屋顶。放散管直径小于 150mm 者，管端应弯成 90°，管口应背向常年主导风向，放散管直径大于 150mm 者，管端采用防雨罩。

（6）管道热补偿。为了保证架空管道的正常输送燃气，不致因温度变化产生内应力而遭到破坏，当直线管段较长时，必须考虑安装补偿器。燃气管道一般采用波形或鼓形补偿器。

（六）室内燃气管道的布置及安装

1. 室内燃气管道的布置

室内燃气管道应采用明敷设，沿墙、梁、板、柱布置，室内燃气管道不得布置在易受酸、碱腐蚀和可能被火焰熏烤的地方，不得穿越易燃易爆品仓库、配电室、风道、烟道等地方。

2. 室内燃气管道的安装

（1）管材及连接。室内燃气管道应采用低压流体输送用镀锌钢管，采用螺纹连接，用聚四氟乙烯生料当做填料，或用厚白漆、黄粉甘油的调和剂，不得使用麻丝作填料。

（2）阀门。燃气管道的公称直径大于或等于 65mm 时，管路中的阀门一律采用闸板阀，公称直径小于 65mm 时，应采用旋塞阀。

（3）套管。室内燃气管道穿过承重墙、楼板时，均应加设钢套管。穿墙套管的两端应与墙面平齐，穿楼板的套管下端与楼板底面相平，上端应高出楼板 50mm，套管内径应大于管道外径 25mm，套管与被套管间应用沥青-油麻填塞。

（4）引入管。燃气分配管与室内水平干管之间的一段穿过建筑物墙壁的管段，称为用户引入管。引入管一般从地下引入室内，也可以在室外设立管后引入室内。引入管应设有 0.005 的坡度，坡向城市燃气管道。埋地引入管应设在冰冻线以下 0.15m 深处。

（5）立支管安装。室内燃气立支管安装时，在首层距地面 1.5m 高处设一旋塞阀（转心门），之后再安一个活接头。

室内水平支管的安装高度要求如下。

① 楼梯间内不低于 2m。

② 管道及管件距顶板净高不小于 100mm，管道装有阀门时，距顶板净距不小于 150mm，管道附件在厨房内低位铺设时，距地面净距不小于 500mm。

③ 居民住户水平支管的坡向，以燃气表为界，分别坡向立管、灶具。坡度一般为 0.003。

室内燃气管道与各种管道的距离应符合有关规定。

（6）燃气表安装。家用燃气表一般用支架固定在墙壁上，安装要求如下。

① 燃气表应有产品合格证，距出厂日期不超过 6 个月。

② 燃气表应安装在室温不低于 5℃的干燥、通风、便于查表和检修的地方，严禁将燃气表安装在卧室、浴室、蒸汽锅炉房内及有危险品和易燃品存放处。

③ 注意燃气表的进口方向。

④ 当表底距地面为 1.4m 时，要求表侧面与灶边净距不小于 300mm，表背面距墙面不

小于 10mm。

⑤ 大型表应设在不小于 150mm 高的支墩上，与下列设备的水平净距要求为：与砖烟囱大于 100mm，与金属烟囱大于 300mm，与灶具边大于 800mm，与低压电器设备大于 1m，与开水炉及热水锅炉边大于 1.5m。

(7) 燃气灶具安装。燃气灶具分居民用灶具和公用建筑用户灶具。居民用户灶具安装要求如下。

① 燃气灶具一般宜设在专用的厨房内，厨房高度不低于 2.2m，房间应有自然通风和自然采光。

② 双眼灶的灶边与墙净距不小于 100mm，若墙面为易燃材料时，必须加设隔热防火层，突出灶板两端及灶面以上不少于 800mm。

③ 灶具安装应平稳。

④ 同一厨房安装两台以上灶具时，灶与灶之间的净距不小于 400mm。

⑤ 灶具的进气口若用钢管螺纹连接，安装接管时应均匀，防止将灶具接口撑裂。

⑥ 灶具用橡胶软管连接时，长度不宜超过 2m，且不得穿越墙壁。

⑦ 燃气热水器不得安装在浴室内，应装在厨房或其他房间内，但要满足下列要求：房间容积不得小于 $12m^3$，房高不低于 2.6m；房间应具有良好的自然通风；由地面至热水器底部 1.2～1.5m；安装在不易燃的墙上，与墙壁的净距应大于 20mm；安装在易燃的墙壁上时，墙面应加设隔热层，隔热层突出热水器四周不小于 100mm；热负荷在 9.86kW 以上的热水器应设置单独烟道。

3. 燃气管道车间入口装置的安装

燃气进入车间的入口管，一般只设置一个，以便于管理。如遇特殊情况，也可单独与厂区干管直接连通。*DN*300 以上的燃气管，车间进口装置需设有专门的操作平台，该处通常安装有控制阀门、盲板、吹扫口、放冷管、排水器、人孔、压力表等。*DN*<300mm 的燃气管道，可根据具体情况设置简易平台或不设平台。

4. 燃气管道的其他安装要求

(1) 燃气管一般均采用钢管，但室外埋地敷设时也可用铸铁管。

(2) 螺纹连接时，填料不得用麻丝，应用白厚漆、黄粉甘油或聚四氟乙烯薄膜带等作填料。低压燃气管道的承插口可用石棉水泥或青铅作填料。但用石棉水泥接口时，为使燃气管有适当的弹性，每隔几个接口应用一个铅接头。

(3) 燃气管的坡度，室外不小于 0.003，室内不小于 0.002，坡向可遵循下列原则：小口径管坡向大口径管；室内坡向室外；室外坡向排水器；燃气表前坡向引入管；燃气表后坡向用户。

(4) 在任何情况下，燃气管道与动力电缆和照明电缆不允许敷设在同一地沟内。

(5) 燃气管道不允许使用青铜或黄铜等各种阀门和附件，因硫化物对铜有腐蚀作用。

(6) *DN*>400mm 的闸阀不可装在燃气管道的主管上。除放空管的阀门外，在任何情况下阀杆不可向下装。

5. 室内民用燃气管道的安装

室外民用燃气管道的安装可参照前述各项有关要求。

室内管道一般采用沿墙安装，埋地的进气管应尽量在室外穿出地面，然后穿墙进入室内，穿墙或穿楼板处都应设置套管。如果是从中压或高压管网接出的进气管，则应在进户处先经过减压装置降低压力。一般均在进户的切断阀门之后装一只燃气表，燃气表应设置在安装、维修方便和敷设管道经济而又不影响观察的地方。

为了保证安全，室内燃气管道不得在建筑物下埋地敷设，也不得敷设在卧室等房间内，一般应装在厨房、走廊、楼梯间或地下室内，而且应明装。

三、工业用水管道安装

对于工厂来说，水是重要的必不可少的。工业用水可分为生产用水、循环冷却水、锅炉用水、生活用水和消防用水等。敷设方式一般为埋地和架空。

(1) 室外给水管道通常采用埋地敷设。安装前应检查管沟位置、标高及水平或垂直转弯的角度是否符合图纸和施工要求。要求管底能平稳地安放在坚实的土层上，管周边覆盖土不应有坚硬杂物，以免损伤管道。

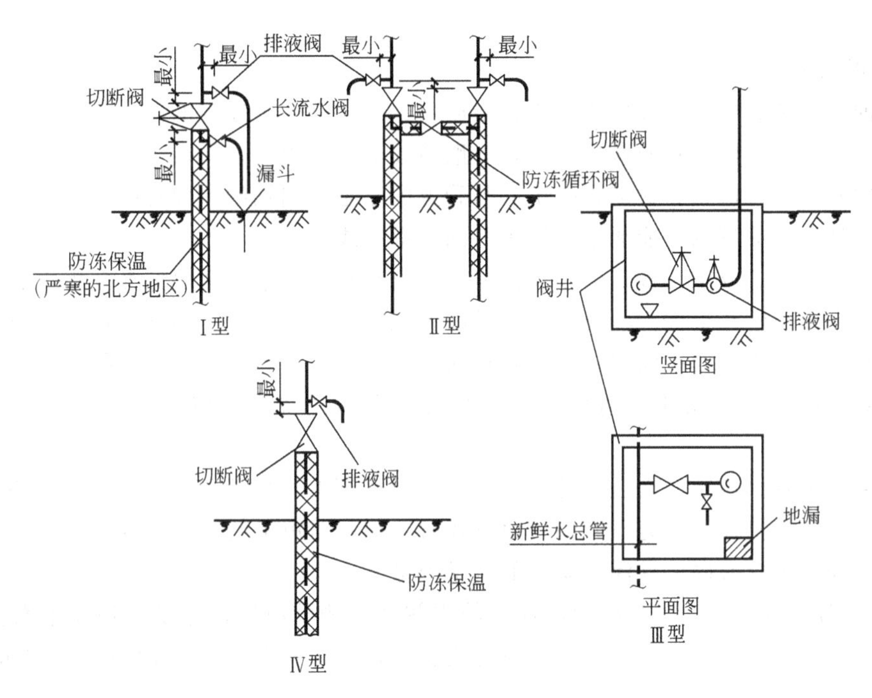

图 9-41　水管道防冻设置

(2) 埋地管道应在当地冻土层以下。寒冷地区埋地敷设的水管道，引出地面时应根据操作情况，考虑在引出地面的总管上设置切断阀、防冻排液阀、防冻循环阀和防冻流水阀等防冻措施，其安装形式如图 9-41 所示。对于寒冷地区循环水应尽量采用Ⅱ型防冻措施；对于新鲜水附近无回水管道，可采用Ⅰ型和Ⅲ型；对于月平均气温为 0℃以下地区可采用Ⅳ型防冻措施。

(3) 室外地面上用水管道一般架空敷设。寒冷地区，管道和阀门等组成件均需保温防冻或伴热。

(4) 地面上水管道的主管多为立管，支管多为横管，立管安装时应垂直，横管应有坡度，坡向最末端用水点。管道上的阀门、仪表及其他组成件安装位置应便于操作和检修。

(5) 每台机泵的供水和压力回水应设置阀门。对压力回水管道上应设置视镜，对自流回水管道上可设回水漏斗或直接引至泵基础边的边沟。

(6) 排水管道多采用埋地。因排水管材质一般强度较低，所以它对管沟要求较高，管沟轴线、标高应符合设计施工规定；敷设大管径时管底应制作碎石或混凝土垫层，保证管道不下沉。

(7) 工业生产消防用水管道应为独立的水系统，除消防用外，不应连接或接引其他用途管道；消防用水管道上装有足够的阀门，以便在事故时切断或打开；管道的布置安装一般为环状，最好有两个以上方向供水。

第六节 仪表安装

一、孔板流量计的安装

1. 孔板的分类

在石油化工和其他工业装置中孔板是最简单、最便宜和最通用的测量物料流量的元件。

(1) 同心孔板。同心孔板应用广泛，一般情况下都选用同心孔板。

(2) 偏心孔板。偏心孔板的锐孔中心与管道中心是非同轴的。偏心孔板的一侧与管道内壁相齐，这种孔板的特点是能通过介质中的固体颗粒或杂质。

(3) 双重孔板。双重孔板是由相互按一定距离装在管道中的两块标准孔板组成的。按流体流动方向，前面的孔板称为辅助孔板，后面的孔板称为主孔板。辅助孔板与管内径的截面比大于主孔板与管内径的截面比，两块孔板间的距离一般为 0.5 倍的管内径。

(4) 圆缺孔板。圆缺孔板适用于测量脏污介质和泥浆等的流量，它宜安装在水平管道中。

(5) 文丘里管。传统的文丘里管是在两个直径逐渐变小的锥管之间设置一个短狭的管，俗称喉管，当出口直径近似为下游的管道直径时，则称缩短了的文丘里管。文丘里管适用于低压损以及介质中含有固体悬浮物质时的流量测量。

(6) 90°弯管流量计。在圆形管道弯头的内侧和外侧处取压，它是一种简单而价廉的流量测定仪表。无压力损失，使用时要求管道最小直径 $DN>50$mm。

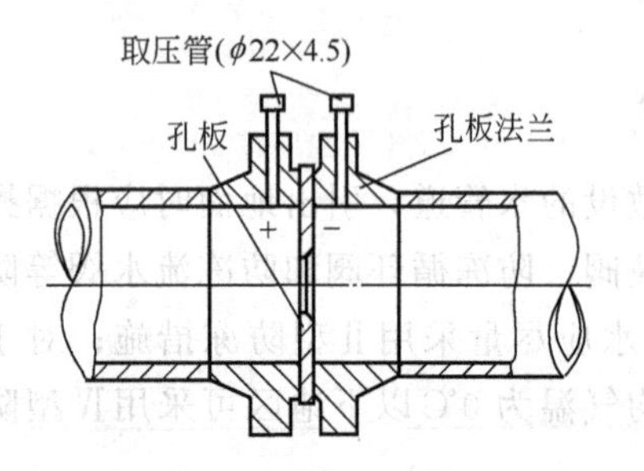

图 9-42　孔板法兰取压接管

孔板的取压方式有多种，其中法兰取压由于加工、安装方便等优点，应用最多。

当管道为 $DN50\sim DN500$ 时，均可用法兰取压，孔板法兰取压接管如图 9-42 所示。当孔板安装在水平管道上时。气体管道接管宜由管子上方或侧面引出，蒸汽管道由侧面或上方引出，液体管道由侧面或下方引出。当孔板安装在垂直管道上时，液体一般由下往上流（当管道充满液体时，也可由上往下流），气体一般由上往下流。

2. 孔板的安装

(1) 为了保证孔板流量计能正确工作，在孔板前后必须留有足够的直管段长度。法兰取压孔板前后要求直管段的长度见表 9-1。

表 9-1　法兰取压孔板前后要求直管段长度

孔板前管件情况	孔板前 d/D						孔板后
	0.3	0.4	0.5	0.6	0.7	0.8	
弯头、三通、四通、分支	6D	6D	7D	9D	14D	20D	3D
两个转弯在一个平面上	8D	9D	10D	14D	18D	25D	3D
全开闸阀	5D	6D	7D	8D	9D	12D	2D
两个转弯不在一个平面上	16D	18D	20D	25D	31D	40D	3D
截止阀、调节阀、不全开闸阀	19D	22D	25D	30D	38D	50D	5D

注：1. d 为孔板的锐孔直径。
2. D 为工艺管道的内径。
3. 粗定直管段时一般以 $d/D=0.7$ 为准。

（2）孔板一般安装在水平管道上，因其易于满足前后直管段长度的要求。为了便于检修和安装，也可安装在垂直管道上，如图 9-43（b）所示。

（3）当孔板安装在并排管上时，需为孔板及其引线的安装留下足够的位置。相邻管道的孔板间距如图 9-43（a）所示。

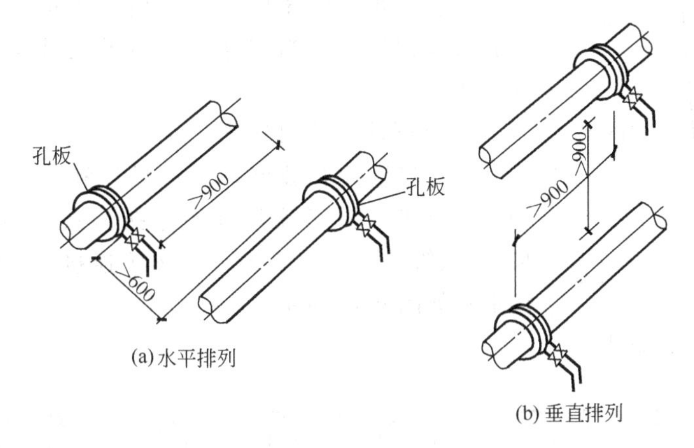

图 9-43　孔板在并排管道上的安装

（4）孔板的安装位置应尽量便于操作和检修，测量引线的阀门，应尽量靠近一次仪表。

（5）管架上水平管道的孔板应安装在管架梁附近，避免安装在两管架中间。

（6）管道 $DN<50\text{mm}$ 安装孔板时，应将管道扩径到 $DN=50\text{mm}$。

（7）调节阀与孔板组装时，为了便于操作一次阀和仪表引线，孔板与地面（或平台面）距离一般取 1.8～2m。安装形式如图 9-44 所示，安装尺寸见表 9-2。

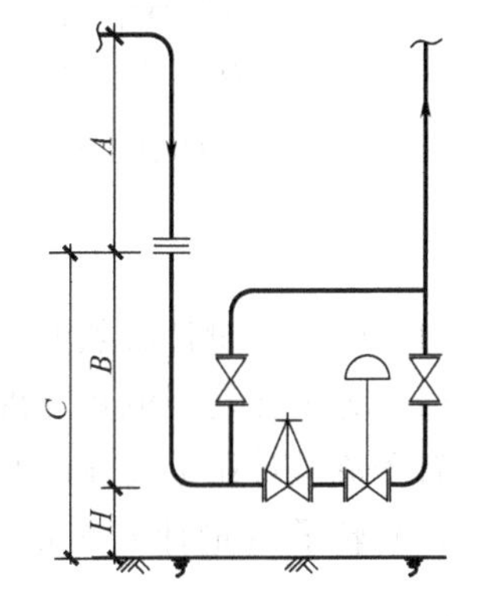

图 9-44　调节阀与孔板组装

二、转子流量计的安装

转子流量计是最简单的流量测量设施。转子流量计主要由一个向上扩大的锥管和在其中随流量大小上下移动的转子所组成，其工作原理如图 9-45 所示。

表 9-2　调节阀与孔板组装尺寸

DN/mm	A/mm	B/mm	C/mm	H/mm
50	>700	1400	1800	400
80	>1200	1400	1800	400
100	>1400	1400	1800	400
150	>2000	1300	1800	500
200	>2000	1300	1800	500
250	>2500	1300	1800	500
300	>3000	1500	2000	500
350	>3500	1500	2000	500

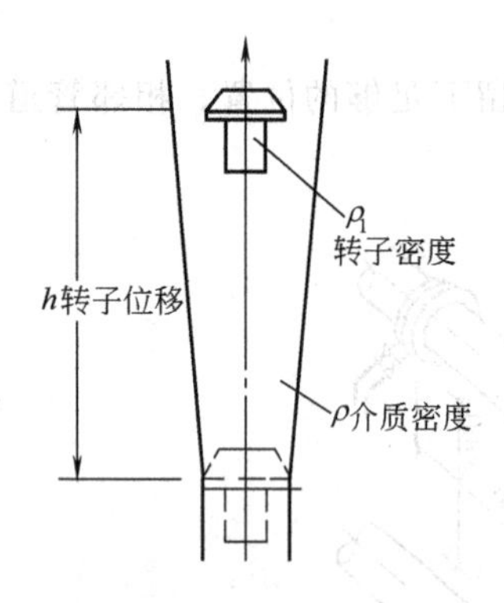

图 9-45　转子流量计工作原理

当流体流过锥管和转子所构成的环隙时，转子因节流作用而被流体动压力顶起，直至与转子质量平衡为止。一定的流量对应一定的转子位移，当流量增加时，转子上升，流过面积增加，转子的位置指出了流量。玻璃转子流量计可直接读出流量，当用金属管转子流量计时用电感测出它的位置。

1. 转子流量计的分类

转子流量计有玻璃转子流量计和金属管转子流量计两种。LZB 玻璃转子流量计的连接形式分为法兰连接型（F 型），软管连接型（Y 型）和螺纹连接型（R 型）三种。连接形式如图 9-46 所示。

2. 转子流量计的安装

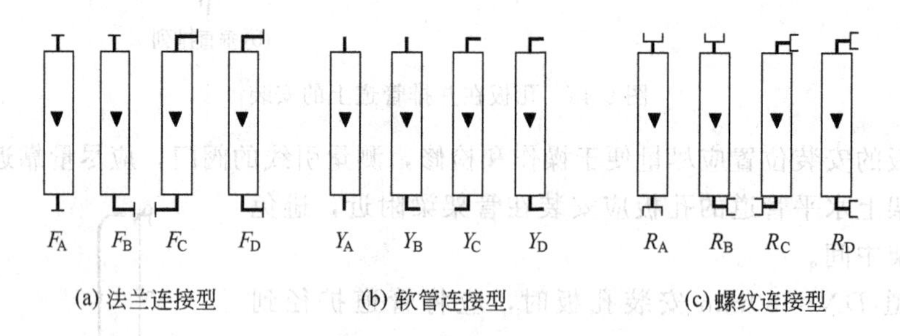

图 9-46　转子流量计的连接形式

（1）转子流量计必须安装在垂直、无振动的管道上，其安装示意如图 9-47 所示。

（2）为了在转子流量计拆下清洗或修理时，系统管道仍可继续运行，转子流量计要设旁路。转子流量计附近要宽敞些，以便于拆卸和检修。

（3）转子流量计安装前，应检查流量的刻度值是否与实际相符，其误差不应超过规定值。

（4）流量计的锥形管和转子要经常清洗，不允许有任何沾污，否则会影响流量精度。对于介质脏的管道在流量计之前应加过滤器。

（5）为了保证测量精度，安装时要保证流量计前有不小于 300mm 的直管段。

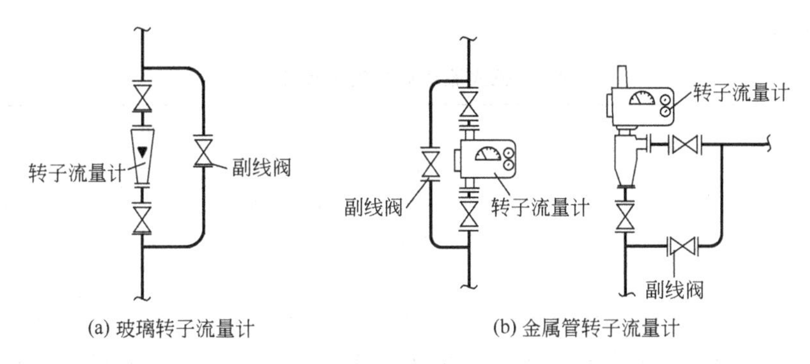

(a) 玻璃转子流量计　　(b) 金属管转子流量计

图 9-47　转子流量计安装示意

三、靶式流量计的安装

1. 靶式流量计的分类

靶式流量计有 LBQ 型气动远传靶式流量变送器和 DBL 型电动靶式流量变送器两种。

LBQ 型靶式流量变送器是气动力矩平衡式变送器，用于测量一般介质流量。DBL 型靶式流量变送器是矢量机构力平衡式电动变送器。用来连续测量高黏度及带悬浮颗粒介质的流量。也适用于一般气体、液体和蒸气的流量测量。

2. 靶式流量计的安装

(1) 靶式流量计可以水平或垂直安装于管道中，当测量介质中含有固体悬浮物时，靶式流量计需要水平安装。靶式流量计安装在垂直管道上时，一般流体方向应由下而上，对于充满液体的管道也可由上而下。

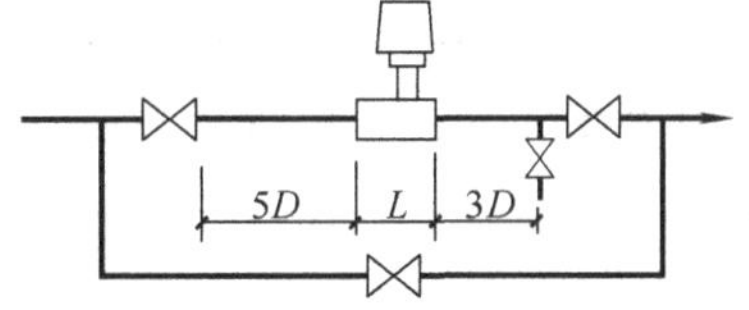

图 9-48　靶式流量计进、出口直管尺寸

(2) 为了提高测量精度，入口端前直管段不应少于 $5D$ (D 为管内径)，出口端后的直管段不应少于 $3D$，如图 9-48 所示。

(3) 靶式流量计应设旁路，以便于调整、校对仪表的零位及维修。

(4) 应注意流量计的安装方向，流体应对准靶面流动，即靶式较长的一端为流体的入口端，安装时要注意靶的中心应与管道的轴线同心。

(5) 如果该管道有调节阀，为了节省管子和阀门，可不设旁路而放在同一管道上，但安装时必须保证进出口直管段的要求。

(6) 当靶式流量计与调节阀共用一个旁路时，在流量计出口应装一压力表，以备在调节阀切换时监视流量用。

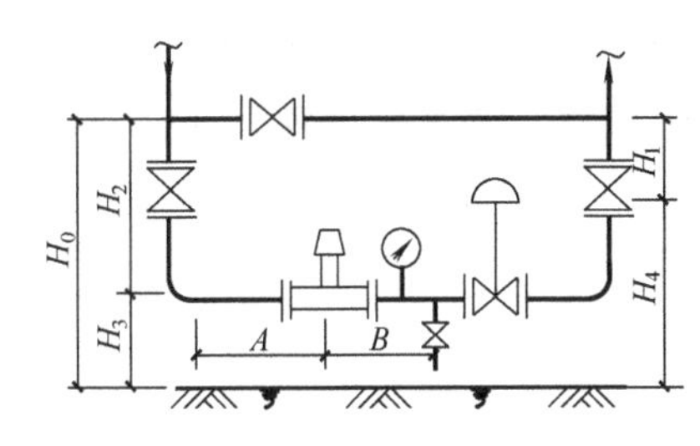

图 9-49　靶式流量计的安装尺寸

(7) 当调节阀的压差较大时（即阀前后两个压力系统），靶式流量计与调节阀最好不合用一个旁路，以避免当调节阀切换时由于不能指示流量而出事故。

3. 靶式流量计与调节阀组装

(1) $DN15$～$DN40$ 的靶式流量计一般安装在水平管道上，如图 9-49 所示，其安装尺寸可参照表 9-3 确定。

表 9-3　靶式流量计的安装尺寸（一）

工艺管道 DN/mm	靶径 d/mm	安装尺寸/mm							
		A	B	L	H_1	H_2	H_3	H_4	H_0
15	15	>300	100	1200	200	800	400	1000	1200
20	20	>300	150	1200	250	900	400	1100	1400
25	25	>300	150	1200	250	1000	400	1150	1400
40	40	>400	200	1500	300	1400	400	1500	1800

(2) $DN15 \sim DN300$ 靶式流量计安装在垂直管道上时，如图 9-50 所示，其安装尺寸可参照表 9-4 确定。

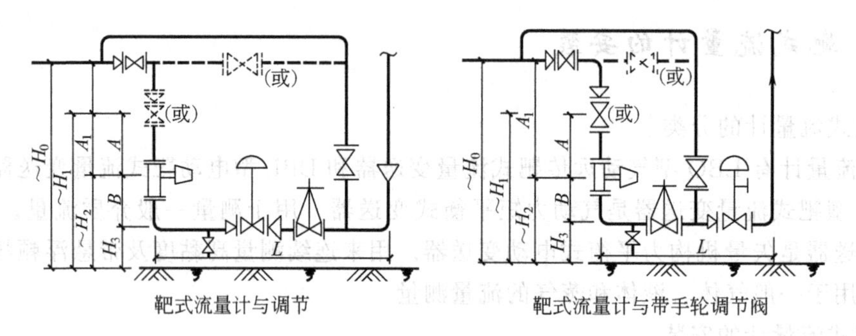

图 9-50　靶式流量计与调节阀组装

表 9-4　靶式流量计的安装尺寸（二）

工艺管道 DN/mm	靶径 d/mm	安装尺寸/mm							
		H_3	$\sim H_2$	$\sim H_1$	$\sim H_0$	A	A_1	B	L
15	15	400	500	>900	>900	>400	>400	>100	1000
20	20	400	500	>900	>1000	>400	>500	>100	1000
25	25	400	550	>950	>1050	>400	>500	>150	1000
40	25～40	400	600	1100	1250	>500	>650	>200	1400
50	40～50	400	650	1150	1250	>500	>650	>250	1400
80	50～80	400	700	1400	1550	>700	>850	>300	1800
100	65～100	400	900	1700	1850	>800	>950	>500	2000
150	80～150	500	1250	2450	2650	>1200	>1450	>750	2500
200	100～200	500	1500	3000	3300	>1500	>1800	>1000	3200
250	150～250	500	1750	3650	4100	>1900	>2350	>1250	3900
300	200～300	500	2000	4250	4700	>2250	>2700	>1500	4200

(3) 对于 $DN \geqslant 150$mm 的靶式流量计，其 H_0、H_1 较高，若平面位置允许宜安装在水平管道上。

四、腰轮流量计的安装

腰轮流量计是容积流量计的一种，目前国内已有许多仪表厂生产。腰轮流量计的寿命长，又可测量高黏度油品。腰轮流量计由过滤器、分气器、流量计组成。

（1）过滤器。为了减少流量计磨损，保证测量精度，在流量计前都要安装过滤器。过滤器的口径同流量计的口径一致。

（2）分气器。当介质中含有气体时，对流量测量精度影响很大，因此对含有气体的介质，如液化气、原油等，若需精确测量应在过滤器前装设分气器。

（3）过滤器分气器和流量计串联安装，三者共用一个旁路阀。

（4）腰轮流量计应尽量安装在调节阀前，以防止因压力降造成汽化而影响测量精度。

（5）为满足流量计现场校验，每个流量计需加两个检验阀。

（6）腰轮流量计的安装如图 9-51 所示。

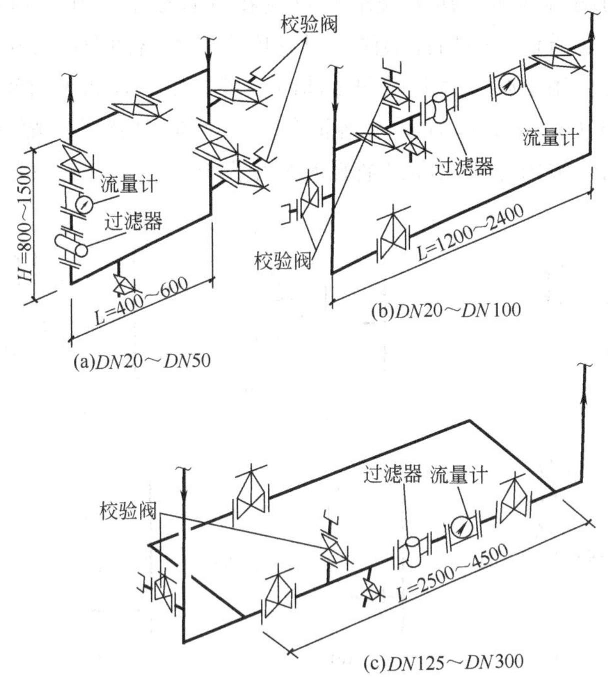

图 9-51　腰轮流量计的安装

（7）*DN*20～*DN*50 的腰轮流量计一般安装在垂直管道上，如图 9-51（a）所示；*DN*20～*DN*100 的腰轮流量计安装在水平管道上，其旁通阀应设在腰轮流量计的正下方，如图 9-51（b）所示；*DN*125～*DN*300 的腰轮流量计应安装在水平管道上，并需设置支架或基础。

（8）腰轮流量计安装时，应注意管道介质的流向需与流量计壳体上的流向标记一致。

（9）应根据工艺管道的管径、压力、流量和被测量介质的性质，选择腰轮流量计的规格和材质。

五、压力测量仪表的安装

管道上的压力表及测压用仪表取压管嘴，一般为 *DN*15 的接管。

1. 常用压力表的型号和规格

常用压力表的型号和规格见表 9-5。

2. 压力表的安装

表 9-5 常用压力表的型号和规格

压力表名称	型 号	精 度	规格/MPa
普通压力表	Y-100	1.5	0～0.1、0.16、0.25、0.4、0.6、1、1.6、2.5、4、6、10、16、25
氨用压力表	YA-100	1.5	
压力真空表	YZ-100	1.5	−0.1～0
电接点压力表	YX-150	1.5	0～0.1、0.16、0.25、0.4、0.6、1、1.6、2.5、4、6、10、16、25
防爆电接点压力表	YX-160-B_3C	1.5	
耐酸压力表	YC-150	1.5	0～4、6、10、25、40
膜片压力表	YM-100	1.5	0～0.06、0.01、0.16、0.25、0.4、0.6、1、1.6、2.5

(1) 为了准确的测得静压，压力表取压点应在直管段上，并设切断阀，如图 9-52 (a) 所示，对清洁无腐蚀介质切断阀用针形阀。对黏度大，有腐蚀介质等用闸阀，可免除突然的压力波动和消除脉动。用于腐蚀性介质和重油时，可在压力表和阀门间装隔离器，隔离器内装隔离液，隔离液可为轻柴油或甘油水溶液等。当管道内介质比隔离液重时采用图 9-52 (b) 所示的接法；当管道内介质比隔离液轻时采用图 9-52 (c) 所示的接法。

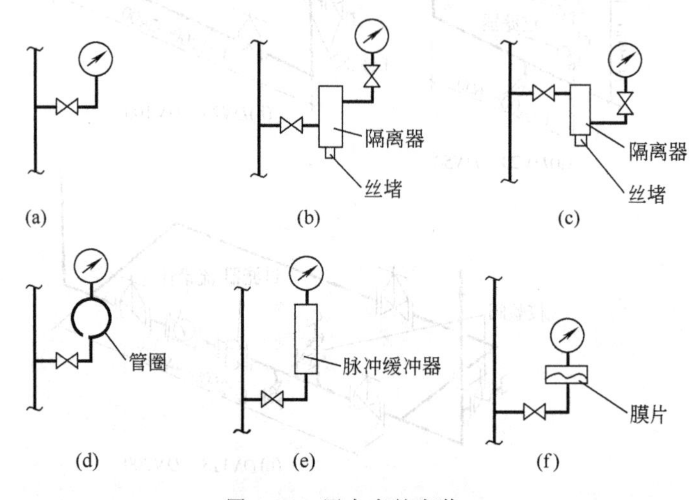

图 9-52 压力表的安装

(2) 压力表应尽可能在常温下测量，在高温下压力表内的焊口会损坏。为此，高温管道的压力表要设置管圈，如图 9-52 (d) 所示。

(3) 流体脉动的地方，设置脉冲缓冲器，以免脉动传给压力表，如图 9-52 (e) 所示。

(4) 对于腐蚀性流体应设置隔离膜片式压力表，以免该流体进入压力表内，如图 9-52 (f) 所示。

(5) 对用于振动设备的压力表，可装在墙上、柱上或仪表盘上，用软管与设备上的取压口连接。

(6) 现场指示的压力表的设置位置，如能自由选择时，最好的高度为 1.3～1.8m，过高时应有平台或直梯，以便维护。

(7) 泵出口的压力表应装在阀前并朝向操作侧，当开启出口阀门时能看见所指示的压力。

(8) 测量设备为微压、真空或介质有沉淀物时，应使开口的标高低于仪表，且尽可能靠近仪表，以减少附加误差或避免沉淀物进入压力表内。

(9) 设备上的测压点开口应在气相段。立式高设备（例如分馏塔）可沿塔顶出口管在其较低处取压，不一定在设备上开口，以便于维护检修。

（10）取压点的位置要注意工艺管道分叉、阀前、阀后，严格按工艺流程要求。

（11）同一处测压点，压力表和压力变送器可合用一个取压口。

（12）压力表管嘴安装位置一般离焊缝不小于100mm、距法兰不小于300mm、在卧式容器上开口离切线不小于100mm。

六、温度测量仪表的安装要求

1. 常用的温度测量设备开口规格

温度敏感元件，一般不直接与工艺介质接触，常用套管保护敏感元件。套管可用管螺纹或法兰连接，温度测量设备的开口规格见表9-6。

表9-6　温度测量设备的开口规格

测量元件名称	推荐规格	其他规格
热电偶、热电阻	*PN*2.5 *DN*25 法兰 *PN*2.5 *DN*25 法兰	M33×2-160，G1″-160 M27×2-160
隔爆型热电偶	M33×2-160	M33×2-160，G1″-160，G3/4″-160
小惰性热电偶	M33×2-160	G1″-160
耐磨耐电偶	*PN*2.5 *DN*50 法兰	—
双金属热温度计	M33×2-160	M27×2-160
压力式温度计（包括电接点式）	M33×2-160	M27×2-160
温度计套	M33×2-160	G1″-160，G3/4″-160
工业水银温度计	M27×2-160	G3/4″-160

2. 温度计，热电偶的安装要求

（1）为使温度计、热电偶安装在直管段上，其安装要求最小管径如下。

工业水银温度计为*DN*50；热电偶、热电阻、双金属温度计为*DN*80；压力式温度计为*DN*150。

当工艺管道的管径小于以上要求时，可按图9-53所示的尺寸扩大管径。温度计、热电偶的扩大管尺寸*L*见表9-7。

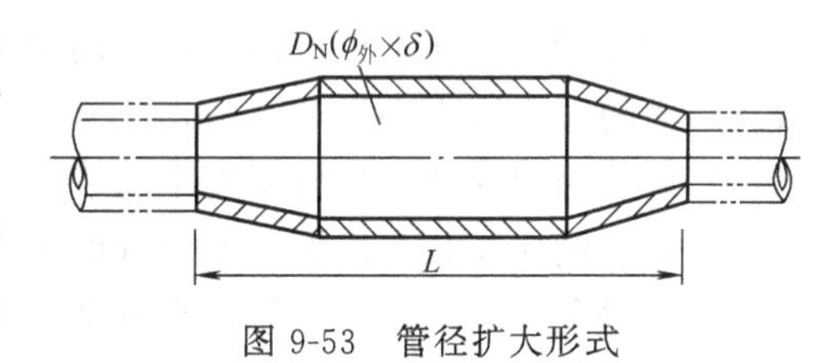

图9-53　管径扩大形式

在管道拐弯处安装时，其最小管径为*DN*40且与管内流体流动方向逆向接触。

表9-7　温度计、热电偶的扩大管尺寸L

L/mm \ *DN*/mm ϕ外×3.5	10	15	20	25	32	40	50	65
ϕ60×3.5	550	500	500	400	400	400		
ϕ89×4.5	550	550	500	500	500	450	450	450

（2）温度计可垂直安装和倾斜45°水平安装，倾斜45°安装时，应与管内流体流动方向逆向接触。温度计管嘴的安装如图9-54所示。

（3）热电偶的长度因工艺管道的公称直径、测量地点不同而异，且应安装在易于抽出热电偶的地方。

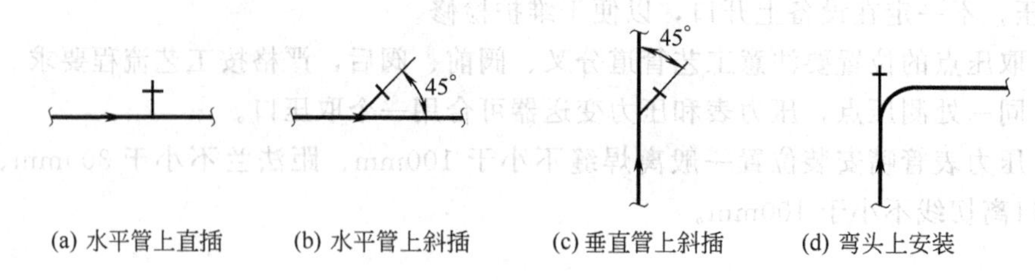

图 9-54 温度管嘴的安装位置

(4) 温度计的最佳安装高度为操作台 1.2～1.5m。为了便于检修，测温元件离操作台最低为 300mm。若高于 2m 时宜设直梯或活动小平台。当安装在平台外边时，其管嘴离平台边不应超过 500mm。

(5) 为了便于配管引线，塔上的各热电偶应尽量布置在同一方位上。

(6) $PN \geqslant 6.4$MPa 的管道或设备上安装热电偶或热电阻时，应预先焊一高压保护套管。

(7) 热电偶、热电阻的接线盒和引出导线（即补偿导线）的环境温度不得超 100℃。

(8) 对于有分叉的管道，安装温度计或热电偶时要特别注意安装位置与工艺流程相符。

(9) 温度管嘴开口距焊缝不应小于 100mm，距法兰不应小于 300mm。

七、调节阀的安装位置

1. 调节阀安装的一般要求

(1) 调节阀的安装位置应满足工艺流程设计要求，并应尽量靠近与其有关的一次指示仪表，并尽量接近测量元件位置，便于在用副线阀手动操作时能观察一次仪表。

(2) 调节阀应尽量正立垂直安装于水平管道上，特殊情况下才可水平或倾斜安装，但须加支撑。

(3) 为便于操作和维护检修，调节阀应尽量布置在地面或平台上且易于接近的地方。与平台或地面的净空应不小于 250mm。

(4) 调节阀应安装在环境温度不高于 60℃，不低于－40℃的地方。

(5) 调节阀应安装在离振动源较远的地方。

(6) 为避免旁通阀泄漏介质落在调节阀上和便于就地拆卸膜头，安装时调节阀与旁通阀应错开布置。

(7) 隔断阀的作用是当调节阀检修时关闭管道之用，故应选用闸板阀；旁通阀主要是当调节阀检修停用时作调节流量用，故一般应选用截止阀，但旁通阀 $DN \geqslant 150$mm 时，可选用闸板阀。

为了调节阀在检修时将两隔断阀之间的管道泄压和排液，一般可在调节阀入口侧与调节阀上游的切断阀之间管道的低点设排液闸阀。当工艺管道 $DN > 25$mm 时，排液阀公称直径应不小于 20mm；当工艺管道 $DN \leqslant 25$mm 时，排液阀的公称直径应为 15mm。

(8) 输送含有固体颗粒介质的管道上的调节阀或 $DN < 25$mm 小口径的调节阀容易堵塞，应在入口隔断阀后增设过滤器或将旁通阀布置在调节阀的下方。

(9) 在一个区域内有较多的调节阀时，应考虑形式一致，整齐、美观及操作方便。

(10) 调节阀与隔断阀的直径不同时，大小头应尽量靠近调节阀安装。

(11) 安装调节阀时要注意它的流向，一般无特殊要求时调节阀的流向应与调节阀箭头所示流向一致。

(12) 当管道安装施工后进行吹扫时，调节阀应从管道上卸下，用短管代替。

(13) 由热伸长管道上的调节阀组的支架，两个支架中应有一个是固定支架，另一个是滑动支架。

2. 调节阀组的布置方案

调节阀组的布置方案如图 9-55 所示。

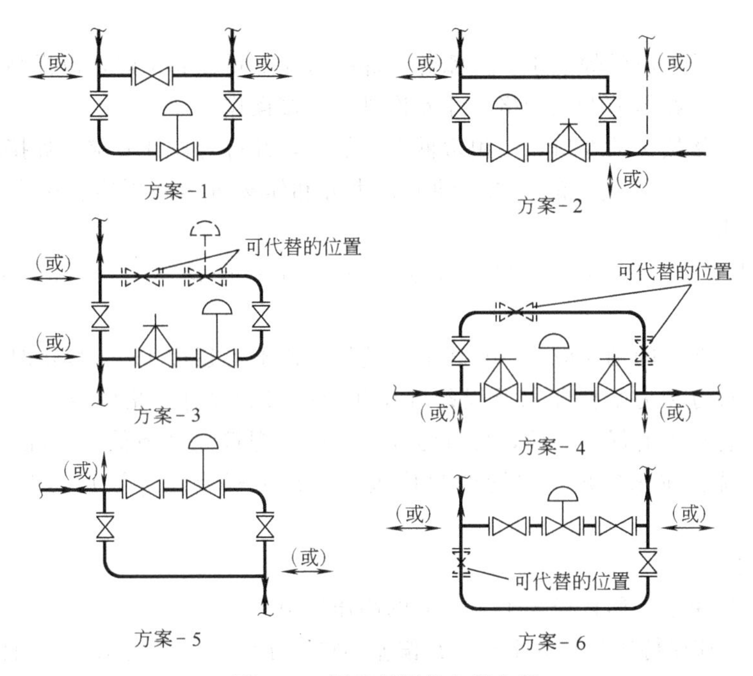

图 9-55　调节阀组的布置方案

(1) 方案-1 是最常用的安装形式，阀组布置紧凑，所占空间小，维修时便于拆卸，整套阀组放空简便。

(2) 方案-2 是常用的安装形式，旁通阀的操作维修方便，适合于 $DN>100$mm 的阀组，但易凝、有腐蚀性介质不宜采用。

(3) 方案-3 也是一个常用安装形式，维修时便于拆卸，当调节阀在上方时，由于位置过高，不易接近。

(4) 方案-4 调节阀容易接近，但两个隔断阀与调节阀在一根直管上，比较难于拆卸和安装，旁路上有死角，不得用于易凝、有腐蚀性介质，阀组安装要占较大空间，仅用于低压降调节阀。

(5) 方案-5 阀组布置紧凑，但调节阀位置过高，不易接近，适用于较小口径调节阀。

(6) 方案-6 是两个隔断阀与调节阀在一根直管上，不易拆卸和安装，旁路上有死角，安装要占较大空间，适用较小口径调节阀和易堵塞，易结焦介质调节阀的安装。

第七节　高压管道安装

高压管道主要特点是长期在高压（10～100MPa）和高温（或低温）下操作，要求管材要有足够的机械强度、较高的耐高温（或低温）性能，并具有较好的耐腐蚀能力。

（一）高压管道的连接形式

高压管道常用的连接形式有焊接、法兰连接、管接头连接等。可根据管径的大小、使用条件、安装部位等来选择。

1. 焊接连接

由于钢管材质、焊条质量和焊接技术的不断改进和完善，在高压管道中越来越广泛地采用焊接连接。

高压管应采用手工电弧焊或手工氩弧焊。焊接时应尽量做到平焊，以提高焊接质量。焊接高压管道的焊工应经焊前考试合格，才允许进行焊接操作。

高压管道的焊接接头的坡口，应用机械方法加工，并符合设计要求。焊接前，应将坡口及其附近宽 10～20mm 表面上的脏物、油迹、水分和锈斑等清除干净。接头组对时，其错口应符合下列要求。

壁厚小于或等于 15mm 时，错口不大于 0.5mm；壁厚大于 15mm 时，错口不大于 1mm。

接头组对后，两管的轴线应在一直线上，偏斜误差不得超过 1‰。焊接时所用焊条、焊丝的质量，化学成分和力学性能以及焊条直径和焊接层数都有严格的要求。为保证焊接质量，焊接时，应将点焊的焊肉磨掉，再行施焊。高压管焊接允许最低环境温度及预热要求，焊后热处理，酸洗、钝化处理，焊缝外观检查，X 光透视或超声波探伤等，都应按规定进行。

2. 法兰连接

法兰连接一般用于公称直径大于 20mm 的高压管道。

法兰连接时，应保持法兰间的平行，其偏差不得大于法兰外径的 1.5‰，且不大于 2mm。不得用强紧螺栓的方法消除歪斜。法兰连接应保持与管道同心，并应保证螺栓自由穿入。

螺栓紧固后应与法兰紧贴，不得有楔缝，需加垫圈时，每个螺母不应超过一个。螺纹法兰拧入管端时，应使管端螺纹倒角外露。软金属垫片应准确地放入密封座内。

法兰连接应使用同一规格螺栓，安装方向应一致。紧固螺栓时应对称均匀、松紧适度，紧固后螺栓与螺母宜齐平。

垫片安装可根据需要或按设计文件规定，分别涂以石墨粉、二硫化钼油脂、石墨机油等涂料。

软钢、铜、铝等金属垫片，当出厂前未进行退火时，安装前应进行退火处理。

当管道安装遇到下列情况之一时，螺栓、螺母应涂以二硫化钼油脂、石墨机油或石墨粉：不锈钢、合金钢螺栓和螺母；管道设计温度高于 100℃或低于 0℃；露天装置；处于大气腐蚀环境或输送腐蚀介质的管道。

3. 高压管接头连接

DN<20mm 的高压管，可采用管接头连接。

（二）高压管道的安装

1. 安装前的检查

所有送交安装的高压管子、管件、阀门及紧固件等，必须附有证明文件，如材料证明、焊接登记表、焊接试样试验结果、焊缝透视结果、配件合格证、其他验收合格证等。运到现场后应妥善保管，分类整齐放置，做出明显标记，严防损坏。

高压管安装前，应将内部擦洗干净，用白布检查，达到无铁锈、脏物、水分等才为合格。螺纹部分应涂二硫化钼或石墨机油调合剂（有脱脂要求除外）。所有的密封面及密封垫的粗糙度应符合技术标准，不允许有任何影响密封性能的划痕、斑点等缺陷存在。

2. 支架安装

支架应按设计图纸制作与安装。管道安装时，应使用正式管架固定，不宜使用临时支撑或铁丝绑扎。与管架接触的管子及其附件，应按设计规定或工作温度的要求，安置木垫、软金属垫或橡胶石棉垫等，并应预先在支架上涂漆防腐。管道穿过墙壁、楼板或屋面时，应按设计要求在建筑物上留孔和安装套管、支架等。

3. 管道安装

管道安装前，应先将设备、阀门操作台等找正固定。如果管段在安装前要求进行水压强度试验时，对于同径、同压的管段、管件等可以连通试压；对于预装成整体吊装的组合件，可以单独试压。经水压试验后的管段必须进行清洗，对较大管径的管子，可用铁丝绑上布条单向牵拉的方法清洗；对小管径的管子，可用压缩空气进行吹洗。下列检查工作完毕以后方可进行管道的安装。

① 校核加工后管段的各部分尺寸、角度，检查在搬运过程中管螺纹和密封面有无损伤。

② 检查锥面密封面、垫圈与放置面是否为线接触和连续居中。

③ 检查法兰号与管段号是否一致，螺纹部分是否已涂上带油石墨粉等。

④ 高压管道的安装应按施工单线管道图对号“入座”，不得混淆。

安装法兰时，应按照前述高压螺纹法兰装配连接的要求进行。螺栓的把紧是保证工程质量的重要环节，应特别注意。小螺栓可用活扳手，较大螺栓则应用特制的死扳手或电、气动机械扳手拧紧。高压管道的安装应尽量减少和避免固定焊口，特别是在竖直管道上，一般不应布置固定焊口。

高压管道的直管段允许用焊接方法接长，但其长度不得短于 500mm；而每一段 5m 长的管段只允许有一个焊接口。对于弯制的高压弯头，焊口距起弯点的长度应不小于管外径的 2 倍，且最小不小于 200mm，但对冲压弯头不包括在此限度内。管子、管件焊接时，应将螺纹部分包裹起来，防止铁水熔渣溅到螺纹上面损伤螺纹，致使安装法兰时产生咬合现象。

安装管道时，不得用强拉、强推、强扭或修改密封垫的厚度等方法，来补偿安装误差。

管线安装如有间断，应及时封闭敞开的管口。管线上的仪表取源部位的零部件应和管段同时安装，不得遗漏。

第八节　管道压力试验

在管道安装前、安装过程中、安装结束后或投入运行前，应对管道进行压力试验，其目的是检查已安装好的管道系统的强度和严密性是否能达到设计要求，也对承载管架及基础进行考验，以保证正常运行使用，它是检查管道安装质量的一项重要措施。

一、压力试验一般规定

管道安装完毕，热处理和无损检验合格后，应进行压力试验。

（1）压力试验应以液体为试验介质。当管道的设计压力小于或等于0.6MPa时，也可采用气体为试验介质，但应采取有效的安全措施。脆性材料严禁使用气体进行压力试验。

（2）当现场条件不允许使用液体或气体进行压力试验时，经建设单位同意，可同时采用下列方法代替。

① 所有焊缝（包括附着件上的焊缝），用液体渗透法或磁粉法进行检验。

② 对接焊缝用100%射线照相进行检验。

③ 当进行压力试验时应划定禁区，无关人员不得进入。

④ 压力试验完毕，不得在管道上进行修补。

⑤ 建设单位应参加压力试验。压力试验合格后，应和施工单位一同按规定的格式填写“管道系统压力试验记录”。

二、压力试验前应具备的条件

（1）试验范围内的管道安装工程除涂漆、绝热外，已按设计图纸全部完成，安装质量符合有关规定。

（2）焊缝及其他待检管道组成件尚未涂漆和绝热。

（3）管道上的膨胀节已设置了临时约束装置。

（4）试验用压力表已经校验，并在周检期内，其精度不得低于1.5级，表的满刻度值应为被测最大压力的1.5～2倍，压力表不得少于两块。

（5）符合压力试验要求的液体或气体已经备齐。

（6）按试验的要求，管道已经加固。

（7）对输送剧毒流体的管道及设计压力大于等于10MPa的管道，在压力试验前，下列资料应已建立和复查。

① 管道组成件质量证明书。

② 管道组成件的检验或试验记录。

③ 管子加工记录。

④ 焊接检验及热处理记录。

（8）待试管道与无关系统已用盲板或采取其他措施隔离。

（9）待试管道上的安全阀、爆破板及仪表元件等已经拆下或加以隔离。

（10）试验方案已经过批准，并已进行了技术交底。

三、液压试验规定

（1）液压试验应使用洁净水，当对奥氏体不锈钢管道或对连接有奥氏体不锈钢管道或设备的管道进行试验时，水中氯离子含量不得超过25×10^{-5}。当采用可燃液体介质进行试验时，其闪点不得低于50℃。

（2）试验前，注液体时应排尽空气。

（3）试验时，环境温度不宜低于5℃，当环境温度低于5℃时，应采取防冻措施。

（4）试验时，应测量试验温度，严禁材料试验温度接近脆性转变温度。

（5）受内压的地上钢管道、有色金属管道及埋地钢管道的试验压力应为设计压力的1.5

倍，且不得低于0.4MPa。

(6) 当管道与设备作为一个系统进行试验，管道的试验压力等于或小于设备的试验压力时，应按管道的试验压力进行试验；当管道试验压力大于设备的试验压力，且设备的试验压力不低于管道设计压力的1.5倍时，经建设单位同意，可按设备的试验压力进行试验。

(7) 当管道的设计温度高于试验温度时，试验压力应按下式计算

$$p_s=1.5p[\sigma]_1/[\sigma]_2$$

式中　p_s——试验压力（表压），MPa；

p——设计压力（表压），MPa；

$[\sigma]_1$——试验温度下，管材的许用应力，MPa；

$[\sigma]_2$——设计温度下，管材的许用应力，MPa。

当 $[\sigma]_1/[\sigma]_2$ 大于6.5时，取6.5。

当 p_s 在试验温度下，产生超过屈服强度的应力时，应将试验压力 p_s 降至不超过屈服强度的最大压力。

(8) 承受内压的埋地铸铁管道的试验压力，当设计压力小于或等于0.5MPa时，应为设计压力的2倍；当设计压力大于0.5MPa时，应为设计压力加0.5MPa。

(9) 对位差较大的管道，应将试验介质的静压计入试验压力中。液体管道的试验压力应以最高点的压力为准，但最低点的压力不得超过管道组成件的承受力。

(10) 对承受外压的管道，其试验压力应为设计内、外压力之差的1.5倍，且不得低于0.2MPa。

(11) 夹套管内的试验压力应按内部或外部设计压力的高者确定。

(12) 液压试验应缓慢升压，待达到试验压力后，稳压10min，将试验压力降至设计压力，停压30min，以压力不降、无渗漏为合格。

(13) 试验结束后，应及时拆除盲板、膨胀节限位设施，排尽积液。排液应防止形成负压，并不得随意排放。

(14) 当试验过程中发现泄漏时，不得带压处理。消除缺陷后，应重新进行试验。

四、气压试验规定

(1) 承受内压钢管及有色金属管的试验应为设计压力的1.15倍，真空管道的试验压力应为0.2MPa。当管道的设计压力大于0.6MPa时，必须有设计文件规定或经建设单位同意，方可用气体进行压力试验。

(2) 严禁使试验温度接近金属的脆性转变温度。

(3) 试验前，必须用空气进行预试验，试验压力宜为0.2MPa。

(4) 试验时，应逐步缓慢增加压力，当压力升至试验压力的50%时，如未发现异常或泄漏，继续按试验压力的10%逐级升压，每级稳压3min，直至试验压力。稳压10min，再降至设计压力，停压时间应根据查漏工作需要而定。以发泡剂检验不泄漏为合格。

(5) 输送剧毒流体、有毒流体、可燃流体的管道必须进行泄漏性试验。泄漏性试验应按下列规定进行。

① 泄漏性试验应在压力试验合格后进行，试验介质宜采用空气。

② 泄漏性试验压力应为设计压力。

③ 泄漏性试验应重点检验阀门填料函、法兰或螺纹连接处、放空阀、排气阀、排水阀等。以发泡剂检验不泄漏为合格。

经气压试验合格，且在试验后未经拆卸过的管道可不进行泄漏性试验。

(6) 真空系统的压力试验合格后，还应按设计文件规定进行24h的真空度试验，增压率不应大于5%。

(7) 当设计文件规定以卤素、氦气或其他方法进行泄漏性试验时，应按相应的技术规定进行。

第九节 管道工程吹扫与清洗

为保证管道系统内部的清洁，除安装前必须清除内部杂物外，安装完毕强度试验合格后或严密性试验前，还应分段进行吹扫和清洗（简称吹洗），以便清除遗留在管道内的铁屑、铁锈、焊渣、尘土、水分及其他污物，以免这些杂物随流体沿着管道流动时，堵塞管道，损坏阀门和仪表，碰撞管壁发生火花而引起事故。管道吹扫和清洗的要求应根据该管道所输送的介质不同而异，有的管道须用化学药品清洗，有的管道只须用一定流速的水进行清洗，而有的管道则须用一定流速的气体或蒸汽进行吹扫。

1. 一般规定

(1) 管道在压力试验合格后，建设单位应负责组织吹洗工作，并应在吹洗前编制吹洗方案。

(2) 吹洗方法应根据对管道的使用要求、工作介质及管道内表面的脏污程度确定。公称直径大于或等于600mm的液体或气体管道，宜采用人工清理；公称直径小于600mm的液体管道宜采用水冲洗；公称直径小于600mm的气体管道宜采用空气吹扫；蒸汽管道应以蒸汽吹扫；非热力管道不得用蒸汽吹扫。

对有特殊要求的管道，应按设计文件规定采用相应的吹洗方法。

(3) 不允许吹洗的设备及管道应与吹洗系统隔离。

(4) 管道吹洗前，不应安装孔板、法兰连接的调节阀、重要阀门、节流阀、安全阀、仪表等，对于焊接的上述阀门和仪表，应采用流经旁路或卸掉阀头及阀座加保护套等保护措施。

(5) 吹洗的顺序应按主管、支管、疏排管依次进行，吹洗出的脏物，不得进入已合格的管道。

(6) 吹洗前应检验管道支、吊架的牢固程度，必要时应予以加固。

(7) 清洗排放的脏液不得污染环境，严禁随地排放。

(8) 吹扫时应设置禁区。

(9) 蒸汽吹扫时，管道上及其附近不得放置易燃物。

(10) 管道吹扫合格并复位后，不得再进行影响管内清洁的其他作业。

(11) 管道复位时，应由施工单位会同建设单位共同检查，并应按规定的格式填写“管道系统吹扫及清洗记录”及“隐蔽工程（封闭）记录”。

2. 水冲洗

(1) 冲洗管道应使用洁净水，冲洗奥氏体不锈钢管道时，水中氯离子含量不得超过规定标准。

(2) 冲洗时，宜采用最大流量，流速不得低于 1.5m/s。

(3) 排放水应引入可靠的排水井或沟中，排放管的截面积不得小于被冲洗截面积的60%。排水时，不得形成负压。

(4) 管道的排水支管应全部冲洗。

(5) 水冲洗应连续进行，以排出口的水色和透明度与入口水目测一致为合格。

(6) 当管道经水冲洗合格后暂不运行时，应将水排净，并应及时吹干。

3. 空气吹扫

(1) 空气吹扫应利用生产装置的大型压缩机，也可利用装置中的大型容器蓄气，进行间断性的吹扫。吹扫压力不得超过容器和管道的设计压力，流速不宜小于 20m/s。

(2) 吹扫忌油管道时，气体中不得含油。

(3) 空气吹扫过程中，当目测排气无烟尘时，应在排气口设置贴白布或涂白漆的木制靶板检验，5min 内靶板上无铁锈、尘土、水分及其他杂物的为合格。

4. 蒸汽吹扫

(1) 为蒸汽吹扫安设的临时管道应按蒸汽管道的技术要求安装，安装质量应符合本规范的规定。

(2) 蒸汽管道应以大流量蒸汽进行吹扫，流速不应低于 30m/s。

(3) 蒸汽吹扫前，应先进行暖管，及时排水，并应检查管道热位移。

(4) 蒸汽吹扫应按加热-冷却-再加热的顺序，循环进行；采取每次吹扫一根，轮流吹扫的方法。

(5) 通往汽轮机或设计文件有规定的蒸汽管道，经蒸汽吹扫后应检验靶片。靶片上无铁锈、脏物为合格。

5. 化学清洗

(1) 需要化学清洗的管道，其范围和质量要求应符合设计文件的规定。

(2) 管道进行化学清洗时，必须与无关设备隔离。

(3) 化学清洗液的配方必须经过鉴定，并曾在生产装置中使用过，经实践证明是有效和可靠的。

(4) 化学清洗时，操作人员应着专用防护服装，并应根据不同清洗液对人体的危害而佩戴护目镜、防毒面具等防护用具。

(5) 化学清洗合格的管道，当不能及时投入运行时，应进行封闭或充氮保护。

(6) 化学清洗后的废液处理和排放应符合环境保护的规定。

6. 油清洗

(1) 润滑、密封及控制油管道，应在机械及管道酸洗合格后、系统试运转前进行油清洗。不锈钢管道，宜用蒸汽吹扫净后进行油清洗。

(2) 油清洗应以油循环的方式进行，循环过程中每 8h 应在 40～70℃的范围内反复升降油温 2～3 次，并应及时清洗或更换滤芯。

(3) 当设计文件或制造厂无要求时，管道油清洗后应采用滤网检验，检验结果应符合有关规定。

(4) 油清洗应采用适合于被清洗机械的合格油，管道应采取有效的保护措施。

第十节 管道工程交工验收

交工验收是管道工程施工完毕后交付生产使用前必须进行的一项工作。它是全面考核、检验设计和安装质量的重要环节，也是基本建设的最后一个程序。管道工程的交工验收应按分项、分部或单位工程验收。分项、分部工程应由施工单位会同建设单位等共同验收；单位工程应由主管单位，组织施工、设计、建设及有关单位联合验收，并应做好记录、签署文件、立卷归档。

交工验收包括中间验收和竣工验收。

一、中间验收

中间验收是管道工程施工中不可缺少的重要环节。中间验收时，施工中发现的问题要及时处理，以免造成后患，为保证工程质量打下良好的基础。

为了保证管道工程施工的质量，在施工过程中，除了施工人员自检、互检外，在一些重要环节，还应要求质量管理人员及建设单位参加验收。

中间验收的内容包括如下几项。

(1) 管子和阀门的检验记录。

(2) 阀门的试压、研磨记录、高压管子、管件的加工记录及管子、阀门的合格证和紧固件的校验报告。

(3) 伸缩器的预拉伸或预压端记录。

(4) 隐蔽工程施工检查记录。

(5) 管道试压、吹洗脱脂记录。

(6) 管道的防腐、绝热记录等。

二、竣工验收

管道工程施工完毕后，应按设计图纸对现场管道进行全面复查验收。

竣工验收的内容包括如下几项。

(1) 管道的坐标、标高和坡度是否正确。

(2) 连接点或接口是否严密。

(3) 各类管道支架、挡墩、吊架安装是否齐全。

(4) 合金钢管道是否有材质标记。

(5) 暖卫系统的散热器、卫生器具安装的牢固性。

(6) 给排水管道系统的通水能力。

(7) 供热和采暖系统的热工效能。

(8) 锅炉连续48h全负荷运行的热工效能及附属设备的机械性能。

(9) 制冷系统除了检查压力试验记录、吹扫试验记录外，还应检查真空试验记录和充液记录及系统的制冷效能。

（10）各种管道防腐层的种类和保温的结构情况。

（11）各种仪表的灵敏度和阀类启闭的灵活性及安全阀、防爆阀安全设施是否符合规范要求等。

三、竣工技术文件

管道工程竣工验收时，施工单位应提交下列技术文件。

（1）管道组成件及管道支承件的质量证明书或复验、补验报告。

（2）施工记录和试验报告。

① 阀门试验记录。

② 高压管件加工记录。

③ 隐蔽工程（封闭）记录。

④ 安全阀最终调试记录。

⑤ 管道补偿装置安装记录。

⑥ 热处理报告。

⑦ 管道系统压力试验记录。

⑧ 管道系统吹扫及清洗记录。

⑨ 射线照相检验报告。

⑩ 超声波检验报告。

⑪ 磁粉检验报告。

⑫ 渗透检验报告。

⑬ 其他检验报告。

（3）设计修改文件及材料代用报告。

（4）要求100%射线照相检验的管道，应在单线管段图上准确标明焊缝位置、焊缝编号、焊工代号、无损检验方法、焊缝补焊位置、热处理焊口编号。对抽样射线照相检验的管道，其焊缝位置、焊缝编号、焊工代号、无损检验方法、焊缝补焊位置、热处理焊口编号等应有可追溯性记录。

（5）工程交接验收时确因客观条件限制未能全部完成的工程，在不影响安全试车的条件下，经建设单位同意，可办理工程交接验收手续，但遗留工程必须限期完成。

（6）工程交接验收应按规定的格式填写“工程交接检验书”。

思考题及习题

1. 管道安装施工要做哪些前期准备工作？
2. 管道测绘的目的是什么？测绘常用工具有哪些？
3. 管道的建筑长度，安装长度和预制加工长度的概念有什么不同？
4. 管道安装前一般应具备什么条件？
5. 管道的敷设方式有哪些？各适用于什么场合？
6. 塔的配管应注意些什么？
7. 容器的配管方式分哪几种？

8. 泵的配管有哪些要求？
9. 排放管的设置应考虑什么？
10. 如何防止设备和管道介质产生静电？
11. 简述压缩空气管道的安装要求。
12. 简述燃气管道的安装要求。
13. 埋地水管道施工安装应注意什么？
14. 孔板流量计的安装有哪些要求？
15. 压力测量仪表的安装有哪些要求？
16. 温度测量仪表的安装有哪些要求？
17. 调节阀组的安装方案有哪几种？试画出其中的两种。
18. 高压管道安装应注意些什么？
19. 液压和气压试验有什么规定？
20. 管道吹扫清洗介质种类有哪些？各有什么规定？
21. 管道的验收可分为几种？竣工验收需要提交和保存哪些技术文件？

第十章　管道的防腐与保温

第一节　管道防腐蚀技术

一、概论

管道防腐蚀技术主要研究、开发管道在环境和使用条件下，腐蚀破坏的原因与防护方法。

（一）管道防腐蚀的意义

管道腐蚀问题涉及国民经济和国防建设的各个部门，大量的管道、构件和阀门等因腐蚀而损坏报废，既给国民经济带来了巨大损失，也给生产和生活造成极大的困难。据统计，全世界每年由于腐蚀而报废的金属管道、设备等，相当于年产量的1/3。为了防止腐蚀，人们研究、开发了多种防腐蚀技术，促进新技术、新工艺、新材料、新管道设备的推广应用，延长管道设备使用寿命，节省资金，保证安全生产。

（二）金属管道腐蚀的分类

由于金属管道腐蚀的现象与机理比较复杂，腐蚀的分类方法有多种。

1. 按腐蚀环境分类

可以分为化学介质腐蚀、大气腐蚀、海水腐蚀和土壤腐蚀等。

2. 根据腐蚀过程的特点和机理分类

① 化学腐蚀。金属管道与介质发生的化学反应，在反应过程中没有电流产生。化学腐蚀又可分为气体腐蚀（金属管道在干燥气体中，表面上没有湿气冷凝的腐蚀）和非电解质溶液中的腐蚀。

② 电化学腐蚀。金属管道与介质发生反应的过程中有电流产生。电化学腐蚀是最普遍和常见的腐蚀。

③ 物理腐蚀。金属管道由于单纯的物理溶解作用而引起的腐蚀。

（三）金属管道腐蚀的破坏形式

按照腐蚀破坏形式，有均匀腐蚀和局部腐蚀两大类。

1. 均匀腐蚀

整个管道表面均匀地发生腐蚀。均匀腐蚀一般危险性较小。

2. 局部腐蚀

整个管道仅局限于一定的区域发生腐蚀，而其他部位则几乎不发生腐蚀。常见的有如下几种。

① 小孔腐蚀。又称点蚀，在金属管道某些部位，被腐蚀成一些小而深的孔，严重时发生穿孔。

② 斑点腐蚀。腐蚀形态像斑点一样分布在金属管道表面上，所占面积较大，但不深。

③ 电偶腐蚀。两种不同电极电位的金属相接触，在一定的介质中发生的电化学腐蚀。

④ 应力腐蚀破裂（SCC）。金属材料在拉应力和介质的共同作用下所引起的腐蚀破裂。

⑤ 晶间腐蚀。腐蚀发生在金属晶体的边缘上，晶粒间的结合力减小，内部组织变得松弛，机械强度降低。

⑥ 选择性腐蚀。多元合金中的某种组分，由于腐蚀优先溶解到溶液中去，造成其他组分富集在合金表面。

⑦ 氢脆。金属在某些介质溶液中，因腐蚀或其他原因而产生的氢原子渗入金属内部，使金属变脆，并在应力的作用下发生脆裂。

⑧ 磨损腐蚀。因介质运动速度大或介质与金属管道相对运动速度大，而使金属管道局部表面遭受严重的腐蚀损坏的一种腐蚀形式。

⑨ 细菌腐蚀。指在细菌繁殖活动参与下发生的腐蚀。

此外，还有缝隙腐蚀、穿晶腐蚀、垢下腐蚀、浓差电池腐蚀等。

（四）管道腐蚀与防护对策

1. 管道外防腐技术

① 石油沥青防腐层。环氧煤沥青和煤焦油磁漆具有较好的抗细菌腐蚀和抗植物根茎穿透能力，施工工艺也较成熟，应用最广、量最大，取得了良好的效果。

② 聚乙烯黏胶带。具有较好的防腐性，施工工艺简便，成本低，质量易控制，国内有很多成功的实例。

③ 熔结环氧粉末涂层。具有很好的黏结力、防腐蚀性及较好的耐温性。其优异的抗阴极剥离性和涂层屏蔽作用，能很好地与阴极保护相配合，近年来在我国得到大规模应用。

④ 包覆聚乙烯和聚乙烯泡沫夹克。20 世纪 90 年代引进的三层 PE 夹克防腐层技术是由环氧粉末、共聚物黏结剂和聚乙烯互熔为一体，并与钢质管道牢固地结合，形成优良的防腐层。

2. 管道内防腐技术

由于管道内介质的多样化，管道腐蚀穿孔日益频繁。管道内防腐技术逐渐得到发展，20 世纪 90 年代初形成了环氧液体涂料内挤涂工艺以及环氧粉末涂装技术。配套使用的内涂层补口技术有管头涨口内衬短节、钢质记忆合金接头、机械压接、机械速接接头以及自动找口、补口内防腐补口机等。实现了内防腐层连续性施工技术，保证了喷涂质量。

对腐蚀严重的旧管道进行返修，采用涂敷固化法、塑料管穿插法、软管翻转法、预成型二次固化法等工艺技术，使管道恢复正常使用，具有较好的经济效益。

3. 管道阴极保护技术

近年来我国的阴极保护技术发展较快，在阳极材料、保护参数的遥控遥测、保护电源等技术日趋完善。在保护电源方面完善并提高了恒电位仪设备，采用开关电源、信号传输接口技术、计算机技术，实现了无 *IR* 降管地电位测量技术，从而实现了自动化控制无人值守管理，提高了管理水平。

4. 地上管道防腐技术

除地下管道之外，石油、化工、化肥、制药、水利工程、海洋工程、引水工程、农田排灌、发电等行业中有大量地上管道。其用量及腐蚀环境远远超过地下管道。尤其是在石油、化工、制药、化肥等行业中，管道输送介质种类繁多，有些在高温高压下进行，且腐蚀介质复杂，腐蚀严重，经常出现穿孔泄漏，甚至引起火灾爆炸，严重危害人身安全，影响正常生产又污染环境。

二、管道防腐蚀常用涂料

涂料广泛使用在防腐蚀工程中，我国市场上销售的涂料品种在1000种以上。涂料使用简便，适用范围广，涂装的管道设备易维修，能够与其他防腐蚀措施配合使用，防腐蚀性能优良耐久，施工费用、工具、设备投资少，色彩多样，还能起标志不同管线设备的作用等优点。

（一）涂料的分类

涂料品种繁多，涂料分类方法也多。

涂料按有无颜料可分为清漆、色漆等；按形态可分为水性涂料、溶剂型涂料、粉末涂料、高固体分涂料、无溶剂涂料等；按用途可分为建筑涂料、汽车涂料、飞机蒙皮涂料、木器涂料等；按施工方法可分为喷漆、浸漆、烘漆等；按施工工序可分为底漆、腻子、二道漆、面漆、罩光漆等；按效果可分为防锈涂料、绝缘涂料、防污涂料、防腐涂料等。

根据成膜剂类别的不同涂料分为17大类，涂料的分类见表10-1。

表10-1　涂料的分类

序号	代号（汉语拼音）	成膜剂类别	主要成膜剂
1	Y	油性类	天然动植物油、清油(熟油)、合成油
2	T	天然树脂类	松香及其衍生物、虫胶、乳酪素、动物胶、大漆及其衍生物
3	F	酚醛树脂类	改性酚醛树脂、纯酚醛树脂、二甲苯树脂
4	L	沥青类	天然沥青、石油沥青、煤焦沥青、硬质酸沥青
5	C	醇酸树脂类	甘油醇酸树脂、季戊四醇醇酸树脂，其他改性醇酸树脂
6	A	氨基树脂类	脲醛树脂、三聚氰胺甲醛树脂
7	Q	硝基类	硝基纤维素、改性硝基纤维素
8	M	纤维素类	乙基纤维、苄基纤维、羟甲基纤维、醋酸纤维、醋酸丁酯纤维、其他纤维酯及醚类
9	G	过氯乙烯类	过氯乙烯树脂、改性过氯乙烯树脂
10	X	乙烯类	氯乙烯共聚树脂、聚醋酸乙烯及其共聚物、聚乙烯醇缩醛树脂、聚二乙烯乙炔树脂、含氟树脂
11	B	丙烯酸类	丙烯酸酯树脂、丙烯酸共聚物及其改性树脂
12	Z	聚酯类	饱和聚酯树脂，不饱和聚酯树脂
13	H	环氧树脂类	环氧树脂、改性环氧树脂
14	S	聚氨酯类	聚氨基甲酸酯
15	W	元素有机类	有机硅、有机钛、有机铝等元素有机聚合物
16	J	橡胶类	天然橡胶及其衍生物，合成橡胶及其衍生物
17	E	其他类	未包括在以上所列的其他成膜剂，如无机高分子材料、聚酰亚胺树脂等

(二) 常用防腐蚀涂料

防腐蚀涂料是底漆至面漆的配套系统，要求附着力良好，基体表面与底漆、面漆结合牢固；层间结合力强。有一定的物理力学性能，化学性能要稳定，不被水、酸、碱、盐、废液、空气、化工气体等溶胀、溶解、分解破坏，对水和氧渗透性小，不发生有害的化学反应。

1. 环氧树脂防腐蚀涂料

环氧树脂防腐蚀涂料应用较早，用量最大（约占环氧树脂总量的40%）。环氧树脂具有极好的附着力、优异的耐腐蚀性能、良好的力学性能、很高的稳定性、突出的绝缘性能等特性。

环氧防腐蚀涂料种类很多，按固化机理可分为胺固化环氧涂料、聚酰胺固化环氧涂料、胺加成物固化环氧涂料。按涂覆方法有溶剂型环氧涂料和环氧粉末涂料。

(1) 胺固化环氧树脂防腐蚀涂料。胺固化环氧树脂涂料形成的涂膜韧性好、附着力强、坚硬；耐化学腐蚀性能优异，在40%～50%的 H_2SO_4、40%～50%的 NaOH、5%的 KOH、10%的 HCl、3%的 NaCl 等溶液中浸泡3个月无变化；耐溶剂性极好，如耐汽油、松节油等；电性能突出。环氧树脂和其他一般成膜树脂不同，在配方中不需加入增塑剂，也不会因此降低它优良的性能。胺固化环氧树脂涂料最大优点是能常温干燥。

(2) 聚酰胺固化环氧树脂防腐蚀涂料。聚酰胺固化环氧树脂防腐蚀涂料又称为环氧聚酰胺涂料。聚酰胺固化环氧树脂涂料的特点是：耐候性较好，不易粉化失光；施工性能好，因聚酰胺有较好的湿润性，涂膜不易产生橘皮、泛白等病态；涂膜的使用寿命较长，二组分混合配制后，2～4天不胶化；可以在不完全除锈或潮湿的钢铁表面施工；耐化学腐蚀性及耐溶剂性不及环氧胺固化涂料；涂膜对金属、非金属都有很强的结合力，并有很好的韧性；聚酰胺不刺激皮肤，毒性小。

环氧聚酰胺涂料具有良好的附着力，适合于制作底漆；保光性能比胺固化环氧涂料好，也可作磁漆；耐水性好，适用于作轻金属保护涂层。HL-Q 厚浆型环氧煤沥青涂料、环氧富锌涂料都是属于聚酰胺固化环氧涂料。

(3) 无溶剂环氧树脂防腐蚀涂料。防腐蚀涂料大多含溶剂，但在成膜过程中溶剂挥发易形成针孔，使涂层具有渗透性。无溶剂型防腐蚀涂料的特点是固体含量高，无溶剂挥发，消除了涂层针孔，提高了抗渗透性、耐腐蚀性能（耐酸、碱、盐溶液、水、原油、柴油、汽油、溶剂、尿素等腐蚀）；消除中毒和火灾的危险，减少通风设备，避免溶剂挥发造成的资源浪费，减少对环境的污染；可制成厚浆型防腐涂料，涂刷厚度可达100～700μm，每次涂层厚度可达100μm以上，减少了施工涂刷道数；涂层结合强度高，收缩率小；固化时不需要空气存在，甚至有些特殊改性的涂料可在水下固化；涂层具有优良的绝缘性能。

(4) 环氧树脂粉末防腐蚀涂料。典型的热固性涂料，施工时采用喷涂技术。涂层机械强度高、附着力强，一般其涂层厚度为300～500μm时，能达到重防腐等级要求。环氧树脂粉末涂料作管道内部涂层时，可增加介质流速，又有利于减少蜡状物的形成。

目前国内的定型产品有环氧粉末、环氧酚醛粉末和环氧聚酯粉末涂料。环氧粉末涂料有H05-51涂料，其涂膜硬度大、耐磨、抗潮性、绝缘性和耐腐蚀性都很好，可在180℃烘烤固化；H05-52型涂料，其性能比H05-51稍差，烘烤温度为130℃，用途与H05-51大致相同。近年开发的管道环氧粉末涂料 MP-1、MS-1、MS-2型涂料均以604（E-12）环氧树脂为主基料，熔融黏度较低，常温下具有脆性，易于粉碎，不易结块。其中 MP-1型环氧粉末涂料机械强度好，化学耐腐蚀性能和电绝缘性能优异，可作油、气、水管道的外壁防腐蚀涂层，使用温度为－30～110℃；而MS-1型和MS-2型环氧粉末涂料附着力好、收缩率小、机械强度高、耐磨性好，可耐强腐蚀介质，一般用做汽油管线、工业水和废水管线的内壁防腐蚀涂层，使用温度在60℃以下，使用寿命最低可达6年左右。

(5) NOX-1耐高温防腐蚀粉末涂料。NOX-1耐高温防腐蚀粉末涂料的防腐蚀性能优于通用的防腐蚀粉末涂料，可耐150℃的酸、盐及大多数溶剂，具有酚醛树脂的优点，另外也有良好的耐碱性，145℃下可耐45%的NaOH，耐热变形温度高达279℃，涂层无毒、耐磨。

2. 环氧改性树脂防腐蚀涂料

对环氧树脂进行改性，可获得高性能防腐蚀涂料。以下介绍几种环氧改性树脂防腐蚀涂料。

(1) 环氧酚醛防腐蚀涂料。具有环氧树脂的黏结力、柔韧性、耐酸碱性，又具有酚醛树脂的抗酸性、抗溶剂性，提高了耐温性能。如用604环氧树脂和醇溶性酚醛树脂配制的环氧酚醛涂料，用于管内壁作防水层；用609环氧树脂和丁醇醚化酚醛树脂配制的防腐蚀涂料，耐合成脂肪酸腐蚀，可用于食品工业管道内防腐。环氧酚醛涂料流平性差，涂膜有麻点收缩，加入少量的脲醛树脂或三聚氰胺甲醛树脂、有机硅树脂可改进流平性。

(2) 环氧呋喃改性防腐蚀涂料。呋喃树脂具有独特的耐强酸强碱、溶剂、油、水的特性，耐温可达180℃。缺点是涂膜硬脆，收缩率大，对金属、非金属附着力差。为了改善其脆性和附着力，人们用环氧树脂改性，其性能兼有环氧树脂和呋喃树脂的共性，耐强酸强碱、盐溶液、溶剂，耐水、海水、工业污水，耐原油、汽油、柴油、煤油、润滑油、石脑油、渣油等，耐温可达120℃；对金属非金属附着力强，常温固化施工方便。也可作为耐强酸碱胶泥及玻璃钢使用，在国内外受到重视。

(3) 环氧煤沥青防腐蚀涂料。环氧煤沥青防腐蚀涂料具有优良的附着力、坚韧性，耐潮湿、耐水、耐化学介质，具有防止各种离子穿过涂膜的性能，具有与被涂物同膨胀、同收缩的特性。涂膜不脱落、不龟裂。环氧煤沥青涂料耐水性优良，且具有环氧的耐腐蚀性能和机械强度，在海水、淡水中抗蚀性能最好。涂膜电性能好；对水、水蒸气渗透率很低，为优良的耐水涂料。环氧煤沥青涂料主要用于石油管道、水管道、气体管道等。在石油化工行业防腐效果最佳。

(4) 环氧沥青高氯化聚乙烯防腐蚀涂料。环氧沥青高氯化聚乙烯防腐涂料是由环氧树脂、煤沥青、煤焦油、高氯化聚乙烯进行改性后，加入填料、溶剂、助剂等物质的涂料。高氯化聚乙烯、煤沥青、煤焦油、环氧树脂有良好的相容性，成膜后涂层吸收了高氯化聚乙烯的高弹性、低透气性、耐热性和较突出的耐候性，克服了沥青热流淌和冷脆的缺点；吸收了沥青、环氧树脂的黏结性、憎水性和抗腐蚀性；克服了其附着力欠佳等缺点，使其具有良好的柔韧性，抗冲、耐磨，对金属、非金属（混凝土）有良好的黏结强度，且耐稀酸、碱、各种油品、海水、工业水腐蚀。这种涂料还具有防火阻燃、防霉的作用。

(5) 环氧酯涂料。环氧酯涂料由环氧酯、颜料、填料和溶剂组成，它是单组分，贮藏稳定性好。涂膜有烘干型和常温干型，烘干温度较低（约120℃），施工方便。环氧酯可以制成清漆、磁漆、底漆和腻子等。环氧酯涂料用途很广泛，是目前环氧树脂涂料中产量较大的一种。

(6) 环氧硅酸脂防腐蚀涂料。环氧硅酸脂涂料环氧树脂和硅酸脂预聚物通过催化剂缩合反应制得，兼有有机和无机涂料的特点，具有高硬度、高耐磨、高附着力及优异的抗渗透性，抗溶剂溶胀，抗介质氧化。

(7) TO树脂防腐蚀涂料。TO树脂防腐蚀涂料主要是由环氧树脂加橡塑材料改性，添加增韧剂、溶剂、固化剂等组成。其主要特点是附着力强，密封绝缘性好、韧性和抗冲击性强、涂膜无毒，可在60～150℃下长期使用。TO树脂防腐防水涂料适用于钢质直埋管道或埋地保温管道的外保护层，也适用于常年在强烈日光照射的场合，如架空管线等的防腐蚀。

3. 橡胶及其改性防腐蚀涂料

橡胶及其改性涂料是指以天然橡胶或合成橡胶为主要成膜剂的涂料，品种包括氯化橡胶涂料、环化橡胶涂料、氯磺化聚乙烯树脂涂料、丁苯橡胶涂料、聚硫橡胶涂料、氯丁橡胶涂料、丁基橡胶涂料以及氟橡胶涂料；为改善橡胶涂料的性能，有时用其他树脂对其改性获得橡胶改性涂料。

(1) 氯磺化聚乙烯涂料。氯磺化聚乙烯涂料是一种长寿涂料，性能优异。使用寿命可达10年。

氯磺化聚乙烯涂料的特点：对金属、非金属（水泥木材）附着力强，干燥快，施工方便；具有高度饱和结构，因此耐候性好，防紫外线照射；耐酸碱、溶剂、油、水等腐蚀；耐寒性、耐温性好，使用温度为－50～120℃；抗臭氧，耐老化；保持色泽好，耐污染；具有弹性，抗冲抗磨；防潮湿，防盐雾，防霉菌。

(2) 改性氯磺化聚乙烯涂料

① 水性氯磺化聚乙烯涂料。由氯磺化聚乙烯胶乳，水性环氧树脂、钛白粉和滑石粉以及适量助剂和水组成的水性涂料，贮存稳定，具有优良的防腐蚀性能。

② EPH型防腐涂料。EPH型防腐涂料的特点是：涂膜韧性、硬度、抗老化性能、耐寒性、抗裂性优于一般的氯磺化聚乙烯涂料；耐酸、碱、盐及化工大气腐蚀，使用寿命长，耐腐蚀性能比一般氯磺化聚乙烯涂料高；涂膜光亮，色泽鲜艳，抗渗性、附着力强，性价比高。EPH型防腐蚀涂料主要应用于化工大气中，防止石油化工管道的腐蚀。

③ JGH改性氯磺化聚乙烯防腐蚀涂料。具有橡胶和树脂两者的优点，附着力强，耐冲击、耐磨蚀，柔韧性好，耐酸、碱、盐，耐臭氧，耐老化，耐寒、耐热。JGH改性氯磺化聚乙烯涂料固体含量高，底漆可达30%，面漆可达35%，一次成膜厚度较厚。是比较理想的用于化肥企业防大气腐蚀的耐蚀涂料。

(3) 氯化橡胶防腐蚀涂料。氯化橡胶涂料由氯化橡胶（含氯量65%～68%）与合成树脂、增塑剂为主要成膜剂，加入颜料、溶剂制成。氯化橡胶涂料的特点如下。

① 耐腐蚀性能好。氯化橡胶是一种化学惰性树脂，成膜性能好，水蒸气和氧对涂膜的渗透率小，因此氯化橡胶涂料能耐酸碱盐类溶液，耐霉菌，耐水、海水、污水，耐油、工业大气腐蚀。

② 氯化橡胶的碳-氯键有一定的极性，对金属、非金属具有良好的附着力。

③ 干燥快。氯化橡胶涂料系溶剂挥发型涂料，常温表干0.5～2h。与其他树脂互溶性好。

④ 耐久性好。长期户外曝晒后稳定性好，物化性能变化小，具有良好的耐久性和耐候性。可以10年不用重新涂刷。此外还有防火性能。

⑤ 施工不受气温限制。可在－15～50℃环境中施工。单组分，使用方便。

⑥ 与环氧富锌底漆、带锈涂料配套使用。构成长效重防腐涂料，防腐效果比较理想。

(4) 氯化橡胶改性氯磺化聚乙烯防腐蚀涂料。具有附着力强（0级～最高级）、硬度高、低温快速干燥；优良的耐热性、耐候性和耐酸、碱、盐、油类等腐蚀的特点。

(5) 环氧聚硫防腐蚀涂料。环氧聚硫防腐涂料对金属非金属附着力强、涂膜坚硬光泽丰满，不吸附污泥藻类，有弹性，耐老化、耐霉菌，耐工业污水、耐油抗污抗漏等性能好，常温固化施工方便。

(6) YJF氟橡胶防腐蚀涂料。具有优良的化学稳定性，能够长期耐强酸、强碱、强溶剂、盐、石油产品、烃类等腐蚀介质。可在230℃以下长期工作，在250℃以下短期工作。耐低温性能比较好，在－40℃时仍具有一定的弹性。对日光、臭氧和辐射具有十分稳定的性能，氟橡胶硫化后经10年自然老化后，还能保持较好的性能。对基体（钢铁、水泥、木料）附着力好，具有良好的耐磨、抗冲击性能，弹性好。氟橡胶涂料可作为耐腐蚀气体的长效涂层。

4. 漆酚改性防腐蚀涂料

天然生漆具有独特的耐腐蚀、耐温、耐候、耐磨、抗冲刷等性能；可耐酸、溶剂、水、海水、土壤、油等介质腐蚀；涂膜坚硬、柔韧、附着力强、耐热；但它的缺点是不耐碱、不耐晒，而且毒性大。通过对天然大漆的主要成膜剂——漆酚进行改性，使其与甲醛、糠醛、环氧树脂、有机钛酸酯（螯合剂）等进行反应，制成了多种性能优异的高分子合成树脂，改进了大漆的毒性，提高了天然大漆涂膜的耐温性、耐腐蚀性、物理力学性及施工性能，解决了石油化工设备的高温（150～200℃）腐蚀问题。

(1) 漆酚树脂清漆。以生漆为原料，经常温脱水、活化、缩聚后用有机溶剂为稀释剂稀释制成，它减少了生漆的毒性，改变了生漆干燥慢、施工不便、含水量过多等缺点，又保持了生漆的优点。漆酚树脂清漆外观呈深棕色，具有与生漆同样的耐腐蚀性能；比生漆毒性小、黏度小、干燥快、涂膜紧硬、附着力好、耐高温、施工方便，但耐曝晒性能差，不宜用于室外工程。

(2) 漆酚缩甲醛防腐蚀涂料。漆酚缩甲醛防腐蚀涂料是以漆酚与甲醛在氨水（接触剂）作用下生成的漆酚甲醛树脂作为成膜剂（有时加入顺酐树脂），加入颜料、填料和溶剂组成的，其性能与生漆相近，克服了生漆有毒和干燥速度慢等缺点，提高了涂膜的耐碱性能。

(3) 漆酚糠醛防腐蚀涂料。由漆酚与糠醛在氨水（接触剂）作用下缩聚成的漆酚糠醛树脂作成膜剂，加溶剂、填料配制而成的。涂膜坚硬、耐磨、防腐、耐温，需加热固化。

(4) 漆酚甲醛环氧改性防腐蚀涂料。漆酚甲醛与环氧改性涂料，具有生漆和环氧树脂二者的共性。耐酸、碱、盐溶液、油、水、溶剂等腐蚀；附着力强、力学性能好；改善了漆酚甲醛涂料的脆性，耐150～200℃的温度；涂膜坚硬，耐磨；加入铝粉、三氧化二铬等填料可作导热换热器的防腐涂料。

(5) 漆酚糠醛环氧有机钛防腐涂料。具有耐高温，耐酸、碱腐蚀，耐油、水以及绝缘性好、耐磨、光泽度高等性能。

5. 聚氨酯防腐蚀涂料

聚氨酯涂料具有良好的耐腐蚀性、耐油性、耐磨性和涂膜韧性，附着力强，最高耐热温度可达155℃。

(1) 环氧改性聚氨酯防腐蚀涂料。涂膜防腐蚀性能好，兼有环氧树脂和聚氨酯的共同特点，能耐酸、碱、盐、水、化学介质等腐蚀。其涂层的缺点是阳光下易粉化，不耐紫外线，不适宜户外使用。

(2) 聚氨酯沥青防腐蚀涂料。涂层的特点是耐水、耐稀酸稀碱、耐油、耐磨，抗冲击、抗渗性好，对金属和非金属附着力强。施工性能好，常温固化4h，冬天8h。综合性能优于环氧沥青涂料，使用温度150℃，应用于地下防腐工程、水库、电站高压水管，不适于阳光照射下使用。

(3) 新型绿色聚脲弹性体防腐涂料。简称为SPUA防腐涂料。涂层具有抗拉、柔韧性好，耐磨、抗渗透、抗冲击的优良性能。具有良好的热稳定性，150℃下长期使用，350℃可承受短时冲击。涂料不含溶剂，无污染。适用于化工管道设备，海洋钢结构，埋地管道、地下工程等。

国内有6个SPUA涂料品种：SPUA-102防水耐磨涂料；SPUA-202防滑地面涂料；SPUA-301阻燃涂料；SPUA-502耐磨涂料；SPUA-403道具防护涂料；SPUA-601柔性抗冲涂料。

6. 有机硅耐高温防腐蚀涂料

(1) GT450型有机硅耐高温防腐蚀涂料。有锌粉底漆、云铁中间漆、铝粉面漆三种，根据需要可配制成各色面漆，常温固化，配套使用，涂膜耐热性优良，也耐水、耐潮，耐候性良好。

(2) W61-56各色有机硅耐热涂料。适用于200℃以下环境的管道表面涂饰，具有耐热、保护、防腐的作用。

(3) W61-42、W61-37各色有机硅耐热涂料。适用于300～400℃环境中的管道表面涂饰，具有耐热、保护、防腐的作用。

(4) W61-34草绿色有机硅耐热涂料。该涂料耐汽油、耐盐水性能良好，能耐400℃的高温。用于涂覆耐高温又不能烘烤的管道表面。

(5) H61-2各色环氧有机硅耐热涂料。涂膜耐200℃高温，电绝缘性能优异，耐腐蚀性优良。

(6) WEH-88系列耐高温防腐涂料。该系列涂料能抗高温氧化和化工气体腐蚀，对钢铁具有阴极保护作用，带涂膜的钢板在焊接时对焊缝质量无影响，可做钢铁表面预处理的底漆。

(7) DHT环氧有机硅耐高温涂料。具有有机硅的耐温、防潮和电绝缘性能和环氧树脂的黏结力强、耐溶剂等综合性能；DHT耐高温防腐涂料的热分解温度为430℃，此温度下涂层失效破裂。DHT耐高温防腐涂料一般在250℃条件下使用，用于热力管道设备防腐蚀。

(8) 耐高温环氧呋喃有机硅防腐涂料。该涂料具有耐高温400℃，耐酸、碱，耐油、水的特点。

7. 氟碳树脂涂料

氟碳树脂涂料以氟碳树脂为成膜剂，可以将聚合反应得到的氟碳树脂的悬浮液、乳状液或溶液直接制成涂料；也可将溶剂分离制成固体粉末涂料。

氟碳树脂因为其微观结构和组成的缘故，其化学稳定性强，有自润滑和不黏性，但也有加工性能差、熔融温度高、在有机溶剂中难溶等缺点，从而限制了它的使用。用来做涂料的氟碳树脂主要有聚四氟乙烯（PTFE）、聚三氟氯乙烯（F-3）等。

(1) 聚三氟氯乙烯涂层。F-3的耐腐蚀性能不如聚四氟乙烯好。F-3树脂的使用温度为−70～130℃，能耐各种无机酸碱盐溶液的腐蚀。F-3树脂常温下不溶于大多数的有机溶剂，醋酸乙酯和乙醚等会使它溶胀。F-3涂层解决了耐酸搪瓷、不锈钢和其他方法不能解决的腐蚀问题。

（2）聚四氟乙烯涂层。该涂料耐热性、耐腐蚀性优异，具有不黏、光滑的特点。FEP为可溶性聚四氟乙烯、四氟乙烯与六氟丙烯共聚物。FEP 涂层与金属结合力强，物理性能优于 PTFE 涂层。

（3）防粘涂料。防粘涂料的特点是耐温防粘、耐腐蚀。涂层的表面能极低，摩擦因数小，易滑动；由于该涂料含有机溶剂少，安全性好，环境污染小。

8. 塑料防腐蚀涂料

塑料防腐蚀涂料是将塑料通过制粒，用粉末喷涂的方法涂覆在金属表面；或者将塑料粉末与水或有机溶剂等液体介质配成分散液或乳状液，均匀喷涂或浸涂于金属表面，待液体挥发后再塑化、淬火成膜。

（1）聚乙烯塑料粉末喷涂。聚乙烯是一种热塑性塑料，其涂层具有优良的化学稳定性、电绝缘性、良好的耐辐射性、耐磨性、耐冲击性和可挠性。聚乙烯软化点为 110～120℃。在 60～80℃下耐有机酸、碱、盐、水、油及有机溶剂、盐酸、稀硫酸、氢氟酸、稀硝酸、碱性溶液和盐液的腐蚀；不耐浓硫酸、浓硝酸和其他强氧化剂的腐蚀。有机溶剂丙酮、醋酸乙酯、二甲苯等会使涂层发生溶胀；与金属附着力较差，易脱层；此外，涂层硬度低，使用温度应低于 80℃。

近年来发展了一种改性聚乙烯塑料喷涂，涂层使用温度范围为－65～100℃，抗冲耐磨，与钢铁结合力强，耐负压；电阻值高，不产生静电。涂层无孔，厚度可达 5 mm 以上，相当于衬里层，一次性整体成膜，使用寿命长，局部破坏可以修补。适用于石油化工、冶金、造纸、水利工程等部门的管道防腐。

（2）聚酰胺（尼龙）粉末喷涂

① 尼龙 1010 喷涂。其特点为柔软、易加工、价格低。使用温度为 50～80℃，短期 120℃。涂层对浓度为 10％的盐酸、硫酸、硝酸、磷酸、高氯酸、柠檬酸、氨水、KOH、NaCl 的耐腐蚀性能稳定，同时，耐汽油、丙酮、二氯乙烷、甲苯、二甲苯和乙醇的腐蚀。

② PA170 三元尼龙粉末涂料。以尼龙 1010 为主，与尼龙 6 和尼龙 66 共聚形成。PA170 涂层经长期的高低温变化水浴浸泡后，涂层仍对金属有很好的附着性，且保持较高的力学性能。300μm 涂层，在室温 2000 天浸水或者 60 天的 60℃浸水试验（8h 60℃，16h 室温为 1 周期），或者 1000h 的 100℃水浸水试验（8h，100℃，16h 室温为 1 周期）后，涂层不开裂，不脱落。

（3）氯化聚醚喷涂。氯化聚醚树脂是一种性能优良的热塑性工程塑料，具有优良的加工性能，可适用于注射、挤出、模压、喷涂等。可用硫化床、悬浮液、熔结、粉末喷涂方法制成致密无孔的保护层，它与金属表面有很好的黏结性，涂层与金属表面的剪切强度有时超过氯化聚醚本身。氯化聚醚在 120℃以下可长期使用，耐化学腐蚀性能仅次于四氟塑料。

（4）聚苯硫醚喷涂。聚苯硫醚（简称 PPS）是由苯环和硫简单交替键合的具有高温流动性的结晶性树脂，属热塑型工程塑料。PPS 具有以下特点：热稳定性高，长期使用温度为 220℃，短期使用温度可达 260℃；耐腐蚀性能突出，在 170℃以下不溶于大多数有机溶剂，可耐酸（浓硫酸、浓硝酸除外）、碱、盐的腐蚀，其耐腐蚀性能仅次于氟塑料；涂层与基体的结合强度高；涂层孔隙率极低；涂层硬度高，脆性大、易开裂。

9. 富锌涂料

（1）无机富锌涂料。以正硅酸乙酯作为成膜剂的无机富锌料，锌粉可在涂层表面形成锌盐及锌的络合物，这些生成物是极难溶解的稳定物质，可以进一步防止氧、水及盐类对钢铁的腐蚀。涂层与钢铁附着力强，有良好的防锈能力；耐日光曝晒，防风化，耐磨损，耐候性好；耐水、盐水、盐雾、有机溶剂等腐蚀；干固快，可导电，可焊接；可长期在400℃以上高温环境中使用。

(2) 有机富锌涂料。以环氧树脂为成膜剂，以聚酰胺为固化剂，加入超细锌粉、溶剂组成，防腐工程上应用最广的底漆。常与环氧涂料、氯化橡胶涂料、环氧沥青涂料、聚氨酯涂料、乙烯酯涂料配套使用，构成重防腐长效涂料，如“环氧富锌底漆＋环氧云铁涂料＋氯化橡胶面漆”构成的重防腐涂料配套体系，使用寿命可达7～15年。

10. 玻璃鳞片衬里涂料

玻璃鳞片衬里卓越的防腐性能，源自其优异的抗渗透性和极低的收缩应力。它一直是国内外防腐界推崇的主导防腐技术。玻璃鳞片涂料和无机富锌涂料、氯化橡胶涂料、氯磺化聚乙烯涂料等配套使用，可构成重防腐涂料，效果更佳。如用环氧富锌涂料作底漆，玻璃鳞片涂料作中间漆，环氧氯化橡胶涂料或氯磺化聚乙烯涂料作面漆，使用寿命可达5～10年。玻璃鳞片衬层可用于工厂烟道排气装置衬里以及输送酸碱的管道衬里，既延长了管道等的使用寿命，又减少了维修和污染。

11. 高氯化聚乙烯防腐蚀涂料

高氯化聚乙烯与多种树脂有良好的相容性。可用醇酸树脂、丙烯酸酯作为反应型增塑剂，以提高附着力、光泽和装饰性。可用环氧树脂、酚醛树脂、沥青等改性制造各种防腐涂料。

高氯化聚乙烯重防腐涂料耐臭氧、酸、碱、盐雾、海水、油等腐蚀，耐老化，在综合防腐性能上达到或超过氯磺化聚乙烯防腐蚀涂料、过氯乙烯防腐蚀涂料、氯化橡胶防腐蚀涂料等。可以取代氯化橡胶防腐蚀涂料，并且在耐油性、耐酸碱性及喷涂性能等方面超过氯化橡胶防腐蚀涂料。

12. 阻燃防火防腐蚀涂料

在某些防腐蚀涂料应用领域中，要求防腐蚀涂层具有一定的阻燃防火性能，既可防止被火焰点燃，又能阻止燃烧，对燃烧的扩展有滞缓作用，为灭火争得时间，减少损失。

维持燃烧的条件，是必须保证不小于最低的氧浓度（限氧指数），否则燃烧便会自熄。最小氧浓度值越大，可燃性越小。空气中氧浓度为21％，当有机材料的最低氧浓度值大于21％时，烛式燃烧便会自熄。

有阻燃性能的防腐蚀涂料在国内无正式产品。但是采用阻燃颜料、填料、添加剂，运用配方技术，使防腐蚀涂料增加阻燃性功能是完全可能的。如前面介绍过的环氧沥青高氯化聚乙烯防腐蚀涂料、改性氯磺化聚乙烯涂料类的氯化橡胶防腐蚀涂料、高氯化聚乙烯防腐蚀涂料，聚脲弹性防腐蚀涂料中的SPUA-301防腐阻燃涂料。

三、管道防腐蚀技术

(一) 管道表面处理

1. 表面处理的目的

黑色金属、有色金属管道在防腐处理之前，都必须对基体表面进行处理，清除基体表面的水分、油污、尘垢、污染物、铁锈和氧化皮，从而提高涂层的质量和使用效果。防腐工程的施工质量取决于基体表面的清洁度、孔隙度、粗糙度三个方面。

① 清洁度。管道表面的铁锈或氧化皮以及水分、油污、尘垢等污染物，将影响涂、衬层界面的黏结力。

② 孔隙度。基体表面存在细孔隙时，因孔隙内的空气，将降低防腐蚀涂层、衬里与基体的黏结力。

③ 粗糙度。适当地将基体表面糙化，可提高黏结强度，过分地糙化则会降低黏结强度。

2. 金属管道的表面处理

金属表面存在的污染物主要是油污、铁锈（包括氧化皮）和旧的防腐层。这些污染物的存在会降低防腐层与金属基体的结合强度，影响防腐层的使用寿命，严重的甚至不能进行防腐施工。

金属表面处理包括：除油、除锈、清除旧防腐层。为了提高金属的防锈能力，可采用表面化学转化，对金属表面进行氧化、磷化和钝化处理。

（1）机械除锈处理

① 手工和动力工具除锈

a. 手工除锈。用刮刀、砂布、砂纸、钢丝刷、锉刀等清除金属表面铁锈。这种方法较古老、劳动强度大、效率低、质量差。适用于防腐要求不高的部位，如设备、管道和金属构架外表面的防腐涂料施工。只有在无法采用其他方法时使用。

b. 动力工具除锈。用动力钢丝刷、动力砂纸盘或砂轮等工具清除金属表面铁锈。这种方法除锈比手工除锈效率高，质量好。但噪声大、劳动强度大、易损伤基体金属，蚀点深处的锈和污染物无法处理干净。所以实际中很少使用，只是用于除掉设备毛刺、焊瘤及焊道不平处。

② 火焰除锈。采用气焊火焰烧热钢铁表面，清除表面氧化层及油污。火焰除锈前，厚的锈层应铲除，在火焰加热工件后以动力钢丝刷清理附着在钢材表面的加热产物。火焰除锈后钢材表面应无氧化皮、铁锈和涂层等附着物，任何残留的痕迹应仅为表面变色。这种除锈方法的缺点是无法得到清洁的表面。

③ 高压水除锈。高压水清洗是一种物理清洗方法。将水压缩到约 270MPa，再通过高速旋转的金属杆和特殊的喷头，将高压水射出并雾化，在 20cm 距离内可以迅速清除设备、管道内的各种锈蚀物、水垢、沉积物、旧涂层、胶黏剂、油脂等，它被广泛应用在煤炭、石油、化工、冶金、建筑、医药、机械制造等领域。

④ 机械除锈。机械处理以磨料作介质，借助动力对工件表面进行除锈。根据动力源的不同，可分为喷丸处理和抛丸处理。喷砂除锈是防腐工程中最常用的方法，该法除锈效率高、速度快、质量好。喷砂除锈主要是利用 0.4～0.6MPa 的压缩空气为动力，砂子或钢丸通过喷砂嘴高速喷射到金属表面，依靠砂子颗粒棱角冲击和摩擦，将金属表面的铁锈和其他的油脂、污垢、氧化皮和杂物彻底清除，以得到一个粗糙的、显露出金属本色的表面。进一步提高防腐层与金属基体的结合力。

（2）化学与电化学处理。对小尺寸、结构复杂、不适宜机械法处理的金属工件表面，可采用化学、电化学方法。

① 金属表面的除油处理。金属表面存在油脂，会阻隔酸洗液，而达不到酸洗的目的。

油脂的类别有矿物油、动物油和植物油三种。其中动物油和植物油能与碱发生皂化反应，故有皂化油之称。非皂化油是指矿物油，如凡士林、石蜡、润滑油等，它们与碱不起皂化反应。上述油类可采用有机溶剂、碱性溶液化学方法和电化学方法清除。

a. 有机溶剂除油。是最常用的一种除油方法，它对可皂化油脂和非皂化油脂产生的油污，均具有较强的溶解去除的能力。这种方法的特点是除油速度快，对金属无腐蚀。但使用时应考虑选择不易着火、毒性小、便于操作、挥发慢的有机溶剂，常用的有机溶剂有煤油、汽油、松节油、三氯乙烯、二氯乙烷、四氯化碳、三氯甲烷、丙酮、酒精、乙酸乙酯等。

b. 碱性化学除油。利用碱溶液对油脂的皂化作用，以除去皂化性油污，同时利用表面活性剂的乳化作用除去非皂化性油污。对碱液的要求有较强的皂化能力和乳化能力，又不腐蚀基体金属。常用的碱性化合物有氢氧化钠、碳酸钠、磷酸钠、硅酸钠等。为了迅速从金属表面上除去油污，常常向碱性除油液中加入乳化剂，乳化剂大都是些表面活性物质。常用的表面活性剂有OP乳化剂、烷基苯磺酸钠等。除油过程应经常搅动；工件经除油处理后，应用热水洗涤至中性，然后擦干或烘干；施工可采用浸泡或喷射方法。

c. 电化学除油。溶液由碱和碱金属盐类组成，电极采用在碱液中的铁板、钢板或镀镍钢板。溶液温度控制在60～80℃之间，通直流电除油。有阴极除油，阳极除油，阴极、阳极联合除油。

② 化学除锈处理。

a. 酸洗除锈。金属表面的铁锈和氧化皮能和酸起化学反应而溶解。化学除锈就是利用各种酸溶液与金属表面的氧化物发生化学反应，使其溶解在酸溶液中，从而达到除锈的目的。

在酸洗中产生的氢气对难溶解的氧化物起到机械剥落的作用，有利于除锈。但原子氢渗入金属基体很易造成金属的氢脆，尤其用硫酸酸洗时更容易发生氢脆，而盐酸酸洗时渗氢现象较轻，为了防止酸洗液对金属的腐蚀和产生氢脆，应在酸洗液中加入一定量缓蚀剂，同时还要注意控制酸的浓度和酸洗时的温度。

b. 黑色金属酸洗缓蚀剂除锈。国外常用的酸洗缓蚀剂如下。美国的Rodine系列和Dowa系列，盐酸浓度为5%～10%，缓蚀剂浓度为0.2%。日本的IBIT系列，用硫酸浓度为10%～15%，酸洗温度为50～70℃，缓蚀剂浓度在0.1%左右，酸洗时间为30～60 min；用盐酸浓度为10%～20%，酸洗温度40℃，缓蚀剂浓度为0.1左右，酸洗时间为30～60 min。用高温浓盐酸的连续酸洗时，缓蚀剂浓度为0.3%～0.5%。英国的Armohib-28，在5%HCl溶液中，缓蚀效率达99.5%。俄罗斯的И-1-А，И-1-В、И-2-В、И-3-В、И-1-Е、ИК-40、ИР-2和КАТАПИНЫ等，适用于盐酸和硫酸中的钢材酸浸除锈工艺，缓蚀效率均在95%以上。此外还经常使用多种缓蚀剂进行复配使用。

我国常用的酸洗缓蚀剂有天津若丁、抚顺若丁、乌洛托品、沈1-D、SH系列、7701、02、IS系列、高温盐酸缓蚀剂、兰-5、兰-826和IMC-5等。

酸洗后应立即用大量水冲洗，直至pH值接近7为止，迅速烘干或吹干。为了防止酸洗后的钢铁表面重新生锈，最好在水冲洗后进行钝化或磷化处理。酸洗后不能用碱中和，因为碱在金属表面更难以除净，在金属表面残存的碱比酸的危害性更大。它不但降低防腐层与金属的结合力，而且能与许多涂料和胶泥发生化学反应（如皂化反应），从而使防腐层遭到破坏。

c. 电化学酸洗除锈。将金属工件浸在电解液中作为阳极或阴极，通直流电除去工件表面铁锈。工件作为阳极称为阳极浸蚀法，工件作为阴极称为阴极浸蚀法。电化学酸洗除锈，具有生产效率高、质量好、酸耗低等优点。

d. 自动喷射酸洗除锈。酸液用泵经自动喷嘴喷出，冲击金属工件表面，冲击力加速酸液与铁锈反应，达到除锈目的。喷射酸洗过程可实现连续化和机械化，改善了操作环境，适于化工管道、大型容器设备内壁除锈，具有效率高、质量优、操作安全、酸液用量少、酸洗成本低等优点。

e. 酸洗膏除锈。酸洗膏适用于现场大型设备、钢构件的局部表面处理除锈，当采用喷砂和化学方法难以除锈时，采用酸洗膏能获得良好的除锈效果。酸洗膏除锈最大的优点是使用方便。

(3) 钢铁表面的化学转化。金属表面经过处理后，再采用化学方法处理，使金属表面生成一层薄的保护膜，在一段时间内不发生二次生锈，金属基体保持良好的附着力。其方法有氧化、钝化和磷化。

① 氧化处理。钢铁表面用氧化剂进行氧化，得到致密、完整、具有防护能力的氧化铁薄膜，工业上称为“发蓝”或“发黑”。一般采用碱性氧化和酸性氧化，碱性氧化是传统的高温氧化，工艺成熟、易掌握、膜层厚度适中、结合力强、耐腐蚀性好。缺点是能耗大、效率低、废液处理困难。酸性氧化是常温“发黑”技术，工艺过程能耗低、效率高、氧化膜的附着力和耐腐蚀性均好，有取代高温碱性“发蓝”工艺的趋势。

② 钝化处理。在一定条件下，使活化的金属表面与钝化剂发生化学反应，在金属表面上形成一层致密、连续的氧化物薄膜或由金属氧化物和它的难溶性盐类所组成的薄膜，借助于这层钝化膜的作用来防止金属的生锈或腐蚀。钢铁表面处理用钝化剂可以是含有溶解氧的非氧化性的碱类，也可以是具有氧化性的盐类。

③ 磷化处理。金属用酸式磷酸盐为主的溶液进行化学处理，在金属表面形成一层难溶于水的结晶型磷酸盐膜，该处理工艺称为磷化。磷化膜可由磷酸铁、锌、锰或钙盐所组成，其颜色为白灰色、暗灰直至黑色。由于磷酸盐膜多孔、能与基体金属结合得很牢，可作为涂料的底层。

(4) 管道旧涂层处理。旧管道、设备的防腐施工中，对原有的涂层可根据不同情况进行分别处理。

有些防腐涂层性能和施工质量都很好，经过一个检修期使用后，涂膜大部分还完整，仅局部有损坏，可用砂布（纸）处理后，重新涂刷 2～4 层防腐涂料后便可继续使用。

对腐蚀严重的旧涂层，已失去防护的意义，应处理干净后才能进行新的防腐施工。

最常用的脱漆（退漆）方法是机械法和化学法。机械脱漆方法中有手工或机械打磨、喷砂、高温烘烤、熔盐等。化学脱漆方法中最常用的是热脱漆和冷脱漆两种，热脱漆常采用强碱氢氧化钠为基本成分，再加入螯合剂、表面活性剂及其他溶剂以提高脱漆能力，同时也不会使混合物结块。最初人们主要采用松油、酚及酚的衍生物作为溶剂，然而酚和酚醛对环境有很大污染。

冷退漆剂是应用最广泛的化学剥离剂，用途广泛而且使用方便。这种脱漆剂有以下主要成分：二氯甲烷、酚醛、碱性及酸性活性剂、氯化钾及其他一些能破坏有机涂层与基底结合的化合物。

当前，正在开发研制具有高沸点、低毒性及高效退漆能力的溶剂，但是试验所使用的溶剂尚未达到含氯和含苯酚溶剂的效果。

(5) 金属表面处理的等级标准。为了控制钢材及其制品的表面除锈质量，世界各工业国家都先后制定了自己的钢材表面锈蚀等级和除锈等级的标准。国际上最普遍采用的是瑞典腐蚀学会（Swedish Corrosion Institute）出版的“涂漆钢板表面处理标准图解”SIS 055900—

1967标准。国际标准化组织制定的国际标准（international standard）ISO 8501-1—1988“未涂装过的钢材和全面清除原有涂层后的钢材的锈蚀等级和除锈等级”。

在我国国家标准GB 8923—88“涂装前钢材表面锈蚀等级和除锈等级”、化学工业部，1992年7月颁发的关于“工业设备、管道防腐蚀工程施工及验收规范”HGJ 229—91中指出，未涂装过的钢材表面原始锈蚀程度分四个“锈蚀等级”分别以A、B、C和D表示。

A——全面地覆盖着氧化皮而几乎没有铁锈的钢材表面。

B——已发生锈蚀，并且部分氧化皮已经剥落的钢材表面。

C——氧化皮已因锈蚀而剥落或者可以刮除，并且有少量点蚀的钢材表面。

D——氧化皮已因锈蚀而全面剥离，并且已普遍发生点蚀的钢材表面。

① 各类防腐蚀施工对表面处理的要求。对表面处理质量等级要求应符合以下规定。

a. 手工或动力工具除锈，金属表面处理质量等级定为两级，用St2、St3表示。

b. 喷射或抛射除锈，金属表面处理质量等级定为四级，用Sa1、Sa2、Sa2 $\frac{1}{2}$、Sa3表示。

c. 火焰除锈金属表面处理质量等级定为一级，用n表示。

d. 化学除锈金属表面处理质量等级定为一级，用Pi表示。

② 防腐蚀施工无表面处理质量要求。当设计对防腐蚀衬里或涂层的金属表面处理无质量要求时，其金属表面处理的质量，应符合表10-2中的规定。

表10-2　防腐蚀衬里或涂层对金属表面处理的质量要求

序号	防腐蚀衬里或涂层	表面处理质量等级
1	金属喷镀、热固化酚醛树脂涂料	Sa3
2	橡胶衬里、搪铅玻璃钢衬里、树脂胶泥砖板衬里、硅质胶泥砖板衬里、化工设备内壁防腐蚀涂层、软聚氯乙烯板黏结衬里	Sa2 $\frac{1}{2}$级
3	硅质胶泥砖板衬里；油基、沥青基或焦油基涂层	Sa2级或St3级或Pi级
4	衬铅板、软聚氯乙烯板空铺衬里或螺钉扁钢压条衬里	Sa1级或St2级或Pi级

3. 涂层寿命的影响因素

钢结构表面除锈处理是保证涂装工程质量的基础。钢结构表面除锈质量、涂膜厚度、涂料种类和涂装工艺条件对涂膜使用寿命的影响因素分别占49.5%，19.1%，4.9%，26.5%。

钢结构表面处理的质量是决定涂膜寿命的主要因素。钢结构锈蚀等级对涂层寿命的影响，除锈结果不同对涂层质量影响很大，使用寿命要相差2～3倍。

（二）管道防腐蚀技术

1. 管道内、外防腐蚀的要求

管道使用过程中，暴露在大气中的管道外部经常接触腐蚀性介质，如工业区大气中含有的二氧化硫、二氧化氮、硫化氢、氨、氯气以及渗漏出来的介质。同时管道还将受到干湿交替、温差变、凝结的水汽，沿海的盐雾，紫外线辐射等作用发生外腐蚀。埋地管道要受土壤、水、霉菌等的外腐蚀。

在管道内部输送腐蚀性介质种类多，如燃料气中的硫化氢、酸性氧化物以及其他酸、碱、盐、溶剂等腐蚀性的液体和物料，容易诱发管道的内腐蚀。

根据管道使用环境条件，输送气、液物料对管道的腐蚀特性，应选择合适的防腐蚀涂料对管道进行保护。要求防腐蚀涂料应具有防腐蚀、防老化、防紫外线耐候性的“三防”作用。对埋地管道防腐蚀涂料的要求如下。

① 具有良好的抗土壤、水、霉菌的腐蚀和施工性能。

② 有良好的电绝缘性。防腐蚀涂层电阻应大于10000Ω·m²，耐击穿电压强度不得低于电火花检测仪检测的电压标准。

③ 与阴极保护联合使用时，防腐蚀涂层应具有一定的耐阴极剥离强度的能力。

④ 有足够的机械强度，以确保涂层在搬运和土壤压力作用下无损伤。

2. 钢质管道防腐涂料配套推荐方案

① 埋地管道（普通钢材、铸铁）防腐配套方案。底漆2遍、中间漆1遍、面漆2遍。

② 埋地管道（镀锌钢材）防腐配套方案。底漆1遍、中间漆1遍、面漆2遍。

③ 无保温层架空管道（普通钢材、铸铁）防腐普通方案。底漆2遍、中间漆1遍、面漆2遍。

④ 无保温层架空管道（镀锌钢材）防腐普通方案。底漆1遍、中间漆1遍、面漆2遍。

⑤ 有保温层架空管道（普通钢材、铸铁）防腐普通方案。底漆2遍、中间漆1遍、外加保温层。

⑥ 有保温层架空管道（镀锌钢材）防腐普通方案。底漆1遍、中间漆1遍、外加保温层。

3. 钢质管道防腐蚀技术

目前世界上大型管道防腐大量采用环氧煤沥青、沥青煤焦油磁漆、环氧粉末喷涂。美国大口径地下管道有40%～50%采用环氧粉末静电喷涂。这种涂装方法在石油化工管道防腐中应用较广。其特点是：机械强度高、耐磨损、耐腐蚀、耐热、耐温，可用于150℃介质中，在寒热地带均适用。

我国埋地输送油、气、水及热力管道外防腐，绝大多数采用环氧煤沥青、沥青煤焦油磁漆作防腐层，用聚氨酯泡沫作保温层，用玻纤毡或玻璃布，聚乙烯工业膜作外保护层。大型管道再加上牺牲阳极作复合联合保护。

（1）埋地钢质管道防腐涂装技术。

① 沥青涂料在埋地钢质管道上的应用。由于埋地管道直接遭受土壤、无机盐、杂散电流、水分、霉菌等的作用，必然会产生腐蚀，所以要进行外防腐，而且要求防腐涂层具有良好的耐湿热、耐水、耐盐水、耐土壤、抗微生物作用外，还要有一定的绝缘性能。处于不同地质和地理环境下的埋地管道所产生的腐蚀程度不同，防腐层可分为3个等级，沥青防腐层等级与结构见表10-3。

表10-3 沥青防腐层等级与结构

防腐层等级	防腐层结构	涂层总厚度/mm	管外壁涂色
普通防腐	沥青底漆-沥青-玻璃布-沥青-玻璃布-沥青-聚乙烯工业膜	≥1.0	红色
加强防腐	沥青底漆-三层玻璃布-四层沥青-聚乙烯工业膜	≥5.5	绿色
特加强防腐	沥青底漆-四层玻璃布-五层沥青-聚乙烯工业膜	≥7.0	蓝色

埋地管道的外防腐，一般采用石油沥青防腐涂层。它适用于输送介质温度不超过80℃的管道。管道外壁涂石油沥青缠玻璃布，外包聚乙烯薄膜，以达到防腐的目的。若管道输送

的介质温度在51～80℃之间时，应采用管道防腐沥青；若管道输送的介质温度低于51℃，可采用10号建筑石油沥青，其质量标准应符合规定。

管道沥青防腐蚀涂层施工技术要求如下。

a. 除锈。必须除去浮鳞、层屑、铁锈及其他物质，然后将表面清除干净，使表面呈现钢灰色。

b. 熔化沥青。使沥青脱净水，不含杂质，延长其针入度，使其软化点达到合格指标。

c. 涂刷涂料。经除锈后的表面应干燥无尘，底漆涂刷应均匀，无气泡、无凝块、无流痕、无空白。

d. 浇涂沥青。底漆干后方可浇涂沥青。

e. 包扎玻璃布。包扎时必须用干燥的玻璃布。玻璃布压边为15～20mm，搭接头长为100～150mm；玻璃布浸透率应达95%以上，严禁出现50mm×50mm以上的空白。管子两端按管径预留出一定长度不浇涂沥青，作为现场焊接后补口用。预留头的各层沥青应做成阶梯茬。

f. 外包聚乙烯工业薄膜。包扎应紧密适度，无折皱、脱壳现象，压边均匀（一般压边为15～20mm，搭接头长100～150mm）。

g. 成品的堆放、拉运、装卸、下沟、回填等必须不受损伤。

管道防腐涂层检查标准及方法如下。

a. 外观。目测表面平整，无起泡、麻面、皱纹、瘤子等缺陷，外包聚乙烯工业薄膜压边均匀无折皱。

b. 厚度。用防腐涂层测厚仪检查，应符合防腐等级要求。

c. 黏结力。在管道防腐涂层上切一夹角为45°～60°的切口，从角端撕开防腐层，撕开30～50cm²。若涂层不易撕开且撕开后附着在钢管表面上的第一层沥青占撕开面积的100%则为合格。

d. 防腐涂层的连续完整性。用电火花检漏仪检测，以不打火为合格。若涂层有打火点，应进行修补。

② 煤焦油磁漆在埋地钢质管道上的应用。埋地钢质管道外防腐，常采用煤焦油磁漆防护。煤焦油磁漆是由煤沥青加煤焦油、煤粉熬制，驱水分及低挥发物后，提高软化点和韧性，再加入矿物填料制成，它是一种防腐性能优良，经济实用，使用寿命长，适合我国国情的管道防腐涂料。它适用于输送介质温度为-30～80℃的管道，有混凝土承重的运行温度低于115℃的海底管道。

煤焦油磁漆与石油沥青相比，最大的优点是黏结力强、吸水率低、绝缘性能好、耐细菌微生物的侵蚀、抗植物根茎穿透和耐阴极剥离。因此，特别适用于石油沥青不能适用的多菌、低洼潮湿、芦苇丛生和海洋环境下的管道外防腐。煤焦油磁漆的不足是耐温度变化能力差。因此，一般多用玻璃布进行补强。特别是用于地下工程，由于温差相对变化小，可使这一点得到弥补。

煤焦油磁漆覆盖层包括底漆、煤焦油磁漆、内缠带和外缠带。底漆、煤焦油磁漆以及内外缠带的技术指标应符合标准SY/T 0079—93。

煤焦油磁漆底漆施工温度为30～40℃；面漆施工温度为230～260℃，将煤焦油磁漆浇涂有底漆的钢管上，再缠绕玻璃布或玻纤毡。煤焦油磁漆覆盖层分普通级、加强级、特加强级。其覆盖层结构和总厚度应符合标准SY/T 0079—93。普通级（三油三布，总厚度不小于

4mm)；加强级（四油四布，总厚度不小于5.5mm)；特加强级（五油五布，总厚度不小于7mm)。用电火花检查，电压普通级14 kV；加强级为16kV；特加强级为18kV。

③ 环氧煤沥青涂料在埋地钢管道防腐上的应用。1975年我国石油系统开始研制环氧煤沥青，采用低分子量环氧树脂，加入蒽油和云母粉，增加了涂料中的固体含量，增加绝缘性能，广泛应用于石油、化工、电力、冶金、城市煤气、自来水、供热等行业的防腐工程。

为适应不同腐蚀环境对防腐层的要求，环氧煤沥青层分为普通级、加强级、特加强级三个等级。其结构由一层底漆和多层面漆组成，面漆层间可加玻璃布增强。防腐层的等级与结构见表10-4。

表10-4　防腐层等级与结构

等　级	结　构	干膜厚度/mm
普通级	一底漆三面漆	≥0.30
加强级	底漆-面漆-面漆玻璃布-面漆-面漆	≥0.40
特加强级	底漆-2道面漆玻璃布-2道面漆玻璃布-2道面漆	≥0.60

底漆的作用是牢固地附着在处理的钢铁表面，并与其上层面漆有很好的黏结力；有很好的防锈功能。

面漆的作用是长期、稳定地抵御外界的各种腐蚀介质，起绝缘密封作用；使管道的机械强度和耐环境条件等性能，可满足施工条件的要求。配套使用的底漆和面漆必须有很好的“配合性”，主要包括两者有很好的黏结力；涂面漆时不会“咬起”；底漆及面漆两者柔韧性相似等。

施工中要求喷砂处理表面达到Sa2级满足要求，表面粗糙度为30～40μm较适用；常温固化型环氧煤沥青涂料的施工温度在15℃以上；低温固化型环氧煤沥青涂料的施工温度为－8～＋15℃。施工时钢表面温度应高于露点3℃以上，空气相对湿度低于80%。风沙、雨雪、云雾时停止露天施工。稀释剂配比5%，玻璃布压边20～25mm，布头搭接长度为100～150mm。防腐层电压检查，普通级为2000V；加强级为2500V；特加强级为3000V。回填后检查，每10km漏点不多于5处，用低压音频信号检漏仪测定。

④ 聚乙烯在埋地钢质管道上的应用。埋地管道用聚乙烯外防腐，它的透气性小、渗水性低、耐磨、耐腐蚀，无需阴极保护，使用寿命可达30年以上。

钢管挤压涂敷聚乙烯工艺技术：钢管表面预处理→涂底漆→钢管加热→挤压涂敷→涂层冷却→涂层检查→管端清理。这套工艺可连续工业化生产，效率高、质量好，是我国管道防腐上常用的方法。

a. 钢管表面预处理。用火焰加热钢管表面至140～160℃，除油，然后进行抛丸除锈。表面质量达到标准GB 8923（涂装前钢材表面锈蚀等级、除锈等级）中规定的Sa2 $\frac{1}{2}$级以上或德国DIN 30670除锈等级标准。

b. 除锈后钢管喷涂底漆。环氧粉末静电喷涂，涂层厚度为60～80μm。

c. 钢管加热。钢管涂敷前必须对钢管表面加热，温度控制在300～380℃之间，用中频感应加热。

d. 挤压涂敷。挤压涂敷工艺有两种：纵向挤出包覆工艺，侧向挤出缠绕工艺。

钢管经过挤压头时，一端挤出聚乙烯强力黏结剂，另一端聚乙烯保护涂层，黏结剂均匀地布满整个钢管表面，与聚乙烯表面有良好的亲和作用，形成一种牢固的涂层黏附在钢管表面上。

e. 涂层检验。德国 DIN 30670 标准对涂层钢管质量要求作了全面的规定。先用目测法检验涂敷钢管表面，要求表面应平滑、无皱褶、色泽均匀；再用 25kV 电火花检漏仪检查，以涂层无漏点为合格；最后用磁性测厚仪测定防腐涂层厚度。

f. 管端清理。防腐钢管在现场埋设时需两端对接，所以钢管上两端约（150±10）mm 长涂层去掉，聚乙烯截短处倾角 45°。在现场埋设时需对管端再次除锈，去毛刺处理，最后进行补口施工。

⑤ 聚乙烯胶黏带外防腐技术。用聚乙烯胶黏带在管道防腐蚀工程上应用已有多年的历史。在世界各地不同施工条件下，至今已有 30 多万公里管道用它防腐蚀，是埋地管道外防护的重要涂层之一。

聚乙烯胶黏带管道外防护通常由一层底胶，一层内防护带和一层外防护带构成。底胶是溶剂配制成的橡胶弹性体，内层防护带和外层防护带都是由聚乙烯薄膜与丁基橡胶黏结剂构成的。

防护规范：涂层与管子表面必须有足够的黏结力，有效阻止水的渗透；涂层具有抗开裂和足够的延伸性；涂层应具有足够的机械强度；涂层与阴极保护相适应的能力；绝缘涂层吸潮率低、电阻高；聚乙烯胶黏带是低能耗、无环境污染的干净涂层。

聚乙烯胶黏带生产工艺：采用共挤热熔复合生产工艺，经过充分混炼的丁基橡胶黏结剂与挤出的聚乙烯片料在多辊复合机中压延成厚度均匀的薄片，并在热熔状态下两者复合在一起，然后冷却、卷取、分切、包装。由于两种材料在黏流状时热熔复合。因此界面层互相渗透，从根本上解决了涂布型胶黏带易于发生的脱层问题，显著提高了黏结强度。可生产出基膜厚 1mm、胶层厚 0.7mm 的特种胶带，提高了产品机械强度与适用范围。

聚乙烯胶黏带最适合在野外长输管道上实现机械化施工，大型联合作业机可在管道上“行走”，完成除锈、涂刷底胶、包扎内层防蚀带与外层防护带。

⑥ 埋地钢质管道的内外环氧粉末喷涂技术。管道环氧粉末内外涂敷技术具有以下优点。

a. 能耗低、污染小。

b. 一次涂敷就可以达到足够的厚度，涂层光滑。

c. 大直径管道涂敷速度快。

d. 涂层有足够的厚度、耐磨性和柔韧性。当在低温环境下铺设管道时，能耐管子的弯曲和伸直。

e. 对金属有良好的附着力，与水泥涂层的结合也很好。

f. 耐阴极保护的电流作用。

g. 流动性能好，沉积物少。

h. 耐土壤的化学腐蚀。

i. 耐热性好，焊接烧损率低，可在 100℃温度下连续使用。

j. 管子内壁涂敷可提高输油效率 5%～10.5%，还可抑制石蜡在输油管道的内壁沉淀；减少气体流动的摩擦阻力（以涂敷后的管道内壁粗糙度为 6.4μm 推荐值计算）。

k. 粉末可以回收，材料损耗少。

l. 节约管材和施工费用，降低管道综合造价，经济效益十分明显。

工艺流程及主要工艺设备：环氧粉末静电喷涂采用中频感应，高压静电喷涂方法，特别适用现场施工，内补口可同时进行；环氧粉末喷涂作业线的主要工艺设备有内喷静电枪、外喷静电枪、钢管支撑轮及防跳装置、中频感应加热器和水冷装置等。

（2）高温蒸汽管道直埋铺设技术

① 高温蒸汽钢质管道的复合保温结构。直埋铺设高温蒸汽钢质管道复合保温结构主要是：钢管、防腐层、隔热、保温层，防护层。防腐层根据使用环境和条件，选用合适的防腐蚀涂料，进行钢质管道防腐涂装。现主要介绍复合保温材料结构，由海泡石作隔热层，聚氨酯为保温层、玻璃钢保护层组成。

a. 隔热层。海泡石（硅酸镁）保温材料是以硅酸镁等天然矿物为基料，多种轻体矿物为辅料，掺配适量化纤添加剂、复合高温胶黏剂等，加工成复合黏稠状膏体，涂抹在钢质管道外壁，干后形成封闭多孔网状结构复合保温材料，热导率为0.052 W/(m·K)，适用温度为－40～800℃，可作隔热层。

b. 保温层。聚氨酯泡沫塑料保温材料是由聚醚树脂与多亚甲基多苯基异氰酸酯为主要原料，加入交联剂、液化剂、表面活性剂和发泡剂等，经发泡制成的。泡沫塑料中的微孔有90%以上属于封闭性小孔，因而具有导热参数低、密度小、几乎不吸水且化学稳定等性能好，与金属或非金属黏结牢固，热导率小于0.0035 W/(m·K)，适用温度为－50～120℃，可作保温层等特点。

c. 玻璃钢保护层。三布四油玻璃钢保护层的三布是用中碱无捻玻璃布缠绕，四油是用不饱和聚酯树脂为原料，人工或机械湿法缠绕而成的。保护层具有强度高、密度小、热导率低、耐水、耐腐蚀等优点，并且有良好的电绝缘性能及较高的力学性能，尤其在地下水位较高的地区，能够承受地下水的侵蚀，保证保温管道能正常工作。

② 复合保温结构的特点

a. 海泡石（硅酸镁）与钢管之间，硅酸镁与聚氨酯泡沫塑料之间均有较强的结合力。结合力达150MPa，该结合力大于土壤的摩擦力，能使管道与保温材料成为一体，当管道内介质温度发生变化时，管道与保温材料之间不会因管道内介质温度变化而滑脱。

b. 复合保温材料的抗压强度大于200 MPa，足以承受土壤和地面载荷对复合保温材料的压力而不会损坏。

c. 聚氨酯泡沫塑料保温材料吸水率小于0.2%，闭孔率大于90%。因此具有良好的防水、防潮性能，足以抗拒因地下水的侵蚀而影响保温性能或破坏保温层结构。

d. 复合保温材料在设计温度下能保持良好的保温性能和机械强度。

e. 复合保温材料还具有良好的防腐蚀性能。

（3）钢质管道阴极保护。阴极保护属于电化学保护，是利用外部电流使金属腐蚀电位发生改变以降低其腐蚀率的防腐蚀技术。阴极保护是通过外加阴极电流使金属阴极极化实现的，通常采用两种方法，即牺牲阳极法阴极保护、外加电流法阴极保护。

埋地钢质管道，由于涂层的缺陷或孔隙的暴露，使腐蚀性介质接触管道表面造成腐蚀，通常采用牺牲阳极法阴极保护与防腐涂层联合保护。作为一种附加腐蚀防护方法，用于保护埋地管道，在防腐工程中得到成功的应用，效果良好。

在阴极保护系统中防护层（为阴极）和牺牲阳极间存在一个电场。所有阳离子（Na^{+}、K^{+}、Ca^{2+}）移向保护层，所有阴离子（OH^{-}、Cl^{-}、SO_4^{2-}）移向阳极，结果牺牲阳极被腐蚀，增加防护层的防腐能力，钢质管道受到保护。

采用阴极保护时，首先要掌握埋地管道长度、直径、壁厚、涂层种类、装置数量和位置，以及管道所处地理位置的土壤地质结构、土壤电阻。用来计算确定牺牲阳极种类、规格、数量及使用寿命。

常用Al、Zn、Mn合金作牺牲阳极，这种复合牺牲阳极是由镁包锌构成的。利用镁阳极的高驱动电位来满足管道初始阴极极化大电流的要求，再利用锌阳极的高电流效率来达到延长使用寿命的目的。复合式牺牲阳极是利用高驱动电压的镁阳极来产生大的极化电流，再利用高效率的锌阳极来达到长期的设计寿命。由于最终是以锌阳极为工作阳极，所以复合式牺牲阳极仅局限于应用在低电阻率环境中。

第二节　管道的隔热

一、概述

隔热是保温、保冷的统称。虽然保温与保冷的热流传递方向不同，但习惯上也常统称为保温。因此，本章未特别指明保温或保冷时，所说的保温包括保冷。

1. 保温、保冷的定义

对常温以上至1000℃以下的设备或管道，进行外保护或涂装，以减少散热或降低其表面温度为目的的措施称为保温。对常温以下的设备或管道进行外保护或涂装以减少外部热量向内部的侵入，且使表面温度保持在露点以上，不使外表面结露为目的而采用的措施称为保冷。

2. 隔热的目的

减少设备、管道及其组成件在工作过程中的热量或冷量损失以节约能源；减少生产过程中介质的温降或温升以提高设备的生产能力；避免、限制或延迟设备和管道内介质的凝固、冻结，以维持正常生产；降低或维持工作环境温度，改善劳动条件、防止因热表面导致火灾和防止操作人员烫伤；防止设备、管道及其组成件表面结露。

二、常用隔热材料

（一）隔热材料的种类

保温材料是以减少热量损失为目的，在平均温度350℃其热导率小于0.12W/(m·K)的材料。当用于作保冷层的隔热材料及其制品，其平均温度小于27℃时，热导率值应小于0.064W/(m·K)。

隔热材料的分类方法很多，尚无国家标准。一般可按材质、使用温度、形态和结构等分类。

按材质可分为有机隔热材料、无机隔热材料和金属隔热材料三类。

按使用温度可分为高温保温材料（适用于700℃以上），中温保温材料（适用于100～700℃）常温保温材料（适用于100℃以下）和保冷材料，包括低温保冷材料和超低温保冷材料。实际上许多材料既可在高温下使用也可在中、低温下使用，并无严格的使用温度界限。

按形态和结构可分为纤维状、多孔状、粉末状和层状等。常见的隔热材料按形态分类见表 10-5。

表 10-5　常见的隔热材料按形态分类

按形态分类	材　料　名　称	制品形状
多孔状	聚苯乙烯泡沫塑料、聚氯乙烯泡沫塑料、聚氨酯泡沫塑料、泡沫玻璃、微孔硅酸钙	板、块、筒
	软质耐火材料	块
	碳化软木	板、块
纤维状	岩棉、玻璃棉、陶瓷纤维	毡、筒、带、板
	矿渣棉	毡、筒、板
粉末状	硅藻土、蛭石、珍珠岩	粉粒状、块、板
层状	金属箔	夹层蜂窝状
	金属镀膜	多层状

(二) 隔热材料的基本性能

1. 密度（容重）

一般规定，隔热材料的密度是材料试样在 110℃时，经烘干呈松散状态的单位体积的重量。密度是隔热材料性能指标之一。通常，密度小的材料必定有较多的气孔，由于气体的热导率比固体的热导率小得多。因此，保温材料密度越小，热导率就越小。但是纤维状的松散材料例外。

由于隔热材料和隔热结构的不断发展，密度的概念也相应产生了变化，派生出新的含义。

(1) 生产密度。隔热材料在一定生产工艺和检验方法下所确定的出厂产品的密度。

(2) 使用密度。材料在使用状态下的实际密度叫做使用密度。试验测定，松散材料（包括粉末状和纤维状）的使用密度为生产密度的 1.3～2.5 倍；矿物纤维材料的软质和半硬质制品的使用密度为生产密度的 1.1～1.5 倍。

(3) 最佳密度。最佳密度是材料在该密度下具有较小的热导率、较高的机械强度、较高的弹性恢复和抗振性能、在包装运输和安装过程中，材料的外形和厚度稳定性较好等。

2. 气孔率

用来衡量隔热材料体积被气体充实程度的指标称为气孔率或孔隙率。

材料的气孔有不同形状和大小，气孔的形状大致分为开口型和闭口（封闭）型，而开口气孔又有连通与不连通两种。开口的气孔可被水灌满，而闭口气孔则不会进水。

材料的气孔率与材料的密度有关，气孔率增大时，材料密度减小。至于材料的热导率和机械强度，则不仅与气孔率有关，还与气孔的大小、形状和分布有关。

3. 吸水率（吸湿率、含水率）

吸水率表示材料对水的吸收能力，材料的吸湿率是材料从环境空气中吸收湿分的能力。材料吸收外来的水分或湿气的性质称为含水率。

保温材料的含水率对材料的热导率、机械强度、密度影响很大。材料吸附水分后，材料气孔被水占据了相应的空气位置，由于常温下水的热导率是空气的 24 倍，而且水在蒸发时要吸收大量热量。因此，材料的热导率就会大大增加。

4. 透气度

透气性是隔热材料在各种条件下让空气或蒸气以及其他气体透过的性能。

气体只能通过连通的开口气孔。因此，透气率与连通的开口气孔率成直线关系，与闭口气孔率无关。材料的透气性，不但使空气侵入，也会使周围有害气体渗入，从而加速材料的破坏，进而损坏设备或管道。因此，应重视透气率的作用。一般可在隔热层外表面涂抹低透气系数的憎水性保护层或密封良好的金属保护层。

5. 机械强度

(1) 抗压强度。抗压强度是材料受到压缩力作用而破损时每单位原始横截面积上的最大压力荷载。硬质保温材料制品的抗压强度与加工工艺、材料气孔率等密切相关。材料的气孔率大，存在较多的裂纹，抗压强度则降低。对于软质、半硬质及松散状保温材料，一般受到压缩荷载时不会被破坏。

(2) 抗折强度。抗折强度又称弯曲强度，是材料受到使其弯曲荷载的作用下破坏时，单位面积上所受的力。对硬质材料有抗折强度的要求，对软质或半硬质材料制品，一般没有抗折强度的要求。

(3) 高温残余强度。对于在高温下使用的保温材料，除在常温下的耐压强度外，在高温工作条件下还应具有高温残余强度。

6. 热工及化学性能

(1) 线膨胀系数，线（热）收缩率。保温材料受热时的膨胀特性，可用线膨胀系数表示，某些保温材料制品在高温下能产生收缩变形，但线（热）收缩系数随温度的增高而有所降低。

保温材料的线膨胀系数与材料的热稳定性有关，如材料的线膨胀系数较大，保温结构受热后，内部因变形产生较大的应力，当温度变化剧烈时，保温结构便受到破坏。

(2) 热稳定性。热稳定性是指材料能经受温度的剧烈变化而不生成裂纹、裂缝和碎块的性能。

保温材料的导热性能较低。因此，保温结构在热状态下内部会产生较大的温差。如保温结构受到外部急热急冷的作用，则会因温差而产生热应力，当应力超过材料的强度极限时，保温结构将被破坏。材料的热稳定性随材料的抗压或抗折强度的提高而提高，并随热膨胀系数、弹性模数的增大而降低，材料的热稳定性还与导温系数成正比。

(3) 热导率。热导率是隔热材料最重要的性能之一。它是均质、各向同性的物体，在稳态一维热流情况下，每小时通过两面温差为1℃、厚度为1m，表面积为1m²的热流数量。

保温材料的热导率与其他物性不同，它不是独立存在的“物性”而是说明材料“输运特性”——即在能量输运（传递）过程中才能显示的特性。因而它与材料的其他物性如密度和含水率密切相关，与热量传递时的条件，如温度范围和温差的大小密切相关，还与材料内部结构形式有关。

保温材料的热导率一般都随平均温度的升高而加大。通常在一定温度范围内，热导率与温度多为线性关系。

同一种保温材料的热导率，不论在高温还是低温下，都与其颗粒度有关。常温下膨胀珍珠岩颗粒度与热导率的关系见表10-6。从表10-7可以看出，较小的颗粒度，其颗粒之间的距离较小，降低了对流传热的热流，同时颗粒是点接触，使其固体热阻增大，所以呈现出较小的热导率。

表 10-6　常温下膨胀珍珠岩颗粒度与热导率的关系

颗粒度/mm	1.5～5	2～2.5
热导率/W·m^{-1}·K^{-1}	0.0418	0.0326

表 10-7　常压低温下膨胀珍珠岩颗粒度与热导率的关系

颗粒度/mm	1～2	1	1～0.6	0.4～0.2	<0.2
热导率/W·m^{-1}·K^{-1}	0.0475	0.044	0.0405	0.039	0.065

(4) pH 值。由于保温材料的化学成分不纯，并且大多数材料具有一定的吸水性，都能对金属产生腐蚀或充氧性腐蚀。吸湿性强的保温材料对金属的腐蚀程度更大。试验表明，保温材料的 pH 值小于 13 时，紧贴保温材料的金属表面会生成一层致密的腐蚀产物[Fe $(OH)_2$]的保护膜，金属表面就不再被腐蚀。

材料的密度小，气孔率大时，必然会较快的输送水和氧气，加速腐蚀过程。因此，当保温材料的 pH<13，尤其在 7～8 间，密度小气孔率大，并经常有水浸泡时，在较高的温度作用下，金属的腐蚀会很严重。

泡沫塑料或抹面材料内含有可溶性氯化物时，易于对奥氏体不锈钢产生应力腐蚀。因此，要求保温材料必须属于中性或 pH 值不小于 7～8，不得含有可溶性氯化物，硫氧化物的含量不允许大于 0.06%。部分保温材料的 pH 值见表 10-8。

表 10-8　部分保温材料的 pH 值

材料名称	pH 值	材料名称	pH 值
膨胀珍珠岩	7～8	玻璃棉	7.5～9
憎水代珍珠岩	JIS:10～11		JIS:8～10.5
岩棉	7～9	焙烧硅藻土	8
	ASTM:7～11	水泥泡沫混凝土	12.5
微孔硅酸钙	BS:9.5～11	聚苯乙烯泡沫塑料	6.5～7.5
	JIS:8～10.5	泡沫玻璃	7～8

(5) 应力腐蚀。用于奥氏体不锈钢设备和管道及其组成件上的隔热层材料或制品中，氯离子含量必须严格限制，以防设备或管道产生应力腐蚀。中国和日本等国家尚无国家标准规定。

7. 高温性能

(1) 耐火度。保温材料在无荷载时，抵抗高温而不熔化的性质称为耐火度。耐火度是决定材料能否在高温条件下使用的重要指标。耐火度表示一个极限温度，接近这个温度时，材料就会失掉其本来的形状。所以，保温材料不允许在此温度下工作。

(2) 高温荷载软化点。高温荷载软化点又称为高温荷载软化温度，用于测定保温材料在荷载和高温共同作用下的抵抗能力。这个指标，在多数情况下可用来确定保温材料在高温下使用的相对强度。所以，高温荷载软化点不能直接作为保温材料使用的极限温度。

(3) 烧失量。烧失量（灼烧减量）的多少也可以作为确定保温材料耐热性高低的指标。例如石棉制品、树脂黏结的矿物纤维制品均可以采用烧失量的变化来检定其耐热性能。有些矿物纤维材料的成型制品在加热过程中烧失量可达到 1.5%～4%，但不影响其规定的使用温度。因其烧失量正好等于所掺加的胶黏剂或表面活性剂的数量，同时胶黏剂或活性剂受热挥发后材料的机械强度反而有所增加。

(4) 最高安全使用温度。最高安全使用温度是指保温材料长期安全使用所能承受的极限温度。当材料在超过最高安全使用温度下长期使用时，可能发生裂纹、松散，失去应有的机械强度和固形能力，甚至被烧毁。

在保温材料样本或说明书中的使用温度一般指保温材料可能承受的耐热温度。由于保温材料或制品的不均一性，长期受热后产生性能衰减。

确定保温材料的安全使用温度方法，目前在我国尚无统一的规定。一般由以下方法确定。

a. 在该温度下长期使用不发生比热容变化。

b. 保温材料经加热后的机械强度下降，其下降值一般不应超过50%。

c. 外观检查，保温材料在模拟温度下单面连续加热96h以上，检查其外观有无明显的裂纹，局部凹陷、隆起、疏松、分层和碳化等现象；加热过程有无冒烟、冒汽现象，对于有胶黏剂的制品，允许有短暂的冒烟现象，随后制品恢复其原料本来的色泽，其机械强度，热工性能保持不变。若对材料整体加热，在规定的加热时间内应无燃烧及发红现象。

比上述任何一种方法所检定的合格温度低50～100℃即可作为该材料的安全使用温度。

三、隔热设计的基本原则

(一) 保温设计的基本原则

保温设计应符合减少散热损失，节约能源满足工艺要求，保持生产能力，提高经济效益，改善工作环境，防止烫伤等基本原则。

具有以下情况之一的管道及组成件（以下简称管道）应进行保温。

① 外表面温度大于50℃以及外表面温度小于或等于50℃但工艺需要保温的管道。例如可能经常在阳光照射下的泵入口的液化石油气管道；精馏塔顶馏出线（塔至冷凝器的管道）塔顶回流管道以及经分液后的燃料气管道等需进行保温。

② 介质凝固点或冰点高于环境温度（系指年平均温度）的设备和管道。例如凝固点约30℃的原油，在年平均温度低于30℃的地区的管道；在寒冷或严寒地区，介质凝固点虽然不高，但介质内含水的管道在寒冷地区，可能不经常流动的水管道等。

具有以下情况之一的管道可以进行保温。

① 要求散热或必须裸露的管道。

② 要求及时发现泄漏的管道法兰。

③ 内部有隔热，耐磨衬里的管道。

④ 需要经常监视或测量以防止发生损坏的部位。

⑤ 工艺生产中的排气、放空等不需要保温的管道。

表面温度大于或等于60℃的不保温管道，需要经常维护又无法采用其他措施防止烫伤的部位，例如距地面或操作平台面2.1m以内以及距操作面小于0.75m范围内，均应设防烫伤保温。医学资料表明，当皮肤温度达到72℃时立即坏死。又据实验结果，接触不同温度的表面引起烫伤所需的时间见表10-9。

表 10-9 引起烫伤的接触时间与表面温度的关系

引起烫伤接触时间/s	60	15	10	5	2	1
表面温度/℃	53	56	58	60	65	70

根据表中数据，表面温度宜限制为 60℃，以防止烫伤。

(二) 保冷设计的基本原则

常温以下的管道，为减少冷量损失（热量侵入）或控制冷损量的保冷，应在减少（控制）冷量损失的同时，确保保冷层外表面温度高于环境的露点温度，从而达到减少（控制）冷量损失，节约能源，保持或发挥生产能力的目的。

具有以下情况之一的管道必须保冷。

① 需减少冷介质在生产或输送过程中的温升或气化（包括突然减压而气化产生结冰）。

② 需减少冷介质在生产或输送过程中的冷量损失或规定允许冷损失量。

③ 需防止在环境温度下管道外表面凝露。

四、隔热结构

为减少散热损失，在管道表面上覆盖的隔热措施，以保温层和保护层为主体及其支承、固定的附件构成的统一体，称为保温结构。保温层是利用保温材料的优良隔热性能，增加热阻，从而达到减少散热的目的，是保温结构的主要组成部分。保护层是利用保护层材料的强度、韧性和致密性等以保护保温层免受外力和雨水的侵袭，从而达到延长保温层使用年限的目的，并使保温结构外形整洁、美观。

为减少（控制）冷量损失和防止表面凝露，在管道表面上覆盖的隔热措施，以保冷层、防潮（隔汽）层和保护层为主体并以其支承、固定的附件构成的统一体，称为保冷结构。由于保冷结构处于低温状态。管道的外表面易于锈蚀，因而需要增加防锈层。保冷结构一般从内至外，由防锈层、保冷层、防潮层（也称阻汽层）、保护层所组成。保冷的管道，在其支承或连接处的保冷结构尚应有避免“冷桥”的措施。

(一) 隔热结构的类型

由于隔热结构是组合结构，很难划分其种类。一般可按隔热层、保护层分别划分，在施工中根据不同情况加以选择和组合。根据不同的隔热材料和不同的施工方法，大致可分为十类。

1. 胶泥结构

这是一种较原始的方法，20 世纪 60 年代以后很少应用，现在偶尔用在临时性保温工程或其他保温结构中的接合部位及接缝处。一般将保温材料用水拌成胶泥状，手工涂敷在需保温的器壁上或管壁上，一次即达 30～50mm 厚，达到设计厚度后再在上面敷设镀锌铁丝网，并抹面或设置其他保护层。此法所用保温材料多为石棉、石棉硅藻土或碳酸钙石棉粉等。胶泥保温结构如图 10-1 所示。

2. 填充结构

用钢筋或扁钢作支承环套在管道上，在支承环外面包上镀锌铁丝网，在中间填充隔热材料，使之达到规定的密度。填充的保温材料主要有矿渣棉、玻璃棉及超细玻璃棉等。也有用膨胀珍珠岩或膨胀蛭石散料作填充材料的，但其外套需用薄钢板制作。填充保温结构如图 10-2 所示。

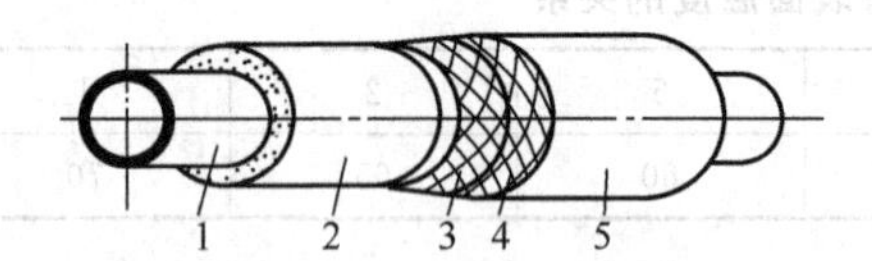

图 10-1　胶泥保温结构

1—管道；2—保温层；3—镀锌铁丝；

4—镀锌铁丝网；5—保护层

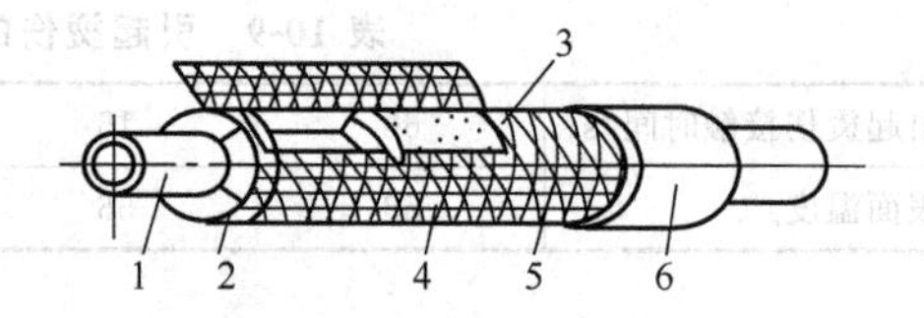

图 10-2　填充保温结构

1—管道；2—支承环；3—保温材料；

4—镀锌铁丝网；5—镀锌铁丝；6—保护层

3. 捆扎结构

在生产厂把保温材料制成厚度均匀的毡或垫状半成品，在工地上加压及裁剪成所需密度及尺寸，然后包覆在管道上，外面用镀锌铁丝或镀锌钢带缠绕扎紧，一层达不到设计厚度时，可以用两层或三层。包扎时要求接缝严密。捆扎结构所使用的保温材料，主要有矿渣棉毡或垫、玻璃毡、超细玻璃棉毡、岩棉毡和石棉布等。捆扎保温结构如图 10-3 所示。

4. 缠绕结构

将生产厂提供的带状或绳状保温制品直接缠绕在管道上。作为缠绕结构的保温材料有石棉、岩棉等材料制成的绳带。缠绕保温结构如图 10-4 所示。

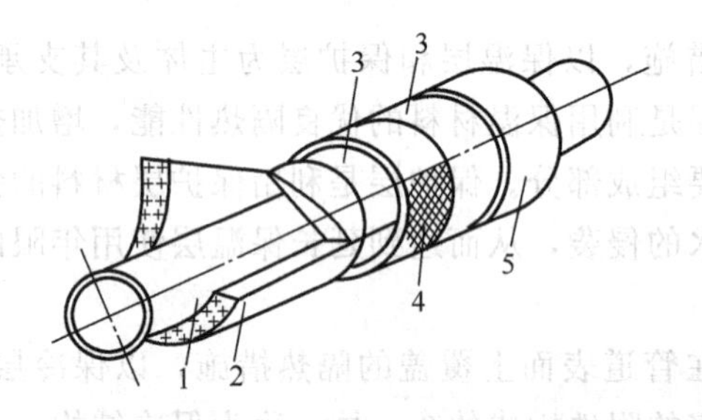

图 10-3　捆扎保温结构

1—管道；2—保温毡或布；3—镀锌铁丝；

4—镀锌铁丝网；5—保护层

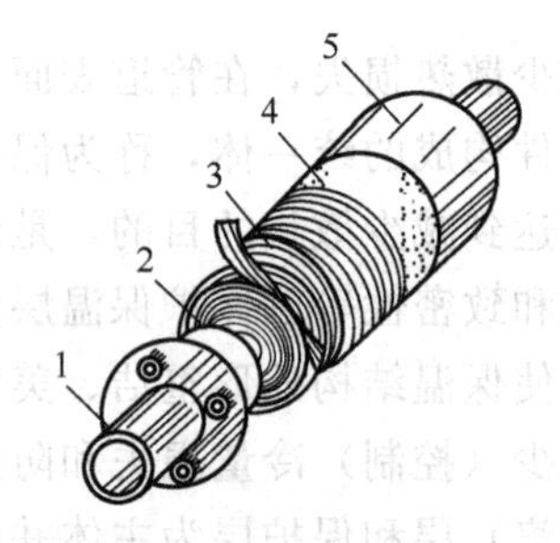

图 10-4　缠绕保温结构

1—管道；2—第一层绳带状保温材料；3—第二层绳

带状保温材料；4—保护层；5—油漆

5. 预制品结构

把隔热材料制品如圆形管壳、弧形瓦、弧形块等。用铁丝捆扎在管道上。当设计厚度较厚时，可分两层或多层捆扎。各层保温瓦块的接缝要错开，接缝处用相同材料制成的胶泥黏合。预制品结构使用的保温材料主要有石棉硅藻土、矿渣棉、岩棉、玻璃棉、膨胀蛭石、膨胀珍珠岩，微孔硅酸钙硅酸铝纤维等制成的预制品，用于预制品结构的保冷材料主要有硬质闭孔阻燃型聚氨酯泡沫塑料、自熄可发性聚苯乙烯泡沫塑料、闭孔型泡沫玻璃等。预制品保温结构如图 10-5 所示。

6. 装配式结构

保温层材料及外保护层均由厂家供给定型制品，现场施工只需按规格就位，并加以固定，即为装配式结构。

7. 浇灌结构

主要用于无沟敷设的地下管道，把泡沫混凝土与管道一起浇灌在地槽内。为了使管道在混凝土保温层内自由伸缩，在管道外表面可涂抹一层重油或沥青。

8. 喷涂结构

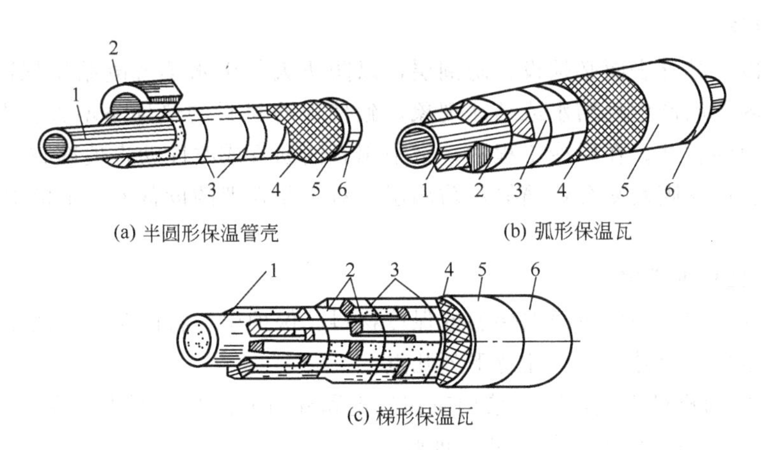

(a) 半圆形保温管壳　(b) 弧形保温瓦

(c) 梯形保温瓦

图 10-5　预制品保温结构

1—管道；2—保温层；3—镀锌铁丝；4—镀锌铁丝网；5—保护层；6—油漆

把隔热材料用特殊设施喷涂在管道上，材料内混有发泡剂，因而形成泡沫状黏附在管道上。喷涂结构使用的材料主要为聚氨酯塑料。

9. 金属反射式结构

金属反射式保温由英国于 1955 年首先在热力工程上采用。主要用于降低辐射与对流的传热，特别适合于振动和高温状况下，甚至潮湿环境中，可发挥其热屏或隔热的作用。

10. 可拆卸式结构

可拆卸式保温结构又称活动式保温结构，主要适用于管道的法兰、阀门以及需要经常进行维护监视的部位和支吊架的保温。

(二) 保护层的类型

根据用材的不同和施工方法的不同，保护层可分为三个类型。

1. 涂抹式保护层

有沥青胶泥、石棉水泥砂浆等，其中石棉水泥是常用的一种。用镀锌铁丝网做骨骼，把材料调成胶泥状，直接涂抹在保温层外。为了使其圆整、光洁、一般沥青胶泥需涂抹 3～5mm，石棉水泥砂浆需涂抹 10～20mm。

2. 金属保护层

一般采用镀锌或不镀锌薄钢板、薄铝板、合金铝板，在特殊场合，也有使用聚氯乙烯复合钢板和不锈钢板的。

3. 布毡类保护层

有各种油毡、玻璃布、白布和帆布等。把材料裁成 120～125mm 宽的长条，缠绕在保温层外，接缝处需搭缝，一般搭 50mm 左右，末端及中间每隔 500～1000mm 用铁丝或∩形钉固定。为了延长使用年限，在外面可涂刷油漆或沥青等保护膜。

但在石油化工企业中，根据《防火规范》规定，不得使用油毡、白布、帆布或沥青等可燃性材料做外保护层或保护膜。

4. 其他

近年来某些蒸汽管道上采用玻璃钢板或带铝箔玻璃钢板作保护层，可粘接或扎带，施工方便，外形美观。但用于石油化工企业，必须是阻燃型且氧指数不得小于 30 的玻璃钢板。

目前，国内尚有新开发的保护层材料，如高阻燃玻纤增强铝板、重防腐保温外护板等。

（三）防潮层

管道的保冷，其外表面必须设置防潮层，以防止大气中水蒸气凝结于保冷层外表面上，并渗入保冷层内部而产生凝结水或结冰现象，致使保冷材料的热导率增大；保冷结构开裂，并加剧金属壁面的腐蚀。在保冷工程中，常采用石油沥青或改性沥青玻璃布、石油沥青玛蹄脂玻璃布、聚乙烯薄膜及复合铝箔等作防潮层。对于非直埋的设备或管道的保温结构，一般不设防潮层。

（四）隔热结构的选择

隔热结构的确定，一般应根据保温或保冷材料、保护层材料以及不同的条件和要求，选择不同的隔热结构。但是，还应注意下列几点。

① 要求一定的机械强度，隔热结构应在自重和外力冲击时，不致脱落。

② 隔热结构简单，施工方便，易于维修。

③ 隔热结构的外表面整洁美观。

④ 经济的隔热结构，即隔热材料是“经济”的材料、经济的厚度和经济的外保护层，构成经济的隔热结构。

五、隔热材料的选择

隔热结构材料的选择，包括对隔热层、外保护层、防潮层等材料的选择。隔热材料的选择一般按以下项目进行比较、确定：使用温度的范围，热导率，化学性能、物理强度，使用年数，单位体积的价格，对工程现状的适应性，不燃或阻燃性能，透湿性，安全性，施工性。

（一）隔热层材料应具有的主要性能

1. 保温层材料应具有的主要性能

（1）热导率小。热导率是衡量材料或制品隔热性能的重要标志，它与保温层厚度及热损失均成正比关系。热导率是选择经济保温材料的两个因素之一。当有数种保温层材料可供选择时，可用材料的热导率乘以单位体积材料价格 A（元/m^3），其乘值越小越经济，即单位热阻的价格越低越好。

（2）密度小。保温材料或制品的密度是衡量其隔热性能的又一主要标志，与隔热性能关系密切。就一般材料而言，密度越小，其热导率越小。但对于纤维类保温材料。应选择最佳密度。用于保温的隔热材料及其制品，其密度应小于 400kg/m^3。

（3）抗压或抗折强度（机械强度）。同一组成的材料和制品，其机械强度与密度有密切关系。密度增加，其机械强度增高，热导率也增大。因此，不应片面地要求保温材料过高的抗压和抗折强度，但必须符合国家标准规定。用于保温的硬质隔热制品，其抗压强度不得小于 0.4MPa。

一般保温材料或其制品，覆盖上保护层后，在下列情况下不应产生残余变形：承受保温材料的自重时；将梯子靠在保温的设备或管道上进行操作时；表面受到轻微敲打或碰撞时；承受当地最大风荷载时；承受冰雪荷载时。

保温材料通常也是一种吸音减振材料，韧性和强度高的保温材料其抗振性一般也较强。通常在管道设计中，允许管道有不大于 6Hz 的固有频率。所以保温材料或保温结构至少应有耐 6Hz 的抗振性能。一般认为韧性大、弹性好的材料或制品其抗振性能良好，例如纤维类材料和制品，聚氨酯泡沫塑料等。

(4) 安全使用温度范围。保温材料的最高安全使用温度或使用温度范围应符合相关规定，并略高于保温对象表面的设计温度。

(5) 非燃烧性。在石油化工企业内部所使用的保温材料应为非燃烧材料。

(6) 化学性能符合要求。化学性能一般是指保温材料对保温对象的腐蚀性；由保温对象泄漏出来的流体对保温材料的化学反应；环境流体（一般指大气）对保温材料的腐蚀等。

值得注意的是，保温的设备和管道在开始运行时，保温材料或（和）保护层材料内吸着水开始蒸发或从外保护层侵入的雨水，将保温材料内的酸或碱溶解，引起设备和管道的腐蚀。特别是铝制设备和管道，最容易被碱的凝液腐蚀。为防止这种腐蚀，应采用泡沫塑料、防水纸等将保温材料包覆，使之不直接与铝接触。

(7) 保温工程的设计使用年数。保温工程的设计使用年数是计算经济厚度的投资偿还年数。一般以5～7年为宜。目前，日本JIS 9501规定为10年。但是，使用年数常受到使用温度、振动、太阳光线等的影响。

保温材料不仅在投资偿还年限内不应失效，超过投资偿还年限时间越多越好。

(8) 单位体积的材料价格。单位体积的材料价低，不一定是经济的保温材料，单位热阻的材料价格低才是经济的材料。

(9) 保温材料对工程现场状况的适应性。大气条件，包括有无腐蚀要素、气象状况等；设备状况，包括是否需要拆除保温、管道有无振动或粗暴处理情况、有无化学药品的泄漏及其部位、保温管道的设置场所（是室内、室外或埋地或管沟）、运行状况等；建设期间和建设时期。

(10) 安全性。由保温材料引起的事故主要有如下几种。

① 保温材料属于碱性时，胶黏剂常含碱性物质，铝制设备和管道以及铝板外保护层都要格外注意防腐。

② 保温的管道内流体一旦泄漏、侵入保温材料内不应导致危险状态。

③ 在室内等场所的管道使用的保温材料，在火灾时可产生有害气体或大量烟气应充分考虑其影响，尽量选择危险性少的保温材料。

④ 不宜选择含有石棉的保温材料。

(11) 施工性能。保温工程的质量往往决定于施工质量。因此，应选择施工性能好的材料，一般应具有以下性能：不易破碎（在搬运和施工中）；加工容易；很少产生粉尘；轻质（密度小）；容易维护、修理。

2. 保冷层材料应具有的主要性能

保冷材料是用于常温以下的隔热或0℃以上常温以下的防露。其主要技术性能与保温材料相同。由于保冷的热流方向与保温的热流方向相反，保冷层外侧蒸汽压大于内侧，蒸汽易于渗入保冷层，致使保冷层内部产生凝结水或结冰。

保冷材料或制品中的含水，不仅无法除掉还会结冰致使材料的热导率增大，甚至结构被破坏。因此保冷材料应为闭孔型材料，材料的吸水率，吸湿率低，含水率低、透气率（蒸汽渗透系数、透气系数）低，并应有良好的抗冻性，在低温下物性稳定，可长期使用。

保冷材料的主要技术指标要求25℃时热导率$\lambda \leqslant 0.064 W/m \cdot K$，密度不大于$180kg/m^3$，含水率不大于0.2%（质量）、抗压强度大于0.15MPa、材料应为非燃烧性或阻燃性等。

（二）保护层材料应具有的主要性能

隔热结构的外保护层的主要作用是防止外力损坏隔热层、防止雨雪的侵袭、对保冷结构尚有防潮隔汽的作用、美化隔热结构的外观。

保护层应具有严密的防水防湿性能、良好的化学稳定性和不燃性、强度高、不易开裂、不易老化等性能。

（三）防潮层材料应具有的主要性能

抗蒸汽渗透性好，防潮、防水力强，吸水率不大于1%；应具有阻燃性、自熄性；粘接及密封性能好，20℃时粘接强度不低于0.15MPa；安全使用温度范围大，有一定的耐温性，软化温度不低于65℃，夏季不软化、不起泡、不流淌、有一定的抗冻性，冬季不脆化、不开裂、不脱落；化学稳定性好，挥发物不大于30%；干燥时间短，在常温下能使用，施工方便。

（四）常用隔热材料及其制品的选择

根据被隔热管道的特征和SHJ 10—90的规定，按选择隔热材料的原则和方法，常用隔热材料及其适用范围见表10-10。

表10-10　常用隔热材料及其适用范围

项　目	材 料 名 称	最高安全使用温度或使用温度范围/℃
保温材料	超细玻璃棉制品	250
	岩棉、矿棉管壳	250
	岩棉、矿棉毡席	300
	无石棉微孔硅酸钙制品	>250～600
	硅酸镁铝制品	≥350～600
	硅酸铝纤维制品	>600～900
	岩棉-硅酸铝复合棉制品	300～900
保冷材料	硬质闭孔型自熄性聚氨酯泡沫塑料制品	−80～110
	自熄可发性聚苯乙烯泡沫塑料制品	−40～70
	硬质聚氯乙烯泡沫塑料板	−20～80
	闭孔型泡沫玻璃制品	−200～400

（五）常用保护层材料的选择

保护层材料除需符合保护隔热层的要求外，还应考虑其经济性，并符合有关的规定。根据综合经济比较和实践经验，常用保护层材料选择如下。

（1）为保持被隔热的设备或管道的外形美观和易于施工，对软质、半硬质隔热层材料的保护层宜选用0.5mm镀锌或不镀锌薄钢板；对硬质隔热层材料宜选用0.5～0.8mm铝或合金铝板，也可用0.5mm镀锌或不镀锌薄钢板。

（2）用于火灾危险性不属于甲、乙、丙类生产装置或设备和不划为爆炸危险区域的非燃性介质的公用工程管道的隔热层材料，可用0.5～0.8mm阻燃型带铝箔玻璃钢板等材料。

（六）常用防潮层材料的选择

防潮层材料应具有规定的技术性能，同时还应对隔热层和保护层不造成腐蚀，也不应与隔热层发生化学反应。常用防潮层材料一般选择：石油沥青或改质沥青玻璃布；石油沥青玛蹄脂玻璃布；油毡玻璃布；聚乙烯薄膜；复合铝箔；CPU新型防水防腐敷面材料，CPU是一种聚氨酯橡胶体，可用做管道的防潮层或保护层、埋地管道的防腐层。

六、保温层厚度的确定

保温层的厚度取决于所需施加的保温层热阻，而保温层热阻的确定则取决于由保温目的所提出的要求和其他限制条件，例如限定外表面温度、限定金属壁温度、限定散热热流密度、限定内部介质温降、限定内部介质的冻结或凝固温度、获得最经济效果（全年总费用最低）等。

根据不同的目的和限制条件，可采用不同的计算方法。如为减少散热损失并获得最经济效果，应采用经济厚度计算方法；为限制外表面温度，应采用表面温度计算方法；为限制表面散热热量，应采用最大允许散热损失法计算。除经济厚度法外，都是按热平衡方法计算的。此外，还可以通过查图表、根据经验等方法确定保温层厚度。有关保温层厚度的具体计算方法参见有关手册。

（一）保温层厚度的确定方法

1. 经济厚度计算法

我国国家标准《GB 4272》、《GB 8175—87》、中国石化总公司标准《SHJ 10—90》、日本的国家标准《JISA 9501》和美国的 ANSI/ASHRAE/IES 标准，都是采用经济厚度计算方法。该方法是根据材料投资的年分摊费用（P）与保温后的年散热损失费用（f_n）两者之和确定年总费用（C）。P 值随保温层厚度 δ 的增加而增大，f_n 值则随 δ 的增加而减少，总费用则在保温层厚度为“经济厚度”时具有最小值。

2. 表面温度法

本法是按给定的保温表面温度来计算隔热层厚度，是用热平衡方法推导的计算式。用于计算防烫伤隔热层厚度和某些有特殊要求需要给定隔热层表面温度的隔热层厚度。

当设备或管道内表面热阻及金属壁热阻均可忽略时，介质温度与金属壁表面温度一致忽略金属保护层热阻的情况下，表面温度即为保温层的外表面温度。

3. 允许热损失法

本方法是以保温后允许的散热损失量计算保温层厚度的，是用热平衡方法推导的计算，本方法主要用于有散热损失量要求、不能应用经济厚度法计算的设备与管道的保温。

4. 允许或给定介质温降条件下的保温层厚度计算

当工艺过程需要限制或给定介质的温降时，一般采用稳定传热的热平衡方法计算保温层厚度，可按中石化总公司标准 SHJ 10—90，分为无分支管和有分支管两种情况进行计算。

通常，允许或给定温降下保温层的厚度按非稳定传热过程计算较为合适。

5. 复合材料隔热层厚度计算

为更好和更经济合理地选用保温材料，对较高温度的设备或管道宜采用复合材料制品，一般以两层为准。第一层（内层）应按表面温度法计算其厚度，第二层（外层）宜按经济厚度法计算，但也可按热平衡法计算其厚度。

（二）不同隔热材料的经济性比较

不同的保温材料，其经济厚度也不相同。首先应选择经济的保温材料，用经济厚度法计算设备或管道的保温层厚度，再选用经济的外保护层，这样的保温结构才是经济的。

经济的保温材料，就是单位热阻价格低的材料，一般以材料的热导率 λ 与单位体积材料

价格 p_i 的乘积为评价参数，乘积值越小越经济。常用隔热材料的经济性评价见表10-11。

表 10-11 常用隔热材料的经济性评价

材料名称	$p_i\lambda$	乘值	经济程度顺序
水泥珍珠光	263×0.084	22.1	1
超细玻璃棉	688.6×0.035	24.1	2
微孔硅酸钙	535×0.056	29.9	3
矿棉	562×0.058	32.5	4
聚苯乙烯泡沫塑料	749×0.046	34.4	5
聚氨酯泡沫塑料	1470×0.024	35.2	6
岩棉	670×0.058	38.8	7
硅酸铝纤维	896×0.058	51.9	8
岩棉-硅酸铝	960×0.058	55.6	9

七、保冷计算

根据GB 110—89《设备及管道保冷技术通则》的规定，“保冷计算的目的是在确保保冷层外表面温度高于当地气象条件下的露点温度，防止保冷层外表面凝露的前提下，通过计算确定合理的保冷层厚度及冷量损失”，故保冷厚度计算的基本原则是“防止低温设备、管道及其保冷层的外壁表面凝露”，“采用防凝露隔热的计算方法和公式进行保冷计算”。并规定保冷层外表面温度等于露点温度加1～2℃。

据日本JIS 9501—90的规定，为减少冷量损失的保冷层厚度是以保冷后表面不结露为原则计算的。但是，当规定允许冷损失量（或热侵入量）的场所，则应计算允许冷损失量的保冷层厚度和表面不结露的表面温度下的保冷层厚度，取二者中大值。该标准规定，保冷层外表面温度应高于环境露点温度0.3℃。这样，比外表面为露点温度的计算厚度约厚12%。英国标准（BS）规定比露点温度高1℉（约为0.56℃）。

根据中国石油化工总公司标准SHJ 1—90规定，为减少设备和管道冷量损失的隔热层的厚度应按表面温度计算。其温度取历年最热月平均相对湿度下露点的平均值加0.5～1.5℃。

经多年实践和以遍布全国十个地区的气象资料计算发现：由于我国幅员辽阔、气象差异悬殊，按上述方法计算不尽合理。因此，低于常温的设备及管道，为减少冷量损失并防止保冷层外表面结露的保冷，除规定允许冷损失量外，宜采用经济厚度法计算保冷层厚度，再用热平衡方法校核其外表面温度，并需高于露点温度至少0.3℃；低于常温以下，0℃以上，为防止外表面结露的保冷应采用表面温度法计算。

八、隔热层施工技术

（一）施工前准备和要求

在施工前，对隔热材料及其制品应核查其性能；对保管期限、环境和温度有特殊要求的，应按材质分类存放。在保管中根据材料品种不同，应分别设置防潮、防水、防冻、防挤压变形（成型制品）等设施。

管道的隔热层施工应在管道的强度试验、气密性试验合格及防腐工程完工后进行。在有防腐、衬里的管道上焊接隔热层的固定件时，焊接及焊后热处理必须在防腐、衬里和试压之前进行。

在雨雪天、寒冷季节施工室外隔热工程时，应采取防雨雪和防冻措施。

隔热层施工时必须具备下列条件：支承件及固定件就位齐备；设备、管道的支、吊架及结构附件、仪表接管部件等均已安装完毕；电伴热或热介质伴热管均已安装就绪，并经过通电或试压合格；清除被隔热管道表面的油污、铁锈；管道的安装及焊接、防腐等工序应办妥交接手续。

（二）隔热层的施工

1. 一般规定

(1) 当采用一种隔热制品，保温层厚度大于100mm，保冷层厚度大于80mm时，应分为两层或多层逐层施工，各层的厚度宜接近。当采用两种或多种隔热材料复合结构的隔热层时，每种材料的厚度必须符合设计文件的规定。

(2) 隔热制品的拼缝宽度作为保温层时，应小于5mm；作为保冷层时，应小于2mm。在隔热层施工时，同层应错缝，上下层应压缝，其搭接的长度不宜小于50mm。当外层管壳隔热层采用粘胶带封缝时，可不错缝。

(3) 水平管道的纵向接缝位置，不得布置在管道垂直中心线45°范围内。当采用大管径的多块硬质成型隔热制品时，隔热层的纵向接缝位置，可不受此限制，但应偏离管道垂直中心线位置。

(4) 方形管道四角的隔热层采用隔热制品敷设时，其四角角缝应做成封盖式搭缝，不得形成垂直通缝。

(5) 干拼缝应采用性能相近的矿物棉填塞严密，填缝前，必须清除缝内杂物。湿砌带浆缝应采用同于砌体材质的灰浆拼砌。灰缝应饱满。

(6) 保冷管道上的裙座、支座、吊耳、仪表管座、支架、吊架等附件，必须进行保冷，其保冷层长度不得小于保冷层厚度的4倍或敷设至垫木处。支承件处的保冷层应加厚；保冷层的伸缩缝外面，应再进行保冷。

(7) 管道端部或有盲板的部位，应敷设隔热层，并应密封。

(8) 除设计规定需按管束保温的管道外，其余管道均应单独进行保温。

2. 固定件、支承件的安装

(1) 钩钉或销钉的安装，应符合以下规定。

① 用于保温层的钩钉、销钉，可采用ϕ3～6mm的镀锌铁丝或低碳圆钢制作。直接焊装在碳钢管道上。其间距应小于350mm。每平方米面积上的钩钉或销钉数为：侧部不应少于6个，底部不应少于8个。

② 焊接钩钉或销钉时，应先用粉线在管道壁上错行或对行划出每个钩钉或销钉的位置。

③ 在保冷结构中，钩钉或销钉不得穿透保冷层。塑料销钉应用胶黏剂粘贴。

(2) 支承件的安装，应符合以下规定。

① 支承件的材质，应根据管道材质确定，宜采用普通碳钢板或型钢制作。

② 支承件不得设在有附件的位置上，环面应水平设置，各托架筋板之间安装误差应小于10mm。

（3）支承件制作的宽度和安装的间距，应符合以下规定。

①支承件的宽度，应小于隔热层厚度10mm，但最小不得小于20mm。

② $DN>100$mm的垂直管道支承件的安装间距：对保温平壁应为1.5～2m；对保温圆筒，当为高温介质时，应为2～3m，当为中、低温介质时，应为3～5m；对保冷平壁或圆筒，均不得大于5m。

（4）壁上有加强筋板的烟（风）道的隔热层，应利用其加强筋板代替支承件，也可在筋板边沿上加焊弯钩。

（5）管道采用软质毡、垫保温时，其支撑环的间距宜为0.5～1m；当采用金属保护层时，其环向接缝与支撑环的位置应一致。

（6）直接焊于不锈钢管道上的固定件，必须采用不锈钢制作；当固定件采用碳钢制作时，应加焊不锈钢垫板。

（7）抱箍式固定件与管道之间，当介质温度不小于200℃，或是保冷结构，或管道系非铁素体碳钢，应设置石棉板等隔垫。

（8）保冷结构的支架、吊架、托架等用的木垫块，应浸渍沥青防腐。

3. 捆扎法施工

（1）隔热层采用镀锌铁丝、包装钢带或粘胶带捆扎时，应符合以下规定。

① 硬质隔热制品的隔热层，可采用16～18号镀锌铁丝双股捆扎，且间距小于400mm；但 $DN \geqslant 600$mm的管道，还要用10～14号镀锌铁丝或包装钢带加固，加固的间距宜为500mm。

② 半硬质及软质隔热制品的隔热层，应根据管道直径，采用包装钢带、14～16号镀锌铁丝或宽度为60mm的粘胶带进行捆扎。其捆扎的间距，对半硬质隔热制品应小于300mm；对软质毡、垫应小于200mm。

③ 每块隔热制品上的捆扎件，不得少于两道。

④ 不得采用螺旋式缠绕捆扎。

（2）软质毡、垫的保温层厚度和密度应均匀，外形应规整，经压实捆扎后的容重必须符合设计规定。

（3）双层或多层的隔热层隔热制品，应逐层捆扎，并应对各层表面进行找平和严缝处理。

（4）不允许穿孔的硬质隔热制品，钩钉位置应布置在制品的拼缝处；允许穿孔的硬质隔热制品，应钻孔穿挂，其孔缝应采用矿物棉填塞。

（5）半硬质隔热制品的隔热层，宜穿挂或嵌装于销钉上，并应采用自锁紧板固定。自锁紧板必须紧锁于销钉上，并将隔热层压下4～5mm。

（6）垂直管道的隔热层采用硬质或半硬质隔热制品施工时，应从支承件开始，自下而上拼砌，并用镀锌铁丝或包装钢带进行环向捆扎。

（7）公称直径不大于100mm且未装设固定件的垂直管道，应用8号镀锌铁丝在管壁上拧成扭辫箍环，利用扭辫索挂镀锌铁丝固定隔热层。

（8）敷设异径管的隔热层时，应将隔热制品加工成扇形块，并应采用环向或网状捆扎，其捆扎铁丝应与大直径管段的捆扎铁丝纵向拉连。

（9）当弯头部位隔热层无成型制品时，应将直管壳加工成虾米腰敷设。$DN \leqslant 70$mm的中、低温管道上的短半径弯头部位的隔热层，当加工成虾米腰施工有困难时，可采用软质毡、垫绑扎敷设。

(10) 封头隔热层的施工应将制品板按封头尺寸加工成扇形块，并应错缝敷设。捆扎材料一端应系在活动环上，另一端应系在切点位置的固定环或托架上，捆扎成辐射形扎紧条。必要时可在扎紧条间扎上环状拉条，环状拉条应与扎紧条呈十字扭结扎紧。当封头隔热层为双层结构时，应分层捆扎。

(11) 伴热管管道保温层的施工，应符合以下规定。

① 直管段每隔1.0～1.5m，应用镀锌铁丝捆扎牢固。当无防止局部过热要求时，主管和伴管可直接捆扎在一起；当有防止局部过热要求时，主管和伴管之间必须设置石棉垫。

② 采用矿物棉毡、垫保温时，应先用镀锌铁丝网包裹并扎紧，不得将加热空间堵塞，然后再进行保温。

③ 采用硬质隔热制品保温并要求加垫以设置加热空间时，应在每块制品两端设置垫块(环)，再进行保温。

4. 拼砌和缠绕法施工

(1) 用水性胶泥拼砌硬质保温制品时，拼缝不满处及砌块的破损处应用胶泥填补。

(2) 用隔热绳缠绕施工时，各层缠绕应拉紧，第二层应与第一层反向缠绕并应压缝。

(3) 当采用隔热带缠绕时，隔热带应采用规格制品。当现场加工时，其带宽应小于150mm，敷设时螺旋缠绕，其搭接尺寸应为带宽的1/2。

5. 充填法施工

(1) 隔热层的填料，应按设计的规定进行预处理，对不通行地沟中的管道采用粒状隔热材料施工时，宜将粒状隔热材料用沥青拌和或憎水剂浸渍并经烘干，趁微温时充填。

(2) 当设计无规定时，填料的充填容量，应符合以下规定。

① 矿物棉的充填容重，为产品标准容重的1.3～2.4倍。

② 粒料的充填容重，为产品标准容重的1.2～1.4倍。

(3) 隔热层的充填结构，必须设置固形层，可用10mm×10mm×1mm～20mm×20mm×1mm的平织铁丝网或直接采用金属保护层作为固形层。充填施工中应防止漏料或固形层变形。

(4) 填料的充填，应分层进行，每层高度宜为400～600mm。对大直径水平管道填料的充填，应在管道两侧同时进行，待底部充填密实后，再逐层充填上部。

(5) 在垂直管道上进行充填法施工时，应设置硬质隔热制品防沉层，间隔高度应为400～600mm，随充填随砌置或粘贴。

(6) 充填填料时，应边加料边压实，并应施压均匀，致使密度一致。各种充填结构的填料层，严禁产生架桥现象。对有振动部位的隔热层，不得采用充填法施工。

6. 粘贴法施工

(1) 胶黏剂应符合使用温度的要求，并应和隔热层材料相匹配。胶黏剂在使用前，必须进行实地试粘。施工中胶黏剂取用后，应及时盖严，并不得受冻。

(2) 粘贴在管道上的隔热制品的内径，应略大于管道外径。保冷制品的缺棱缺角部分，应事先修补完整后粘贴。保温制品可在粘贴时填补。

(3) 当采用泡沫玻璃制品粘贴时，应根据设计规定，将耐磨剂涂在制品的黏合面上，或将耐磨剂直接涂在金属壁及多层之间的结合面上，再在制品端、侧面涂胶黏剂相互粘合。粘贴时，挤出缝外的胶黏剂应及时刮去，缝口用密封剂或不干胶带封缝。封缝必须挤紧、刮平、严密。

(4) 大型管道的隔热层，采用半硬质或软质毡、板粘贴时，应符合以下规定：应采用层铺法施工，各层毡、板应逐层错缝、压缝粘贴。每层厚度宜为 10～30mm；仰面施工的隔热层，应采用固定螺栓、固定销钉和自锁紧板、镀锌铁丝网等方法进行加固；异型和弯曲的表面，不得采用半硬质隔热制品。

(5) 粘贴操作时，应符合以下规定：连续粘贴的层高，应根据黏结剂固化时间决定；毡、板可随粘随用卡具或橡胶带临时固定，待胶黏剂干固后拆除；胶黏剂的涂抹厚度宜为 2.5～3mm。并应涂满、挤紧和粘牢。

7. 浇注法施工

(1) 以浇注法施工的模具，应符合以下规定。

① 当采用加工模具（木模或钢模）浇注隔热层时，模具结构和形状应根据隔热层用料情况、施工程序及管道的形状等进行设计。

② 模具在安装过程中，应设置临时固定设施。模板应平整，拼缝严密，尺寸准确，支点稳定，并应在模具内涂刷脱模剂。浇注发泡型材料时，可在模具内铺衬一层聚乙烯薄膜。

③ 浇注直管道的隔热层，应采用钢制滑模，模具长应为 1.2～1.5m。

④ 当以隔热层的金属护壳代替浇注模具时，应结合施工要求分段分片装设，必要时应采取加固措施。

(2) 聚氨酯泡沫塑料的浇注，应符合以下规定。

① 正式浇注前应进行试浇，并应观测发泡速度，孔径大小，颜色变化，有无裂纹和变形等。

② 配料的用料应准确。原料温度、环境温度必须符合产品使用规定。

③ 浇注的施工表面，应保持干燥。

④ 大面积浇注时，应设对称多点浇口，分段分片进行。并以倒料均匀，封口迅速等操作来控制浇注质量。

⑤ 浇注聚氨酯泡沫塑料时，当有发泡不良、脱落、发酥发脆，发软、开裂，孔径过大等缺陷时，必须查清原因，再次试浇直至合格，方可继续施工。

(3) 轻质粒料保温混凝土的浇注，应符合以下规定。

① 保温混凝土应按设计规定的比例配制，并应先将不同粒度的骨料进行干拌，再与胶结料拌和均匀。当胶结料为水泥时，水泥与骨料应先一起干拌，再加水拌和。

② 配制保温混凝土应采用洁净水，其用水量应按规定的水料比或胶结料稀释后的比重确定。

③ 以水泥胶结的保温混凝土，每次配料量应在规定时间内用完。夏季应为 60min，冬季应为 60～120min。干固硬结的混凝土，不得使用。

④ 浇注时应一次浇注成形。当间断浇注时，施工缝宜留在伸缩缝的位置上。

(4) 试块的制作，应在浇注隔热层工程的同时进行。

(5) 水泥胶结的轻质粒料保温混凝土应进行养护，夏季应用潮湿的草、麻袋遮盖，并经常保持湿润，冬季可自然干燥，但不得受冻。

8. 喷涂法施工

(1) 隔热层采用喷涂法施工中，施工前应按正式喷涂工艺及条件进行试喷；施工时应在一旁另立一块试板，与工程喷涂层一起喷涂，试块可从试板上切取，当更换配比时，应另作试板。

(2) 当喷涂聚氨酯泡沫塑料时，其试喷、配料和拌制等要求，应符合“聚氨酯泡沫塑料的浇注”的规定。

(3) 喷涂的施工，应符合以下规定。

① 可在伸缩缝嵌条上划出标志，或用硬质隔热制品拼砌边框等方法控制喷涂层厚度。

② 喷涂时可由下而上分层进行；大面积喷涂时，可分段分片进行；接茬处必须结合良好，喷涂层应均匀。

③ 喷涂聚氨酯泡沫塑料时，应分层喷涂，一次完成；第一次喷涂厚度应小于40mm。

④ 喷涂轻质粒料保温混凝土时，应待立喷或仰喷的第一层凝固后再喷次层。

⑤ 在室外进行喷涂时，风力大于3级、酷暑、雾天及雨天，均不宜施工。

(4) 当喷涂的聚氨酯泡沫塑料有发泡不良、脱落、发酥发脆、发软、开裂、孔径过大等缺陷时，必须查清原因，再次试喷直至合格，方可继续施工。

(5) 喷涂轻质粒料保温混凝土时，其回弹率在平喷（俯喷）时应小于2%，在立喷（竖喷）时应小于15%。对回弹落地的物料不得回收再用。停喷时，应先停物料，后停喷机。

(6) 水泥粘接的粒料喷涂层施工完毕后，应进行湿养护。

9. 可拆卸式隔热层的施工

(1) 管道上的观察孔、检测点、维修处的保温，必须采用可拆卸式结构。

(2) 可拆卸式结构的隔热层，宜为两剖分的组合形式，其尺寸应与实物相适应。

(3) 靠近法兰连接处的隔热层，应在管道一侧留有螺栓长度加25mm的空隙。

(4) 金属护壳内的隔热层，当采用矿物棉制品衬装时，下料尺寸应略小于壳体尺寸。装设时应平整挤实。当里层采用铁丝网铺衬时，应在衬毡隔热层压实后，将尖钉倒扣铁丝网，使衬毡制品紧贴在金属护壳上。

(5) 保冷管道的可拆卸式结构与固定结构之间必须密封。

10. 伸缩缝及膨胀间隙的留设

(1) 管道采用硬质隔热制品时，应留设宽度为20mm的伸缩缝；两固定管架间水平管道隔热层的伸缩缝，至少应留设一道；垂直管道，应在支承环下面留设伸缩缝；弯头两端的直管段上，可各留一道伸缩缝；当两弯头之间的间距很小时，其直管段上的伸缩缝可根据介质温度确定仅留一道或不留设；$DN>300$mm的高温管道，必须在弯头中部增设一道伸缩缝。

(2) 伸缩缝内应先清除杂质和硬块，然后充填。

(3) 保温层的伸缩缝，应采用矿物纤维毡条、绳等填塞严密，捆扎固定；高温管道保温层的伸缩缝外，应再进行保温；保冷层的伸缩缝，应采用软质泡沫塑条填塞严密，或挤刮入发泡型胶黏剂，外面用50mm宽的不干性胶带粘贴密封，在缝的外面必须再进行保冷。

(4) 多层隔热层伸缩缝的留设，应符合以下规定：中、低温保温层的各层伸缩缝，可不错开；保冷层及高温保温层的各层伸缩缝，必须错开，错开距离不宜大于100mm。

(5) 在下列情况之一时，必须按膨胀移动方向的另一侧留有膨胀间隙：填料式补偿器和波形补偿器；当滑动支座高度小于隔热层厚度时；相邻管道的隔热结构之间；隔热结构与墙、梁、栏杆、平台、支撑等固定构件和管道所通过的孔洞之间。

(三) 防潮层的施工

管道的保冷层和敷设在地沟内管道的保温层，其外表面均应设置防潮层。设置防潮层的隔热层外表面，应清理干净，保持干燥，并应平整、均匀。不得有凸角、凹坑及起砂现象。室外施工不宜在雨、雪天或夏日曝晒中进行。操作时的环境温度应符合设计文件或产品说明书的规定。防潮层以冷法施工为主。当用沥青胶粘贴玻璃布，隔热层为无机材料（泡沫玻璃除外）时，方可采用热法施工。沥青胶的配方，应按设计文件或产品标准的规定执行。

1. 沥青胶、防水冷胶料玻璃布防潮层

（1）沥青胶玻璃布防潮层的组成，应符合第一层石油沥青胶层的厚度为3mm；第二层中碱粗格平纹玻璃布的厚度为0.1～0.2mm；第三层石油沥青胶层的厚度为3mm。

（2）防水冷胶料玻璃布防潮层的组成，应符合第一层防水冷胶料层的厚度为3mm；第二层中碱粗格平纹玻璃布的厚度为0.1～0.2mm，第三层防水冷胶料层的厚度为3mm。

2. 防潮层的施工

（1）当涂抹沥青胶或防水冷胶料时，应满涂至规定厚度，其表面应均匀平整。并应符合以下规定。

① 玻璃布应随沥青层边涂边贴。其环向、纵向缝搭接不应小于50mm，搭接处必须粘贴密实。

② 立式设备和垂直管道的环向接缝，应为上搭下。水平管道的纵向接缝位置，应在两侧搭接，缝口朝下。

③ 粘贴的方式，可采用螺旋形缠绳或平铺。待干燥后，应在玻璃布表面再涂抹沥青胶或防水冷胶料。

（2）管道阀门、支架、吊架等防潮层的做法，应按设计文件的规定进行。

（四）保护层的施工

1. 金属保护层

（1）金属保护层的材料宜采用镀锌薄钢板或薄铝合金板。当采用普通薄钢板时，里外表面必须涂敷防锈涂料。

（2）直管段金属护壳的外圆周长下料，应比隔热层外圆周长加长30～50mm。护壳环向搭接一端应压出凸筋；较大直径管道的护壳纵向搭接也应压出凸筋，其环向搭接尺寸不得少于50mm。管道弯头部位金属护壳环向与纵向接缝的下料裕量，应根据接缝形式计算确定。弯头与直管段上的金属护壳搭接尺寸：高温管道应为75～150mm；中、低温管道应为50～70mm；保冷管道应为30～50mm。搭接部位不得固定。

（3）在大直径管道隔热层上的金属护壳，当一端采用螺栓固定时，螺栓的焊接应与壁面垂直。每块金属护壳上的固定螺栓不应少于两个，其另一端应为插接或S形挂钩支承。

（4）在金属保护层安装时，应紧贴保温层或防潮层。硬质隔热制品的金属保护层纵向接缝处，可进行咬接，但不得损坏里面的保温层或防潮层。半硬质和软质隔热制品的金属保护层纵向接缝可采用插接或搭接。

（5）固定保冷结构的金属保护层，当使用手提电钻钻孔时，必须采取措施，严禁损坏防潮层。

（6）水平管道金属保护层的环向接缝应沿管道坡向，搭向低处，其纵向接缝宜布置在水平中心线下方的15°～45°处，缝口朝下。当侧面或底部有障碍物时，纵向接缝可移至管道水平中心线上方60°以内。

（7）垂直管道金属保护层的敷设，应由下而上进行施工，接缝应上搭下；垂直管道或斜度大于45°的斜立管道上的金属保护层，应分段将其固定在支承件上。

(8) 有下列情况之一时，金属保护层必须按照规定嵌填密封剂或在接缝处包缠密封带。

① 露天或潮湿环境中的管道和室内外的保冷管道与其附件的金属保护层。

② 保冷管道的直管段与其附件的金属保护层接缝部位和管道支、吊架穿出金属护壳的部位。

(9) 管道金属保护层的接缝除环向活动缝外，应用抽芯铆钉固定。保温管道也可用自攻螺丝固定。固定间距宜为200mm，但每道缝不得少于4个。当金属保护层采用支撑环固定时，钻孔应对准支撑环。

(10) 压型板安装前，应先装底部支承件，再由下而上安装压型板。压型板可采用螺栓与胶垫或抽芯铆钉固定。采用硬质隔热制品，其金属压型板的宽波应安装在外面。采用半硬质和软质隔热制品，其压型板的窄波应安装在外面。

(11) 直管段金属护壳膨胀缝的环向接缝部位，其金属护壳的接缝尺寸，应能满足热膨胀的要求，均不得加置固定件，做成活动接缝。其间距应符合以下规定。

① 应与保温层设置的伸缩缝相一致。

② 半硬质和软质保温层金属护壳的环向活动缝间距，应符合表10-12的规定。

表10-12 环向活动缝间距

介质温度/℃	≤100	101～320	>320
间距/m	视具体情况确定	4～6	3～4

(12) 填料式补偿器和波形补偿器，当滑动支座高度大于绝热层厚度时，相邻管道的绝热结构之间，隔热结构与墙、梁、栏杆、平台、支撑等固定构件和管道所通过的孔洞之间留有膨胀间隙的部位，金属护壳也应留设。

(13) 在已安装的金属护壳上，严禁踩踏或堆放物品。对于不可避免的踩踏部位，应采取临时防护措施。

2. 毡、箔、布类保护层

(1) 保护层包缠施工前，应对胶黏剂做试样检验；用聚醋酸乙烯乳液作胶黏剂的毡、布类保护层的施工环境温度应在8℃以上。除掺入憎水剂配成耐水性的胶黏剂外，不得用于露天或潮湿环境中。

(2) 毡、布类保护层的施工，应在抹面层表面干燥后进行。当在隔热层上直接包缠时，应清除隔热层表面的灰尘、泥污，并修饰平整。

(3) 管道上毡、箔、布类保护层的搭接缝，应粘贴严密，其环缝及纵缝搭接尺寸不应小于50mm。

(4) 毡、箔、布类的包缠接缝，水平管道金属保护层的环向接缝应沿管道坡向，搭向低处，其纵向接缝宜布置在水平中心线下方的15°～45°处，缝口朝下。当侧面或底部有障碍物时，纵向接缝可移至管道水平中心线上方60°以内。毡类包缠时，起点和终端应用镀锌铁丝或包装钢带捆紧；圆筒状分段包缠的，应分段捆紧；箔布类包缠时，起点和终端宜用粘胶带捆紧。铝箔复合保护层采用圆筒分段包缠时，其搭接缝用压敏胶带粘贴封闭。

3. 抹面保护层

(1) 抹面保护层的灰浆，在性能上要求容重应小于1000kg/m³，抗压强度不得小于0.8MPa，烧失量（包括有机物和可燃物）不得大于12%，干燥后（冷状态下）不得产生裂缝、脱壳等现象，不对金属产生腐蚀。

(2) 露天的隔热结构，不得采用抹面保护层。若必须采用时，应在抹面层上包缠毡、箔或布类保护层，并应在包缠层表面涂敷防水、耐候性的涂料。

(3) 保温抹面保护层施工前，除局部接茬外，不应将保温层淋湿，应采用两遍操作，一次成活的施工工艺，接茬应良好，并应消除外观缺陷。

(4) 抹面保护层未硬化前，应防雨淋水冲。当昼夜室外平均温度低于+5℃且最低温度低于-3℃时，应按冬季施工方案采取防寒措施。

(5) 高温管道的抹面保护层和铁丝网的断缝，应与保温层的伸缩缝留在同一部位，缝内填充石棉绳或矿物棉材料。其室外的高温管道，应在伸缩缝部位加金属护壳。

(6) 采用微孔硅酸钙专用抹面灰浆材料时，应进行试抹，符合"抹面保护层的灰浆"的规定后，方可使用。

(五) 工程验收

1. 质量检查

(1) 隔热工程的施工质量必须按本节规定进行工序的质量检查。办理工序交接记录。并由质量检查单位签证。

(2) 质量检查的取样布点为每50m管道抽查3处；工程量不足50m的隔热工程也应抽查3处；其中有1处不合格时，应在不合格处附近加倍取点复查，仍有1/2不合格时，应认定该处为不合格；超过500m的同一管道隔热工程验收时，取样布点的间距可以增大。

(3) 隔热结构固定件的质量检查，应符合以下规定。

① 钩钉、销钉和螺栓的焊接或粘接应牢固。

② 自锁紧板不得产生向外滑动。

③ 保温层的支承件不得外露。

④ 保冷层的支承件及管道支、吊架部位的隔热垫块（沥青浸渍硬木或硬质塑料）不得漏设。

⑤ 垂直管道及平壁的金属保护层，必须设置防滑坠支承件。

(4) 隔热层的质量检查，应符合以下规定。

① 保温层砌块的砌缝湿砌时，必须灰浆饱满；干砌时必须用矿物棉填实；拼缝宽度应小于5mm；保冷层砌块应粘接严实，拼缝应小于2mm。

② 隔热层厚度的允许偏差应符合表10-13的规定。

③ 硬质、半硬质隔热制品的安装容重允许偏差应为+5%；软质隔热制品及充填、浇注或喷涂的隔热层应实地切取试样检查，其安装容重允许偏差为+10%。

表 10-13 隔热层厚度的允许偏差

项目		允许偏差/mm
保温层	硬质制品	+10，-5
	半硬质及软质制品	10%，-5%
保冷层		+5～0
充填、浇注及喷涂	隔热层厚度>50	10%
	隔热层厚度≤50	+5

注：半硬质及软质材料隔热层厚度的允许偏差值，最大不得大于+10mm，最小不得小于-10mm。

(5) 伸缩缝的检查验收，应符合隔热层与保护层的伸缩缝和膨胀间隙按设计和上述有关规定检查缝的位置、宽度（金属护壳为搭接尺寸）、间距、膨胀方向等。施工应正确。缝内充填物的使用温度，应符合要求伸缩缝的宽度采用塞尺检查，其允许偏差应为 5mm。

(6) 防潮层的质量检查：所有接头及层次应密实、连续，无漏设和机械损伤；表面平整、无气泡、翘口、脱层、开裂等缺陷；对有金属保护层的防潮层，其表面平整度偏差应小于 5mm；防潮层的总厚度应大于 5mm。

(7) 保护层的平整度除埋地及不通行地沟管道不作检查外，应用 1m 长靠尺进行检查，并且抹面层及包缠层的允许偏差应小于 5mm；金属保护层的允许偏差应小于 4mm。

(8) 保护层的外观检查：抹面层不得有疏松和冷态下的干缩裂缝（发丝裂纹除外）；表面应平整光洁，轮廓整齐，并不得露出铁丝头；高温管道的抹面层断缝应与保温层及铁丝网的断开处齐头；包缠层、金属保护层不得有松脱、翻边、豁口、翘缝和明显的凹坑；管道金属护壳的环向接缝应与管道轴线保持垂直，纵向接缝应与管道轴线保持平行；金属护壳的接缝方向，应与管道的坡度方向一致；金属保护层的椭圆度（长短轴之差）应小于 10mm；保冷结构的金属保护层，不得漏贴密封剂或密封胶带；金属保护层的搭接尺寸，管道应大于 20mm，膨胀处应大于 50mm；在露天或潮湿环境中，管道应大于 50mm，膨胀处应大于 75mm，直径为 250mm 以上的高温管道直管段与弯头的金属护壳搭接应大于 75mm。

2. 交工文件

隔热工程竣工后，施工单位应向建设单位提交下列交工文件：隔热材料合格证或理化性能试验报告；工序交接记录；抹面保护层灰浆材料的配比及其技术性能检验报告；浇注、喷涂隔热层的施工配料及其技术性能检验报告；设计变更和材料代用通知；隔热工程交工汇总表等。

九、管道表面色与标志

为了加强生产管理、方便操作及检修、促进安全生产、美化厂容，生产企业的管道的外表面都要涂刷表面色和标志。

管道的表面色应根据其重要程度和不同介质涂刷不同的表面色和标志。标志是指再管道外表面局部范围涂刷明显的标识符，包括字样、代号、位号、色环、箭头等。标志可在表面色的基础上再涂刷，也可以直接在管道本色上涂刷。

目前，管道表面涂刷的识别色比较多，各设计单位的规定也不统一。

1. 管道基本识别色的选用原则

① 美观、雅静、色彩协调，色差不宜过大。

② 使用比较容易记忆的颜色。

③ 尽可能采用人们习惯的颜色。

④ 对危险管道、消防管道，应采用容易引起注意的红色。

⑤ 同一装置内的管道颜色要统一，便于操作管理。

2. 管道表面色和标志的选择

(1) 地上管道的表面色和标志。常用的地上管道的表面色和标志色见表 10-14。

表 10-14　常用的管道涂色标志

介质名称	涂色	管道注字名称	注字颜色	介质名称	涂色	管道注字名称	注字颜色
工业水	绿	上水	白	仪表用空气	深蓝	仪表空气	白
井水	绿	井水	白	氧气	天蓝	氧气	黑
生活水	绿	生活水	白	氢气	深绿	氢气	红
过滤水	绿	过滤水	白	氮(低压气)	黄色	低压氮	黑
循环上水	绿	循环上水	白	氮(高压气)	黄色	高压氮	黑
循环下水	绿	循环下水	白	仪表用氮	黄色	仪表用氮	黑
软化水	绿	软化水	白	二氧化碳	黑	二氧化碳	黄
清净下水	绿	净下水	白	真空	白	真空	天蓝
热循环水(上)	暗红	热水(上)	白	氨气	黄	氨	黑
热循环回水	暗红	热水(回)	白	液氨	黄	液氨	黑
消防水	绿	消防水	红	氨水	黄	氨水	绿
消防泡沫	红	消防泡沫	白	氯气	草绿	氯气	白
冷冻水(上)	淡绿	冷冻水	红	液氯	草绿	液氯	白
冷冻回水	淡绿	冷冻回水	红	纯碱	粉红	纯碱	白
冷冻盐水(上)	淡绿	冷冻盐水(上)	红	烧碱	深蓝	烧碱	白
冷冻盐水(回)	淡绿	冷冻盐水(回)	红	盐酸	灰	盐酸	黄
低压蒸汽(绝)＜1.3MPa	红	低压蒸汽	白	硫酸	红	硫酸	白
中压蒸汽(绝) 1.3～4.0MPa	红	中压蒸汽	白	硝酸	管本色	硝酸	蓝
高压蒸汽(绝) 4.0～12.0MPa	红	高压蒸汽	白	醋酸	管本色	醋酸	绿
过热蒸汽	暗红	过热蒸汽	白	煤气等可燃气体	紫色	煤气(可燃气体)	白
蒸汽回水冷凝液	暗红	蒸汽冷凝液(回)	绿	可燃液体(油类)	银白	油类(可燃液体)	黑
废弃的蒸汽冷凝液	暗红	蒸汽冷凝液(废)	黑	物料管道	红	按管道介质注字	黄
空气(工艺用压缩空气)	深蓝	压缩空气	白				

(2) 管道上的阀门、小型设备的表面色。常用管道上的阀门、小型设备的表面色见表10-15。

表 10-15　常用管道上的阀门、小型设备的表面色

名称		表面色	名称		表面色
阀门阀体	灰铸铁、可锻铸铁	黑	调节阀	铸铁阀体	黑
	球墨铸铁	银		铸钢阀体	中灰
	碳素钢	中灰		锻钢阀体	银
	耐酸钢	海灰		膜头	大红
	合金钢	中酞蓝	安全阀		大红
阀门手轮、手柄	钢阀门	海蓝	小型设备		银或出厂色
	铸铁阀门	大红			

思考题及习题

1. 管道防腐蚀的意义是什么？金属管道腐蚀的分类有哪些？金属管道腐蚀的破坏形式有哪几种？管道腐蚀与防护有哪些对策？

2. 简述涂料的分类。

3. 简述环氧树脂防腐蚀涂料的特性。

4. 简述漆酚改性防腐蚀涂料的特性。

5. 管道表面处理的目的是什么？表面处理方法有哪些？

6. 埋地管道对防腐蚀涂料的有哪些要求？

7. 钢质管道防腐涂料配套推荐方案有哪些？

8. 简述管道沥青防腐蚀涂层施工的技术要求。

9. 简述高温蒸汽管道直埋铺设技术。

10. 简述钢质管道阴极保护技术。

11. 什么是保温？什么是保冷？隔热的主要目的有哪些？

12. 简述隔热材料的分类。

13. 简述隔热材料的性能。

14. 隔热设计的基本原则有哪些？

15. 隔热层有哪些种类？简述确定隔热结构应注意的问题。

16. 如何选用隔热结构材料？

17. 保温层厚度的确定有哪些方法？

18. 隔热层的施工方法有哪些？

19. 隔热工程验收时，质量检查的要求有哪些？

20. 管道基本识别色的选用原则是什么？

第十一章　配管设计 CAD 简介

第一节　概　述

计算机辅助设计与绘图自20世纪60年代初形成以来，已经发展成为一门成熟的学科。工业管道工程图样过去都是手工绘制的。目前，计算机辅助设计在管道工程配管设计、施工中已普遍采用。采用计算机辅助设计与绘图，不但计算和绘图速度快，而且精度高，便于技术交流等。

一、CAD 技术发展简史

随着计算机技术的发展和不断演化，CAD系统大体经历了以下过程。

1. 由静态向动态方向发展

计算机辅助绘图与设计初期所使用的都是非交互式的静态软件包。用户根据绘图软件用高级语言编程，然后将程序输入计算机进行编译、连接。最早使用的CAD系统称为集中式主机型系统。这种系统由一台集中的大型机（或中小型机）与若干图形终端连接而成，有一个集中的数据库统一管理所有数据。由于各种软件均存储在主机里，一旦主机出现故障，就会影响所有用户的工作。另一方面，当计算量过大时，系统响应变慢，甚至会出现个别终端等待的现象。在绘图过程中人们无法进行干预，因此人们处于被动的或者说是静态的情况。

随着计算机的硬件的迅速发展，软件也开始向人机对话方式即交互方式动态绘图方向发展。在绘图过程中通过人机对话，完成图形的绘制、编辑等操作。为了减少主机的负荷，可以将负载分散在几个CPU上，即智能终端型（Intelligent Terminal）系统。这种系统的终端设备采用微机控制。大容量的分析计算、数据库的控制和管理由主机承担，通讯控制、图形处理等由其他处理器承担。目前大多数绘图软件系统，已由过去的静态绘图转变为动态交互式绘图。

2. 由二维图形向三维图形方向发展

20世纪70年代，出现了将CAD硬件与软件配套，交付用户使用的“交钥匙系统”（Turn-Key System）。这种系统是在小型机和超级小型机的基础上增加了图形处理功能，按分时处理的原则，一台主机可以带几个到几十个终端。这个时期CAD技术在机械与电子行业得到了广泛的应用。一般计算机辅助设计和绘图同手工设计和绘图一样，是在平面上进行的，即在二维空间完成的。但在进行设计时，人们首先在头脑中建立三维物体的模型，然后从三维想像出二维平面图形，给用户带来了很多不便，影响了设计和绘图的效率。

20 世纪 80 年代初期，工程工作站（Workstation）及其网络系统给 CAD 技术的发展带来了巨大的影响，它很快取代了“交钥匙系统”，20 世纪 80 年代中后期成为 CAD 系统的主流。工作站系统可以作为一个独立的单用户 CAD 系统，其性能介于超级小型机和微型计算机（PC）之间。这时，用户可直接在计算机上建立三维模型，它更直观、全面地反映设计思想，由计算机自动生成二维平面图形。这样，有利于进行工程分析，如强度计算、有限元分析、工艺分析、事故调查和现场模拟等。

3. 由独立系统向一体化方向发展

进入 20 世纪 80 年代中期，随着微型计算机（PC）的发展，出现了基于微型计算机的 CAD 系统。虽然它的计算能力与图形功能不如工程工作站，但由于它的价格低、使用方便，20 世纪 90 年代以来，在世界各地得到了迅速的发展，成为 CAD 系统的另一个主流机型。现在高性能微机的性能，已经赶上了低档工作站的性能。在 CAD 系统中，微机和工作站并存，把计算机辅助绘图（CG）、计算机辅助设计（CAD）和计算机辅助制造（CAM）集于一体，完成产品的几何造型、设计、绘图、分析、管理，直到最后生成数控加工代码，用计算机控制直接加工出产品。

4. 由大型计算机工作站向独立微机工作站方向发展

应该看到，网络计算的时代很快就要到来了。网络计算机系统用网络将各种大型计算机、中型计算机、小型计算机、工作站和微机连接起来，可以实现资源共享和数据共享。随着计算机硬件的高速发展，微机容量和运算速度完全能够满足计算机辅助绘图、设计、制造的要求。

随着计算机特别是微型计算机和计算机绘图技术的进展，CAD 技术在机械、电子、土木建筑等许多行业，应用越来越普遍。据统计，在整个 CAD 系统中，目前机械 CAD 系统占 60%，电子行业 CAD 系统占 21%，土木建筑行业 CAD 系统占 16%。

总的来说未来 CAD 是向智能化、三维化、集成化、网络化的方向发展。

二、AutoCAD 发展概况

AutoCAD 是美国 Autodesk 公司于 1982 年推出的一种通用的微机辅助绘图和设计软件包。20 多年来，软件版本不断更新，从最早期 AutoCAD V1.0 起，经由 AutoCAD V2.6、R9、R10、R12、R14、2000、2002 等典型版本，直至目前的 AutoCAD 2004，已进行了十多次重大修改。其功能逐步增强、日趋完善，从简易的二维绘图，发展成集三维设计、真实感显示及通用数据库管理于一体的软件包。

AutoCAD 2004 是 AutoCAD 的最新版本。它取消了启动对话框，进入用户界面更快，增强了网络传输功能，更有利世界各地的工程技术交流。它增加了“文本”、“绘图顺序”、“样式”等工具条，对初学者来说提高了绘图速度。而且界面色调比以前更柔和，按钮更直观，从而使操作更加方便和快捷。

三、AutoCAD 2004 的基本功能

AutoCAD 具备以下基本功能。

1. 多用户接口功能

由于 AutoCAD 系统是一个人机对话的软件包，可以通过多种用户接口与 AutoCAD 系统对话，如键盘、鼠标、数字化仪以及图形输出设备等。

2. 基本实体绘图功能

所谓实体，就是指预定义好的图形元素，可以用有关命令将它们插入到图形中，如直线、圆、圆弧、椭圆、文字、剖面线、尺寸标注等。

3. 图形编辑功能

AutoCAD 系统具备强大的编辑功能，如图形的删除、复制、移动、镜像、阵列、旋转、修剪、延伸、倒角、倒圆、线段等分、线段偏移等。

4. 三维绘图功能

AutoCAD 系统提供了绘制三维图形的功能。三维图形生成后，可在屏幕上自由移动、缩放或旋转，且能自动消除隐藏线。而且对三维实体进行合并、剪切等布尔运算。

5. 其他辅助功能

AutoCAD 系统除了上述功能外，还具有通过 Lisp 语言编程与高级语言的接口技术、对 IGES 的支持功能以及其他文件管理的功能。

第二节　AutoCAD 的基本绘图与编辑命令

一、直线段 (Line)

1. 功能

绘制直线段。

2. 命令格式

●下拉菜单：【绘图】→【直线】。

●图标位置：▱在“绘图”工具条中。

●输入命令：L↙（Line 的缩写）

选择上述任一方式输入命令，命令行提示：

指定第一点：↙（输入直线段的一点）

指定下一点或 [放弃 (U)]：↙（指定下一点，如输入 U，放弃第一点）

指定下一点或 [放弃 (U)]：↙（指定下一点，如输入 U，放弃上一点）

…

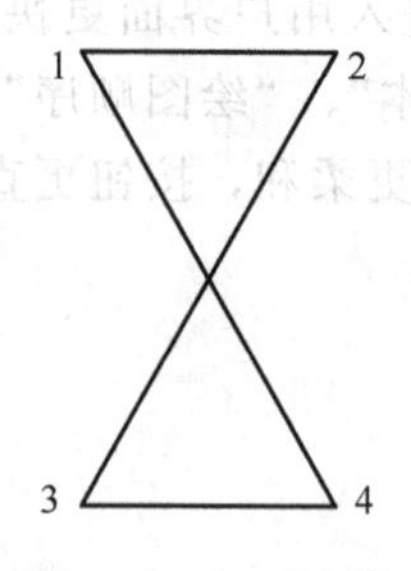

图 11-1　用“直线”命令画阀门简图

指定下一点或 [闭合 (C) /放弃 (U)]：↙（输入 C 与第一点相连，并结束命令）

指定下一点或 [闭合 (C) /放弃 (U)]：↙（直接回车，结束命令）

例 1　用“直线”命令绘制（见图 11-1）阀门简图。

命令 _ line 指定第一点：↙（第 1 点，任意拾取）

指定下一点或 [放弃 (U)]：@20，0↙（用相对直角坐标输入第 2 点）

指定下一点或 [放弃 (U)]：@40<240↙（用相对极坐标输入第 3 点）

指定下一点或 [闭合 (C) /放弃 (U)]：@20，0↙（用相对直角

坐标输入第 4 点）

指定下一点或［闭合（C）/放弃（U）］：c↙（输入“C”，闭合图形）

二、圆（Circle）

1. 功能

绘制圆。

2. 命令格式

●下拉菜单：【绘图】→【圆】→【…】。

●图标位置：⊙在“绘图”工具条中。

●输入命令：C↙（Circle 的缩写）

选择上述任一方式输入命令，命令行提示：

指定圆的圆心或［三点（3P）/两点（2P）/相切、相切、半径（T）］：（输入圆心坐标后回车，命令行继续提示）

指定圆的半径或［直径（D）］：（输入半径值，完成圆的绘制）

三、文字输入（Dtext 或 Mtext）

（一）单行文本的输入（Dtext）

1. 功能

在图中注写单行文本，标注中可以使用回车键换行，也可以在另外的位置单击鼠标左键，以确定一个新的起始位置。不论换行还是重新确定起始位置，将每次输入的一行文本作为一个独立的实体。

2. 命令格式

●下拉菜单：【绘图】→【文字】→【单行文字】。

●图标位置：AI在“文字”工具条中。

●输入命令：Dt↙（Dtext 的缩写）

选择上述任一方式输入命令，命令行提示：

当前文字样式：Standard

当前文字高度：2.5000

指定文字的起点或［对正（J）/样式（S）］：

输入文字：（输入需要注写的文字，用回车键换行，连续两次回车，结束命令）

（二）多行文字的输入（Mtext）

1. 功能

在一个虚拟的文本框内生成一段文字，用户可以定义文字边界，指定边界内文字的段落宽度以及文字的对齐方式等内容。

2. 命令格式

●下拉菜单：【绘图】→【文字】→【多行文字】…。

●图标位置：A在“文字”或“绘图”工具条中。

●输入命令：Mt↙（Mtext 的缩写）

选择上述任一方式输入命令，命令行提示：

当前文字样式："样式1"

当前文字高度：2.5

指定第一角点：(指定虚拟框的第一角点。命令行继续提示)

指定对角点或［高度(H)/对正(J)/行距(L)/旋转(R)/样式(S)/宽度(W)］：

输入另一个对角点后，弹出如图11-2所示的多行文字输入对话框。在该对话框中输入所需文字后，单击"确定"按钮，即在指定位置显示文字。

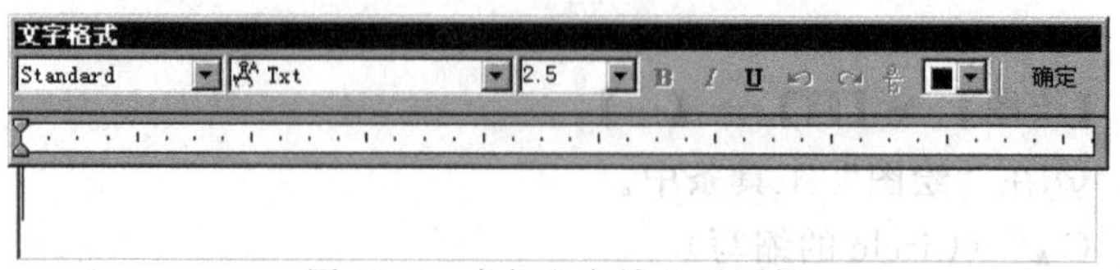

图11-2 多行文字输入对话框

四、尺寸标注

通常用户要对绘制的图形进行尺寸标注，AutoCAD系统中提供了多种尺寸标注命令，用户可根据尺寸特性，选择合适的尺寸标注命令进行尺寸标注。

尺寸标注分为线性尺寸标注、角度尺寸标注、半径或直径尺寸标注、引线标注等。

(1) 线性尺寸标注。线性尺寸标注指标注长度方向的尺寸，又分为以下几种类型。

① 水平、垂直标注 表示所标注对象的尺寸线沿水平或铅垂方向放置。

② 对齐标注 是指尺寸标注中的尺寸线要倾斜一角度，实际上是标注某一对象在指定方向投影的长度。

③ 基线标注 是指各尺寸线从同一尺寸界线处引出。

④ 连续标注 连续标注指相邻两尺寸线共用同一尺寸界线。

(2) 角度尺寸标注。用来标注角度尺寸。在角度尺寸标注中，也允许采用基线标注和连续标注两种类型。

(3) 半径尺寸标注。用来标注圆或圆弧的半径。

(4) 直径尺寸标注。用来标注圆或圆弧的直径。

(5) 引线标注。利用引线标注，用户可以标注一些注释、说明。

(一) 水平、垂直标注与对齐标注

1. 水平、垂直标注

(1) 功能

标注水平、垂直和倾斜的线性尺寸。

(2) 命令格式

●下拉菜单：【标注】→【线性】。

●图标位置：在"标注"工具条中。

●输入命令：Dli↙ (Dimlinear的缩写)

选择上述任一方式输入命令，命令行提示：

指定第一条尺寸界线原点或<选择对象>：(指定第一条尺寸界线起点。命令行继续提示：)

指定第二条尺寸界线原点：(指定第二条尺寸界线终点。命令行继续提示：)

指定尺寸线位置或［多行文字(M)/文字(T)/角度(A)/水平(H)/垂直(V)/旋转(R)］

可直接用鼠标拖动来确定尺寸线的位置，完成尺寸标注。

2. 对齐标注

(1) 功能

用于标注带有倾斜尺寸线的尺寸标注。

(2) 命令格式

●下拉菜单：【标注】→【对齐】。

●图标位置：在“标注”工具条中。

●输入命令：Dal↙ (Dimaligned 的缩写)

选择上述任一方式输入命令，命令行提示：

指定第一条尺寸界线原点或<选择对象>：

其操作与水平、垂直尺寸标注相同。

(二) 基线标注与连续标注

1. 基线标注

(1) 功能

用于多个尺寸标注使用同一条尺寸界线作为基准，创建一系列由相同的标注原点测量出来的尺寸标注。

(2) 命令格式

●下拉菜单：【标注】→【基线】。

●图标位置：在“标注”工具条中。

●输入命令：Dba↙ (Dimbaseline 的缩写)

在采用基线标注形式之前，则必须先标注出一个尺寸。

选择上述任一方式输入命令，命令行提示：

指定第二条尺寸界线原点或［放弃(U)/选择(S)］<选择>：(拾取一点作为第二个尺寸的第二条尺寸界线终点，命令行继续提示)

标注文字＝(测量值)

指定第二条尺寸界线原点或［放弃(U)/选择(S)］<选择>：(拾取两点作为第三个尺寸的第二条尺寸界线终点，命令行继续提示)

标注文字＝(测量值)

指定第三条尺寸界线原点或［放弃(U)/选择(S)］<选择>：(按回车键确定，结束基线尺寸标注)

2. 连续标注

(1) 功能

用于标注一连串的尺寸，即每一个尺寸的第二个尺寸界线原点便是下一个尺寸的第一个尺寸界线的原点(见图8-30)。

(2) 命令格式

●下拉菜单：【标注】→【连续】。

●图标位置：在“标注”工具条中。

●输入命令：Dco↙（Dimcontinue 的缩写）

在采用连续标注形式之前，则必须先标注出一个尺寸。

选择上述任一方式输入命令，命令行提示：

指定第二条尺寸界线原点或［放弃（U）/选择（S）］<选择>：（其操作方法与基线标注相同）

（三）半径标注与直径标注

1. 半径标注

（1）功能

用于标注圆或圆弧的半径尺寸。

（2）命令格式

●下拉菜单：【标注】→【半径】。

●图标位置：在“标注”工具条中。

●输入命令：Dra↙（Dimradius 的缩写）

选择上述任一方式输入命令，命令行提示：

选择圆弧或圆：（拾取要标注尺寸的圆弧或圆）

标注文字＝（测量值）

指定尺寸线位置或［多行文字（M）/文字（T）/角度（A）］：（确定尺寸线位置，即完成圆弧或圆尺寸的标注，提示行中各选项含义与前面所述相同）

2. 直径标注

（1）功能

用于标注圆或圆弧的直径尺寸。

（2）命令格式

●下拉菜单：【标注】→【直径】。

●图标位置：在“标注”工具条中。

●输入命令：Ddi↙（Dimdiameter 的缩写）

选择上述任一方式输入命令，命令行提示：

选择圆或圆弧：（拾取要标注尺寸的圆或圆弧）

标注文字＝（测量值）

尺寸线位置或［多行文字（M）/文字（T）/角度（A）］：（确定尺寸线位置，即完成圆或圆弧尺寸的标注，提示行中各选项含义与前面所述相同）

（四）角度标注

1. 功能

用于标注圆弧的中心角、两条非平行线之间的夹角或指定 3 个点所确定的夹角。

2. 命令格式

●下拉菜单：【标注】→【角度】。

●图标位置：在“标注”工具条中。

●输入命令：Dan↙（Dimangular 的缩写）

选择上述任一方式输入命令，命令行提示：

选择圆弧、圆、直线或<指定顶点>：（当选择圆弧、圆或两条直线后，命令行继续提示：）

指定标注弧线位置或［多行文字(M)/文字(T)/角度(A)］：

指定标注角度尺寸线位置，完成角度的标注。

标注文字＝(测量值)

五、图形实体的编辑

（一）删除命令（Erase）

1. 功能

删除实体。

2. 命令格式

●下拉菜单：【修改】→【删除】。

●图标按钮：在“修改工具条”中。

●输入命令：E↙（Erase 的缩写）

选择上述任一方式输入命令，命令行提示：

选择对象：(可按需要采用不同的选择方式拾取实体后回车，所选实体在屏幕上消失，结束命令)

（二）修剪命令（Trim）

1. 功能

用剪切边修剪某些实体的一部分，相当于用橡皮擦去实体的多余部分。

2. 命令格式

●下拉菜单：【修改】→【修剪】。

●图标按钮：在“修改工具条”中。

●输入命令：Tr↙（Trim 的缩写）

选择上述任一方式输入命令，命令行提示：

当前设置：投影＝UCS，边＝无

选择剪切边…

选择对象：(拾取作为剪切边的实体)

选择对象：(继续拾取剪切边。按鼠标右键，结束选择剪切边的操作)

选择要修剪的对象，或按住 Shift 键选择要延伸的对象，或［投影(P)/边(E)/放弃(U)］：(选择被修剪的线段)

（三）延伸命令（Extend）

1. 功能

延伸是使选取的图形实体（不包括文字和封闭的单个实体)，能准确地达到选定实体边界。利用该项命令，求线与线的交点最为方便。

2. 命令格式

●下拉菜单：【修改】→【延伸】。

●图标按钮：在“修改工具条”中。

●输入命令：Ex↙（Extend 的缩写）

选择上述任一方式输入命令，命令行提示：

当前设置：投影＝视图，边＝无

选择边界的边…

选择对象：(选择要延伸的实体边界。每次拾取后命令行提示找到了几个实体)

选择对象：(拾取作为边界实体结束，鼠标右键，命令行继续提示)

选择要延伸的对象，或按住 Shift 键选择要修剪的对象，或［投影(P)/边(E)/放弃(U)］：(选择被延伸的线段)

(四) 复制 (Copy)

1. 功能

绘制几个相同的图形。

2. 命令格式

●下拉菜单：【修改】→【复制】。

●图标位置：在“修改”工具条中。

●输入命令：Co↙或Cp↙ (Copy 的缩写)

选择上述任一方式输入命令，命令行提示：

选择对象：指定对角点：(拾取要复制的对象，并可多次拾取。命令行提示拾取对象的数目)

选择对象：(单击鼠标右键，结束所需复制的拾取，命令行继续提示)

指定基点或位移，或者［重复 (M)］：m (如果对拾取对象只复制一次，直接输入或拾取基点；如果要进行多次复制，则要输入 M，命令行继续提示)

指定基点：(输入或拾取基点)

指定位移的第二点或＜用第一点作位移＞：(输入相对于基点的位移点。如不重复复制，则结束命令；若重复复制，则命令行继续提示)

指定位移的第二点或＜用第一点作位移＞：(继续复制对象或直接回车，结束命令)

第三节 块的定义与插入

一、块的概念

块是由多个对象组成并赋予块名的一个整体。系统将块当做一个单一的对象来处理，用户可以把块插入到当前图形的任意一个指定位置，同时可以缩放和旋转。组成块的各个对象可以有自己的图层、线型和颜色。块的主要作用是：创建图形库、节省存储空间、便于修改图形、便于图形组装、可以加入属性。

二、块的定义 (Block)

1. 功能

对已给出的图形定义为一个块，并给出一个块名。

2. 命令格式

●下拉菜单：【绘图】→【块】→【创建】。

●图标位置：在“绘图”工具条中。

●输入命令：B↙（Block的缩写）

选择上述任一方式输入命令，弹出如图11-3所示的块定义对话框，其各选项功能如下。

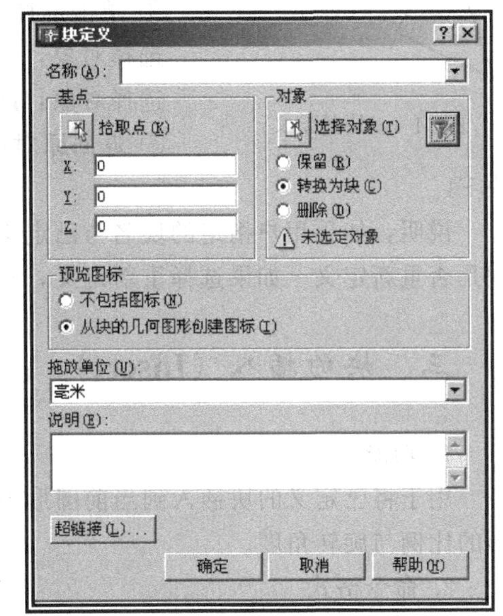

图11-3　块定义对话框

(1) 名称栏。用于输入指定块的名称。块的名称可以由字母、数字、汉字等组成，最多不能超过255个字符。

(2) 基点组框。用于指定块的基点，即插入图块时的参考点。单击拾取点按钮，AutoCAD临时关闭该对话框，命令行提示“指定插入基点:”，基点选取后AutoCAD自动返回对话框。用户也可以在X、Y或Z文本框中直接输入基点坐标，基点在插入图块时将被AutoCAD作为插入时的插入点。

(3) 对象组框。用于指定组成图块的实体或实体集。单击选择对象按钮，AutoCAD临时关闭该对话框，命令行提示“选择对象:”，用户选择定义图块的对象，确定对象后再次返回原对话框。对象组框中其他各选项的功能如下。

●快速选择按钮。用于过滤被选对象的特性。单击该按钮，打开“快速选择”对话框，选择定义图块中的对象。

●保留。表示所创建的图块保留在当前的图形中。

●转换为块。表示创建图块后，将这些对象用新建的图块代替。

●删除。表示所创建的图块在当前图形中删除。

(4) 预览图标组框。用来设置是否需要创建图块的预览图标。其中“不包括图标”表示不创建图块的预览图标。“从块的几何图形创建图标”表示创建图块的预览图标，并将创建的预览图标与图块定义一起保存，同时在该组框右侧显示块图形。

(5) 拖放单位框。用于在下拉列表中选择块插入时所使用的单位。

(6) 说明文本框。用于输入说明块的文字注释。不需要时该栏内可以不填写。

最后，单击“确定”按钮完成图块定义。

对块的使用说明如下。

(1) 用Block命令定义的图块只存在于当前的图形文件中，只能在当前图形文件中调用，不能被其他图形文件调用，称为内部块。用Wblock命令定义的图块以图形文件的形式存入磁盘，能被其他图形文件调用，称为公共图块或外部图块。

(2) 如果用户在命令行输入-Wblock命令，AutoCAD将执行Wblock命令的命令行版本，用户可以依照提示操作。

下面以“Block”命令为例，介绍图块的定义。

例1　现将图11-4中所示的图形定义成图块，图块名F1，基点为1。

操作步骤如下。

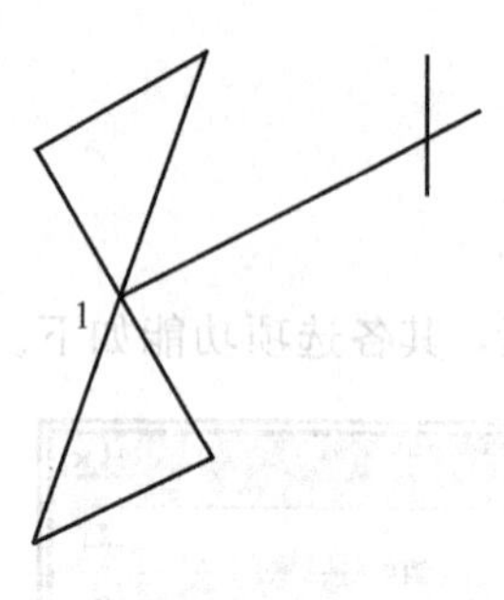

图 11-4 块的定义

① 以任一方式输入“块”命令，弹出“块定义”对话框。

② 在“名称”栏内输入F1。

③ 单击拾取点按钮，命令行提示：

命令：－block 指定插入基点：（拾取基点 1）

确定基点后返回“块定义”对话框；

④ 单击选择对象按钮，命令行提示：

选择对象：（以窗口方式选取整个图形）

选择对象：↙

⑤ 返回原对话框，单击“确定”按钮，所选对象已定义成为图块F1。

说明：如果用户指定的块名与已定义的块名重复，AutoCAD则显示一个警告信息，询问是否重新定义。如果选择重新定义，则同名的旧图块被取代。

三、块的插入（Insert）

1. 功能

用于将已定义的块插入到当前图形中指定的位置。在插入的同时还可以改变所插入块图形的比例与旋转角度。

2. 命令格式

●下拉菜单：【插入】→【块】。

●图标位置：在“绘图”工具条中。

●输入命令：I↙（Insert 的缩写）

选择上述任一方式输入命令，弹出如图 11-5 所示的插入对话框，其各选项功能如下。

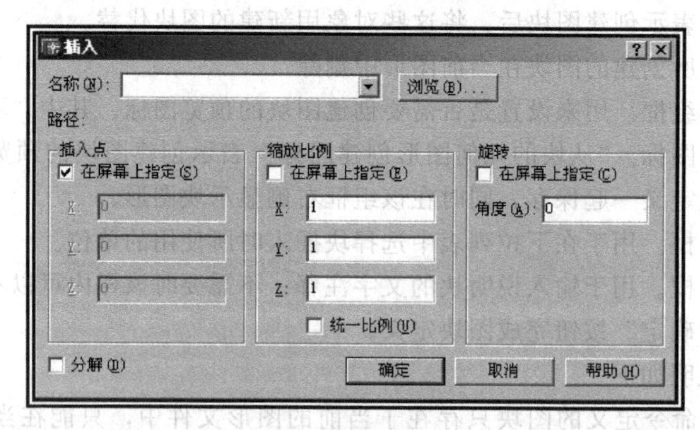

图 11-5 插入对话框

（1）名称栏。下拉列表中选择要插入当前图形中已存在的块名。单击“浏览”按钮，弹出“选择图形文件”对话框，在该对话框中选择要插入的块或图形文件。当插入的是一个外部图形文件时，系统将把插入的图形自动生成一个内部块。单击“打开”按钮，返回“插入”对话框。

（2）插入点组框。当用户选择“在屏幕上指定”项，单击“确定”按钮，AutoCAD会提示用户指定插入点，可见到拖动的图形。若取消该项，用户可以在X、Y、Z的文本框中输入插入点的坐标值。

(3) 缩放比例组框。当用户选择“在屏幕上指定”项，单击“确定”按钮，AutoCAD 会提示用户输入插入块时的 X、Y、Z 方向上的比例因子，可见到拖动的图形。若取消该项，用户还可以在 X、Y、Z 文本框中输入缩放比例。如果选择“统一比例”项，AutoCAD 将对块进行等比例缩放。

(4) 旋转组框。当用户选择“在屏幕上指定”项，单击“确定”按钮，AutoCAD 会提示用户输入插入块时的旋转角度。若取消该项，用户可在“角度”文本框中输入块的旋转角度值。

(5) 分解选项。当用户选择“分解”项，AutoCAD 将块插入到图形中后，立即将其分解成单独的对象。

最后，单击“确定”按钮，完成插入块的设置。

四、块存盘命令（Wblock）

1. 功能

将块以文件的形式写入磁盘（文件格式为 .DWG），生成图形文件，并可在其他图形中插入块。

2. 命令格式

●输入命令：W↙（Wblock 的缩写）

弹出“写块”对话框，如图 11-6 所示。

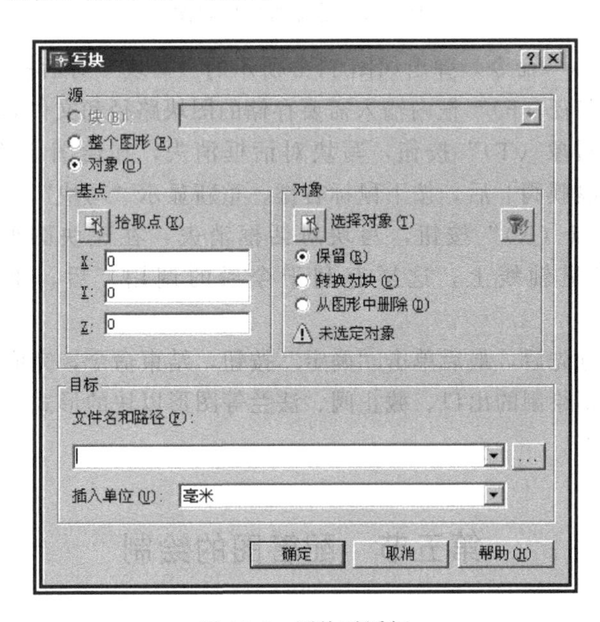

图 11-6　写块对话框

3. 对话框说明

(1) 源组框。用于确定图块文件的来源。源组框中的各项功能如下。

●块选项。选中该项，AutoCAD 将打开右侧的下拉列表，可从中选择已定义的块存为块文件。

●整个图形选项。表示将当前图形作为一个图块保存到图形文件中。

●对象选项。表示将当前图形中的所选对象定义成图块并存盘。

(2) 基点组框。用于确定块在插入时的参考点。

(3) 对象组框。用于选择所组成图块的对象。

(4) 目标组框。用于确定块文件的名称、存盘路径及块在插入时所采用的单位。

第四节　管件图库的建立

绘制管道工程图中，有大量的管件符号，而且这些管件绝大部分都是国家标准和行业标准规定的定型产品，它的画法同样是标准化的。为减少这些大量的重复劳动，把这些管件符号建立标准图库，供其他同行业的工程技术人员设计和绘图时调用。现以常见的阀门等符号为例，介绍管件图库的建立方法。

(1) 首先将需要建图库的各管件符号绘制出来，如图 11-7 所示。

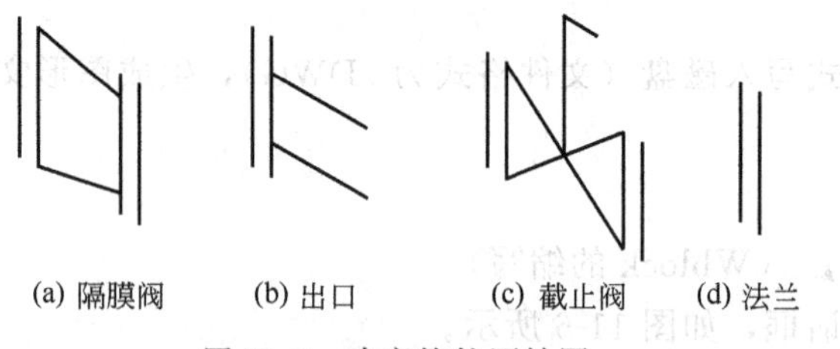

(a) 隔膜阀　(b) 出口　(c) 截止阀　(d) 法兰

图 11-7　建库管件原始图

(2) 输入“Wblock”命令，弹出如图 11-6 所示的“写块”对话框。

(3) 在“文件和路径（F）”框内输入需要存储的图块路径和文件名。

(4) 单击“选择对象（T）”按钮，写块对话框消失，在绘图区拾取所要建块的对象[见图 11-7（a）中的隔膜阀]后，按下鼠标右键，重新显示“写块”对话框。

(5) 单击“拾取点（K）”按钮，写块对话框消失，在建块图形中拾取一点为基点（基点必须在所绘管道轴线上，这样有利于今后的调用）后，重新显示“写块”对话框。

(6) 以上三步不分先后，最后单击“确定”按钮，结束命令，完成写块操作。

重复以上操作将要绘制的出口、截止阀、法兰等图形以块的形式存储进来，按不同种类建立相应的文件夹即可。

第五节　配管图的绘制

现以绘制管道空视图为例，介绍管道工程图的绘制方法。

一、绘图前的准备

1. 图层设置

根据所绘管道工程图的内容，设置图层。单击“图层特性管理器”按钮，弹出如图11-8所示的“图层特性管理器”对话框。改变0层线宽，用来绘制粗实线（管线）。另外单击“新建（N）”按钮，建立细实线层（表示轴测方位）、点画线层（表示管道的中心）、粗虚线层（表示其他工段管道）、细虚线层（表示与其他工段连接的法兰）、辅助线层（用于作图辅助线的绘制）、文字说明层（用来注写技术要求）和尺寸线层（进行尺寸标注）。每个图层用不同的颜色加以区别。单击“确定”按钮，完成图层的设置。

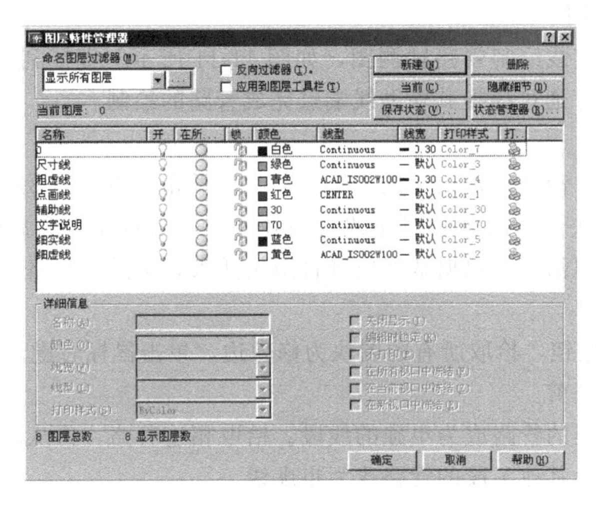

图11-8　“图层特性管理器”对话框

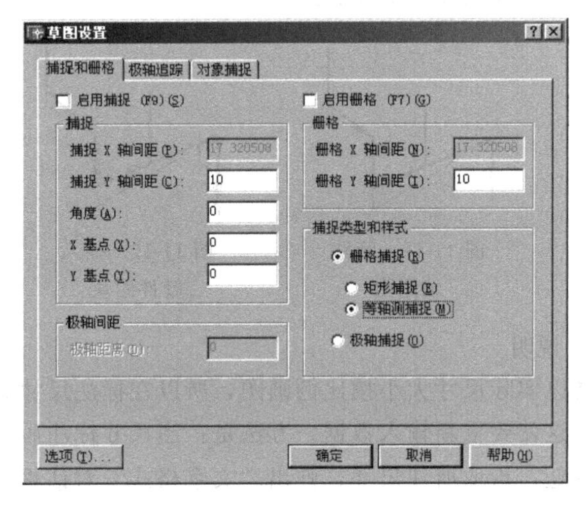

图11-9　“草图设置”对话框的“捕捉和栅格”选项卡

2. 设置轴测坐标系

当光标放置状态栏的“捕捉”或“栅格”按钮处，单击鼠标右键，弹出“草图设置”对话框的“捕捉和栅格”选项卡，弹出如图11-9所示的“草图设置”对话框。在“捕捉类型和样式”单选栏中，将“矩形捕捉（E）”改为“等轴测捕捉（M）”后，单击“确定”按钮。这时光标由十字形（十）变为等轴测型（⋇、⋇、⋇）。三种轴测坐标轴的位置分别表示V面的X和Z坐标轴、H面的X和Y坐标轴以及W面的Y和Z坐标轴。它们三者之间可通过按“F5”键进行切换。

二、绘图步骤

1. 确定管路的轴测方位

打开辅助线层，用画“直线”命令，绘制管路的轴测方位，如图 11-10 所示。注意：在每个管段的端点处线段分为两段，这样有利于画管路图时捕捉端点。

2. 绘制管路轴测图

打开 0 层，用粗实线绘制管路轴测图，如图 11-11 所示。直接利用“对象捕捉”功能，用画“直线”命令，通过捕捉其辅助线端点完成管路的绘制。

3. 插入管件图块

单击“插入块”命令，弹出“插入”对话框，单击“浏览（B）……”按钮，从文件夹中输入所要插入的块。根据所绘图样的大小和方位，确定比例和旋转角度后，单击“确定”按钮。此时对话框消失。根据基点位置将图块插入到所需的管路上，如图 11-12 所示。

4. 线段编辑

单击“修剪”按钮，拾取所有的图块为修剪边，单击鼠标右键。拾取管路中需要修剪的部分，完成管路的修剪。

这时与本工段相连的管路成为单独的线段。拾取相连管路，再从图层下拉按钮中拾取到粗虚线层，将图中两段其他工段的管路改为粗虚线。

单击“分解”按钮，将与其他工段的法兰图块分解。用上述方法将其他工段与本工段对接的法兰盘改为细虚线，如图 11-13 所示。

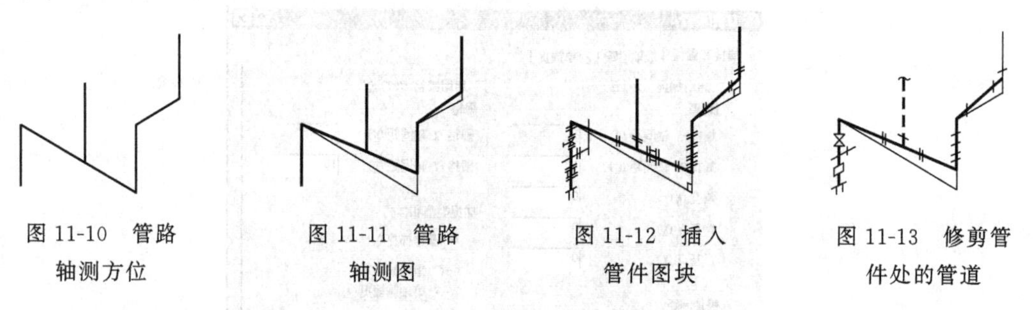

图 11-10 管路轴测方位

图 11-11 管路轴测图

图 11-12 插入管件图块

图 11-13 修剪管件处的管道

5. 尺寸标注和文字说明

因为空视图不可能以实际尺寸大小按比例画图，所以在标注尺寸数字时，计算机测量数据与实际数据不一致，这就要重新输入数据。方法是：当尺寸标注后，单击“文字”工具栏中的“文字编辑”按钮，拾取所注尺寸，弹出“文字格式”对话框，如图 11-14 所示。在该对话框中重新输入新的数据后，按“确定”按钮即可。

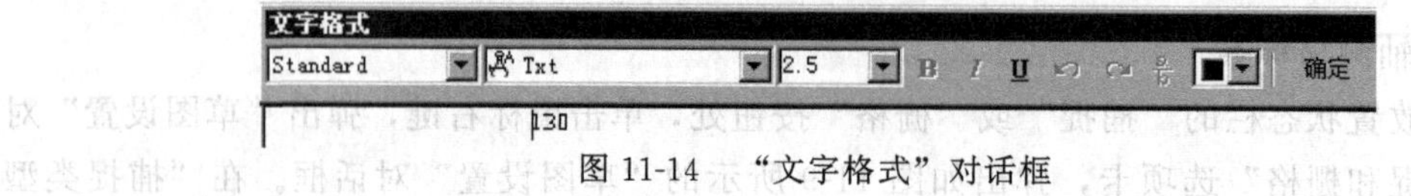

图 11-14 “文字格式”对话框

因为是空视图，尺寸界线与平面图形的方向不一样，也要重新修改。方法是：单击“标注”工具栏中的“编辑标注”按钮，命令行提示为：

命令：_ dimedit

输入标注编辑类型[默认(H)/新建(N)/旋转(R)/倾斜(O)] ＜默认＞：o（输入 O，改

变尺寸界线的方向）

选择对象：找到 n 个（拾取要改变尺寸界线方向的尺寸）

选择对象：找到 n 个（可多次拾取，直接回车，命令行继续提示：）

输入倾斜角度（按 ENTER 表示无）：（输入尺寸界线与水平方向的角度，回车结束命令）

最后，注写文字说明和技术要求。完成如图 11-15 所示的空视图，管道工程上称为单管管段图。

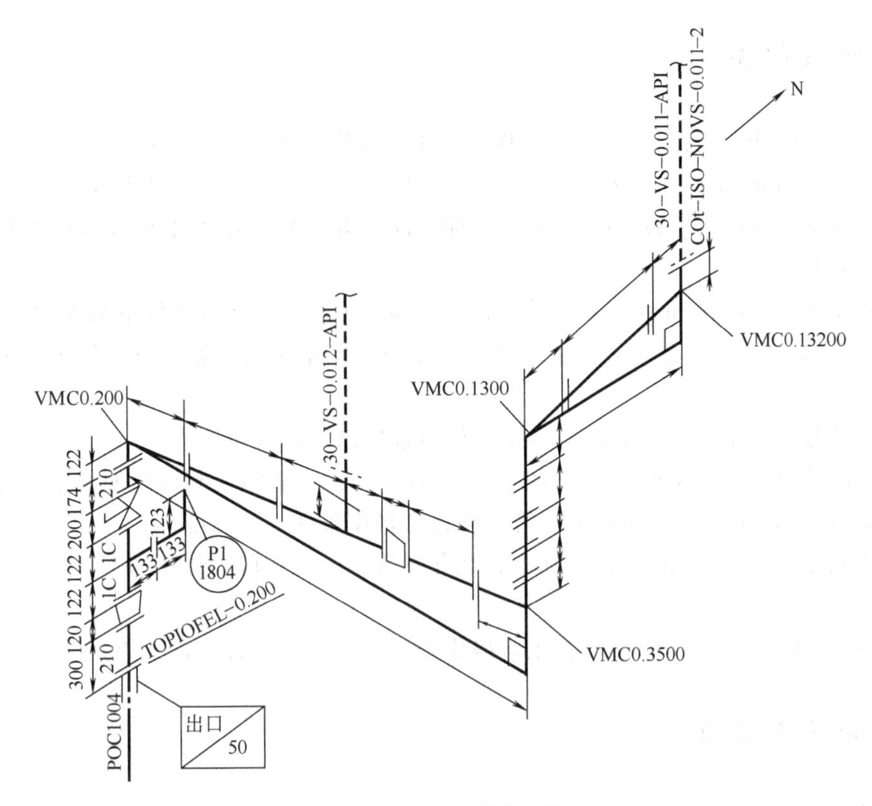

图 11-15　管道空视图

附录一　工业管道工程术语

一、一般部分

1. 配管 piping 按工艺流程、生产操作、施工、维修等要求进行的管道组装。

2. 公称直径 nominal diameter 表征管子、管件、阀门等口径的名义内直径。

3. 公称压力 nominal pressure 管子、管件、阀门等在规定温度下允许承受的以压力等级表示的工作压力。

4. 工作压力 working pressure 管子、管件、阀门等在正常运行条件下承受的压力。

5. 设计压力 design pressure 在正常操作过程中，在相应设计温度下，管道可能承受的最高工作压力。

6. 强度试验压力 strength test pressure 管道强度试验的规定压力。

7. 密封试验压力（严密性试验压力）seal test pressure 管道密封试验的规定压力。

8. 工作温度 working temperature 管道在正常操作条件下的温度。

9. 设计温度 design temperature 在正常操作过程中，在相应设计压力下，管道可能承受的最高或最低温度。

10. 适用介质 suitable medium 在正常操作条件下，适合于管道材料的介质。

二、管子与管道

1. 管子 pipe 一般为长度远大于直径的圆筒体，是管道的主要组成部分。

2. 管道（管路）piping (pipeline) 由管子、管件、阀门等连接成的，输送流体或传递流体压力的通道。

3. 管道系统（简称“管系”）piping system 设计条件相同的互相联系的一组管道。

4. 管道组成件 piping components 连接或装配成管道系统的元件，包括管子、管件、法兰、阀门、支撑件以及补偿器、过滤器、分离器、阻火器等设备。

5. 管子表号 pipe schedule number 工作压力与工作温度下的管子材料许用应力的比值乘以一个系数，并经圆整后的数值，表征管子壁厚系列的代号。

6. 无缝钢管 seamless steel pipe 钢坯经穿孔轧制或拉制成的管子。

7. 有缝钢管 seamed steel pipe 由钢板、钢带等卷制，经焊接或熔接而成的管子。

8. 螺旋焊缝钢管 spiral welded steel pipe 用钢带卷制成的、焊缝为螺旋形的管子。

9. 镀锌焊接钢管 galvanized welded steel pipe 管壁镀锌的焊接钢管。

10. 渗铝钢管 aluminum-impregnated steel pipe 管壁表面层渗铝的钢管。

11. 金属软管 metallic hose 用金属薄板等制成的、管壁呈波纹状的柔性管。

12. 有色金属管 non-ferrous pipe 用铝、铜、铅等非铁金属材料制成的管子。

13. 非金属管 non-metallic pipe 用玻璃、陶瓷、石墨、塑料、橡胶、石棉水泥等非金属材料制成的管。

14. 衬里管 lined pipe 在管道内壁设置保护层或隔热层的管道。

15. 总管（主管）run pipe（header）由支管汇合的或分出支管的管道。

16. 支管（分管）branch（branch pipe）从总管上分出的或向总管汇合的管道。

17. 袋形管 bag-shape pipe 呈“U”形，液体不能自流排尽的管段。

18. 盘管 coil 螺旋形或排管形的管子。

19. 架空管道 overhead piping 离开地面敷设的管道，一般在其下方可通过行人或车辆。

20. 沿地管道 piping installed along ground 贴地或接近地面敷设的管道。

21. 管沟管道 trench piping 敷设在管沟中的管道。

22. 埋地管道 buried piping 埋设在地下的管道。

23. 穿墙（板）管道 piping passing through wall（floor）穿过建筑物的墙、板等的管道。

24. 旁通管（旁路）by-pass pipe 从管道的一处接出，绕过阀门或设备，又从另一处接回，具有备用或调节等功能的管段，如调节阀的旁通管。

25. 穿越管道 cut-across piping 在铁路、公路、河、沟等下方通过的管道。

26. 跨越管道 cross-over piping 架空通过铁路、公路、河、沟等的管道。

27. 工艺管道 process piping 输送原料、中间物料、成品、催化剂、添加剂等工艺介质的管道。

28. 公用系统管道 utility piping 工艺管道以外的辅助性管道，包括水、蒸汽、压缩空气、惰性气体等的管道。

29. 低压管道 low pressure piping 管内介质表压力为 0～1.57MPa 的管道。

30. 中压管道 medium pressure piping 管内介质表压力为 1.57～9.81MPa 的管道。

31. 高压管道 high pressure piping 管内介质表压力大于 9.81MPa 管道。

32. 真空管道 vacuum piping 管内压力低于绝对压力 0.1MPa（一个标准大气压）的管道。

33. A 级管道 grade A piping 管内为剧毒介质，或设计压力大于或等于 9.81MPa 的易燃、可燃介质的管道。

34. B 级管道 grade B piping 管内为闪点低于 28℃的易燃介质或爆炸下限低于 5.5％的介质或操作温度高于或等自燃点的介质的管道。

35. C 级管道 grade C piping 管内为闪点 28～60℃的易燃、可燃介质或爆炸下限高于或等于 5.5％的介质的管道。

36. 气液两相流管道 two phase（gas-liquid）flow piping 输送气液混相流体的管道。

37. 取样管 sampling pipe 为取出管道或设备内介质用于分析化验而设置的管道。

38. 排液管 drain 为管道或设备低点排液而设置的管道。

39. 放气管 vent 为管道或设备高点放气而设置的管道。

三、常用管件

1. 管件 pipe fittings 管道系统中用于直接连接、转弯、分支、变径以及用做端部等的零部件，包括弯头、三通、四通、异径管接头、管箍、内外螺纹接头、活接头、快速接头、螺纹短节、加强管接头、管堵、管帽、盲板等（不包括阀门、法兰、紧固件）。

2. 弯头 elbow 管道转向处的管件。

3. 异径弯头 reducing elbow 两端直径不同的弯头。

4. 长半径弯头 long radius elbow 弯曲半径等于1.5倍管子公称直径的弯头。

5. 短半径弯头 short radius elbow 弯曲半径等于管子公称直径的弯头。

6. 45°弯头 45°elbow 使管道转向45°的弯头。

7. 90°弯头 90°elbow 使管道转向90°的弯头。

8. 180°弯头（回弯头）180°elbow（return bend）使管道转向180°的弯头。

9. 无缝弯头 seamless elbow 用无缝钢管加工的弯头。

10. 焊接弯头（有缝弯头）welded elbow 用钢板成型焊接而成的弯头。

11. 斜接弯头（虾米腰弯头）mitre 由梯形管段焊接的形似虾米腰的弯头。

12. 弯管 bend 在常温或加热条件下将管子弯制成所需要弧度的管段。

13. 三通 tee 一种可连接三个不同方向管道的呈T形的管件。

14. 等径三通 straight tee 直径相同的三通。

15. 异径三通 reducing tee 直径不同的三通。

16. 四通 cross 一种可连接四个不同方向管道的呈十字形的管件。

17. 等径四通 straight cross 直径相同的四通。

18. 异径四通 reducing cross 直径不同的四通。

19. 异径管接头（大小头）reducer 两端直径不同的直通管件。

20. 同心异径管接头（同心大小头）concentric reducer 两端直径不同但中心线重合的管接头。

21. 偏心异径管接头（偏心大小头）eccentric reducer 两端直径不同、中心线不重合、一侧平直的管接头。

22. 管箍 coupling 用于连接两根管段的、带有内螺纹或承口的管件。

23. 双头螺纹管箍 full thread coupling 两端均有螺纹的管箍。

24. 单头螺纹管箍 half thread coupling 一端有螺纹的管箍。

25. 双承口管箍 full bell coupling 两端均有承口的管箍。

26. 单承口管箍 half bell coupling 一端有承口的管箍。

27. 活接头 union 由几个元件组成的，用于连接管段，便于装拆管道上其他管件的管接头。

28. 快速接头 quick joint 可迅速连接软管的管接头。

29. 螺纹短节 nipple 带外（内）螺纹的直通管件。

30. 管堵（丝堵）plug 用于堵塞管子端部的外螺纹管件，有方头管堵、六角管堵等。

31. 管帽（封头）cap 与管子端部焊接或螺纹连接的帽状管件。

32. 碟形管帽 dish cap 有折边的球形管帽。

33. 椭圆形管帽 ellipsoid cap 呈椭圆形的管帽。

34. 螺纹管帽 thread cap 螺纹连接的管帽。

35. 盲板 blank（blind）插在一对法兰中间，将管道分隔开的圆板。

36. 8字盲板 spectacle blank 形似8字的隔板，8字一半为实心板用于隔断管道，一半为空心在不隔断时使用。

四、管法兰、垫片

1. 法兰 flange 用于连接管子、设备等的带螺栓孔的突缘状元件。

2. 平焊法兰 slip-on flange 须将管子插入法兰内圈焊接的法兰。

3. 对焊法兰 welding neck flange 带颈的、有圆滑过渡段的、与管子为对焊连接的法兰。

4. 承插焊法兰 socket welding flange 带有承口的、与管子为承插焊连接的法兰。

5. 螺纹法兰 threaded flange（screwed flange）带有螺纹，与管子为螺纹连接的法兰。

6. 松套法兰 lappedjoint flange 活套在管子上的法兰，与翻边短节组合使用。

7. 特殊法兰 special flange 非圆形的法兰，如菱形法兰、方形法兰等。

8. 异径法兰（大小法兰）reducing flange 同标准法兰连接，但接管公称直径小于该标准法兰接管公称直径的法兰。

9. 平面法兰 flat face flange 密封面与整个法兰面为同一平面的法兰。

10. 凸台面法兰（光滑面法兰）raised face flange 密封面略高出整个法兰面的法兰。

11. 凹凸面法兰 made and femalc face flanges 一对法兰，其密封面，一呈凹形，一呈凸形。

12. 榫槽面法兰 tongue and groove face flanges 一对法兰其密封面，一个有榫，一个有与榫相配的槽。

13. 环连接面法兰 ring joint face flanges 法兰的密封面上有一环槽。

14. 紧固件 fastener 紧固法兰等用的机械零件。

15. 螺栓 bolt 一端有头，一端有螺纹的紧固件，如六角头螺栓等。

16. 螺柱 stud 两端或全长均有螺纹的柱形紧固件。

17. 螺母 nut 与螺栓或螺柱配合使用，有内螺纹的紧固件，如六角螺母等。

18. 垫圈 washer 垫在连接件与螺母之间的零件，一般为扁平形的金属环。

19. 垫片 gasket 为防止流体泄漏设置在静密封面之间的密封元件。

20. 非金属垫片 non-metallic gasket 用石棉、橡胶、合成树脂等非金属材料制成的垫片。

21. 非金属包垫片 non-metallic jacket gasket 在非金属垫外包一层合成树脂的垫片。

22. 半金属垫片 semi metallic gasket 用金属和非金属材料制成的垫片，如缠绕式垫片、金属包垫片等。

23. 缠绕式垫片 spiral wound gasket 由 V 形或 W 形断面的金属带夹非金属带螺旋缠绕而成的垫片。

24. 内环 inner ring 设置在缠绕式垫片内圈的金属环。

25. 外环 outer ring 设置在缠绕式垫片外圈的金属环。

26. 金属垫片 metallic gasket 用钢、铜、铝、镍或蒙乃尔合金等金属制成的垫片。

五、常用阀门

1. 阀门 valve 用以控制管道内介质流动的、具有可动机构的机械产品的总称。

2. 闸阀 gate valve 启闭件为闸板，由阀杆带动，沿阀座密封面作升降运动的阀门。

3. 截止阀 globe valve 启闭件为阀瓣，由阀杆带动，沿阀座（密封面）轴线作升降运动的阀。

4. 节流阀 throttle valve 通过启闭件（阀瓣）改变通路截面积，以调节流量、压力的阀门。

5. 球阀 ball valve 启闭件为球体，绕垂直于通路的轴线转动的阀门。

6. 蝶阀 butterfly valve 启闭件为蝶板，绕固定轴转动的阀门。

7. 隔膜阀 diaphragm valve 启闭件为隔膜，由阀杆带动，沿阀杆轴线作升降运动，并将动作机构与介质隔开的阀门。

8. 旋塞阀 cock（plug valve）启闭件呈塞状，绕其轴线转动的阀门。

9. 止回阀 check valve 启闭件为阀瓣，能自动阻止介质逆流的阀门。

10. 安全阀 safety valve 当管道或设备内介质的压力超过规定值时，启闭件（阀瓣）自动开启排放，低于规定值时自动关闭，对管道或设备起保护作用的阀门。

11. 减压阀 pressure reducing valve 通过启闭件（阀瓣）的节流，将介质压力降低，并借阀后压力的直接作用，使阀后压力自动保持在一定范围内的阀门。

12. 疏水阀 steam trap 自动排放凝结水并阻止蒸汽通过的阀门。

13. 调节阀 control valve 根据外来信号或流体压力的传递推动调节机构，以改变流体流量的阀门。

14. 延伸杆阀 valve with extended spindle 将阀门的阀杆接长以便操作的阀门。

15. 气动阀 pneumatic valve 用压缩空气启闭的阀门。

16. 电动阀 electric valve 用电动机启闭的阀门。

17. 电磁阀 electro-magnetic valve 用电磁力启闭的阀门。

18. 换向阀 change direction valve 能改变管内流体流动方向的阀门。

19. 衬里阀 lined valve 为防止阀门内部腐蚀或磨损，在阀门内壁设保护层的阀门。

20. 带吹扫孔阀 valve with blowing hole 阀体上设有吹扫孔的阀门。

21. 底阀 foot valve 设置在离心泵吸入口管端部，内有止回机构的阀门。

22. 呼吸阀 breather valve 设置在储罐顶部，当气温和液面变动时，将罐外气体吸入或罐内油气排出，并自动将罐内气压保持在规定值的阀门。

六、管道上用的设备（小型设备）

1. 气液分离器 gas-liquid separator 设置在气体管道上，可将气体中夹带的液体分离出来的小型设备。

2. 阻火器 flame arrester（flame trap）设置在可燃气体管道上，用以阻止回火的一种小型设备。

3. 过滤器 strainer 设置在管道上用以滤去流体中固体杂质的小型设备。

4. 临时过滤器 temporary strainer 临时设置，用以滤去施工或检修时落入管道内的固体杂物的过滤器。

5. 固定过滤器（永久性过滤器）permanent strainer 在正常运行中使用的过滤器。

6. 消声器 silencer 设置在管道上用以减轻或消除噪声的小型设备。

7. 管道混合器 line mixer 设置在管道上用以混合两种或两种以上流体的小型设备。

8. 视镜 sight glass（sight flow indicator）设置在管道上，通过透明体观察管内流体流动情况的小型设备。

9. 浮球式视镜 floating ball sight flow indicator 带有浮球，便于观察管内流体流动的视镜。

10. 全视视镜 full view sight flow indicator 四周为透明体，便于从不同方向观察管内流体流动的视镜。

11. 取样冷却器 sample cooler 由冷却盘管及外壳组成，用以冷却样品的小型冷却器。

12. 排液漏斗 drain funnel 承接设备或管道排液的锥形漏斗。

13. 爆破片（爆破膜）rupture disk 设置在管道或设备上的一种膜片，当管道或设备超压时破裂，起保护作用。

14. 限流孔板 restriction orifice 设置在管道上，限制流量的孔板。

15. 混合孔板 mixing orifice 设置在管道上用以混合两种或两种以上流体的孔板。

七、管道隔热

1. 隔热 thermal insulation 为减少管道或设备内介质热量损失或冷量损失，或为防止人体烫伤、稳定操作等，在其外壁或内壁设置隔热层，以减少热传导的措施。

2. 保温 hot insulation 为减少管道或设备内介质热量损失而采取的隔热措施。

3. 保冷 cold insulation 为减少管道或设备内介质冷量损失而采取的隔热措施。

4. 防烫伤隔热 personnel protection insulation 为防止高温管道烫伤人体而采取的局部隔热措施。

5. 裸管 bare pipe 没有隔热层的管道。

6. 经济保温厚度 economic insulation thickness 保温后的管道年热损失费用和保温工程投资的年分摊费用之和为最小值时保温层的计算厚度。

7. 表面温度保温厚度 insulation thickness for surface temperature 根据规定的保温层外表温度，计算确定的保温层厚度。

8. 隔热材料 insulation material 为保温、保冷、防烫伤或稳定操作等目的而采用的具有良好的隔热性能及其他物理性能的材料。

9. 隔热结构 insulation structure 由隔热层、防潮层和防护层组成的结构。

10. 隔热层 insulation lagging 为减少热传导，在管道或设备外壁或内壁设置的隔热结构。

11. 保温层 hot insulation lagging 为保温目的设置的隔热层。

12. 保冷层 cold insulation lagging 为保冷目的设置的隔热层。

13. 防潮层 moisture-resistant lagging 为防止水或潮气进入隔热层，在其外部设置的一层防潮结构。

14. 保护层 jacketing 为防止隔热层或防潮层受外界损伤在其外部设置的一层保护结构。

15. 支承圈 support ring 固定在直立金属管道或设备外壁上，用以支承其上部隔热结构的金属圈。

16. 金属网 metallic wire cloth 包裹隔热层用的金属丝编织的网。

17. 自攻螺钉 self-tapping screw 用于固定隔热层外金属保护层的具有自攻能力的螺钉。

18. 扎带 band 固定隔热层或外金属保护层用的金属带。

八、管道伴热

1. 伴热 tracing 为防止管内流体因温度下降而凝结或产生凝液或黏度升高等，在管外或管内采用的间接加热方法。

2. 蒸汽伴热 steam tracing 以蒸汽为加热介质的伴热。

3. 蒸汽外伴热 external steam tracing 在管道外设置蒸汽管的伴热。

4. 隔离外伴热管伴热 external tracing with spacer 在管道与外蒸汽伴热管之间采取隔离措施，防止局部过热的一种伴热。

5. 蒸汽内伴热 internal steam tracing 在管道内设置蒸汽伴热管的伴热。

6. 蒸汽夹套伴热 steam-jacket tracing 在管道外设蒸汽套管的伴热。

7. 电伴热 electric tracing 以电能为热源的伴热。

8. 热载体伴热（热流体伴热）hot fluid tracing 以热流体（如热水、热油等）为加热介质的伴热。

9. 伴热管 tracing piping 用于间接加热管内介质，伴随在管道外或内的供热管。

10. 伴热蒸汽供汽管 tracing steam supply piping 为蒸汽伴热管供汽的管道。

11. 伴热蒸汽冷凝水管 tracing steam condensate piping 收集和输送由疏水阀排放出的伴热蒸汽凝结水的管道。

九、管道柔性及应力

1. 管道柔性 piping flexibility 管道通过自身的变形吸收热胀、冷缩和其他位移的能力。

2. 柔性分析 flexibility analysis 对管道是否具备通过自身变形满足热胀、冷缩和其他位移等要求的能力的分析。

3. 柔性设计 flexibility design 对有热胀、冷缩和其他位移要求的管道，为满足柔性要求而进行的配管设计。

4. 管道热应力 thermal stress of piping 管道由于温度变化产生的变形受到阻碍时，在管道中产生的应力。

5. 管道一次应力 primary stress of piping 管道在内压和持续外载的作用下产生的应力。

6. 管道二次应力 secondary stress of piping 管道由于变形受阻而产生的应力。

7. 管道材料许用应力 allowable stress of piping material 在一定温度下，在内压、持续外载的作用下，管道材料容许承受的应力。

8. 管道材料许用位移应力范围 allowable displacement stress range of piping material 在管道热胀、冷缩或位移受限制时，管道材料容许承受的应力范围。

9. 管道热胀量（管道热伸长量）piping thermal expansion 管道受热膨胀后伸长部分的长度。

10. 线膨胀系数 linear expansion coefficient 管道材料由常温升至 t℃，其单位长度每升温 1℃的线膨胀量。

11. 端点附加位移 additional end displacement 与管道端点连接的设备等因热胀、冷缩、下沉等造成的管道端点位移。

12. 管道热补偿 piping thermal compensation 利用管道本身的几何形状及适当的支承结构或设置补偿器等，以满足管道的热胀、冷缩位移要求。

13. 管道自然补偿 piping natural compensation 利用管道自身的几何形状及适当的支承结构，以满足管道的热胀、冷缩或位移要求。

14. 管道弹性 piping elasticity 在外力的作用下管道出现变形，在外力消失后管道又恢复原状的性能。

15. 管道塑性变形 piping plastic deformation 管道变形超过弹性范围，即使除去外力，也不能恢复原状的变形。

16. 管道冷紧 piping cold spring 在安装管道时，有意识地预先造成管道变形，以产生要求的初始位移和应力。

17. 冷紧比 cold spring ratio 冷紧值与全补偿量之比。

18. 补偿器 expansion joint 设置在管道上吸收管道热胀、冷缩和其他位移的元件。

19. 波纹补偿器 bellows type expansion joint 外壳呈波纹状的补偿器。

20. 单波补偿器 single bellows expansion joint 由单个波壳组成的波纹补偿器。

21. 门形补偿器 expansion “U” bend 用管子煨制或焊制成 U 形的补偿器。

22. n 形补偿器 double offset expansion “U” bend 用管子煨制或焊制成 O 形的补偿器。

23. 套筒式补偿器 sleeve type expansion joint 由两个相匹配的套筒及填料密封组成，可以轴向伸缩的补偿器。又称填料函式补偿器。

十、管道支架与吊架

1. 管道支架（管架）piping support 支承管道的结构。

2. 固定支架 anchor support 使管道在支承点上无线位移和角位移的支架。

3. 次固定支架 secondary anchor support 承受由管段热变形产生的弹性力、摩擦力及管段自重、风力荷载的支架，其总荷载值为用在固定点上的这些作用力的矢量和。

4. 主固定支架 main anchor support 除承受次固定支架所承受的各种荷载外，还承受管段和补偿器的不平衡内压推力的支架，其总荷载值为作用在固定点上的所有作用力的矢量和。

5. 重载固定支架（尽端固定支架）heavy loading anchor support 设置在直管段末端或设备附近的固定支架。

6. 减载固定支架（中间固定支架）reduced loading anchor support 设置在直管段中部的固定支架，其所受的推力为不同方向作用力的矢量和。

7. 滑动支架 sliding support 管道可以在支承平面内自由滑动的支架。

8. 导向支架 guide support 限制管道径向位移，但允许轴向位移的支架。

9. 滚动支架 rolling support 装有滚筒或球盘使管道在位移时产生滚动摩擦的支架。

10. 可变弹簧支架 variable spring support 装有弹簧使管道在限定范围内可竖向位移的支架。

11. 恒力弹簧支架 constant spring support 根据力矩平衡原理，利用杠杆及圆柱螺旋弹簧来平衡外载的支架。支承点产生竖向位移时，支架荷载变化很小。

12. 液压支架 hydraulic support 利用液压装置提供恒定支承力的支架。

13. 铰接支架 hinge support 支架的柱脚与基础铰接以适应架顶管道位移的支架。

14. 柔性支架 flexible support 当管道产生位移时，支架本体（柱子）可以产生相应变形以适应架顶管道位移要求的支架。

15. 刚性支架 rigid support 当管道产生位移时支架本体基本不变形的支架。

16. 可调支架 adjustable support 高度可以调节的支架。

17. 止推支架 stop support 可以阻止管道向某一方向位移的支架。

18. 管道支耳 piping lug 焊接在管道外壁的径向支承件。

19. 管托 pipe shoe 固定在管道底部与支承面接触的构件。

20. 管卡 pipe clamp 用以固定管道、防止管道脱落、为管道导向等的构件。

21. 隔热管卡 insulation clamp 用于隔热层外部的管卡。

22. 管墩 pipe sleeper 一般高出地面几百毫米，支承管道的枕状结构。

23. 管道吊架 piping hanger 吊挂管道的结构。

24. 刚性吊架 rigid hanger 基本无位移的吊架。

25. 可变弹簧吊架 variable spring hanger 装有弹簧，允许管道在限定范围内作竖向位移的吊架。

26. 斜拉架 sway brace 限止管道向某一方向位移的构件。

27. 吊耳 ear (lug) 固定在管道上用以与吊杆连接吊挂管道的元件。

28. 吊杆 hanger rod 与其他元件连接用以吊挂管道的金属直杆。

29. 花篮螺母（调节螺母）turnbuckle 两端分别具有左右螺纹用以调节吊杆长度的零件。

30. 荷载 load 施加在支架或吊架上的力、力矩。

31. 静荷载 dead load 管道组成件、隔热材料以及其他加在管道上的永久性荷载。

32. 动力荷载 dynamic load 由管道振动等产生的荷载。

33. 集中荷载 concentrated load 管道上设置小型设备、阀门、平台及支管等处的荷载。

34. 均布荷载 uniform load 沿管道长度呈均匀分布的荷载。

35. 垂直荷载（竖向荷载）vertical load 垂直于水平面的荷载，包括管道组成件、隔热结构、管内输送或试压介质以及冰、雪、积灰、平台和行人等形成的荷载。

36. 轴向水平荷载 axial horizontal load 沿着水平管道轴线方向的荷载，包括补偿器的弹力、不平衡内压力、管道移动的摩擦力或支吊架变位弹力等。

37. 侧向水平荷载 lateral horizontal load 与水平管道轴线方向成侧向垂直的荷载，包括风荷载、弯曲管道或支管传来的推力、管道侧向位移产生的摩擦力等。

38. 补偿器反弹力 reacting force from expansion joint 管道伸缩时补偿器变形产生的弹性反力。

39. 牵制系数 tie-up coefficient 在设置多根管道的同一管架上，无热变形或热变形已经稳定的管道阻止变形管道推动管架，使管道的水平推力部分抵消。表示这种牵制作用的系数，称为牵制系数。

40. 管道跨度 piping span 管道两个相邻支承点之间的距离。

41. 管道挠度 piping deflection 两相邻支点间的管道因自重或受外力引起弯曲变形的

程度。

42. 减振器 cushion 由弹簧或液压元件等组成用以减少管道振动的构件。

十一、管道振动与防振

1. 管道振动 piping vibration 由于管内介质的不规则流动或由于某种周期性外力的作用，管道相对于其平衡位置所作的往复运动。

2. 流体脉动 fluid pulsation 管道内流体因速度或压力不稳定而形成的呈周期性变化的流动状态。

3. 脉动振动 pulsation vibration 由于流体脉动而引起的管道振动。

4. 喘振 surging 与机泵连接的管道系统，由于小流量，液流在机泵内脱液而形成的自振。表现为压力和流量发生周期性变化，机泵和管道产生激烈振动及低沉噪声。

5. 管道共振 piping resonance 管道的固有频率或气柱固有频率与激发频率相同时发生的振动。

6. 水锤 water hammer 管道系统由于流量急剧变化而引起的较大的压力变动。

十二、管道腐蚀与防护

1. 管道腐蚀 piping corrosion 由于化学或电化学作用，引起管道的消损破坏。

2. 化学腐蚀 chemical corrosion 不导电的液体及干燥的气体造成的腐蚀。

3. 电化学腐蚀 galvanic corrosion 由有电子转移的化学反应（即有氧化和还原的化学反应）造成的腐蚀。

4. 应力腐蚀 stress corrosion 金属在特定腐蚀性介质和应力的共同作用下所引起的破坏。

5. 晶间腐蚀 intergranular corrosion 沿金属晶粒边界发生的腐蚀现象。

6. 局部腐蚀 localized corrosion 在金属管道等的某些部位的腐蚀。

7. 轻微腐蚀 light corrosion 年腐蚀速率不超过 0.1mm 的腐蚀。

8. 中等腐蚀 medium corrosion 年腐蚀速率大于 0.1mm 且小于 1.0mm 的腐蚀。

9. 强腐蚀 strong corrosion 年腐蚀速率等于或大于 1.0mm 的腐蚀。

10. 腐蚀裕度（腐蚀裕量）corrosion allowance 在确定管子等壁厚时，为腐蚀减薄而预留的厚度。

11. 管子表面处理 pipe surface preparation 在防腐施工前对管子表面进行的处理。

12. 脱脂 degreasing 清除管道表面沾有的油脂。

13. 除锈 rust removal 清除管道表面的金属氧化物。

14. 涂料 paint 涂覆于管道等表面构成薄薄的液态膜层，干燥后附着于被涂表面起保护作用。

15. 调和漆 mixed paint 人造漆的一种，由干性油和颜料为主要成分调制而成。

16. 底漆 prime material 施涂于经过表面处理的管道外壁上作为底层的涂料。

17. 施涂 coating 将涂料涂覆于管道表面上。

18. 色标 colour mark 为表明管道内介质的特征，在管道外表面施涂的颜色标记。

十三、装置布置

1. 工艺设备 process equipment 石油化工装置内为实现工艺过程所需的容器、工业炉、机、泵以及有关机械等的总称。

2. 建筑物 building 直接在其内部进行生产活动或生活活动的仪表室、配电室、泵房、压缩机房；更衣室等房屋的总称。

3. 构筑物 structure 一般不直接在其内部进行生产活动的水池、水塔、管架、烟囱等以及较少在内进行生产活动的框架等的总称。

4. 管桥（管廊）pipe raek 成排架空管道及其多跨、框架式支承结构的总称。

5. 管带 pipe way（pipe group）成排敷设的管道及其支承结构的总称。

6. 火炬 flare 烧掉未被利用的或事故排放的可燃气体的设施。

7. 管沟 pipe trench 地面下敷设管道的沟槽型构筑物。

8. 电缆沟 electric cable duct 地面下敷设电缆的沟槽型构筑物。

9. 明沟 open trench 排放液体的敞开式沟槽型构筑物。

10. 防火间距 fire protection spacing 在进行装置平面布置时，为防止火灾或减少火灾危害所要求的设备、建筑物、构筑物之间的最小距离。

11. 明火地点 open replace 室内外有外露火焰或有赤热表面的固定地点。

12. 检修通道 access road 为检修设备等留出的通道。

13. 支架间距 support spacing 相邻两支架的中心距离。

14. 管道间距 piping spacing 相邻两管道中心线间或管道中心线与墙壁、柱边、容器外表面等之间的距离。

15. 管道净距 piping clearance 相邻两管道外表面（含绝热层）间或管道外表面与墙壁、柱边、容器外表面等之间的距离。

16. 管底标高 elevation of pipe bottom 管道外表面底部与基准面间的垂直距离。

17. 管中心标高 elevation of pipe center 管子中心线与基准面间的垂直距离。

18. 管顶标高 elevation of pipe top 管子外表面顶部与基准面间的垂直距离。

19. 地面铺砌 ground paving 在地面上，铺以预制的砌块或进行整体浇灌。

20. 地面坡度 ground grade 地面倾斜的起止点的高差与其水平距离的比值。

21. 装置坐标 plant coordinate 标注在装置边界线上表明装置在总图上位置的数字。

22. 装置边界线 battery limit 区分装置内外的界线。

23. 接续分界线 match line 装置内各区域的界线。

24. 建北 construction north 平面布置图中的坐标方位，接近正北的朝向。

十四、施工部分

1. 现场 field 管道等施工的场所。

2. 管道加工 piping fabrication 管道装配前的预制工作，包括切割、套螺纹、开坡口成型、弯曲、焊接等。

3. 容许偏差 tolerance 标准规定的施工或制造误差的限定范围。

4. 管子冷弯 pipe cold bending 在常温下对管子进行弯曲。

5. 管子热弯 pipe hot bending 将管子加热后进行弯曲。

6. 支管补强 branch reinforcement 在支管接头处增加强度的一种措施。

7. 铅封关 car seal close 表示铅封着的阀门是关闭的（此阀门不能随意开启）。

8. 铅封开 car seal open 表示铅封着的阀门是开启的。

9. 静电接地 static grounding 将管道上的静电荷导入大地的措施。

10. 螺栓热紧 bolt hot tightening 介质温度高于250℃的管道的螺栓，除在施工时紧固外，还要在达到工作温度或规定温度时再进行的紧固。

11. 螺栓冷紧 bolt cold tightening 介质温度低于－20℃的管道的螺栓，除在施工时紧固外，还要在达到工作温度或规定温度时再进行的紧固。

12. 隐蔽工程 concealed work 施工后被封闭无法直接观测和检查的工程。

13. 焊接 welding 通过加热或加压，或两者并用，并且用或不用填充材料，使焊件达到原子结合的一种加工方法。

14. 坡口 groove 根据设计或工艺需要，在焊件的待焊部位加工成的一定几何形状。

15. 母材 base metal（parent metal）被焊接的材料的统称。

16. 焊缝 weld 焊件经焊接后所形成的结合部分。

17. 焊趾 toe of weld 焊缝表面与母材的交界处。

18. 焊脚 leg 角焊缝的横截面中，从一个焊件上的焊趾到另一个焊件表面的最小距离。

19. 焊缝长度 weld length 焊缝沿轴线方向的长度。

20. 手工焊 manual welding 用手工完成全部焊接操作的焊接方法。

21. 自动焊 automatic welding 用自动焊接装置完成全部焊接操作的焊接方法。

22. 半自动焊 semi-automatic welding 用手工操作完成焊接热源的移动，而送丝、送气等则由相应的机械化装置完成的焊接方法。

23. 定位焊 tack welding 为装配和固定焊件接头的位置而进行的焊接。

24. 连续焊 continuous welding 为完成焊件上的连续焊缝而进行的焊接。

25. 断续焊 intermittent welding 沿接头全长获得有一定间隔的焊缝进行的焊接。

26. 对接焊 bult welding 焊件装配成对接接头进行的焊接。

27. 角焊 fillet welding 为完成角焊缝而进行的焊接。

28. 搭接焊 lap welding 焊件装配成搭接接头进行的焊接。

29. 现场焊接 field welding 焊接结构在现场安装后就地进行的焊接。

30. 补焊 repair welding 为修补工件（铸件、锻件、机械加工件或焊接结构件）的缺陷而进行的焊接。

31. 预热 preheat 焊接开始前，对焊件的全部或局部进行加热的工艺措施。

32. 焊接应力 welding stress 焊接过程中焊件内产生的应力。

33. 焊接残余应力 welding residual stress 焊后残留在焊件内的焊接应力。

34. 焊件 weldment 焊接对象的统称。

35. 熔焊 fusion welding 焊接过程中，将焊件接头加热至熔化状态，不加压力完成焊接的方法。

36. 单面焊 welding by one side 仅在焊件的一面施焊，完成整条焊缝所进行的焊接。

37. 双面焊 welding by both side 在焊件两面施焊，完成整条焊缝所进行的焊接。

38. 气焊 gas welding 利用气体火焰作热源的焊接法，最常用的是氧乙炔焊。

39. 电弧焊 arc welding 利用电弧作为热源的熔焊方法，简称弧焊。

40. 钎焊 brazing (soldering) 采用比母材熔点低的金属材料作钎料，将焊件和钎料加热到高于钎料熔点，低于母材熔化的温度，利用液态钎料润湿母材，填充接头间隙并与母材相互扩散实现连接焊件的方法。

41. 焊条 covered electrode 涂有药皮的供手弧焊用的熔化电极，它由药皮和焊芯两部分组成。

42. 焊丝 welding wire 焊接时作为填充金属或同时作为导电的金属丝。

43. 保护气体 shielded gas 焊接过程中用于保护金属熔滴、熔池及接头区的气体，它使高温金属免受外界气体的侵害。

44. 热切割 thermal cutting 利用热能使材料分离的方法。

45. 气割 gas cutting 利用气体火焰的热能将工件切割处预热到一定温度后，喷出高速切割氧流，使其燃烧并放出热量实现切割的方法。

46. 电弧切割 arc cutting 利用电弧热能熔化切割处的金属，实现切割的方法。

47. 等离子弧切割 plasma cutting 利用等离子弧的热能实现切割的方法。

48. 焊接缺陷 weld defects 焊接过程中在焊接接头中产生的不符合设计或工艺文件要求的缺陷。

49. 未焊透 incomplete penetration (lack of penetration) 焊接时接头根部未完全熔透的现象。

50. 夹渣 slag inclusion 焊后残留在焊缝中的熔渣。

51. 气孔 blowhole 焊接时，熔池中的气泡在凝固时未能逸出而残留下来所形成的空穴。气孔可分为密集气孔、条虫状气孔和针状气孔等。

52. 焊接裂纹 weld crack 在焊接应力及其他致脆因素共同作用下，焊接接头中局部区域的金属原子结合力遭到破坏而形成的新界面而产生的缝隙，它具有尖锐的缺口和大的长宽比的特征。

53. 外观检查 visual examination 用肉眼或借助样板，或用低倍放大镜观察焊件，以发现焊缝外气孔、咬边、满溢以及焊接裂纹等表面缺陷的方法。

54. 超声探伤 ultrasonic inspection 利用超声波探测材料内部缺陷的无损检验法。

55. 射线探伤 radiographic inspection (radioscopy) 采用 X 射线或丁射线照射焊接接头检查内部缺陷的无损检验法。

56. 磁粉探伤 magnetic particle inspection 利用在强磁场中，铁磁性材料表层缺陷产生的漏磁场吸附磁粉的现象而进行的无损检验法。

57. 渗透探伤 penetrant inspection 采用带有荧光染料（荧光法）或红色染料（着色法）的渗透剂的渗透作用，显示缺陷痕迹的无损检验法。

58. 破坏检验 destructive test 从焊件或试件上切取试样，或以产品（或模拟体）的整体破坏做试验，以检查其各种力学性能的试验法。

59. 裂纹试验 cracking test 检验焊接裂纹敏感性的试验。

附录二　石油化工企业配管工程常用缩写词（SH/T 3902—93）

本标准适用于石油化工企业工艺装置（单元）配管工程设计，其他配管工程设计可参照使本标准未包括的缩写，设计需要时，可采用其他通用的英文缩写，或参照本标准派生。

一、管子及管件

序号	缩写	中文名称	英文名称
1	P	管子	Pipe
2	EL	弯头	Elbow
3	ELL	长半径弯头	Long radius elbow
4	ELS	短半径弯头	Short radius elbow
5	MEL	斜接弯头(虾米腰弯头)	Mitre elbow
6	REL	异径弯头	Reducing elbow
7	T	三通	Tee
8	LT	斜三通	Lateral tee
9	RT	异径三通	Reducing tee
10	R	异径管接头(大小头)	Reducer
11	CR	同心异径管接头(同心大小头)	Concentric reducer
12	ER	偏心异径管接头(偏心大小头)	Eccentric reducer
13	CPL	管箍	Coupling
14	FCPL	双头管箍	Full coupling
15	HCPL	单头管箍	Half coupling
16	RCPL	异径管箍	Reducing coupling
17	BU	内外螺纹接头	Bushing
18	UN	活接头	Union
19	HC	软管接头	Hose coupler
20	SE	翻边短节	Stub end
21	NIP	短节	Pipe nipple or straight nipple
22	SNIP	异径短节	Swaged nipple
23	CP	管帽(封头)	Cap
24	PL	管堵(丝堵)	Plug
25	BLK	盲板	Blank
26	SB	8 字盲板	Spectacle blind(blank)

二、法兰

序号	缩写	中文名称	英文名称
1	PLG	法兰	Flange
2	WNF	对焊法兰	Welding neck flange
3	SOF	平焊法兰	Slip-on flange
4	SWF	承插焊法兰	Socket-welding flange
5	T	螺纹法兰	Threaded flange
6	LJ	松套法兰	Lapped joint flange
7	REDF	异径法兰	Reducing flange
8	BF	法兰盖(盲法兰)	Blind flange
9	FSF	法兰密封面	Flange sealing face
10	FF	全平面	Flat face
11	RF	凸台面	Raised face
12	MFF	凹凸面	Male and female face
13	LF	凹面	Female face
14	LM	凸面	Male face
15	TG	榫槽面	Tongue and groove face
16	TF	榫面	Tongue face
17	GF	槽面	Groove face

三、垫片

序号	缩写	中文名称	英文名称
1	G	垫片	Gasket
2	NMG	非金属垫片	Non-metallic gasket
3	AG	石棉垫片	Asbestos gasket
4	RG	橡胶垫片	Rubber gasket
5	TEG	聚四氟乙烯包覆垫片	PTFE envelope gasket
6	SMG	半金属垫片	Semi metallic gasket
7	MJG	金属包垫片	Meta-jacket gasket
8	SWG	缠绕式垫片	Spiral wound gasket
9	MG	金属垫片	Metallic gasket
10	FMG	金属平垫片	Flat metallic gasket
11	SMSG	齿形金属垫片	Solid metal serrated gasket
12	LER	透镜式金属环垫	Lens ring gasket
13	OVR	椭圆形金属环垫	Oval ring gasket

四、紧固件

序号	缩写	中文名称	英文名称
1	B	螺栓	Bolt
2	SB	螺柱	Stud bolt
3	NU	螺母	Nut
4	TB	花篮螺母	Turnbuckle
5	WSR	垫圈	Washer
6	SWSR	弹簧垫圈	Spring washer

五、阀门

序号	缩写	中文名称	英文名称
1	GV	闸阀	Gate valve
2	GLV	截止阀	Globe valve
3	CHV	止回阀	Check valve
4	BUV	蝶阀	Butterfly valve
5	BAV	球阀	Ball valve
6	PV	旋塞阀	Plug valve(cock)
7	CV	调节阀	Control valve
8	SV	安全阀	Safety valve
9	RV	减压阀	Pressure reducing valve
10	ST	蒸汽疏水阀	Steam trapper
11	PRV	泄压阀	Pressure relief valve
12	BV	呼吸阀	Breather valve
13	NV	针形阀	Needle valve
14	AV	角阀	
15	DV	隔膜阀	Diaphragm valve
16	TWV	三通阀	

六、管道上用的小型设备

序号	缩写	中文名称	英文名称
1	SPR	气液分离器	Separator
2	FA	阻火器	Flame arrester
3	SR	过滤器	Strainer
4	SRY	Y形过滤器	Y-type strainer
5	SRT	T形过滤器	T-type strainer
6	TSR	临时过滤器	Temporary strainer
7	SIL	消声器	Silencer
8	SG	视镜	Sight glass

续表

序号	缩写	中文名称	英文名称
9	SC	取样冷却器	Sample cooler
10	DF	排液漏斗	Drain funnel
11	LM	管道混合器	Line mixer
12	RO	限流孔板	Restriction orifice
13	MO	混合孔板	Mixing orifice
14	RD	爆破片(爆破膜)	Rupture disk
15	EJ	补偿器(膨胀节)	Expansion joint

七、隔热、伴热

序号	缩写	中文名称	英文名称
1	INS	隔热	Thermal insulation
2	H	保温	Hot insulation
3	C	保冷	Cold insulation
4	P	防烫伤隔热	Personnel protection insulation
5	T&I	伴热	Tracing and insulation
6	EST	蒸汽外伴热	External steam tracing
7	IST	蒸汽内伴热	Internal steam tracing
8	SJT	蒸汽夹套伴热	Steam-jacket tracing
9	ET	电伴热	Electric tracing

八、配管材料和等级

序号	缩写	中文名称	英文名称
1	M	金属材料	Metallic material
2	CS	碳钢	Carbon steel
3	CAS	铸钢	Cast steel
4	FS	锻钢	Forged steel
5	AS	合金钢	Alloy steel
6	SS	不锈钢	Stainless steel
7	AUST. SS	奥氏体不锈钢	Austenitic stainless-steel
8	CI	铸铁	Cast iron
9	MI	可锻铸铁	Malleable iron
10	DI	球墨铸铁	Ductile iron
11	AL	铝	Aluminum
12	BRS	黄铜	Brass
13	BRZ.	青铜	Bronze
14	CU	紫铜	Copper
15	LAS	低合金钢	Low alloy steel
16	THK	壁厚	Thickness
17	SCH	表号	Schedule number
18	STD	标准	Standard

九、装置布置

序号	缩写	中文名称	英文名称
1	CN	建北	Construction north
2	E	东	East
3	W	西	West
4	S	南	South
5	N	北	North
6	H	水平	Horizontal
7	V	竖直、铅直、直立	Vertical
8	GRD	地坪	Ground
9	UG	地下	Underground
10	BL	装置边界线	Battery limit line
11	ML	接续分界线	Match line
12	PS	管道支架(管架)	Piping support
13	STRU	构架(构筑物)	Structure
14	BLDG	建筑物	Building
15	PD	清扫设施	Purge device
16	PT	池	Pit
17	SHLT	棚	Shelter
18	COFF	围堰	Cofferdam
19	FL	楼板	Floor
20	PF	平台	Platform

十、尺寸标注

序号	缩写	中文名称	英文名称
1	EL	标高	Elevation
2	BOP	管底	Bottom of pipe
3	COP	管中心	Center of pipe
4	TOP	管顶	Top of pipe
5	FOB	底平	Flat on bottom
6	FOT	顶平	Flat on top
7	CL(℄)	中心线	Center line
8	TL	切线	Tangent line
9	SYM	对称的	Symmetrical
10	BOS	支架底	Bottom of support
11	TOS	支架顶	Top of support
12	CL	净距(净空)	Clearance
13	CTC	中心至中心	Center to center
14	CTF	中心至面	Center to face
15	CTE	中心至端部	Center to end

续表

序号	缩写	中文名称	英文名称
16	ETE	端到端	End to end
17	FEF	法兰端面	Flange end face
18	FTF	面到面	Face to face
19	D	直径	Diameter
20	DN	公称直径	Nominal diameter
21	ID	内径	Inside diameter
22	OD	外径	Outside diameter
23	DIM	尺寸	Dimension
24	MAX	最大	Maximum
25	MIN	最小	Minimum
26	AVG	平均	Average
27	APP	约、近似	Approximate
28	PT. EL	点标高	Point elevation

十一、图表

序号	缩写	中文名称	英文名称
1	PFD	工艺流程图	Process flow diagram
2	PID	管道和仪表流程图	Plping&instrumentation diagram
3	COD	接续图	Continued on drawing
4	DTL	详图	Datail
5	SPDWG (ISOD-WG)	管段图	Spool drawing(each line isometric drawing)
6	DWG-NO	图号	Drawing number
7	DWGI	所在图号	Drawing identification
8	LOW	材料表	List of material
9	MTO	汇料	Material take-off
10	APPX	附录	Appendix
11	JOB. NO.	工号	Job Number
12	BEDD	基础工程设计数据	Basic engineering design data
13	DEDD	详细工程设计数据	Detail engineering design data
14	REV. NO.	修改号	Recision number
15	REF、DWG	参考图	Reference drawing
16	SC	采样接口	Sample connection

十二、操作方式及工作参数

序号	缩写	中文名称	英文名称
1	AUT	自动	Automatic
2	ML	手动	Manual control
3	CSC	铅封关	Car seal close

续表

序号	缩写	中文名称	英文名称
4	CSO	铅封开	Car seal Open
5	LC	锁闭	Lock closed
6	LO	锁开	Lock open
7	NC	正常关	Normally close
8	NO	正常开	Normally open
9	ATM	大气压	Atmosphere
10	PN	公称压力	Nominal pressure
11	A	绝压	Absolute pressure
12	G	表压	Gauge pressure
13	(T)	温度	Temperature
14	(P)	压力	Pressure

十三、施工

序号	缩写	中文名称	英文名称
1	W	焊接	Welding
2	AW	电弧焊	Arc welding
3	GSAW	气体保护电弧焊	Gas Shielded-act welding
4	EFW	电熔焊	Elecrm fusion welding
5	ERW	电阻焊	Electric Resistance welding
6	GW	气焊	Gas welding
7	LW	搭接焊	Lap welding
8	BW	对焊	Butt welding
9	TW	定位焊	Tack welding
10	SW	承插焊	Socket welding
11	CW	连续焊	Continuous welding
12	SEW	密封焊	Seal welding
13	SFG	堆焊	Surfacing
14	FW	现场焊接	Field welding
15	HT	热处理	Heat treatment
16	PH	预热	Preheating
17	SR	应力消除	Stress relief
18	PWHT	焊后热处理	Post weld heat treatment
19	EIT	检查、探伤和试验	Examination, inspection & testing
20	VE	外观检查	Visual examination
21	UI(UT)	超声探伤	Ultrasonic inspection(test)
22	RI(RT)	射线探伤	Radiographic inspection(test)
23	MPI(MT)	磁粉探伤	Magnetic particle inspection(test)
24	LPI(PT)	液体渗透检验	Liquid penetrant inspection(test)
25	HADT	硬度试验	Hardness testing
26	HYDT	水压试验	Hydraulic testing
27	PNET	气压试验	Pneumatic testing

续表

序号	缩写	中文名称	英文名称
28	CE	焊条	Covered electrode
29	WW	焊丝	Welding wire
30	ASSY	装配、组合	Assembly
31	F/F	现场制造	Field fabricated
32	SF	现场决定	Suit in field
33	CSP	冷紧	Cold spring
34	BCT	螺栓冷紧	Bolt cold tightening
35	BHY	螺栓热紧	Bolt hot tightening
36	CO	清洗口	Clean out
37	ANNL	退火	Annealed
38	PE	平端面	Plain end
39	BE	坡口端	Belelled end
40	THR	螺纹	Thread
41	HB	布氏硬度	Brinnel hardness
42	RC	洛氏硬度	

十四、其他

序号	缩写	中文名称	英文名称
1	FDN	基础	Foundation
2	SEQ	序号(顺序)	Sequence
3	CM	色标	Colour mark
4	CA	腐蚀裕度	Corrosion allowance
5	UTL	公用系统	Utility
6	UC	公用工程接头	Utility connection
7	QTY	数量	Quantity
8	WT	质量	Weight
9	MHR	工时	Man hour
10	HP	高点	High point
11	LP	低点	Low point
12	SUC	吸入(口)	Suction
13	DIS	排出(口)	Discharge
14	SO	蒸汽吹扫(口)	Steam out
15	DR	排液	Drain
16	VT	放气	Vent
17	RTG	(压力)等级	Rating
18	CL	等级	Class
19		无缝	Seamless
20		螺旋缝	Spiral seam

参 考 文 献

1. 胡忆沩等主编. 检修管工. 北京：化学工业出版社，2004
2. 张德美等主编. 石油化工工艺管道设计与安装. 北京：中国石化出版社，2003
3. 秦国治等主编. 管道防腐蚀技术. 北京：化学工业出版社，2003
4. 刘国杰等主编. 现代涂料与涂装技术. 北京：中国轻工出版社，2002
5. 胡忆沩等主编. 实用管工手册. 北京：化学工业出版社，2000
6. 鲁国良等主编. 管工. 北京：化学工业出版社，2001
7. 张德美等主编. 石油化工装置工艺管道安装设计手册. 北京：中国石化出版社，1998
8. 国振喜等主编. 管道支架手册. 北京：中国建筑工业出版社，1998

内 容 提 要

本书内容上体现高等职业教育的特点，基础理论以“必须”和“够用”为度，突出实用性，注意对学生能力的培养。

全书共十一章，主要内容包括：管道工程材料、管道及组成件、阀门及其安装、管径和管道压力降、管道布置图、热力管道、管道预制、管架、管道工程安装、管道的防腐与保温、配管设计CAD简介等。

本书可作为石油、化工、轻工、食品、制药、冶金、电力等行业从事管道工程相关专业的学生和工程技术人员、技术工人等的培训教材和参考书。